新工科系列规划教材　安徽省省级研究生规划教材

Control Synthetical Design
for Networked Multimodal
Switching Systems

网络化多模态切换系统控制综合设计

主　编　沈　浩
副主编　汪　婧　李　峰　苏　磊
编　委　李　飞　孟祥虎　费习宏
夏荣盛　刘一帆

中国科学技术大学出版社

内 容 简 介

本书为安徽省省级研究生规划教材，是教育部产学合作协同育人项目“新工科背景下人工智能专业建设的探索与实践”、安徽省教学研究项目(重点)“新工科背景下自动化专业实践教学体系改革研究”等的研究成果。本书系统介绍了网络化多模态切换系统的主要模型、生产全流程中的连续回路和离散协同决策过程，以及在系统运行过程中的综合分析与设计。

本书可作为控制理论与控制工程、系统科学、信息与计算科学以及相关工程与应用专业的研究生教材或教学参考书，也可供控制论、系统论等相关专业的教学、科研人员及工程技术人员参考。

图书在版编目(CIP)数据

网络化多模态切换系统控制综合设计/沈浩主编. —合肥：中国科学技术大学出版社，2023.12

ISBN 978-7-312-05674-1

Ⅰ. 网…　Ⅱ. 沈…　Ⅲ. 计算机网络—自动控制系统—系统设计　Ⅳ. TP273

中国国家版本馆 CIP 数据核字(2023)第 099112 号

网络化多模态切换系统控制综合设计

WANGLUOHUA DUOMOTAI QIEHUAN XITONG KONGZHI ZONGHE SHEJI

出版　中国科学技术大学出版社
安徽省合肥市金寨路 96 号，230026
http：//press. ustc. edu. cn
https：//zgkxjsdxcbs. tmall. com

印刷　安徽省瑞隆印务有限公司

发行　中国科学技术大学出版社

开本　787 mm×1092 mm　1/16

印张　9.75

字数　249 千

版次　2023 年 12 月第 1 版

印次　2023 年 12 月第 1 次印刷

定价　36.00 元

前　言

在工程控制系统中，系统结构和参数常常会因工作环境变化、控制器或执行器故障、突然的扰动以及其他因素，导致系统具有多个工作模态。这类系统能很好地用多模态切换系统来建模。随着信息技术的发展，现代控制系统依赖于网络通信来实现控制信号和测量信号的传输。因此，网络化多模态切换系统具有广泛的应用前景和重要的学术价值。

本书围绕网络化多模态切换系统控制综合设计，系统地介绍了网络化多模态切换系统的基本概念、系统分析和控制综合设计方法。全书共 13 章，具体内容如下：

第 1 章介绍网络化多模态切换系统的相关研究背景、研究现状及一些基本概念。第 2 章借助 Bessel-Legendre 不等式介绍受时滞影响的 Markov 切换神经网络的稳定性分析判据和状态估计器的设计方法。第 3 章基于 Takagi-Sugeno (T-S)模糊模型介绍一类非线性 Semi-Markov 切换系统的扩展耗散状态估计器的设计方法。第 4 章介绍在 WTOD（Weighted Try-Once-Discar）协议下，Markov 切换网络系统的有限时间 l_2-l_∞ 量化滤波器的设计方法。第 5 章针对 PDT(Persistent Dwell-Time)切换耦合网络，介绍在轮询协议下的 l_2-l_∞ 状态估计器的设计方法。第 6 章介绍 PDT 切换连续时间神经网络的 H_∞ 滤波器的设计方法。第 7 章针对 PDT 切换系统，介绍其扩展耗散滤波器的设计方法。第 8 章介绍在欺骗攻击下，PDT 切换分段仿射系统有限时间 l_2-l_∞ 滤波器的设计方法。第 9 章介绍在混合网络攻击下，Markov 切换神经网络的静态输出反馈安全同步控制器的设计方法。第 10 章介绍在欺骗攻击下，PDT 切换分段仿射系统的可靠输出反馈控制器的设计方法。第 11 章介绍 Semi-Markov 切换系统的有限时间事件触发异步滑膜控制器的设计方法。第 12 章介绍具有不确定性的 PDT 切换基因调控网络的有限时间 H_∞ 状态估计器的设计方法。第 13 章介绍在 Semi-Markov 切换拓扑下，交流孤岛微电网的分布式事件触发二级控制器的设计方法。

本书为国家自然科学基金项目（62273006、62173001、62103005）、安徽省高等学校杰出青年自然科学基金项目（2022AH020034）、安徽省自然科学基金优青项目（2108085Y21）、安徽省高等学校自然科学基金优青项目（2022AH030049）、教育部产学合作协同育人项目(202102266003、202102266018)、安徽省研究生质量工程项目(2022ghjc047、2022szsfkc061、2022qyw/sysfkc016、2022zyxwjxalk068、2022sshqygzz017)、安徽省教学研究项目(重点)(2021jyxm0173)研究成果。参与本书校对工作的有郭亚晓老师和其团队的研究生(梅震、秦雨晴、董如敏、李多梅、彭传俊、祁蕴晗、王冠琦、王晓敏、张官政、张紫薇),在此对他们的支持与帮助表示衷心的感谢。

由于编者水平有限,书中难免存在疏漏之处,敬请各位专家和读者批评指正。

编　者

2023年5月

目　　录

第 1 章　切换系统、网络攻击及数据传输策略

本书以网络化切换系统模型为主要研究对象，探讨了几种典型的网络化切换系统在不同的控制策略下的性能分析与综合问题。其中，考虑的网络化切换系统模型主要包括 Markov 切换系统、Semi-Markov 切换系统和持续驻留时间（Persistent Dwell-Time，PDT）切换系统。本书以网络化切换系统通信带宽受限为切入点，从“被动”与“主动”两个角度来介绍如何减小网络带宽约束所带来的危害。其中，“被动”指的是在网络诱导现象发生的情形下研究系统的控制/滤波等问题，可将其看作一种“被动”形式的控制器/滤波器算法的分析和设计；“主动”指的是根据系统自身的特点设计合适的数据传输机制，缓解、消除数据传输中的拥塞现象，从而减少各种网络诱导现象发生的可能性，保证系统的控制/滤波性能。下面将从三个方面介绍本书的研究内容：切换系统、网络攻击、数据传输策略。

1.1　切换系统的研究背景及现状

在自动控制理论中，切换系统是一类既可用来描述含有模态切换现象的受控对象或过程，也可采取多个控制器切换以达到预期闭环控制性能的动态系统。切换系统控制对传统控制理论提出了挑战，是控制领域当前的研究热点之一。对此，自动控制、工业电子等领域的权威期刊相继设立了 10 余个专刊来专门报道切换系统控制的最新研究成果，如 *Proceedings of the IEEE*、*IEEE Transactions on Automatic Control*、*IEEE Transactions on Industrial Informatics* 等。切换系统理论以及相关控制方法已经被广泛运用到汽车工业、化工过程、网络通信、智能电力系统、航空航天等多个领域。

在切换系统研究进程中，其性能研究一直是一个重要的理论研究热点。切换系统的性能不仅依赖于系统的初始状态，同时也依赖于切换信号。事实上，切换信号从是否含有系统模态跳变概率信息的角度可划分为具有随机统计信息的随机切换和无随机统计信息的一般性切换。在随机切换方面，有关其在各模态切换的 Markov 链、Semi-Markov 链、Hidden-Markov 链等随机切换规则得到了大量的研究。另外，在一般性切换方面，近年来，PDT 切换也得到了广泛关注。

1.1.1　Markov 切换系统的研究背景及现状

Markov 切换系统[1-2]是一类具有多个模态的随机切换系统，系统在各个模态间的跳变是随机的且服从一定的概率分布，可以由一个 Markov 链描述。Markov 切换系统具有无记忆的性质，即在给定当前时刻系统模态的情况下，系统下一时刻的模态只由当前时刻的系统

模态决定，而与过去任何时刻的系统模态都无关。对于离散时间 Markov 过程来说，驻留时间的概率密度只能服从几何分布；对于连续时间 Markov 过程来说，驻留时间的概率密度只能服从指数分布。在过去几十年里，Markov 切换系统在网络化控制系统、工业系统、电力系统、交通系统、经济系统等领域都有广泛的应用。

自 20 世纪 60 年代 Krasovkii 和 Lidskii 等人建立 Markov 切换系统的连续时间模型起[3]，Markov 切换系统被广泛研究。这些研究成果包含对多种类型的 Markov 切换系统的深入分析，研究内容涉及系统的控制、滤波、优化等诸多问题。文献[4]基于事件触发机制研究了有限时间 T-S(Takagi-Sugeno)模糊 Markov 切换系统的 H_∞ 控制问题。文献[5]研究了基于慢采样模型的离散 Markov 切换奇异摄动系统的耗散容错控制问题，因考虑到奇异摄动系统中快状态信息可能获取受限，所以采取的是慢状态反馈控制策略，并想出了与模态相关的慢状态反馈容错控制器的设计方法。文献[6]采用滑模控制策略，进一步考虑了慢采样模型的离散 Markov 切换奇异摄动系统的容错控制问题，其中滑模面选择的是与模态信息无关的滑模面，且控制器是在考虑快状态信息能直接获取的情况下设计完成的。上述研究成果及其参考文献充分说明了 Markov 模型和 Markov 切换系统具有重要的研究地位和研究价值，并受到学者们的重视。

1.1.2 Semi-Markov 切换系统的研究背景及现状

20 世纪 50 年代，Levy 和 Smith 首次提出了 Semi-Markov 随机过程的概念[7-8]。尽管在状态转移上 Semi-Markov 随机过程遵循传统 Markov 过程，但两者间还存在着较大的差别。首先，在 Semi-Markov 随机过程中，两次连续跳变之间的驻留时间可以服从任意分布，摆脱了传统 Markov 随机过程要求模态驻留时间必须服从几何分布或者指数分布的限制。其次，由于 Semi-Markov 随机过程中的驻留时间不局限于几何和指数分布，这使得由 Semi-Markov 随机过程支配的 Semi-Markov 随机切换系统的转移概率为时变且具有记忆的。因此可以看出 Markov 链实际为 Semi-Markov 随机过程的特殊情况。Semi-Markov 随机过程的一般性使得其获得了广泛关注与研究。但值得注意的是，由于 Semi-Markov 随机过程的复杂性，基于传统 Markov 随机过程发展起来的相关理论成果无法直接应用到 Semi-Markov 随机过程的研究中。目前，Semi-Markov 随机切换系统的相关成果已广泛应用到诸多实际案例中，如 DNA 分析[9]、电力系统可靠性分析[10]、多传感器设备的健康诊断[11]等。

在 Semi-Markov 随机系统稳定性分析和控制器设计方面，国内外学者也做了大量的研究工作。在早期 Semi-Markov 随机切换系统研究中，多数成果[12-15]没有充分利用驻留时间的分布信息，因此结果具有一定的保守性。为了克服在 Semi-Markov 随机切换系统中对驻留时间分布的约束，有研究者通过引入 Semi-Markov 核概念的方式处理 Semi-Markov 随机系统稳定性和控制方面的问题[16]。得益于 Semi-Markov 核的引入，系统的驻留时间统计特性能够依赖于当前的模态与下一个模态，这比之前的研究工作更具一般性。文献[17]研究了一类具有执行器故障的 Semi-Markov 系统的有限时间滑模控制问题，采用异步控制方法克服了系统模式与控制器模式之间的非同步现象。文献[18]研究了离散时间非线性 Semi-Markov 系统的容错控制问题，为了使模型更符合实际情况，采用了 Semi-Markov 核信息被假定为部分可用的 Semi-Markov 过程来描述所研究系统中的多个子系统之间的模式跳变。

此外，随着无线网络理论与应用的快速发展，Semi-Markov 过程也被成功运用，以解决网络带来的相关问题。上述研究成果及其参考文献充分说明了 Semi-Markov 模型和 Semi-Markov 切换系统具有重要的研究地位和研究价值。

1.1.3　一般性切换系统的研究背景及现状

对于一般性切换系统，其切换不具有概率特性，而是与时间密切相关。最为常见的一般性切换包括：驻留时间（Dwell-Time，DT）切换、平均驻留时间（Average Dwell-Time，ADT）切换、PDT 切换以及与其模态相关的各种切换形式。作为一个分段常值函数，这类切换信号的分段区间的长短通常由一定的限制条件约束，根据约束条件的不同来区分这些切换模型。具体而言，DT 切换[19]要求每个子系统的连续运行时间不低于一个给定的数值，所以其对应的切换信号中每个分段区间长度都不小于该给定的数值；ADT 切换[20]要求在任意一段区间内，各个子系统的平均运行时间大于一定值，但由于震颤频率的限制，其子系统之间的切换频率也不允许太快，由于它的切换信号并不需要每个分段区间的长度都大于某个给定值，从而放宽了 DT 切换的限制，但是其中的短区间的个数也受到限制条件的约束，也就是说 ADT 切换允许子系统之间快速切换，但对快切换的频率有限制。比 DT 切换和 ADT 切换更具一般性的切换是 PDT 切换[21]，其优势主要体现在它允许快切换和慢切换同时存在，并且在快切换对应的区间内，其切换频率的上界不受限制。

针对 PDT 切换系统的研究成果在近几十年内大量涌现。文献[22]研究了具有 PDT 的切换线性系统的非加权准时间 H_∞ 的滤波问题。文献[23]研究了一类离散时间基因调控网络的全局一致指数稳定性和耗散性。文献[24]研究了有限信号在 PDT 下切换复杂动态网络的网络无源估计问题。文献[25]研究了具有 PDT 的模糊切换系统的多目标容错控制及其在电路中的应用。文献[26]首先提出了一类具有 PDT 切换律的离散奇异摄动切换系统，然后利用慢状态反馈控制方法，总结出了闭环 PDT 切换 SPSS 全局一致指数稳定的充分条件。准确地说，将 PDT 切换引入仿射系统或非线性系统的相关研究还未成熟，许多问题还有待进一步探索与解决。

1.2　网络攻击的研究背景及现状

随着网络化系统的快速发展，网络攻击技术不断更新并呈现出多样性、复杂性、隐蔽性等特点。为了对抗网络攻击给网络化系统带来的不利影响，提升网络化系统的安全性，需要基于网络攻击的特性，先分析攻击行为再构建合理的动态数学模型，然后基于攻击模型进行通信和控制技术的安全研究。由此可见，攻击的分类和建模对安全问题的研究至关重要。迄今为止，很多学者对网络攻击分类和建模进行了研究，并取得了一定的研究成果。基于现有网络攻击的研究成果，攻击类型可大致分为三类：拒绝服务（Denial of Service，DoS）攻击、欺骗攻击（Deception Attacks，DA）和重放攻击（Replay Attacks，RA）。下面分别针对这三类攻击进行详细的介绍。

1.2.1 DoS 攻击的研究背景及现状

DoS 攻击从广义上理解是在安全防护措施有漏洞的情形下通过耗尽有限的网络或系统资源使用户不能继续使用正常的服务。在网络化系统中，根据攻击渠道的不同可将 DoS 攻击分为两类：一类是直接攻击控制系统的传感器、控制器及执行器节点，攻击者通过“劫持”物理设备(传感器/控制器等)、在网络信道中注入错误数据或改变信号发送策略，使信号传输路径发生改变，进而导致系统行为异常或失稳；另一类是攻击除控制系统节点以外的网络服务对象，使控制系统有限通信带宽不足、测量信道(传感器-控制器)或控制信道(控制器-执行器)无法发送与接收系统相关信息，致使测量信号与控制信号缺失。信号的缺失将导致系统处于开环状态，进而影响控制系统的稳定性。由此可见，网络化系统中任一环节遭受攻击，均会导致控制系统服务功能丧失、与物理系统的通信完全中断等现象。Peng[27]、杨飞生[28]等人在弹性事件触发机制下制定了有限攻击能量的电力系统负载频率安全控制策略，实现了触发参数的弹性设计与安全控制器设计之间的协同，在此基础上刻画了在 DoS 攻击条件下最大允许丢包数量与触发参数的关系。Yang 等人[29]则在文献[27]的基础上分别研究了基于观测器及多信道传输情形下 DoS 攻击的安全控制方法。因此，针对 DoS 攻击的研究是非常有意义的。

1.2.2 DA 的研究背景及现状

DA 的攻击实施过程更为隐蔽、精细和复杂，是实际攻击场景中较为典型的一种攻击类型。DA 主要通过观察待入侵系统的信息后篡改这些信息，达到破坏信息的完整性和可用性的目的，进而影响控制中心的决策[30]。在网络化系统中，典型的 DA 案例是 Stuxnet 蠕虫病毒入侵伊朗核电站，伪造数据欺骗离心机的数据采集与监控系统，导致核电站近千台离心机损坏[31-33]。值得注意的是，在不同的攻击场景下，DA 的攻击手段也不相同，主要的攻击手段为虚假数据注入攻击[34]、偏差攻击[35]。由于虚假数据注入攻击更精细复杂且隐蔽性强，Kim[33]通过构建稀疏攻击向量的方法来对抗虚假数据注入攻击对系统的影响。文献[36]采用偏微分方程的切换边界控制理论对 DA 进行建模，并分析 DA 的发生频率与控制器性能退化间的关系。

1.2.3 RA 的研究背景及现状

RA 也被称为重播攻击和回放攻击。RA 的攻击实施过程主要分为两个阶段：首先攻击者在一段时间内监听并记录传输数据，然后再重复发送或延迟发送记录的历史数据，从而代替真实有效的数据，以破坏系统的封闭性、完整性和私密性[37]。在网络化系统中，攻击者一般能截获加密的数据，若攻击者使用这些数据发起 RA，则可在不获知数据具体内容的情况下入侵系统，造成消耗网络能量和占用网络带宽等不利影响[38]。例如，虫洞攻击利用在无线链路不同的区域内获取的数据，通过重放历史数据的手段达到破坏路由协议或伪造通信节点之间的距离的目的[39]。通过以上分析可知，RA 易于发起且破坏性大。

综上所述，网络化系统中的数据通信安全研究具有重要的意义，研究网络化系统在受到网络攻击时的可靠性和稳定性，可为建立具有安全防御功能的网络化系统提供理论依据。

1.3　数据传输策略的研究背景及现状

在实际工程中，引入不同的数据传输策略能够有效降低数据碰撞、网络拥堵现象发生的可能性，改善网络通信质量。数据传输策略的引入给网络化系统的动态分析带来了一定的挑战，因此，探究数据传输策略对网络化系统性能的影响是一个十分有意义的课题。下面将简单地介绍几类常用的数据传输策略及已有的一些优秀研究结果。

1.3.1　轮询协议的研究背景及现状

轮询(Round-Robin)协议是一种静态通信协议，通常应用于令牌环网络中。其传输机制并不是将每一时刻的所有信息全部发送，而是将信息先分成若干个数据包，然后基于轮询调度的方式，一个时刻只发送一个数据包，下一时刻发送按轮询顺序产生的相应位置下的数据包，也就是所有的节点都具有相等的权限。从方法论的角度来看，处理轮询协议通常有两种方法，一种是将轮询引起的效应转化为累积时滞[40]，另一种是通过周期性切换来反映这种调度方式[41]。

近年来，有关轮询协议问题的研究已经输出了一系列优秀成果。文献[42]研究了一类基于轮询协议的状态饱和系统的分布式滤波问题。文献[43]讨论了在轮询协议调度下一类网络化系统的滚动时域状态估计问题。文献[44]研究了在轮询协议的影响下多速率系统的分布式集员滤波问题。文献[45]针对人工神经网络，基于轮询协议设计了一种 l_2-l_∞ 估计器。文献[46]研究了在轮询协议的影响下多速率传感器系统的最小方差估计问题，并给出了滤波误差协方差的最小上界。

1.3.2　WTOD 协议的研究背景及现状

与轮询协议不同，WTOD 协议是一种动态通信协议，WTOD 协议对网络中节点的调度是通过竞争来实现的。该通信协议根据节点上次发送的数据和本次准备发送的数据的差别大小来决定该节点的优先级，优先级最大的节点将获得传输数据的权限。同样，WTOD 协议的引入也会使得网络化系统中经过网络传输的信号发生变化，文献[47]给出了数学模型来描述经过 WTOD 协议调度之后的信号。

到目前为止，关于 WTOD 协议影响下网络化系统的问题已经受到了初步关注。文献[48]研究了在 WTOD 协议影响下带有状态饱和的复杂网络有限域 H_∞ 的滤波问题，给出了滤波误差满足 H_∞ 性能指标的充分条件。文献[49]研究了在 WTOD 协议影响下线性重复过程的最小方差融合估计问题，给出了局部估计误差协方差的最小上界，并对局部估计进行了融合。文献[50]研究了在 WTOD 协议影响下带有混合时滞的网络化系统的集员滤波问题，并设计了集员滤波器，使得滤波误差被包含在特定的椭球域中。文献[51]研究了在 WTOD 协议影响下网络化系统的故障诊断问题。文献[52]研究了在 WTOD 协议影响下模糊奇异摄动系统控制问题,并设计了相应的滑模控制器使系统稳定。文献[53]基于改进的WTOD协议,研究了奇异摄动Semi-Markov切换系统的估计问题。

1.3.3 冗余通道传输的研究背景及现状

在网络化系统数据通信中,由于网络带宽的限制,数据包丢失现象时有发生,已成为影响系统性能的重要因素。在处理数据包丢失问题的方法中,基于冗余通道的数据传输方法是近年来提出的一种降低丢包现象发生概率的有效方法。文献[54]首次提出了冗余通道传输机制,不同于传统的单通道系统,在冗余通道传输机制下,系统中有M($M>1$)个通道用于数据传输。在每个通道的接收端配有数据监测器来检测数据包是否成功传送至接收端。假如数据包在通过第一个通道传输时发生丢包现象,则将从第二个通道继续传输,以此类推,直到第M个通道为止。基于冗余通道的传输策略能够明显增大数据传输的成功率,减小丢包现象对系统性能的影响。目前,基于冗余通道的数据传输机制通常采用一族相互独立且满足伯努利分布的随机变量来刻画每个通道的工作状态,然后采用随机分析技术处理通道状态的随机特性。

近年来,基于冗余通道传输机制的问题受到了一定的关注,通过合理增加数据传输通道的数量能够显著提高通信的可靠性。文献[54]研究了模糊时滞系统的分布式滤波问题,其首次在传感器节点间通信时考虑了冗余通道传输策略。文献中引入了一组相互独立且服从伯努利分布的随机序列来刻画不同通道的丢包概率,并进一步考虑了丢包概率不确定这种更一般的情形。文献[55]研究了带有Markov跳变Lur'e系统的滤波问题,和文献[54]类似,其通过引入冗余通道传输策略加强传感器与滤波器之间数据通信的可靠性。文中作者通过构造Lur'e类型的Lyapunov函数,获得了具有更小保守性的保证滤波误差系统(Filtering Error System,FES)随机稳定性的充分条件。Dong等人在文献[56]中首次分析了基于冗余通道和事件触发传输策略的时变系统分布式滤波问题。借助递推矩阵不等式技术,Dong等人设计了一组时变状态估计器,使得滤波误差动态在有限时域上满足给定的干扰抑制性能指标。

1.3.4 事件触发机制的研究背景及现状

近期,有研究者提出了一种基于事件触发的数据传输策略来弥补时间触发策略的不足。不同于基于时间触发的等周期采样,事件触发机制只有在给定"事件"发生时才对系统数据进行采样。我们一般将"事件"定义为系统中某些变量幅值的加权值超出预先设定的阈值。不难看出,事件触发机制是一种"按需触发"的机制,即只有在系统输出值超过一定的界限时才对系统进行采样。因此事件触发比时间触发灵活,资源利用率也更高。[57]

文献[17]研究了具有执行器故障的Semi-Markov切换系统的有限时间滑模控制问题,文中提出,引入事件触发机制可确定是否应该根据阈值条件执行数据传输,以减轻通信信道中的数据传输负担。此外,可采用异步控制方法来克服系统模式和控制器模式之间的非同步现象。文献[58]研究了基于事件触发机制的T-S模糊Semi-Markov切换系统的可靠扩展耗散控制问题。文献[59]研究了在DA下Markov切换神经网络的事件触发及无源同步问题。文献[60]采用了更全面的方法对弹簧和非弹簧质量中普遍存在的不确定性问题进行建模，研究了不确定主动悬架系统的事件触发滑模控制问题。

以上研究成果均有力地推动了网络化切换系统控制与滤波的研究，但今后系统复杂程度的增加、网络用户的增多将导致网络资源匮乏。本书将以网络化切换系统通信带宽受限为切入点，从"被动"与"主动"两个角度来介绍如何减小网络带宽约束所带来的危害，从而降低各种网络诱导现象发生的可能性，保证系统的控制/滤波性能。

1.4 基本概念

定义1.1[22] 对于两个常数 τ_{PDT} 和 T_{PDT}，如果以下两个条件同时满足：

(1) 存在无数个互不相邻且长度不小于 τ_{PDT}（称为持续驻留时间）的区间，每个这样的区间中切换信号 $\alpha(k)$ 都是一个常数，满足这些条件的间隔称为 τ 部分。

(2) 上面所描述的 τ 部分被长度不大于 T_{PDT}（称为持续时间）的 T 部分间隔，在 T 部分中切换信号 $\alpha(k)$ 可以任意切换，只要每次切换持续的时间都小于 τ_{PDT}。

那么切换信号 $\alpha(k)$ 服从 PDT 切换机制。

依据图1.1可以得到第 n 个阶段包含的长度为 $\tau^{(n)}$（$\tau^{(n)}>\tau_{\mathrm{PDT}}$）的 τ 部分和长度为 $T^{(n)}$（$T^{(n)}<T_{\mathrm{PDT}}$）的 T 部分。另外，对于 τ 部分，即区间$[k_{f_n},k_{f_n+1})$，仅有一个模态 α 被激活。然而，对于 T 部分，即区间$[k_{f_n+1},k_{f_{n+1}})$，模态之间的切换依次是 $r,\cdots,l$，而且每个模态的驻留时间小于 τ_{PDT}。其中，$[k_{f_n},k_{f_n}+1]$表示的是采样区间，$[k_{f_n},k_{f_n+1}]$ 表示的是切换区间，$[k_{f_n},k_{f_{n+1}}]$ 表示的是 PDT 切换的第 n 个阶段。

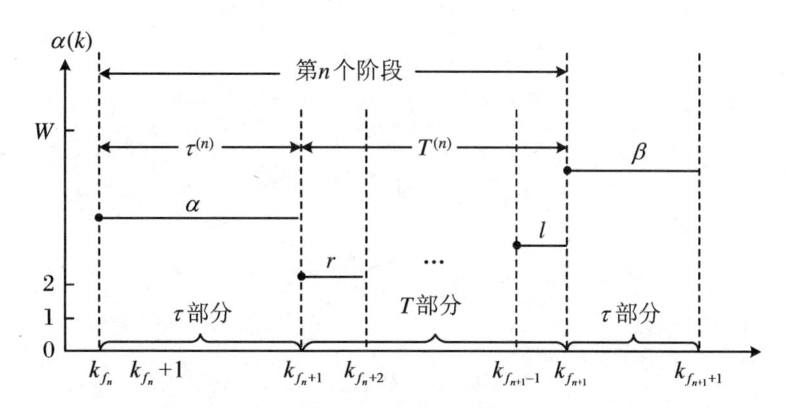

图1.1 切换信号 $\alpha(k)$ 在 PDT 切换机制的第 n 个阶段中可能的切换过程

注解1.1 对于 PDT 切换机制，$\kappa(k_{f_n},k_{f_{n+1}})$表示的是区间$[k_{f_n},k_{f_{n+1}})$内总的切换次数。由于总的切换次数必然小于总的采样次数，因此可以得到 $\kappa(k_{f_n},k_{f_{n+1}})\leqslant T^{(n)}+1$。进一步来说，对于任意区间$[l_1,l_2)$，文献[22]给出了这个区间内总的切换次数的上界：

$$\kappa(l_1,l_2)\leqslant\left(\frac{l_2-l_1}{T_{\mathrm{PDT}}+\tau_{\mathrm{PDT}}}+1\right)(T_{\mathrm{PDT}}+1)$$

定义1.2[26] 给定实矩阵 $\boldsymbol{\Omega}_1=\boldsymbol{\Omega}_1^{\mathrm{T}}\leqslant 0,\boldsymbol{\Omega}_2,\boldsymbol{\Omega}_3=\boldsymbol{\Omega}_3^{\mathrm{T}}>0,\boldsymbol{\Omega}_4=\boldsymbol{\Omega}_4^{\mathrm{T}}\geqslant 0$，标量 $\vartheta\in\{0,1\}$，以及任意非零的 $\omega(k)\in l_2[0,\infty)$，如果所考虑的系统在零初值条件下满足下列条件，那么系统可实现扩展耗散性：

$$\int_0^F O(\boldsymbol{\Omega}_1,\boldsymbol{\Omega}_2,\boldsymbol{\Omega}_3,t)\mathrm{d}t \geqslant \vartheta \sup_{0\leqslant t\leqslant F} z^{\mathrm{T}}(t)\boldsymbol{\Omega}_4 z(t)$$

其中

$$O(\boldsymbol{\Omega}_1,\boldsymbol{\Omega}_2,\boldsymbol{\Omega}_3,t) \triangleq (1-\vartheta)\{z^{\mathrm{T}}(t)\boldsymbol{\Omega}_1 z(t) + \mathrm{sym}[z^{\mathrm{T}}(t)\boldsymbol{\Omega}_2 \omega(t)]\} + \omega^{\mathrm{T}}(t)\boldsymbol{\Omega}_3 \omega(t)$$

注解 1.2 众所周知,外部扰动的存在会影响系统的稳定性。在系统分析中引入一些性能指标,可以更好地衡量系统的稳定性。在系统分析中经常使用四种常见的单性能:H_∞、无源性能、l_2-l_∞ 和标准耗散性能。通过调整权重矩阵和标量,可将扩展耗散性转化为四种常见的单一性能,从而尽可能地为系统分析提供更全面和通用的结果。具体如下:

(1) 当 $\vartheta=1,\boldsymbol{\Omega}_3=\boldsymbol{\Omega}_3^{\mathrm{T}}=\gamma^2\boldsymbol{I}>0,\boldsymbol{\Omega}_4=\boldsymbol{\Omega}_4^{\mathrm{T}}>0$ 时,扩展耗散性转化为 l_2-l_∞ 性能。

(2) 当 $\vartheta=0,\boldsymbol{\Omega}_1=\boldsymbol{\Omega}_1^{\mathrm{T}}<0,\boldsymbol{\Omega}_3=\boldsymbol{\Omega}_3^{\mathrm{T}}=\gamma^2\boldsymbol{I}>0$ 时,扩展耗散性转化为 H_∞ 性能。

(3) 当 $\vartheta=0,\boldsymbol{\Omega}_1=\boldsymbol{\Omega}_1^{\mathrm{T}}=0,\boldsymbol{\Omega}_2>0,\boldsymbol{\Omega}_3=\boldsymbol{\Omega}_3^{\mathrm{T}}=\gamma^2\boldsymbol{I}>0$ 时,扩展耗散性转化为无源性能。

(4) 当 $\vartheta=0,\boldsymbol{\Omega}_1=\boldsymbol{\Omega}_1^{\mathrm{T}}<0,\boldsymbol{\Omega}_2\neq 0,\boldsymbol{\Omega}_3=\boldsymbol{\Omega}_3^{\mathrm{T}}=\gamma^2\boldsymbol{I}>0$ 时,扩展耗散性转化为标准耗散性能。

第2章　基于 Bessel-Legendre 不等式的 Markov 切换神经网络的状态估计

本章借助 Bessel-Legendre 不等式研究了受时滞影响的 Markov 切换静态神经网络的稳定性和状态估计问题，采用的是正则 Bessel-Legendre 不等式，其优势在于将传统 Bessel-Legendre 不等式所要求的有限区间 $[-h,0]$ 转换为一般区间 $[a,b]$。因此与现有结果[61-62]相比，本章中的约束条件自然放宽，给出了保守性较低的判据。本章旨在通过构建状态估计器，使估计误差系统满足扩展耗散性的要求。基于 Lyapunov 稳定性理论和矩阵解耦方法，通过处理凸优化问题建立了一些充分条件，并通过一个数值的例子证明了所设计的估计器的有效性。

2.1　问 题 描 述

本章所考虑的研究对象是带有时延以及扰动的神经网络，模型如下：

$$\begin{cases}\dot{x}(t)=-\boldsymbol{A}x(t)+\boldsymbol{W}_0 g(\boldsymbol{W}_1 x(t-\varrho(t))+\mathcal{J})+\boldsymbol{B}_1 w(t)\\ y(t)=\boldsymbol{C}x(t)+\boldsymbol{D}x(t-\varrho(t))+\boldsymbol{B}_2 w(t)\\ z(t)=\boldsymbol{T}x(t)\\ x(t)=\psi(t)\quad(t\in[-d,0])\end{cases}\tag{2.1.1}$$

式中，$x(t)=[x_1(t),x_2(t),\cdots,x_n(t)]^{\mathrm{T}}\in\mathbb{R}^n$ 表示神经网络的状态变量，$y(t)\in\mathbb{R}^m$ 表示神经网络的可测量输出，$z(t)\in\mathbb{R}^p$ 表示待估计的神经网络输出，$w(t)\in\mathbb{R}^q$ 表示外加的扰动，$\boldsymbol{A}=\mathrm{diag}\{a_1,\cdots,a_n\}(a_i>0,i=1,2,\cdots,n)$是已知的正定矩阵，$\boldsymbol{W}_0$，$\boldsymbol{W}_1$ 是神经元之间的连接权重矩阵，并且它们是具有适当维数的已知矩阵。$\boldsymbol{B}_1$，$\boldsymbol{B}_2$，$\boldsymbol{C}$，$\boldsymbol{D}$，$\boldsymbol{T}$ 是具有适当维数的已知矩阵，$g(x(t))=[g_1(x_1(t)),g_2(x_2(t)),\cdots,g_n(x_n(t))]^{\mathrm{T}}$ 表示连续的激活函数，$\mathcal{J}=[\mathcal{J}_1,\mathcal{J}_2,\cdots,\mathcal{J}_n]^{\mathrm{T}}$ 是一个额外的输入向量，$\rho(t)$是考虑的时延函数，并且满足条件：

$$0<\varrho(t)\leqslant d,\quad \varrho_1\leqslant\dot{\varrho}(t)\leqslant\varrho_2<\infty\tag{2.1.2}$$

基于所给出的系统模型，考虑到不良环境对系统的影响，引入一个取值于有限集 $\mathcal{S}=\{1,2,\cdots,N\}$的右连续的 Markov 链$\{\gamma(t)\}$，$\boldsymbol{\Pi}=\{\gamma_{mn}\}(m,n\in\mathcal{S})$是其转移率矩阵，并遵循以下原则：

$$\Pr\{\gamma(t+h)=n\mid\gamma(t)=m\}=\begin{cases}\gamma_{mn}h+o(h) & (m\neq n)\\ 1+\gamma_{mm}h+o(h) & (m=n)\end{cases}\tag{2.1.3}$$

式中，$h>0$，$\lim\limits_{t\to0}(o(h)/h)=0$，$\gamma_{mn}\geqslant0(m\neq n)$是从模态 m 到模态 n 的转移率，并且 $\gamma_{mm}=-\sum\limits_{m\neq n}\gamma_{mn}$。

自然地,可以得到如下模型,它是系统模型(2.1.1)的变形:

$$\begin{cases}\dot{x}(t) = -\boldsymbol{A}(\gamma(t))x(t) + \boldsymbol{W}_0(\gamma(t))g(\boldsymbol{W}_1(\gamma(t))x(t-\varrho(t)) + \mathcal{J}) + \boldsymbol{B}_1(\gamma(t))w(t) \\ y(t) = \boldsymbol{C}(\gamma(t))x(t) + \boldsymbol{D}(\gamma(t))x(t-\varrho(t)) + \boldsymbol{B}_2(\gamma(t))w(t) \\ z(t) = \boldsymbol{T}(\gamma(t))x(t) \\ x(t) = \boldsymbol{\psi}(\gamma(t))(t) \quad (t \in [-d, 0])\end{cases} \tag{2.1.4}$$

为方便起见,定义 $m \triangleq \gamma(t) \in \mathcal{S}$, $\boldsymbol{A}_m \triangleq \boldsymbol{A}(\gamma(t))$, $\boldsymbol{B}_{1m} \triangleq \boldsymbol{B}_1(\gamma(t))$, $\boldsymbol{B}_{2m} \triangleq \boldsymbol{B}_2(\gamma(t))$, $\boldsymbol{C}_m \triangleq \boldsymbol{C}(\gamma(t))$, $\boldsymbol{D}_m \triangleq \boldsymbol{D}(\gamma(t))$, $\boldsymbol{T}_m \triangleq \boldsymbol{T}(\gamma(t))$, $\boldsymbol{W}_{0m} \triangleq \boldsymbol{W}_0(\gamma(t))$, $\boldsymbol{W}_{1m} \triangleq \boldsymbol{W}_1(\gamma(t))$。

假设 2.1[63] 激活函数 $f_k(x_k(t))(k=1,2,\cdots,n)$ 满足 $f_k(0)=0$,及

$$c_k^- \leqslant \frac{f_k(\Sigma_1) - f_k(\Sigma_2)}{\Sigma_1 - \Sigma_2} \leqslant c_k^+ \quad (\Sigma_1, \Sigma_2 \in \mathbb{R}, \Sigma_1 \neq \Sigma_2) \tag{2.1.5}$$

式中,c_k^-,c_k^+ 是已知实数,其值可以为零、负数或正数。定义 $\boldsymbol{L}_1 \triangleq \mathrm{diag}\{c_1^+, c_2^+, \cdots, c_n^+\}$,$\boldsymbol{L}_2 \triangleq \mathrm{diag}\{c_1^-, c_2^-, \cdots, c_n^-\}$,由式(2.1.5)可以得到

$$\mathcal{F}_{1k}^-(\Sigma)\mathcal{F}_{1k}^+(\Sigma) \geqslant 0, \quad \mathcal{F}_{2k}^-(\Sigma_1, \Sigma_2)\mathcal{F}_{2k}^+(\Sigma_1, \Sigma_2) \geqslant 0$$

其中

$$\mathcal{F}_{1k}^+(\Sigma) = c_k^+\Sigma - f_k(\Sigma), \quad \mathcal{F}_{2k}^+(\Sigma_1, \Sigma_2) = c_k^+(\Sigma_1 - \Sigma_2) - [f_k(\Sigma_1) - f_k(\Sigma_2)]$$

$$\mathcal{F}_{1k}^-(\Sigma) = f_k(\Sigma) - c_k^-\Sigma, \quad \mathcal{F}_{2k}^-(\Sigma_1, \Sigma_2) = f_k(\Sigma_1) - f_k(\Sigma_2) - c_k^-(\Sigma_1 - \Sigma_2)$$

本章中,针对上述原系统设计如下形式的状态估计器:

$$\begin{cases}\dot{\breve{x}}(t) = -\boldsymbol{A}_m\breve{x}(t) + \boldsymbol{W}_{0m}g(\boldsymbol{W}_{1m}\breve{x}(t-\varrho(t)) + \mathcal{J}) + \boldsymbol{K}_m(y(t) - \breve{y}(t)) \\ \breve{y}(t) = \boldsymbol{C}_m\breve{x}(t) + \boldsymbol{D}_m\breve{x}(t-\varrho(t)) \\ \breve{z}(t) = \boldsymbol{T}_m\breve{x}(t) \\ \breve{x}(t) = 0 \quad (t \in [-d, 0])\end{cases} \tag{2.1.6}$$

式中,$\breve{x}(t) \in \mathbb{R}^n$,$\breve{z}(t) \in \mathbb{R}^n$,$\boldsymbol{K}_m$ 表示待确定的增益矩阵。

令 $\delta(t) \triangleq x(t) - \breve{x}(t)$,$z_\delta(t) \triangleq z(t) - \breve{z}(t)$ 为误差信号,构造如下形式的估计误差系统:

$$\begin{cases}\dot{\delta}(t) = -(\boldsymbol{A}_m + \boldsymbol{K}_m\boldsymbol{C}_m)\delta(t) - \boldsymbol{K}_m\boldsymbol{D}_m\delta(t-\varrho(t)) \\ \qquad\quad + \boldsymbol{W}_{0m}g(\boldsymbol{W}_{1m}\delta(t-\varrho(t))) + (\boldsymbol{B}_{1m} - \boldsymbol{K}_m\boldsymbol{B}_{2m})w(t) \\ z_\delta(t) = \boldsymbol{T}_m\delta(t)\end{cases} \tag{2.1.7}$$

引理 2.1[61] 存在两个标量 $a, b(b>a)$,一个整数 $N \geqslant 0$,一个 $n \times n$ 的实常矩阵 $\boldsymbol{R}>0$,一个$(N+1)n \times (N+1)n$ 的矩阵 $\widetilde{\boldsymbol{M}}$,以及一个向量值可微的函数 $w:[a,b] \to \mathbb{R}^n$,使得下列不等式成立:

$$-\int_a^b \dot{x}^{\mathrm{T}}(s)\boldsymbol{R}\dot{x}(s)\mathrm{d}s \leqslant \boldsymbol{\xi}_N^{\mathrm{T}}[\boldsymbol{\Lambda}_N^{\mathrm{T}}\widetilde{\boldsymbol{\Theta}}_N^{\mathrm{T}}\widetilde{\boldsymbol{M}} + \widetilde{\boldsymbol{M}}^{\mathrm{T}}\widetilde{\boldsymbol{\Theta}}_N\boldsymbol{\Lambda}_N + (b-a)\widetilde{\boldsymbol{M}}^{\mathrm{T}}\widetilde{\boldsymbol{R}}_N^{-1}\widetilde{\boldsymbol{M}}]\boldsymbol{\xi}_N$$

其中

$$\widetilde{\boldsymbol{R}}_N \triangleq \mathrm{diag}\{\boldsymbol{R}, 3\boldsymbol{R}, \cdots, (2N+1)\boldsymbol{R}\}$$

$$\boldsymbol{\xi}_N \triangleq \mathrm{col}\{x(b), x(a), \gamma_1, \cdots, \gamma_N\}, \quad \gamma_c \triangleq \int_a^b \frac{(b-s)^{c-1}}{(b-a)^c}x(s)\mathrm{d}s \quad (c = 1, 2, \cdots, N)$$

$$\widetilde{\boldsymbol{\Lambda}}_N \triangleq \begin{bmatrix} \mathcal{I} & -\mathcal{I} & 0 & 0 & \cdots & 0 \\ 0 & -\mathcal{I} & \mathcal{I} & 0 & \cdots & 0 \\ 0 & -\mathcal{I} & 0 & 2\mathcal{I} & \cdots & 0 \\ \vdots & \vdots & \vdots & \vdots & \vdots & \vdots \\ 0 & -\mathcal{I} & 0 & 0 & \cdots & N\mathcal{I} \end{bmatrix}, \quad \widetilde{\boldsymbol{\Theta}}_N \triangleq \begin{bmatrix} \mathcal{I} & 0 & \cdots & 0 \\ \mathcal{I} & \widetilde{\boldsymbol{\Theta}}_{N1} & \cdots & 0 \\ \vdots & \vdots & \vdots & \vdots \\ \mathcal{I} & \widetilde{\boldsymbol{\Theta}}_{N2} & \cdots & \widetilde{\boldsymbol{\Theta}}_{N3} \end{bmatrix}$$

$$\widetilde{\boldsymbol{\Theta}}_{N1} \triangleq (-1)^1 \binom{1}{1}\binom{1+1}{1}\mathcal{I}, \quad \widetilde{\boldsymbol{\Theta}}_{N2} \triangleq (-1)^1 \binom{N}{1}\binom{N+1}{1}\mathcal{I}$$

$$\widetilde{\boldsymbol{\Theta}}_{N3} \triangleq (-1)^N \binom{N}{N}\binom{N+N}{N}\mathcal{I}, \quad \binom{i}{j} \triangleq \frac{i!}{(i-j)!j!}$$

注解 2.1　引理 2.1 的引入可用来处理积分项 $-\int_a^b \dot{x}^{\mathrm{T}}(s)\boldsymbol{R}\dot{x}(s)\mathrm{d}s$。由于 $\widetilde{\boldsymbol{\Theta}}_N, \widetilde{\boldsymbol{\Lambda}}_N$ 的引入,这个积分项的表现形式并不是显式的 Legendre 多项式,正是因为这个性质使得本章中可以选择一个不依赖于 Legendre 多项式的 Lyapunov 函数,可以将其称为规范的 Bessel-Legendre 不等式。

本章旨在设计一个严格耗散的估计器,在零初值条件下使得系统(2.1.7)满足均方意义下$(\boldsymbol{\Omega}_1, \boldsymbol{\Omega}_2, \boldsymbol{\Omega}_3, \boldsymbol{\Omega}_4) - \vartheta$ 扩展耗散性:

$$\mathbb{E}\left\{\int_0^\infty O(\boldsymbol{\Omega}_1, \boldsymbol{\Omega}_2, \boldsymbol{\Omega}_3, t)\mathrm{d}t\right\} \geqslant \vartheta \sup_{0\leqslant t\leqslant F} \mathbb{E}\{z_\delta^{\mathrm{T}}(t)\boldsymbol{\Omega}_4 z_\delta(t)\} \tag{2.1.8}$$

其中

$$O(\boldsymbol{\Omega}_1, \boldsymbol{\Omega}_2, \boldsymbol{\Omega}_3, t) \triangleq (1-\vartheta)[z_\delta^{\mathrm{T}}(t)\boldsymbol{\Omega}_1 z_\delta(t) + \mathrm{sym}(z_\delta^{\mathrm{T}}(t)\boldsymbol{\Omega}_2 w(t))] + w^{\mathrm{T}}(t)\boldsymbol{\Omega}_3 w(t) \tag{2.1.9}$$

2.2　主要结论

2.2.1　稳定性分析和扩展耗散性分析

假设时延 $\rho(t)$满足式(2.1.2),在这种情况下,通过引理来研究扩展耗散性指标。首先,定义:

$$\tau_c(t) \triangleq \frac{1}{\varrho^c(t)}\int_{t-\varrho(t)}^t (t-s)^{c-1}\delta(s)\mathrm{d}s \tag{2.2.1}$$

$$\zeta_c(t) \triangleq \frac{1}{(d-\varrho(t))^c}\int_{t-d}^{t-\varrho(t)} (t-\varrho(t)-s)^{c-1}\delta(s)\mathrm{d}s \tag{2.2.2}$$

其中,$c=1,2,\cdots,N$。

接下来,选择如下形式的 Lyapunov 函数:

$$V(t) = \sum_{i=1}^5 V_i(t)$$

$$V_1(t) = \widetilde{\delta}_1^{\mathrm{T}}(t)\boldsymbol{P}_m\widetilde{\delta}_1(t) \tag{2.2.3}$$

$$V_2(t) = \varrho(t)\widetilde{\delta}_2^{\mathrm{T}}(t)\boldsymbol{G}^1\widetilde{\delta}_2(t) + (d-\varrho(t))\widetilde{\delta}_3^{\mathrm{T}}(t)\boldsymbol{G}^2\widetilde{\delta}_3(t) \tag{2.2.4}$$

$$V_3(t) = \int_{t-\varrho(t)}^{t} \tilde{\delta}_4^{\mathrm{T}}(\alpha)\boldsymbol{Q}^1\tilde{\delta}_4(\alpha)\mathrm{d}\alpha + \int_{t-d}^{t-\varrho(t)} \tilde{\delta}_4^{\mathrm{T}}(\alpha)\boldsymbol{Q}^2\tilde{\delta}_4(\alpha)\mathrm{d}\alpha \tag{2.2.5}$$

$$V_4(t) = d\int_{-d}^{0}\int_{t+\beta}^{t}\dot{\delta}^{\mathrm{T}}(\alpha)\boldsymbol{U}_m\dot{\delta}(\alpha)\mathrm{d}\alpha\mathrm{d}\beta + \int_{-d}^{0}\int_{\gamma}^{0}\int_{t+\beta}^{t}\dot{\delta}^{\mathrm{T}}(\alpha)\boldsymbol{R}\dot{\delta}(\alpha)\mathrm{d}\alpha\mathrm{d}\beta\mathrm{d}\gamma \tag{2.2.6}$$

$$\begin{aligned} V_5(t) = {} & 2\sum_{i=1}^{n}\int_{0}^{\boldsymbol{W}_{1m}\delta(t-d)}[\epsilon_{3k}\mathcal{F}_{1k}^{-}(\alpha) + \theta_{3i}\mathcal{F}_{1k}^{+}(\alpha)]\mathrm{d}\alpha \\ & + 2\sum_{i=1}^{n}\int_{0}^{\boldsymbol{W}_{1m}\delta(t-\varrho(t))}[\epsilon_{2k}\mathcal{F}_{1k}^{-}(\alpha) + \theta_{2i}\mathcal{F}_{1k}^{+}(\alpha)]\mathrm{d}\alpha \\ & + 2\sum_{i=1}^{n}\int_{0}^{\boldsymbol{W}_{1m}\delta(t)}[\epsilon_{1k}\mathcal{F}_{1k}^{-}(\alpha) + \theta_{1i}\mathcal{F}_{1k}^{+}(\alpha)]\mathrm{d}\alpha \end{aligned} \tag{2.2.7}$$

其中

$\tilde{\delta}_1(t) \triangleq \mathrm{col}\{\delta(t),\delta(t-\varrho(t)),\delta(t-d),\chi_1(t)\}$

$\chi_1(t) \triangleq \mathrm{col}\{\rho(t)\phi_1(t),\rho(t)\phi_2(t),\cdots,\rho(t)\phi_N(t)\}$

$\rho(t) \triangleq \mathrm{col}\{\varrho(t)\boldsymbol{E}_1,(d-\varrho(t))\boldsymbol{E}_2\}$ $(\boldsymbol{E}_1 \triangleq [\boldsymbol{I}\quad \boldsymbol{0}],\boldsymbol{E}_2 \triangleq [\boldsymbol{0}\quad \boldsymbol{I}])$

$\phi_i(t) \triangleq \mathrm{col}\{\tau_i(t),\zeta_i(t)\}$, $\tilde{\delta}_2(t) \triangleq \mathrm{col}\{\delta(t),\delta(t-\varrho(t)),\delta(t-d),\chi_2(t)\}$

$\tilde{\delta}_3(t) \triangleq \mathrm{col}\{\delta(t),\delta(t-\varrho(t)),\delta(t-d),\chi_3(t)\}$, $\chi_2(t) \triangleq \mathrm{col}\{\tau_1(t),\tau_2(t),\cdots,\tau_N(t)\}$

$\chi_3(t) \triangleq \mathrm{col}\{\zeta_1(t),\zeta_2(t),\cdots,\zeta_N(t)\}$, $\tilde{\delta}_4(t) \triangleq \mathrm{col}\{\delta(t),g(\boldsymbol{W}_{1m}(\delta(t))),\dot{\delta}(t)\}$

$\xi(t) \triangleq \mathrm{col}\{\eta(t),\eta(t-\varrho(t)),\eta(t-d),\tilde{\eta}(t),\hat{\eta}(t),\phi_1(t),\phi_2(t),\cdots,\phi_N(t)\}$

$\eta(t) \triangleq \mathrm{col}\{\delta(t),g(\boldsymbol{W}_{1m}(\delta(t)))\}$, $\tilde{\eta}(t) \triangleq \mathrm{col}\{w(t),\dot{\delta}(t)\}$

$\hat{\eta}(t) \triangleq \mathrm{col}\{\dot{\delta}(t-\varrho(t)),\dot{\delta}(t-d)\}$

注解 2.2 在这里所选取的 Lyapunov 函数并不依赖于 Legendre 多项式，$V_1(t)$是针对引理所选取的，它可以有效地减小保守性。

定理 2.1 对于每一个模态 $m\in S$，给定$(\boldsymbol{\Omega}_1,\boldsymbol{\Omega}_2,\boldsymbol{\Omega}_3,\boldsymbol{\Omega}_4)-\vartheta$ 扩展耗散性中的实矩阵 $\boldsymbol{\Omega}_{\tilde{\omega}}(\tilde{\omega}=1,2,3,4)$，标量为 ϑ 及 $d,\varrho_1,\varrho_2,\varkappa$，如果存在具有适当维数的矩阵 $\boldsymbol{P}_m>\boldsymbol{P}>0$，$\boldsymbol{G}^1>0,\boldsymbol{G}^2>0,\boldsymbol{Q}^1>0,\boldsymbol{Q}^2>0,\boldsymbol{R}>0,\tilde{\boldsymbol{Y}}_{1N},\tilde{\boldsymbol{Y}}_{2N},\boldsymbol{M}_1,\boldsymbol{M}_2,\boldsymbol{H}_{2k}\triangleq\mathrm{diag}\{\theta_{1k},\theta_{2k},\cdots,\theta_{nk}\}\geqslant 0$ $(k=1,2,3)$，$\boldsymbol{\Gamma}_l\triangleq\mathrm{diag}\{\gamma_{l1},\gamma_{l2},\cdots,\gamma_{ln}\}\geqslant 0(l=1,2,\cdots,6)$，使得下列不等式成立，则估计误差系统是扩展耗散的：

$$\boldsymbol{\mathcal{B}}_m < 0 \tag{2.2.8}$$

$$\vartheta\boldsymbol{T}_m^{\mathrm{T}}\boldsymbol{\Omega}_4\boldsymbol{T}_m - \boldsymbol{P} < 0 \tag{2.2.9}$$

$$\boldsymbol{\Psi}_{1N}(d,\dot{\varrho}(t)) \triangleq \begin{bmatrix} \tilde{\boldsymbol{\Xi}}_N(d,\dot{\varrho}(t)) & \boldsymbol{Y}_{1N}^{\mathrm{T}} \\ * & -\boldsymbol{\mathcal{U}}_m \end{bmatrix} < 0 \tag{2.2.10}$$

$$\boldsymbol{\Psi}_{2N}(0,\dot{\varrho}(t)) \triangleq \begin{bmatrix} \tilde{\boldsymbol{\Xi}}_N(0,\dot{\varrho}(t)) & \boldsymbol{Y}_{2N}^{\mathrm{T}} \\ * & -\boldsymbol{\mathcal{U}}_m \end{bmatrix} < 0 \tag{2.2.11}$$

其中

$\tilde{\delta}_1(t) \triangleq \boldsymbol{\Phi}_{11N}\xi(t)$, $\dot{\tilde{\delta}}_1(t) \triangleq \boldsymbol{\Phi}_{12N}\xi(t)$, $\tilde{\delta}_2(t) \triangleq \boldsymbol{\Phi}_{21N}\xi(t)$, $d(t)\dot{\tilde{\delta}}_2(t) \triangleq \boldsymbol{\Phi}_{22N}\xi(t)$

$\tilde{\delta}_3(t) \triangleq \boldsymbol{\Phi}_{31N}\xi(t)$, $(d-\varrho(t))\dot{\tilde{\delta}}_3(t) \triangleq \boldsymbol{\Phi}_{32N}\xi(t)$, $\tilde{\delta}_4(t) \triangleq \boldsymbol{\Phi}_{41N}\xi(t)$

$\widetilde{\delta}_4(t-\varrho(t)) \triangleq \boldsymbol{\Phi}_{42N}\xi(t)$, $\widetilde{\delta}_4(t-\varrho(t)) \triangleq \boldsymbol{\Phi}_{42N}\xi(t)$, $\boldsymbol{\psi}_{1N} \triangleq \mathrm{col}\{\boldsymbol{\imath}_1, \boldsymbol{\imath}_2, \cdots, \boldsymbol{\imath}_N\}$

$\boldsymbol{\psi}_{iN} \triangleq \mathrm{col}\{\boldsymbol{\sigma}_{i1}, \boldsymbol{\sigma}_{i2}, \cdots, \boldsymbol{\sigma}_{iN}\}$ $(i=1,2)$, $\boldsymbol{\imath}_j \triangleq \mathrm{col}\{\boldsymbol{\imath}_{1j}, \boldsymbol{\imath}_{2j}\}$, $\widetilde{\delta}_4(t-d) \triangleq \boldsymbol{\Phi}_{43N}\xi(t)$

$\boldsymbol{\Phi}_{11N} \triangleq \mathrm{col}\{\boldsymbol{E}_1\boldsymbol{e}_1, \boldsymbol{E}_1\boldsymbol{e}_2, \boldsymbol{E}_1\boldsymbol{e}_3, \rho(t)\boldsymbol{e}_6, \cdots, \rho(t)\boldsymbol{e}_{N+5}\}$

$\boldsymbol{\Phi}_{12N} \triangleq \mathrm{col}\{\boldsymbol{E}_2\boldsymbol{e}_4, (1-\dot{\varrho}(t))\boldsymbol{E}_1\boldsymbol{e}_5, \boldsymbol{E}_2\boldsymbol{e}_5, \boldsymbol{\psi}_{1N}\}$

$\boldsymbol{\Phi}_{21N} \triangleq \mathrm{col}\{\boldsymbol{E}_1\boldsymbol{e}_1, \boldsymbol{E}_1\boldsymbol{e}_2, \boldsymbol{E}_1\boldsymbol{e}_3, \boldsymbol{E}_1\boldsymbol{e}_6, \cdots, \boldsymbol{E}_1\boldsymbol{e}_{N+5}\}$

$\boldsymbol{\Phi}_{22N} \triangleq \mathrm{col}\{\rho(t)\boldsymbol{E}_2\boldsymbol{e}_4, \rho(t)(1-\dot{\varrho}(t))\boldsymbol{E}_1\boldsymbol{e}_5, \rho(t)\boldsymbol{E}_2\boldsymbol{e}_5, \boldsymbol{\psi}_{2N}\}$

$\boldsymbol{\Phi}_{31N} \triangleq \mathrm{col}\{\boldsymbol{E}_1\boldsymbol{e}_1, \boldsymbol{E}_1\boldsymbol{e}_2, \boldsymbol{E}_1\boldsymbol{e}_3, \boldsymbol{E}_2\boldsymbol{e}_6, \cdots, \boldsymbol{E}_2\boldsymbol{e}_{N+5}\}$

$\boldsymbol{\Phi}_{32N} \triangleq \mathrm{col}\{(d-\rho(t))\boldsymbol{E}_2\boldsymbol{e}_4, (d-\rho(t))(1-\dot{\varrho}(t))\boldsymbol{E}_1\boldsymbol{e}_5, (d-\rho(t))\boldsymbol{E}_2\boldsymbol{e}_5, \boldsymbol{\psi}_{3N}\}$

$\boldsymbol{\Phi}_{41N} \triangleq \mathrm{col}\{\boldsymbol{E}_1\boldsymbol{e}_1, \boldsymbol{E}_2\boldsymbol{e}_1, \boldsymbol{E}_2\boldsymbol{e}_4\}$, $\boldsymbol{\Phi}_{42N} \triangleq \mathrm{col}\{\boldsymbol{E}_1\boldsymbol{e}_2, \boldsymbol{E}_2\boldsymbol{e}_2, \boldsymbol{E}_1\boldsymbol{e}_5\}$

$\boldsymbol{\Phi}_{43N} \triangleq \mathrm{col}\{\boldsymbol{E}_1\boldsymbol{e}_3, \boldsymbol{E}_2\boldsymbol{e}_3, \boldsymbol{E}_2\boldsymbol{e}_5\}$

$$\boldsymbol{\imath}_{1j} \triangleq \begin{cases} -(1-\dot{\varrho}(t))\boldsymbol{E}_1\boldsymbol{e}_2 + \boldsymbol{E}_1\boldsymbol{e}_1 & (j=1) \\ -(1-\dot{\varrho}(t))\boldsymbol{E}_1\boldsymbol{e}_2 + (j-1)\boldsymbol{E}_1(\boldsymbol{e}_{j+4} - \dot{\varrho}(t)\boldsymbol{e}_{j+5}) & (j>1) \end{cases}$$

$$\boldsymbol{\imath}_{2j} \triangleq \begin{cases} -\boldsymbol{E}_1\boldsymbol{e}_3 + (1-\dot{\varrho}(t))\boldsymbol{E}_1\boldsymbol{e}_2 & (j=1) \\ -\boldsymbol{E}_1\boldsymbol{e}_3 + (j-1)\boldsymbol{E}_2((1-\dot{\varrho}(t))\boldsymbol{e}_{j+4} + \dot{\varrho}(t)\boldsymbol{e}_{j+5}) & (j>1) \end{cases}$$

$\boldsymbol{\sigma}_{1j} \triangleq \boldsymbol{\imath}_{1j} - \dot{\varrho}(t)\boldsymbol{E}_1\boldsymbol{e}_{j+5}$, $\boldsymbol{\sigma}_{2j} \triangleq \boldsymbol{\imath}_{2j} + \dot{\varrho}(t)\boldsymbol{E}_2\boldsymbol{e}_{j+5}$

$$\boldsymbol{\Delta}_i \triangleq \begin{bmatrix} \boldsymbol{W}_1^{\mathrm{T}}(\boldsymbol{H}_{2i}\boldsymbol{L}_1 - \boldsymbol{H}_{1i}\boldsymbol{L}_2)\boldsymbol{W}_1 \\ (\boldsymbol{H}_{1i} - \boldsymbol{H}_{2i})\boldsymbol{W}_1 \end{bmatrix} \quad (i\in\{1,2,3\}), \quad \boldsymbol{\mathcal{B}}_m \triangleq d\sum_{n\in S}\pi_{mn}\boldsymbol{U}_m - \boldsymbol{R}$$

$$\boldsymbol{Y}_1 \triangleq \boldsymbol{E}_2 - \boldsymbol{L}^-\boldsymbol{W}_{1m}\boldsymbol{E}_1, \quad \boldsymbol{Y}_2 \triangleq \boldsymbol{L}^+\boldsymbol{W}_{1m}\boldsymbol{E}_1 - \boldsymbol{E}_2, \quad \boldsymbol{\Xi}_{1N} \triangleq \boldsymbol{\Phi}_{11N}^{\mathrm{T}}\boldsymbol{P}_m\boldsymbol{\Phi}_{12N} + \boldsymbol{\Phi}_{11N}^{\mathrm{T}}\sum_{n\in S}\pi_{mn}\boldsymbol{P}_n\boldsymbol{\Phi}_{11N}$$

$\boldsymbol{\Gamma}_{1N} \triangleq \boldsymbol{\Theta}_N\boldsymbol{\Lambda}_N\mathrm{col}\{\boldsymbol{E}_1\boldsymbol{e}_1, \boldsymbol{E}_1\boldsymbol{e}_2, \boldsymbol{E}_1\boldsymbol{e}_6, \cdots, \boldsymbol{E}_1\boldsymbol{e}_{N+5}\}$

$\boldsymbol{\Gamma}_{2N} \triangleq \boldsymbol{\Theta}_N\boldsymbol{\Lambda}_N\mathrm{col}\{\boldsymbol{E}_1\boldsymbol{e}_2, \boldsymbol{E}_1\boldsymbol{e}_3, \boldsymbol{E}_2\boldsymbol{e}_6, \cdots, \boldsymbol{E}_2\boldsymbol{e}_{N+5}\}$

$\boldsymbol{\Xi}_{2N} \triangleq \dot{\varrho}(t)\boldsymbol{\Phi}_{21N}^{\mathrm{T}}\boldsymbol{G}^1\boldsymbol{\Phi}_{21N} + \mathrm{sym}(\boldsymbol{\Phi}_{21N}^{\mathrm{T}}\boldsymbol{G}^1\boldsymbol{\Phi}_{22N}) - \dot{\varrho}(t)\boldsymbol{\Phi}_{31N}^{\mathrm{T}}\boldsymbol{G}^2\boldsymbol{\Phi}_{31N} + \mathrm{sym}(\boldsymbol{\Phi}_{31N}^{\mathrm{T}}\boldsymbol{G}^2\boldsymbol{\Phi}_{32N})$

$\boldsymbol{\Xi}_{3N} \triangleq \boldsymbol{\Phi}_{41N}^{\mathrm{T}}\boldsymbol{Q}^1\boldsymbol{\Phi}_{41N} - (1-\dot{\varrho}(t))\boldsymbol{\Phi}_{42N}^{\mathrm{T}}\boldsymbol{Q}^1\boldsymbol{\Phi}_{42N} + (1-\dot{\varrho}(t))\boldsymbol{\Phi}_{42N}^{\mathrm{T}}\boldsymbol{Q}^2\boldsymbol{\Phi}_{42N} - \boldsymbol{\Phi}_{43N}^{\mathrm{T}}\boldsymbol{Q}^2\boldsymbol{\Phi}_{43N}$

$$\boldsymbol{\Xi}_{4N} \triangleq d^2\boldsymbol{e}_4^{\mathrm{T}}\boldsymbol{E}_2^{\mathrm{T}}\boldsymbol{U}_m\boldsymbol{E}_2\boldsymbol{e}_4 + \frac{d^2}{2}\boldsymbol{e}_4^{\mathrm{T}}\boldsymbol{E}_2^{\mathrm{T}}\boldsymbol{R}\boldsymbol{E}_2\boldsymbol{e}_4$$

$\boldsymbol{\Xi}_{5N} \triangleq \mathrm{sym}(\boldsymbol{e}_1^{\mathrm{T}}\boldsymbol{\Delta}_1\boldsymbol{E}_2\boldsymbol{e}_4 + (1-\dot{\varrho}(t))\boldsymbol{e}_2^{\mathrm{T}}\boldsymbol{\Delta}_2\boldsymbol{E}_1\boldsymbol{e}_5 + \boldsymbol{e}_3^{\mathrm{T}}\boldsymbol{\Delta}_3\boldsymbol{E}_2\boldsymbol{e}_5)$

$\boldsymbol{\Xi}_{6N} \triangleq \boldsymbol{\Gamma}_{1N}^{\mathrm{T}}\boldsymbol{Y}_{1N} + \boldsymbol{Y}_{1N}^{\mathrm{T}}\boldsymbol{\Gamma}_{1N} + \boldsymbol{\Gamma}_{2N}^{\mathrm{T}}\boldsymbol{Y}_{2N} + \boldsymbol{Y}_{2N}^{\mathrm{T}}\boldsymbol{\Gamma}_{2N}$

$$\begin{aligned}\boldsymbol{\Xi}_{7N} \triangleq{}& \mathrm{sym}\Big[\sum_{i=1}^{3}\boldsymbol{e}_i^{\mathrm{T}}\boldsymbol{Y}_1^{\mathrm{T}}\boldsymbol{\Gamma}_i\boldsymbol{Y}_2\boldsymbol{e}_i + \sum_{i=1}^{2}(\boldsymbol{e}_i - \boldsymbol{e}_{i+1})^{\mathrm{T}}\boldsymbol{Y}_1^{\mathrm{T}}\boldsymbol{\Gamma}_{i+3}\boldsymbol{Y}_2(\boldsymbol{e}_i - \boldsymbol{e}_{i+1}) + (\boldsymbol{e}_1 - \boldsymbol{e}_3)^{\mathrm{T}}\boldsymbol{Y}_1^{\mathrm{T}} \\ &\times\boldsymbol{\Gamma}_6\boldsymbol{Y}_2(\boldsymbol{e}_1 - \boldsymbol{e}_3)\Big] - (1-\vartheta)[\boldsymbol{e}_1^{\mathrm{T}}\boldsymbol{E}_1^{\mathrm{T}}\boldsymbol{T}_m^{\mathrm{T}}\boldsymbol{\Omega}_1\boldsymbol{T}_m\boldsymbol{E}_1\boldsymbol{e}_1 + \mathrm{sym}(\boldsymbol{e}_1^{\mathrm{T}}\boldsymbol{E}_1^{\mathrm{T}}\boldsymbol{T}_m^{\mathrm{T}}\boldsymbol{\Omega}_2\boldsymbol{E}_1\boldsymbol{e}_4)] \\ &+ \boldsymbol{e}_4^{\mathrm{T}}\boldsymbol{E}_1^{\mathrm{T}}\boldsymbol{\Omega}_3\boldsymbol{E}_1\boldsymbol{e}_4\end{aligned}$$

$$\begin{aligned}\boldsymbol{\Xi}_{8N} \triangleq{}& \varkappa\boldsymbol{e}_1^{\mathrm{T}}\boldsymbol{E}_1^{\mathrm{T}}\boldsymbol{M}_2\boldsymbol{E}_2\boldsymbol{e}_4 + \varkappa\boldsymbol{e}_1^{\mathrm{T}}\boldsymbol{E}_1^{\mathrm{T}}\boldsymbol{M}_2(\boldsymbol{A}_m + \boldsymbol{K}_m\boldsymbol{C}_m)\boldsymbol{E}_1\boldsymbol{e}_1 + \varkappa\boldsymbol{e}_1^{\mathrm{T}}\boldsymbol{E}_1^{\mathrm{T}}\boldsymbol{M}_2\boldsymbol{K}_m\boldsymbol{D}_m\boldsymbol{E}_1\boldsymbol{e}_2 \\ &- \varkappa\boldsymbol{e}_1^{\mathrm{T}}\boldsymbol{E}_1^{\mathrm{T}}\boldsymbol{M}_2\boldsymbol{W}_{0m}\boldsymbol{E}_2\boldsymbol{e}_2 - \varkappa\boldsymbol{e}_1^{\mathrm{T}}\boldsymbol{E}_1^{\mathrm{T}}\boldsymbol{M}_2(\boldsymbol{B}_{1m} - \boldsymbol{K}_m\boldsymbol{B}_{2m})\boldsymbol{E}_1\boldsymbol{e}_4 + \boldsymbol{e}_4^{\mathrm{T}}\boldsymbol{E}_2^{\mathrm{T}}\boldsymbol{M}_2\boldsymbol{E}_2\boldsymbol{e}_4 \\ &+ \boldsymbol{e}_4^{\mathrm{T}}\boldsymbol{E}_2^{\mathrm{T}}\boldsymbol{M}_2(\boldsymbol{A}_m + \boldsymbol{K}_m\boldsymbol{C}_m)\boldsymbol{E}_1\boldsymbol{e}_1 + \boldsymbol{e}_4^{\mathrm{T}}\boldsymbol{E}_2^{\mathrm{T}}\boldsymbol{M}_2\boldsymbol{K}_m\boldsymbol{D}_m\boldsymbol{E}_1\boldsymbol{e}_2 - \boldsymbol{e}_4^{\mathrm{T}}\boldsymbol{E}_2^{\mathrm{T}}\boldsymbol{M}_2\boldsymbol{W}_{0m}\boldsymbol{E}_2\boldsymbol{e}_2 \\ &- \boldsymbol{e}_4^{\mathrm{T}}\boldsymbol{E}_2^{\mathrm{T}}\boldsymbol{M}_2(\boldsymbol{B}_{1m} - \boldsymbol{K}_m\boldsymbol{B}_{2m})\boldsymbol{E}_1\boldsymbol{e}_4\end{aligned}$$

$$\tilde{\Xi}_N(\varrho(t),\dot{\varrho}(t)) \triangleq \sum_{i-1}^{8} \boldsymbol{\Xi}_{iN}$$

其中，$\boldsymbol{e}_1,\boldsymbol{e}_2,\cdots,\boldsymbol{e}_{N+5}$是块矩阵，使得 $\mathrm{col}\{\boldsymbol{e}_1,\boldsymbol{e}_2,\cdots,\boldsymbol{e}_{N+5}\}=\boldsymbol{I}$。

证明 所选择的 Lyapunov 函数如式(2.2.3)～式(2.2.6)所示，令 $\mathcal{L}$ 为弱无穷小算子，可以得到

$$\mathbb{E}\{\mathcal{L}V(t)\} = \sum_{i=1}^{5}\mathbb{E}\{\mathcal{L}V_i(t)\}$$

$$\mathbb{E}\{\mathcal{L}V_1(t)\} = \mathrm{sym}(\tilde{\delta}_1^{\mathrm{T}}(t)\boldsymbol{P}_m\dot{\tilde{\delta}}_1(t)) + \tilde{\delta}_1^{\mathrm{T}}(t)\sum_{n\in S}\pi_{mn}\boldsymbol{P}_n\tilde{\delta}_1(t) \tag{2.2.12}$$

$$\begin{aligned}\mathbb{E}\{\mathcal{L}V_2(t)\} =& \mathrm{sym}(\tilde{\delta}_3^{\mathrm{T}}(t)\boldsymbol{G}^2[(d-\varrho(t))\dot{\tilde{\delta}}_3(t)]) - \dot{\varrho}(t)\tilde{\delta}_3^{\mathrm{T}}(t)\boldsymbol{G}^2\tilde{\delta}_3(t)\\&+\mathrm{sym}(\tilde{\delta}_2^{\mathrm{T}}(t)\boldsymbol{G}^1[\varrho(t)\dot{\tilde{\delta}}_2(t)]) + \dot{\varrho}(t)\tilde{\delta}_2^{\mathrm{T}}(t)\boldsymbol{G}^1\tilde{\delta}_2(t)\end{aligned} \tag{2.2.13}$$

$$\begin{aligned}\mathbb{E}\{\mathcal{L}V_3(t)\} =& \tilde{\delta}_4^{\mathrm{T}}(t)\boldsymbol{Q}^1\tilde{\delta}_4(t) - (1-\dot{\varrho}(t))\tilde{\delta}_4^{\mathrm{T}}(t-\varrho(t))\boldsymbol{Q}^1\tilde{\delta}_4(t-\varrho(t))\\&+(1-\dot{\varrho}(t))\tilde{\delta}_4^{\mathrm{T}}(t-\varrho(t))\boldsymbol{Q}^2\tilde{\delta}_4(t-\varrho(t))\\&-\tilde{\delta}_4^{\mathrm{T}}(t-d)\boldsymbol{Q}^2\tilde{\delta}_4(t-d)\end{aligned} \tag{2.2.14}$$

$$\begin{aligned}\mathbb{E}\{\mathcal{L}V_4(t)\} =& \int_{-d}^{0}\int_{t+\beta}^{t}\dot{\delta}^{\mathrm{T}}(\alpha)[d\sum_{n\in S}\pi_{mn}\boldsymbol{U}_m - \boldsymbol{R}]\dot{\delta}(\alpha)\mathrm{d}\alpha\mathrm{d}\beta + d^2\dot{\delta}^{\mathrm{T}}(t)\boldsymbol{U}_m\dot{\delta}(t)\\&+\frac{d^2}{2}\dot{\delta}^{\mathrm{T}}(t)\boldsymbol{R}\dot{\delta}(t) - d\int_{t-d}^{t}\dot{\delta}^{\mathrm{T}}(\alpha)\boldsymbol{U}_m\dot{\delta}(\alpha)\mathrm{d}\alpha\end{aligned} \tag{2.2.15}$$

$$\begin{aligned}\mathbb{E}\{\mathcal{L}V_5(t)\} =& \mathrm{sym}(\eta^{\mathrm{T}}(t)\boldsymbol{\Delta}_1\dot{\delta}(t)) + \mathrm{sym}(\eta^{\mathrm{T}}(t-d)\boldsymbol{\Delta}_3\dot{\delta}(t-d))\\&+\mathrm{sym}((1-\dot{\varrho}(t))\eta^{\mathrm{T}}(t-\varrho(t))\boldsymbol{\Delta}_2\dot{\delta}(t-\varrho(t)))\end{aligned} \tag{2.2.16}$$

由于 $\boldsymbol{\mathcal{B}}_m<0$，不难得到下列不等式：

$$\mathbb{E}\{\mathcal{L}V(t)\} < \xi^{\mathrm{T}}(t)\left(\sum_{i=1}^{5}\boldsymbol{\Xi}_{iN} - d\int_{t-\varrho(t)}^{t}\dot{\delta}^{\mathrm{T}}(\alpha)\boldsymbol{U}_m\dot{\delta}(\alpha)\mathrm{d}\alpha - d\int_{t-d}^{t-\varrho(t)}\dot{\delta}^{\mathrm{T}}(\alpha)\boldsymbol{U}_m\dot{\delta}(\alpha)\mathrm{d}\alpha\right)\xi(t)$$

依据引理，可以得到

$$-d\int_{t-\varrho(t)}^{t}\dot{\delta}^{\mathrm{T}}(\alpha)\boldsymbol{U}_m\dot{\delta}(\alpha)\mathrm{d}\alpha \leqslant \xi^{\mathrm{T}}(t)(d\boldsymbol{\Gamma}_{1N}^{\mathrm{T}}\tilde{\boldsymbol{M}}_{1N} + d\tilde{\boldsymbol{M}}_{1N}^{\mathrm{T}}\boldsymbol{\Gamma}_{1N} + d\varrho(t)\tilde{\boldsymbol{M}}_{1N}^{\mathrm{T}}\boldsymbol{U}_m^{-1}\tilde{\boldsymbol{M}}_{1N})\xi(t)$$

$$-d\int_{t-d}^{t-\varrho(t)}\dot{\delta}^{\mathrm{T}}(\alpha)\boldsymbol{U}_m\dot{\delta}(\alpha)\mathrm{d}\alpha \leqslant \xi^{\mathrm{T}}(t)(d\boldsymbol{\Gamma}_{2N}^{\mathrm{T}}\tilde{\boldsymbol{M}}_{2N} + d\tilde{\boldsymbol{M}}_{2N}^{\mathrm{T}}\boldsymbol{\Gamma}_{2N} + d(d-\varrho(t))\tilde{\boldsymbol{M}}_{2N}^{\mathrm{T}}\boldsymbol{U}_m^{-1}\tilde{\boldsymbol{M}}_{2N})\xi(t)$$

令 $\tilde{\boldsymbol{Y}}_{1N}=d\tilde{\boldsymbol{M}}_{1N}$，$\tilde{\boldsymbol{Y}}_{2N}=d\tilde{\boldsymbol{M}}_{2N}$，可以推导出

$$-d\int_{t-\varrho(t)}^{t}\dot{\delta}^{\mathrm{T}}(\alpha)\boldsymbol{U}_m\dot{\delta}(\alpha)\mathrm{d}\alpha \leqslant \xi^{\mathrm{T}}(t)\left(\boldsymbol{\Gamma}_{1N}^{\mathrm{T}}\tilde{\boldsymbol{Y}}_{1N} + \tilde{\boldsymbol{Y}}_{1N}^{\mathrm{T}}\boldsymbol{\Gamma}_{1N} + \frac{\varrho(t)}{d}\tilde{\boldsymbol{Y}}_{1N}^{\mathrm{T}}\boldsymbol{U}_m^{-1}\tilde{\boldsymbol{Y}}_{1N}\right)\xi(t)$$

$$-d\int_{t-d}^{t-\varrho(t)}\dot{\delta}^{\mathrm{T}}(\alpha)\boldsymbol{U}_m\dot{\delta}(\alpha)\mathrm{d}\alpha\xi(t) \leqslant \xi^{\mathrm{T}}(t)\left(\boldsymbol{\Gamma}_{2N}^{\mathrm{T}}\tilde{\boldsymbol{Y}}_{2N} + \tilde{\boldsymbol{Y}}_{2N}^{\mathrm{T}}\boldsymbol{\Gamma}_{2N} + \left(1-\frac{\varrho(t)}{d}\right)\tilde{\boldsymbol{Y}}_{2N}^{\mathrm{T}}\boldsymbol{U}_m^{-1}\tilde{\boldsymbol{Y}}_{2N}\right)\xi(t)$$

令 $\mu=\dfrac{\varrho(t)}{d}$，可以得到下列不等式：

$$-d\int_{t-\varrho(t)}^{t}\dot{\delta}^{\mathrm{T}}(\alpha)\boldsymbol{U}_m\dot{\delta}(\alpha)\mathrm{d}\alpha \leqslant \xi^{\mathrm{T}}(t)(\boldsymbol{\Gamma}_{1N}^{\mathrm{T}}\tilde{\boldsymbol{Y}}_{1N} + \tilde{\boldsymbol{Y}}_{1N}^{\mathrm{T}}\boldsymbol{\Gamma}_{1N} + \mu\tilde{\boldsymbol{Y}}_{1N}^{\mathrm{T}}\boldsymbol{\mathcal{U}}_m^{-1}\tilde{\boldsymbol{Y}}_{1N})\xi(t)$$

$$-d\int_{t-d}^{t-\varrho(t)}\dot{\delta}^{\mathrm{T}}(\alpha)\boldsymbol{U}_m\dot{\delta}(\alpha)\mathrm{d}\alpha\xi(t) \leqslant \xi^{\mathrm{T}}(t)(\boldsymbol{\Gamma}_{2N}^{\mathrm{T}}\tilde{\boldsymbol{Y}}_{2N} + \tilde{\boldsymbol{Y}}_{2N}^{\mathrm{T}}\boldsymbol{\Gamma}_{2N} + (1-\mu)\tilde{\boldsymbol{Y}}_{2N}^{\mathrm{T}}\boldsymbol{\mathcal{U}}_m^{-1}\tilde{\boldsymbol{Y}}_{2N})\xi(t)$$

对上述不等式进行整合,可以得到

$$\mathbb{E}\{\mathcal{L}V(t)\}<\xi^{\mathrm{T}}(t)\Big(\sum_{i=1}^{6}\boldsymbol{\Xi}_{iN}+\mu\widetilde{\boldsymbol{Y}}_{1N}^{\mathrm{T}}\boldsymbol{\mathcal{U}}_m^{-1}\widetilde{\boldsymbol{Y}}_{1N}+(1-\mu)\widetilde{\boldsymbol{Y}}_{2N}^{\mathrm{T}}\boldsymbol{\mathcal{U}}_m^{-1}\widetilde{\boldsymbol{Y}}_{2N}\Big)\xi(t) \tag{2.2.17}$$

令 $\boldsymbol{\Gamma}_l=\mathrm{diag}\{\gamma_{l1},\gamma_{l2},\cdots,\gamma_{ln}\}\geqslant 0(l=1,2,\cdots,6)$,并根据前文的假设 2.1,可以得到

$$-2[f(q_c)-\boldsymbol{L}_2q_c]^{\mathrm{T}}\boldsymbol{\Gamma}_c[f(q_c-\boldsymbol{L}_1q_c)]\geqslant 0$$

$$-2[f(q_i)-f(q_j)-\boldsymbol{L}_2(q_i-q_j)]^{\mathrm{T}}\boldsymbol{\Gamma}_{2j-i+1}[f(q_i)-f(q_j)-\boldsymbol{L}_1(q_i-q_j)]\geqslant 0$$

式中,$c=1,2,3$, $i=1,2$, $j=2,3$, $j>i$, $q_1\triangleq\boldsymbol{W}_{1m}\delta(t)$, $q_2\triangleq\boldsymbol{W}_{1m}\delta(t-\varrho(t))$, $q_3\triangleq\boldsymbol{W}_{1m}\delta(t-d)$。接下来,可以推导出

$$0\leqslant 2\xi^{\mathrm{T}}(t)\Big[\sum_{i=1}^{3}\boldsymbol{e}_i^{\mathrm{T}}\boldsymbol{Y}_1^{\mathrm{T}}\boldsymbol{\Gamma}_i\boldsymbol{Y}_2\boldsymbol{e}_i+\sum_{i=1}^{2}\sum_{j=2,j>i}^{3}(\boldsymbol{e}_i-\boldsymbol{e}_j)^{\mathrm{T}}\boldsymbol{Y}_1^{\mathrm{T}}\boldsymbol{\Gamma}_{2j-i+1}\boldsymbol{Y}_2(\boldsymbol{e}_i-\boldsymbol{e}_j)\Big]\xi(t) \tag{2.2.18}$$

此外,对于任意具有适当维数的矩阵 $\boldsymbol{M}_1,\boldsymbol{M}_2,\boldsymbol{M}_1\triangleq\varkappa\boldsymbol{M}_2$,可以得到下列等式:

$$\begin{aligned}0=&[\delta^{\mathrm{T}}(t)\boldsymbol{M}_1+\dot{\delta}^{\mathrm{T}}(t)\boldsymbol{M}_2][\dot{\delta}^{\mathrm{T}}(t)+(\boldsymbol{A}_m+\boldsymbol{K}_m\boldsymbol{C}_m)\delta(t)+\boldsymbol{K}_m\boldsymbol{D}_m\delta(t-\varrho(t))\\&-\boldsymbol{W}_{0m}g[\boldsymbol{W}_{1m}\delta(t-\varrho(t))-(\boldsymbol{B}_{1m}-\boldsymbol{K}_m\boldsymbol{B}_{2m})w(t)]\end{aligned} \tag{2.2.19}$$

通过调节标量 ϑ 为 1 或 0,式(2.1.8)可以转化为 l_2-l_∞ 性能指标或正常的耗散性能指标。从这个角度出发,可以考虑 $\vartheta=0$ 或 $\vartheta=1$ 两种情况。

首先,记

$$O(\boldsymbol{\Omega}_1,\boldsymbol{\Omega}_2,\boldsymbol{\Omega}_3,t)\triangleq(1-\vartheta)[z_\delta^{\mathrm{T}}(t)\boldsymbol{\Omega}_1z_\delta(t)+2z_\delta^{\mathrm{T}}(t)\boldsymbol{\Omega}_2w(t)]+w^{\mathrm{T}}(t)\boldsymbol{\Omega}_3w(t) \tag{2.2.20}$$

不难得到下列不等式:

$$\mathbb{E}\{\mathcal{L}V(t)-O(\boldsymbol{\Omega}_1,\boldsymbol{\Omega}_2,\boldsymbol{\Omega}_3,t)\}<\xi^{\mathrm{T}}(t)\Big(\sum_{i=1}^{8}\boldsymbol{\Xi}_{iN}+\mu\widetilde{\boldsymbol{Y}}_{1N}^{\mathrm{T}}\boldsymbol{\mathcal{U}}_m^{-1}\widetilde{\boldsymbol{Y}}_{1N}+(1-\mu)\widetilde{\boldsymbol{Y}}_{2N}^{\mathrm{T}}\boldsymbol{\mathcal{U}}_m^{-1}\widetilde{\boldsymbol{Y}}_{2N}\Big)\xi(t) \tag{2.2.21}$$

根据式(2.2.10)和式(2.2.11)及 Schur 补引理,可以得到式(2.2.21)小于零。

当 $\vartheta=1$ 时,应用 Dynkin 公式,在零初值条件下,根据 $0\leqslant t\leqslant F$,可以得到

$$\mathbb{E}\{V(t)\}\leqslant\mathbb{E}\Big\{\int_0^t w^{\mathrm{T}}(t)\boldsymbol{\Omega}_3w(t)\mathrm{d}t\Big\}\leqslant\mathbb{E}\Big\{\int_0^F w^{\mathrm{T}}(t)\boldsymbol{\Omega}_3w(t)\mathrm{d}t\Big\}$$

$$\mathbb{E}\{\delta^{\mathrm{T}}(t)\boldsymbol{P}\delta(t)\}\leqslant\mathbb{E}\Big\{\int_0^F w^{\mathrm{T}}(t)\boldsymbol{\Omega}_3w(t)\mathrm{d}t\Big\}$$

基于 $\vartheta\boldsymbol{T}_m^{\mathrm{T}}\boldsymbol{\Omega}_4\boldsymbol{T}_m-\boldsymbol{P}<0$,可以很容易地推导出下列不等式:

$$\delta^{\mathrm{T}}(t)\vartheta\boldsymbol{T}_m^{\mathrm{T}}\boldsymbol{\Omega}_4\boldsymbol{T}_m\delta(t)-\delta^{\mathrm{T}}(t)\boldsymbol{P}\delta(t)<0$$

$$\vartheta\delta^{\mathrm{T}}(t)\boldsymbol{T}_m^{\mathrm{T}}\boldsymbol{\Omega}_4\boldsymbol{T}_m\delta(t)<\int_0^F w^{\mathrm{T}}(t)\boldsymbol{\Omega}_3w(t)\mathrm{d}t$$

$$\vartheta\,\mathbb{E}\{z_\delta^{\mathrm{T}}(t)\boldsymbol{\Omega}_4z_\delta(t)\}<\mathbb{E}\Big\{\int_0^F w^{\mathrm{T}}(t)\boldsymbol{\Omega}_3w(t)\mathrm{d}t\Big\}$$

在这种情况下,当 $\vartheta=1$ 时,满足$(\boldsymbol{\Omega}_1,\boldsymbol{\Omega}_2,\boldsymbol{\Omega}_3,\boldsymbol{\Omega}_4)-\vartheta$ 扩展耗散性。

在另一种情况下,如果 $\vartheta=0$,可以得到以下不等式:

$$0\leqslant\mathbb{E}\{\delta^{\mathrm{T}}(t)\boldsymbol{P}\delta(t)\}\leqslant V(0)+\mathbb{E}\Big\{\int_0^F\Omega(t)\mathrm{d}t\Big\}$$

在零初值条件下，可以很容易地得到 $0 \leqslant \mathbb{E}\left\{\int_0^F \Omega(t)\mathrm{d}t\right\}$，因此满足$(\boldsymbol{\Omega}_1, \boldsymbol{\Omega}_2, \boldsymbol{\Omega}_3, \boldsymbol{\Omega}_4) - \vartheta$ 扩展耗散性。证毕。

2.2.2 状态估计器的设计

定理 2.2 对于每一个模态 $m \in S$，给定$(\boldsymbol{\Omega}_1, \boldsymbol{\Omega}_2, \boldsymbol{\Omega}_3, \boldsymbol{\Omega}_4) - \vartheta$ 扩展耗散性中的实矩阵 $\boldsymbol{\Omega}_{\tilde{\omega}}(\tilde{\omega}=1,2,3,4)$，标量为 $\vartheta, d, \varrho_1, \varrho_2, \varkappa$，如果存在具有适当维数的矩阵 $\boldsymbol{P}_m > \boldsymbol{P} > 0$，$\boldsymbol{G}^1 > 0, \boldsymbol{G}^2 > 0, \boldsymbol{Q}^1 > 0, \boldsymbol{Q}^2 > 0, \boldsymbol{R} > 0, \boldsymbol{J}_m, \widetilde{\boldsymbol{Y}}_{1N}, \widetilde{\boldsymbol{Y}}_{2N}, \boldsymbol{M}_1, \boldsymbol{M}_2$，同时定义 $\boldsymbol{H}_{1k} \triangleq \mathrm{diag}\{\epsilon_{1k}, \epsilon_{2k}, \cdots, \epsilon_{nk}\} \geqslant 0, \boldsymbol{H}_{2k} \triangleq \mathrm{diag}\{\theta_{1k}, \theta_{2k}, \cdots, \theta_{nk}\} \geqslant 0 (k=1,2,3), \boldsymbol{\Gamma}_l \triangleq \mathrm{diag}\{\gamma_{l1}, \gamma_{l2}, \cdots, \gamma_{ln}\} \geqslant 0 (l=1,2,\cdots,6)$，使得下列不等式成立，则估计误差系统是扩展耗散的：

$$\rho \boldsymbol{T}_m^{\mathrm{T}} \boldsymbol{\Omega}_4 \boldsymbol{T}_m - \boldsymbol{P} < 0 \tag{2.2.22}$$

$$\boldsymbol{\Psi}_{1N}(d, \dot{\varrho}(t)) \triangleq \begin{bmatrix} \overline{\boldsymbol{\Xi}}_N(d, \dot{\varrho}(t)) & \boldsymbol{Y}_{1N}^{\mathrm{T}} \\ * & -\boldsymbol{\mathcal{U}}_m \end{bmatrix} < 0 \tag{2.2.23}$$

$$\boldsymbol{\Psi}_{2N}(0, \dot{\varrho}(t)) \triangleq \begin{bmatrix} \overline{\boldsymbol{\Xi}}_N(0, \dot{\varrho}(t)) & \boldsymbol{Y}_{2N}^{\mathrm{T}} \\ * & -\boldsymbol{\mathcal{U}}_m \end{bmatrix} < 0 \tag{2.2.24}$$

其中

$$\begin{aligned} \widetilde{\boldsymbol{\Xi}}_{8N} \triangleq\ & \boldsymbol{e}_1^{\mathrm{T}} \boldsymbol{E}_1^{\mathrm{T}} \boldsymbol{M}_1 \boldsymbol{E}_2 \boldsymbol{e}_4 + \boldsymbol{e}_1^{\mathrm{T}} \boldsymbol{E}_1^{\mathrm{T}} \boldsymbol{M}_1 \boldsymbol{A}_m \boldsymbol{E}_1 \boldsymbol{e}_1 + \varkappa \boldsymbol{e}_1^{\mathrm{T}} \boldsymbol{E}_1^{\mathrm{T}} \boldsymbol{J}_m \boldsymbol{C}_m \boldsymbol{E}_1 \boldsymbol{e}_1 + \varkappa \boldsymbol{e}_1^{\mathrm{T}} \boldsymbol{E}_1^{\mathrm{T}} \boldsymbol{J}_m \boldsymbol{D}_m \boldsymbol{E}_1 \boldsymbol{e}_2 \\ & - \boldsymbol{e}_1^{\mathrm{T}} \boldsymbol{E}_1^{\mathrm{T}} \boldsymbol{M}_1 \boldsymbol{W}_{0m} \boldsymbol{E}_2 \boldsymbol{e}_2 - \boldsymbol{e}_1^{\mathrm{T}} \boldsymbol{E}_1^{\mathrm{T}} \boldsymbol{M}_1 \boldsymbol{B}_{1m} \boldsymbol{E}_1 \boldsymbol{e}_4 + \varkappa \boldsymbol{e}_1^{\mathrm{T}} \boldsymbol{E}_1^{\mathrm{T}} \boldsymbol{J}_m \boldsymbol{B}_{2m} \boldsymbol{E}_1 \boldsymbol{e}_4 + \boldsymbol{e}_4^{\mathrm{T}} \boldsymbol{E} 2 \boldsymbol{M}_2 \boldsymbol{E}_2 \boldsymbol{e}_4 \\ & + \boldsymbol{e}_4^{\mathrm{T}} \boldsymbol{E}_2^{\mathrm{T}} \boldsymbol{M}_2 \boldsymbol{A}_m \boldsymbol{E}_1 \boldsymbol{e}_1 + \boldsymbol{e}_4^{\mathrm{T}} \boldsymbol{E}_2^{\mathrm{T}} \boldsymbol{J}_m \boldsymbol{C}_m \boldsymbol{E}_1 \boldsymbol{e}_1 + \boldsymbol{e}_4^{\mathrm{T}} \boldsymbol{E}_2^{\mathrm{T}} \boldsymbol{J}_m \boldsymbol{D}_m \boldsymbol{E}_1 \boldsymbol{e}_2 - \boldsymbol{e}_4^{\mathrm{T}} \boldsymbol{E}_2^{\mathrm{T}} \boldsymbol{M}_2 \boldsymbol{W}_{0m} \boldsymbol{E}_2 \boldsymbol{e}_2 \\ & - \boldsymbol{e}_4^{\mathrm{T}} \boldsymbol{E}_2^{\mathrm{T}} \boldsymbol{M}_2 \boldsymbol{B}_{1m} \boldsymbol{E}_1 \boldsymbol{e}_4 + \boldsymbol{e}_4^{\mathrm{T}} \boldsymbol{E}_2^{\mathrm{T}} \boldsymbol{J}_m \boldsymbol{B}_{2m} \boldsymbol{E}_1 \boldsymbol{e}_4 \end{aligned}$$

$$\overline{\boldsymbol{\Xi}}_N(\varrho(t), \dot{\varrho}(t)) \triangleq \sum_{i=1}^{7} \boldsymbol{\Xi}_{iN} + \widetilde{\boldsymbol{\Xi}}_{8N}$$

可得估计器增益矩阵 $\boldsymbol{K}_m$ 为

$$\boldsymbol{K}_m \triangleq \boldsymbol{M}_2^{-1} \boldsymbol{J}_m$$

证明 通过引入一个新的矩阵 $\boldsymbol{J}_m$，并且令 $\boldsymbol{J}_m \triangleq \boldsymbol{M}_2 \boldsymbol{K}_m$，可以很容易地运用与定理 2.1 的证明相似的方法来推导定理 2.2 中的条件，这里省略证明过程。

2.3 仿真验证

考虑式(2.1.1)中的神经网络模型，系统参数如下所示：

$$\boldsymbol{A}_1 = \mathrm{diag}\{8,8\}, \quad \boldsymbol{A}_2 = \mathrm{diag}\{16,16\}$$

$$c_1^+ = c_2^+ = \boldsymbol{I}, \quad c_1^- = c_2^- = 0$$

$$\boldsymbol{B}_{11} = \begin{bmatrix} 0.2 & 0.3 \\ 0.05 & 0.1 \end{bmatrix}, \quad \boldsymbol{B}_{12} = \begin{bmatrix} 0.5 & 0.4 \\ 0.5 & 0.2 \end{bmatrix}$$

$$\boldsymbol{B}_{21} = \begin{bmatrix} -0.5 & -0.3 \\ 0.7 & 0.8 \end{bmatrix}, \quad \boldsymbol{B}_{22} = \begin{bmatrix} -0.2 & -0.1 \\ 0.4 & 0.5 \end{bmatrix}$$

$$\boldsymbol{C}_1 = \begin{bmatrix} 0.78 & 0.13 \\ 0.26 & 0.65 \end{bmatrix}, \quad \boldsymbol{C}_2 = \begin{bmatrix} 0.65 & 0 \\ 0.52 & 0.39 \end{bmatrix}$$

$$\boldsymbol{D}_1 = \begin{bmatrix} 1.32 & 0.44 \\ 0.66 & 1.10 \end{bmatrix}, \quad \boldsymbol{D}_2 = \begin{bmatrix} 0.66 & 0.44 \\ 0.66 & 1.32 \end{bmatrix}$$

$$\boldsymbol{W}_{01} = \begin{bmatrix} -0.2 & 0.3 \\ -0.05 & 0.1 \end{bmatrix}, \quad \boldsymbol{W}_{02} = \begin{bmatrix} 0.5 & 0.4 \\ 0.5 & 0.2 \end{bmatrix}$$

$$\boldsymbol{W}_{11} = \begin{bmatrix} -0.5 & -0.1 \\ 0.6 & 0.8 \end{bmatrix}, \quad \boldsymbol{W}_{12} = \begin{bmatrix} -0.3 & -0.6 \\ 0.7 & 0.2 \end{bmatrix}$$

$$\boldsymbol{T}_1 = \begin{bmatrix} 0.801 & 0.302 \\ 0.603 & 0.499 \end{bmatrix}, \quad \boldsymbol{T}_2 = \begin{bmatrix} 0.795 & 0.305 \\ 0.599 & 0.503 \end{bmatrix}$$

利用 Matlab 软件中的线性矩阵不等式(Linear Matrix Inequality, LMI)工具箱,可以计算出相应的估计器增益矩阵:

$$\boldsymbol{K}_1 = \begin{bmatrix} -0.1089 & 0.2779 \\ -0.0509 & 0.0803 \end{bmatrix}, \quad \boldsymbol{K}_2 = \begin{bmatrix} -1.3913 & 0.5326 \\ -1.0738 & 0.4098 \end{bmatrix}$$

结合上述参数,利用状态估计器,可以得到图 2.1 中的估计误差系统的状态响应。其中,$x(0) = x(-1) = x(-2) = x(-3) = [-0.25 \quad 0.2]^{\mathrm{T}}$,选择如下函数:

$$w(t) = \sin(t)e^{-5t} \qquad \varrho(t) = 0.6 + 0.3\sin(8t/3)$$

$$g(\boldsymbol{W}_{1m}x(t - \varrho(t))) = 1.4\tanh(\boldsymbol{W}_{1m}x(t - \varrho(t)))$$

从图 2.1 可以看出,估计误差可以快速收敛到零,证明了本章设计的状态估计器可以跟踪被观测的原系统,同时也证明了本章方法的有效性。

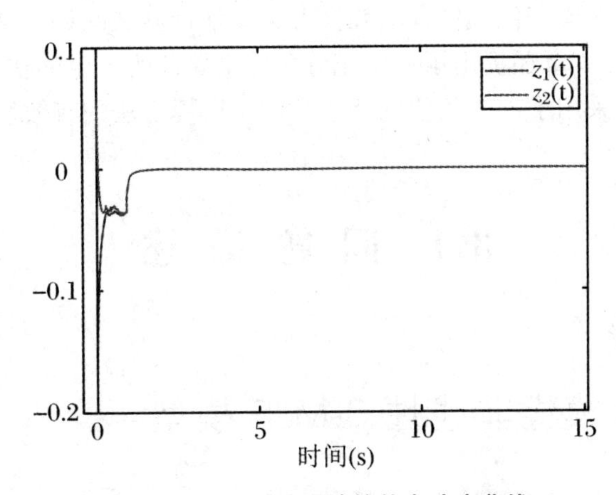

图 2.1 估计误差系统的状态响应曲线

第3章 非线性 Semi-Markov 切换系统的非脆弱扩展耗散状态估计

切换系统可以很好地模拟许多具有参数和结构变化的实际系统，在一些实际应用中被广泛采用。在目前的研究中，Markov 过程（Markov Process，MP）和 Semi-Markov 过程（Semi-Markov Process，S-MP）通常被用来描述这些系统。其中，由于系统状态逗留时间的指数概率分布是无记忆的，因此 MP 的转移率是恒定的，与过去的状态无关。然而，当实际系统的概率分布不满足所谓的无记忆特性时，MP 就不适用了。与 MP 相比，S-MP 的特点是转移率矩阵和驻留时间的概率密度函数（Probability Density Function，PDF）矩阵是可变的。由于放宽了 PDF 矩阵的限制，S-MP 已被用于描述具有开关特性的系统。如今，涉及 Semi-Markov 切换系统（Semi-Markov Jump System，S-MJS）的丰富研究结果已经发表[64-67]。

本章通过 T-S 模糊模型研究了一类非线性 S-MJS 的扩展耗散估计问题。考虑到估计器中存在加法增益变化，因此采用非脆弱策略来缓解这种情况造成的不利影响，以扩大适用范围。另外，与单一的模态依赖估计器或模态独立估计器相比，本章建立了混合估计器，它可以充分利用加权参数，在模态依赖估计器和模态独立估计器之间调整估计器的形式，以满足一些复杂的实际情况。本章还提出了一些充分条件来保证所产生的估计误差系统的渐近稳定性和扩展耗散性，并采用了一个数值的例子证明了所提方法的有效性。

3.1 问题描述

3.1.1 T-S 模糊非线性 S-MJS 模型

考虑一类由 T-S 模糊模型描述的非线性 S-MJS 模型。

系统规则：如果 $s_1(t)$ 是 N_{1m}，$s_\theta(t)$ 是 $N_{\theta m}$，那么

$$\begin{cases}\dot{x}(t) = \boldsymbol{A}_m(\zeta(t))x(t) + \boldsymbol{B}_m(\zeta(t))\omega(t)\\ y(t) = \boldsymbol{L}_m(\zeta(t))x(t)\\ z(t) = \boldsymbol{C}_m(\zeta(t))x(t)\end{cases} \tag{3.1.1}$$

其中，$x(t)\in\mathbb{R}^n$ 是状态变量；$y(t)\in\mathbb{R}^p$ 表示测量输出；$z(t)\in\mathbb{R}^q$ 表示要估计的信号；$\omega(t)\in\mathbb{R}^g$ 假设为干扰信号，属于 $L_2[0,\infty)$；$s_\lambda(t)$ 是可测前件变量，其中 $\lambda=1,2,\cdots,\theta$；$N_{\lambda m}$ 是模糊集，其中 $m=1,2,\cdots,\varkappa$，且 $\varkappa$ 是模糊规则的数量；$\boldsymbol{A}_m(\zeta(t))\in\mathbb{R}^{n\times n}$，$\boldsymbol{B}_m(\zeta(t))\in\mathbb{R}^{n\times g}$，$\boldsymbol{L}_m(\zeta(t))\in\mathbb{R}^{p\times n}$，$\boldsymbol{C}_m(\zeta(t))\in\mathbb{R}^{q\times n}$ 是具有适当维数的已知矩阵。

$\zeta(t)$代表一个 S-MP，它从有限集 $S=\{1,2,\cdots,r\}$ 中取值。对于每个 $\zeta(t)=i\in S$，为了简化符号，令 $\boldsymbol{A}_i\triangleq\boldsymbol{A}(\zeta(t))$，其他符号也可被一样表示。进一步地，转移率矩阵 $\boldsymbol{\Pi}(\epsilon)=\{\pi_{ij}(\epsilon)\}$可以描述为

$$\Pr\{\zeta(t+\epsilon)=j\mid\zeta(t)=i\}=\begin{cases}\pi_{ij}(\epsilon)+o(\epsilon) & (i\neq j)\\ 1+\pi_{ii}(\epsilon)+o(\epsilon) & (i=j)\end{cases}\tag{3.1.2}$$

其中，$\epsilon>0$ 是逗留时间，$\lim\limits_{\epsilon\to0}(o(\epsilon)/\epsilon)=0$，对于 $i\neq j$，$\pi_{ij}(\epsilon)\geqslant0$，表示从时间 t 至 $t+\epsilon$ 时，从模态 i 到模态 j 的转移率，并且 $\pi_{ii}(\epsilon)=-\sum\limits_{j\in S,j\neq i}\pi_{ij}(\epsilon)$。

定义：

$$\widetilde{\omega}_m(s(t))\triangleq\prod_{\gamma=1}^{\theta}N_{\gamma m}(s_\gamma(t)),\quad \vartheta_m(s(t))\triangleq\frac{\widetilde{\omega}_m(s(t))}{\sum\limits_{m=1}^{\varkappa}\widetilde{\omega}_m(s(t))}\quad(m=1,2,\cdots,\varkappa)\tag{3.1.3}$$

满足条件：

$$\widetilde{\omega}_m(s(t))\geqslant0,\quad\sum_{m=1}^{\varkappa}\widetilde{\omega}_m(s(t))>0,\quad\vartheta_m(s(t))\geqslant0$$

$$\sum_{m=1}^{\varkappa}\vartheta_m(s(t))=1\quad(m=1,2,\cdots,\varkappa)\tag{3.1.4}$$

然后，模型(3.1.1)可以推导为另一种形式，如下所示：

$$\begin{cases}\dot{x}(t)=\widetilde{\boldsymbol{A}}_i(\vartheta)x(t)+\widetilde{\boldsymbol{B}}_i(\vartheta)\omega(t)\\ y(t)=\widetilde{\boldsymbol{L}}_i(\vartheta)x(t)\\ z(t)=\widetilde{\boldsymbol{C}}_i(\vartheta)x(t)\end{cases}\tag{3.1.5}$$

其中

$$\widetilde{\boldsymbol{A}}_i(\vartheta)\triangleq\sum_{m=1}^{\varkappa}\vartheta_m(s(t))\boldsymbol{A}_{mi},\quad\widetilde{\boldsymbol{B}}_i(\vartheta)\triangleq\sum_{m=1}^{\varkappa}\vartheta_m(s(t))\boldsymbol{B}_{mi}$$

$$\widetilde{\boldsymbol{L}}_i(\vartheta)\triangleq\sum_{m=1}^{\varkappa}\vartheta_m(s(t))\boldsymbol{L}_{mi},\quad\widetilde{\boldsymbol{C}}_i(\vartheta)\triangleq\sum_{m=1}^{\varkappa}\vartheta_m(s(t))\boldsymbol{C}_{mi}$$

3.1.2　非脆弱混合估计器

具有加法增益变化的模糊估计器描述如式(3.1.6)和式(3.1.7)所示，且与式(3.1.1)具有相同的模糊规则：

$$\Sigma_{1f}\begin{cases}\dot{x}_f(t)=[\boldsymbol{A}_{fl}(t)+\widetilde{\boldsymbol{\Delta}}_{Afl}(t)]x_f(t)+[\boldsymbol{B}_{fl}(t)+\widetilde{\boldsymbol{\Delta}}_{B_{fl}}(t)]y(t)\\ z_f(t)=[\boldsymbol{C}_{fl}(t)+\widetilde{\boldsymbol{\Delta}}_{C_{fl}}(t)]x_f(t)\end{cases}\tag{3.1.6}$$

$$\Sigma_{2f}\begin{cases}\dot{x}_f(t)=\boldsymbol{A}_{fli}(t)x_f(t)+\boldsymbol{B}_{fli}(t)y(t)\\ z_f(t)=\boldsymbol{C}_{fli}(t)x_f(t)\end{cases}\tag{3.1.7}$$

其中，$x_f(t)\in\mathbb{R}^n$ 是估计器的状态变量；$z_f(t)\in\mathbb{R}^q$ 是估计器的输出；对于 $l=1,2,\cdots,\varkappa$，$i\in S$，$\boldsymbol{A}_{fl}\in\mathbb{R}^{n\times n}$，$\boldsymbol{B}_{fl}\in\mathbb{R}^{n\times p}$，$\boldsymbol{C}_{fl}\in\mathbb{R}^{q\times n}$，$\boldsymbol{A}_{fli}\in\mathbb{R}^{n\times n}$，$\boldsymbol{B}_{fli}\in\mathbb{R}^{n\times p}$ 和 $\boldsymbol{C}_{fli}\in\mathbb{R}^{q\times n}$ 是估计

器增益矩阵。

$\widetilde{\boldsymbol{\Delta}}_{A_{fl}}$，$\widetilde{\boldsymbol{\Delta}}_{B_{fl}}$和$\widetilde{\boldsymbol{\Delta}}_{C_{fl}}$表示增益变化矩阵并满足

$$\begin{bmatrix}\widetilde{\boldsymbol{\Delta}}_{Afl}(t)\\ \widetilde{\boldsymbol{\Delta}}_{Bfl}(t)\\ \widetilde{\boldsymbol{\Delta}}_{Cfl}(t)\end{bmatrix} \triangleq \begin{bmatrix}\boldsymbol{a}_1\\ \boldsymbol{a}_2\\ \boldsymbol{a}_3\end{bmatrix}\widetilde{\boldsymbol{\Delta}}_f(t)\boldsymbol{b}_l$$

其中，$\widetilde{\boldsymbol{\Delta}}_f(t)$是一个不确定的函数，并满足$\widetilde{\boldsymbol{\Delta}}_f^T(t)\widetilde{\boldsymbol{\Delta}}_f(t)\leqslant \boldsymbol{I}$，$\boldsymbol{a}_1$，$\boldsymbol{a}_2$，$\boldsymbol{a}_3$和$\boldsymbol{b}_l$是已知的常数矩阵。具体地说，估计器(3.1.6)与模态无关，估计器(3.1.7)与模态相关。

注解 3.1 众所周知，模态相关估计器(3.1.7)是处理具有完全可用模态信息的 S-MJS 状态估计问题的有效工具。然而，在实际应用中，模态信息通常不能成功地传输到估计器中。在这种情况下，一般的模态相关估计器的应用是不恰当的，而模态无关估计器的设计对于克服这一缺陷起着关键作用。因此，研究如何根据实际情况分别综合应用模态相关/无关估计器是非常有意义的。

根据注解 3.1 中的观点，下面将设计混合估计器，其描述如下：

$$\dot{\Sigma}_f = (1-\beta)\dot{\Sigma}_{2f} + \beta\dot{\Sigma}_{1f} \quad (\beta \in \{0,1\}) \tag{3.1.8}$$

由以上公式，可以得到

$$\Sigma_f\begin{cases}\dot{x}_f(t) = [(1-\beta)\widetilde{\boldsymbol{A}}_{fi}(\vartheta) + \beta(\widetilde{\boldsymbol{A}}_f(\vartheta) + \widetilde{\boldsymbol{\Delta}}_{A_f}(\vartheta))]x_f(t)\\ \qquad\qquad + [(1-\beta)\widetilde{\boldsymbol{B}}_{fi}(\vartheta)\widetilde{\boldsymbol{L}}_i(\vartheta) + \beta(\widetilde{\boldsymbol{B}}_f(\vartheta) + \widetilde{\boldsymbol{\Delta}}_{B_f}(\vartheta))\widetilde{\boldsymbol{L}}_i(\vartheta)]x(t)\\ z_f(t) = [(1-\beta)\widetilde{\boldsymbol{C}}_{fi}(\vartheta) + \beta(\widetilde{\boldsymbol{C}}_f(\vartheta) + \widetilde{\boldsymbol{\Delta}}_{C_f}(\vartheta))]x_f(t)\end{cases} \tag{3.1.9}$$

其中

$$\widetilde{\boldsymbol{A}}_{fi}(\vartheta) \triangleq \sum_{l=1}^{\varkappa}\vartheta_l(s(t))\boldsymbol{A}_{fli}, \quad \widetilde{\boldsymbol{A}}_f(\vartheta) \triangleq \sum_{l=1}^{\varkappa}\vartheta_l(s(t))\boldsymbol{A}_{fl}$$

$$\widetilde{\boldsymbol{B}}_{fi}(\vartheta) \triangleq \sum_{l=1}^{\varkappa}\vartheta_l(s(t))\boldsymbol{B}_{fli}, \quad \widetilde{\boldsymbol{B}}_f(\vartheta) \triangleq \sum_{l=1}^{\varkappa}\vartheta_l(s(t))\boldsymbol{B}_{fl}$$

$$\widetilde{\boldsymbol{C}}_{fi}(\vartheta) \triangleq \sum_{l=1}^{\varkappa}\vartheta_l(s(t))\boldsymbol{C}_{fli}, \quad \widetilde{\boldsymbol{C}}_f(\vartheta) \triangleq \sum_{l=1}^{\varkappa}\vartheta_l(s(t))\boldsymbol{C}_{fl}$$

$$\widetilde{\boldsymbol{\Delta}}_{A_f}(\vartheta) \triangleq \boldsymbol{a}_1\widetilde{\boldsymbol{\Delta}}_f(t)\boldsymbol{b}(\vartheta) \triangleq \boldsymbol{a}_1\widetilde{\boldsymbol{\Delta}}_f(t)\sum_{l=1}^{\varkappa}\vartheta_l(s(t))\boldsymbol{b}_l$$

$$\widetilde{\boldsymbol{\Delta}}_{B_f}(\vartheta) \triangleq \boldsymbol{a}_2\widetilde{\boldsymbol{\Delta}}_f(t)\boldsymbol{b}(\vartheta) \triangleq \boldsymbol{a}_2\widetilde{\boldsymbol{\Delta}}_f(t)\sum_{l=1}^{\varkappa}\vartheta_l(s(t))\boldsymbol{b}_l$$

$$\widetilde{\boldsymbol{\Delta}}_{C_f}(\vartheta) \triangleq \boldsymbol{a}_3\widetilde{\boldsymbol{\Delta}}_f(t)\boldsymbol{b}(\vartheta) \triangleq \boldsymbol{a}_3\widetilde{\boldsymbol{\Delta}}_f(t)\sum_{l=1}^{\varkappa}\vartheta_l(s(t))\boldsymbol{b}_l$$

注解 3.2 注意，式(3.1.8)是混合估计的形式，其中包括模态相关估计和模态无关估计。上述估计器可以通过改变加权参数β在这两种类型之间进行调整。确切地说，当$\beta=1$时，式(3.1.8)表示模态独立估计；当$\beta=0$时，式(3.1.8)表示模态相关估计。

3.1.3　误差估计系统

为了分析由式(3.1.5)和式(3.1.9)组成的整个系统的扩展耗散性，首先需要设计估计误差系统。因此，将式(3.1.9)和式(3.1.5)重新组合，可以得到如下估计误差系统：

$$\bar{\Sigma}_f \begin{cases} \dot{\boldsymbol{\phi}}(t) = \bar{\boldsymbol{A}}_i(\vartheta)\boldsymbol{\phi}(t) + \bar{\boldsymbol{B}}_i(\vartheta)\omega(t) \\ Z(t) = \bar{\boldsymbol{C}}_i(\vartheta)\boldsymbol{\phi}(t) \end{cases} \tag{3.1.10}$$

其中

$$\bar{\boldsymbol{A}}_i(\vartheta) \triangleq \begin{bmatrix} \widetilde{\boldsymbol{A}}_i(\vartheta) & \boldsymbol{0} \\ \dot{\boldsymbol{B}}_i(\vartheta) & \dot{\boldsymbol{A}}_i(\vartheta) \end{bmatrix}, \quad \bar{\boldsymbol{C}}_i(\vartheta) \triangleq \begin{bmatrix} \widetilde{\boldsymbol{C}}_i(\vartheta) & \dot{\boldsymbol{C}}_i(\vartheta) \end{bmatrix}$$

$$\boldsymbol{\phi}(t) \triangleq \begin{bmatrix} x(t) \\ x_f(t) \end{bmatrix}, \quad \bar{\boldsymbol{B}}_i(\vartheta) \triangleq \begin{bmatrix} \widetilde{\boldsymbol{B}}_i(\vartheta) \\ \boldsymbol{0} \end{bmatrix}, \quad Z(t) \triangleq z(t) - z_f(t)$$

$$\dot{\boldsymbol{A}}_i(\vartheta) \triangleq (1-\beta)\widetilde{\boldsymbol{A}}_{fi}(\vartheta) + \beta(\widetilde{\boldsymbol{A}}_f(\vartheta) + \widetilde{\boldsymbol{\Delta}}_{\boldsymbol{A}_f}(\vartheta))$$

$$\dot{\boldsymbol{B}}_i(\vartheta) \triangleq (1-\beta)\widetilde{\boldsymbol{B}}_{fi}(\vartheta)\widetilde{\boldsymbol{L}}_i(\vartheta) + \beta(\widetilde{\boldsymbol{B}}_f(\vartheta) + \widetilde{\boldsymbol{\Delta}}_{\boldsymbol{B}_f}(\vartheta))\widetilde{\boldsymbol{L}}_i(\vartheta)$$

$$\dot{\boldsymbol{C}}_i(\vartheta) \triangleq -(1-\beta)\widetilde{\boldsymbol{C}}_{fi}(\vartheta) - \beta(\widetilde{\boldsymbol{C}}_f(\vartheta) + \widetilde{\boldsymbol{\Delta}}_{\boldsymbol{C}_f}(\vartheta))$$

本章旨在设计一个非脆弱混合估计器，它满足以下两个要求：

(1) 当 $\omega(t) \equiv 0$ 时，估计误差系统(3.1.10)是渐近稳定的。

(2) 在零初值条件下，估计误差系统(3.1.10)满足均方意义上的扩展耗散性：

$$\mathbb{E}\left\{\int_0^F \boldsymbol{Q}(\boldsymbol{N}_1, \boldsymbol{N}_2, \boldsymbol{N}_3, t)\mathrm{d}t\right\} \geqslant \delta \sup_{0 \leqslant t \leqslant F} \mathbb{E}\{\boldsymbol{Z}^{\mathrm{T}}(t)\boldsymbol{N}_4\boldsymbol{Z}(t)\} \tag{3.1.11}$$

其中

$$\boldsymbol{Q}(\boldsymbol{N}_1, \boldsymbol{N}_2, \boldsymbol{N}_3, t) = (1-\delta)[\boldsymbol{Z}^{\mathrm{T}}(t)\boldsymbol{N}_1\boldsymbol{Z}(t) + \mathrm{sym}\{\boldsymbol{Z}^{\mathrm{T}}(t)\boldsymbol{N}_2\omega(t)\}] + \omega^{\mathrm{T}}(t)\boldsymbol{N}_3\omega(t)$$

3.2　主要结论

本节将分为两部分进行介绍。第一部分为渐近稳定性和扩展耗散性分析，第二部分为非脆弱估计器设计。

3.2.1　渐近稳定性和扩展耗散性分析

在估计增益矩阵已知的假设条件下，下面将分析估计误差系统(3.1.10)的渐近稳定性和扩展耗散性。

定理 3.1　给定标量 $\delta \in \{0,1\}$，实矩阵 $\boldsymbol{N}_1 = -\bar{\boldsymbol{N}}_1^{\mathrm{T}}\bar{\boldsymbol{N}}_1 \leqslant 0$，$\boldsymbol{N}_2$，$\boldsymbol{N}_3 = \boldsymbol{N}_3^{\mathrm{T}} > 0$ 和 $\boldsymbol{N}_4 = \bar{\boldsymbol{N}}_4^{\mathrm{T}}\bar{\boldsymbol{N}}_4 \geqslant 0$，估计误差系统(3.1.10)是渐近稳定的，同时具有扩展耗散性，如果存在对称矩阵 $\boldsymbol{P}_i > 0(\forall\, i \in S)$ 满足以下 LMI：

$$\boldsymbol{\Xi}_{1i}(\vartheta) \triangleq \begin{bmatrix} \boldsymbol{\Lambda}_{11i}(\vartheta) & \boldsymbol{\Lambda}_{12i}(\vartheta) \\ * & -\boldsymbol{N}_3 \end{bmatrix} < 0 \tag{3.2.1}$$

$$\boldsymbol{\Xi}_{2i}(\vartheta) \triangleq \begin{bmatrix} -\boldsymbol{P}_i & \sqrt{\delta}\bar{\boldsymbol{C}}_i^{\mathrm{T}}(\vartheta)\bar{\boldsymbol{N}}_4^{\mathrm{T}} \\ * & -\boldsymbol{I} \end{bmatrix} < 0 \tag{3.2.2}$$

其中

$$\boldsymbol{\Lambda}_{11i}(\vartheta) \triangleq \bar{\boldsymbol{A}}_i^{\mathrm{T}}(\vartheta)\boldsymbol{P}_i + \boldsymbol{P}_i\bar{\boldsymbol{A}}_i(\vartheta) + \boldsymbol{\mathcal{P}}_i - (1-\delta)\bar{\boldsymbol{C}}_i^{\mathrm{T}}(\vartheta)\boldsymbol{N}_1\bar{\boldsymbol{C}}_i(\vartheta)$$

$$\boldsymbol{\Lambda}_{12i}(\vartheta) \triangleq \boldsymbol{P}_i\bar{\boldsymbol{B}}_i(\vartheta) - (1-\delta)\bar{\boldsymbol{C}}_i^{\mathrm{T}}(\vartheta)\boldsymbol{N}_2, \quad \dot{\pi}_{ij} \triangleq \mathbb{E}\{\pi_{ij}(\epsilon)\}$$

$$\mathbb{E}\{\pi_{ij}(\epsilon)\} \triangleq \int_0^{\infty}\pi_{ij}(\epsilon)f_i(\epsilon)\mathrm{d}\epsilon, \quad \boldsymbol{\mathcal{P}}_i \triangleq \sum_{j\in S}\pi_{ij}\boldsymbol{P}_j, \quad \boldsymbol{P}_i \triangleq \begin{bmatrix} \boldsymbol{P}_{1i} & \boldsymbol{P}_2 \\ * & \boldsymbol{P}_2 \end{bmatrix}$$

证明 为了分析估计误差系统(3.1.10)的扩展耗散性，选择 Lyapunov 函数为

$$V(\boldsymbol{\phi}(t)) = \boldsymbol{\phi}^{\mathrm{T}}(t)\boldsymbol{P}_i\boldsymbol{\phi}(t) \tag{3.2.3}$$

设 $\mathcal{L}$ 是随机过程的弱无穷小算子，$f_i(\epsilon)$是停留在模态 i 的逗留时间的 PDF[35]，然后根据式(3.2.1)，可以得到

$$\begin{aligned}
&\mathbb{E}\{\mathcal{L}V(\boldsymbol{\phi}(t)) - \boldsymbol{Q}(\boldsymbol{N}_1,\boldsymbol{N}_2,\boldsymbol{N}_3,t)\} \\
&= (\bar{\boldsymbol{A}}_i(\vartheta)\boldsymbol{\phi}(t) + \bar{\boldsymbol{B}}_i(\vartheta)\omega(t))^{\mathrm{T}}\boldsymbol{P}_i\boldsymbol{\phi}(t) + \boldsymbol{\phi}^{\mathrm{T}}(t)\boldsymbol{P}_i(\bar{\boldsymbol{A}}_i(\vartheta)\boldsymbol{\phi}(t) + \bar{\boldsymbol{B}}_i(\vartheta)\omega(t)) \\
&\quad + \boldsymbol{\phi}^{\mathrm{T}}(t)\boldsymbol{\mathcal{P}}_i\boldsymbol{\phi}(t) - (1-\delta)(\boldsymbol{Z}^{\mathrm{T}}(t)\boldsymbol{N}_1\boldsymbol{Z}(t) + \mathrm{sym}\{\boldsymbol{Z}^{\mathrm{T}}(t)\boldsymbol{N}_2\omega(t)\}) - \omega^{\mathrm{T}}(t)\boldsymbol{N}_3\omega(t) \\
&= \boldsymbol{\phi}^{\mathrm{T}}(t)\bar{\boldsymbol{A}}_i^{\mathrm{T}}(\vartheta)\boldsymbol{P}_i\boldsymbol{\phi}(t) + \omega^{\mathrm{T}}(t)\bar{\boldsymbol{B}}_i^{\mathrm{T}}(\vartheta)\boldsymbol{P}_i\boldsymbol{\phi}(t) + \boldsymbol{\phi}^{\mathrm{T}}(t)\boldsymbol{P}_i\bar{\boldsymbol{A}}_i(\vartheta)\boldsymbol{\phi}(t) \\
&\quad + \boldsymbol{\phi}^{\mathrm{T}}(t)\boldsymbol{P}_i\bar{\boldsymbol{B}}_i(\vartheta)\omega(t) + \boldsymbol{\phi}^{\mathrm{T}}(t)\boldsymbol{\mathcal{P}}_i\boldsymbol{\phi}(t) - (1-\delta)\boldsymbol{Z}^{\mathrm{T}}(t)\boldsymbol{N}_1\boldsymbol{Z}(t) \\
&\quad - (1-\delta)\mathrm{sym}\{\boldsymbol{Z}^{\mathrm{T}}(t)\boldsymbol{N}_2\omega(t)\} - \omega^{\mathrm{T}}(t)\boldsymbol{N}_3\omega(t) \\
&= \boldsymbol{U}^{\mathrm{T}}(t)\boldsymbol{\Xi}_{1i}(\vartheta)\boldsymbol{U}(t) < 0
\end{aligned} \tag{3.2.4}$$

其中，$\boldsymbol{U}(t) \triangleq [\boldsymbol{\phi}^{\mathrm{T}}(t) \quad \omega^{\mathrm{T}}(t)]^{\mathrm{T}}$。明显地，当 $\omega(t)\equiv 0$，式(3.2.4)可以表示为

$$\mathbb{E}\{\mathcal{L}V(\boldsymbol{\phi}(t)) - (1-\delta)\boldsymbol{Z}^{\mathrm{T}}(t)\boldsymbol{N}_1\boldsymbol{Z}(t)\} < 0 \tag{3.2.5}$$

结合条件 $-(1-\delta)\boldsymbol{Z}^{\mathrm{T}}(t)\boldsymbol{N}_1\boldsymbol{Z}(t) \geqslant 0$，可以得到

$$\mathbb{E}\{\mathcal{L}V(\boldsymbol{\phi}(t))\} < 0$$

这表示具有 $\omega(t)\equiv 0$ 的估计误差系统(3.1.10)是渐近稳定的。对于所有 $\omega(t)\neq 0$，将式(3.2.4)的两边从 0 到 t 积分会产生

$$\mathbb{E}\left\{\int_0^t \{\mathcal{L}V(\boldsymbol{\phi}(\xi)) - \boldsymbol{Q}(\boldsymbol{N}_1,\boldsymbol{N}_2,\boldsymbol{N}_3,\xi)\}\mathrm{d}\xi\right\} < 0 \tag{3.2.6}$$

当 $\delta = 1$ 时，式(3.2.6)在零初值条件下等价于下列不等式：

$$\int_0^t \{\mathcal{L}V(\boldsymbol{\phi}(\xi)) - \omega^{\mathrm{T}}(\xi)\boldsymbol{N}_3\omega(\xi)\}\mathrm{d}\xi < 0$$

$$\mathbb{E}\{V(\boldsymbol{\phi}(t))\} < \int_0^t \omega^{\mathrm{T}}(\xi)\boldsymbol{N}_3\omega(\xi)\mathrm{d}\xi$$

当式(3.2.2)成立时，可以很容易地推导出以下不等式：

$$\delta\boldsymbol{\phi}^{\mathrm{T}}(t)\bar{\boldsymbol{C}}_i^{\mathrm{T}}(\vartheta)\boldsymbol{N}_4\bar{\boldsymbol{C}}_i(\vartheta)\boldsymbol{\phi}(t) < \boldsymbol{\phi}^{\mathrm{T}}(t)\boldsymbol{P}_i\boldsymbol{\phi}(t)$$

$$\delta\,\mathbb{E}\{\boldsymbol{Z}^{\mathrm{T}}(t)\boldsymbol{N}_4\boldsymbol{Z}(t)\} < \mathbb{E}\{V(\boldsymbol{\phi}(t))\} < \mathbb{E}\left\{\int_0^t \omega^{\mathrm{T}}(\xi)\boldsymbol{N}_3\omega(\xi)\mathrm{d}\xi\right\}$$

在这种情况下，当 $\delta = 1$ 时，式(3.1.11)被满足。在另一种情况下，当 $\delta = 0$ 时，可以得到如下结果：

$$0 \leqslant \mathbb{E}\{V(\boldsymbol{\phi}(t))\} \leqslant V(0) + \mathbb{E}\left\{\int_0^t \boldsymbol{Q}(\boldsymbol{N}_1,\boldsymbol{N}_2,\boldsymbol{N}_3,\xi)\mathrm{d}\xi\right\}$$

然后,在零初值条件下,可得 $0\leqslant\mathbb{E}\{V(\boldsymbol{\phi}(t))\}\leqslant V(0)+\mathbb{E}\left\{\int_0^t Q(\boldsymbol{N}_1,\boldsymbol{N}_2,\boldsymbol{N}_3,\xi)\mathrm{d}\xi\right\}$。因此,可以获得式(3.1.11)。证毕。

在本节其余部分,主要通过求解一些特定的 LMI,在式(3.1.9)中找到合适的估计矩阵,以保持系统(3.1.10)的渐近稳定性和扩展耗散性。

3.2.2 非脆弱估计器设计

定理 3.2 给定标量 $\delta\in\{0,1\}$,$\beta\in\{0,1\}$,实矩阵 $\boldsymbol{N}_1=-\overline{\boldsymbol{N}}_1^{\mathrm{T}}\overline{\boldsymbol{N}}_1\leqslant 0$,$\boldsymbol{N}_2$,$\boldsymbol{N}_3=\boldsymbol{N}_3^{\mathrm{T}}>0$,$\boldsymbol{N}_4=\overline{\boldsymbol{N}}_4^{\mathrm{T}}\overline{\boldsymbol{N}}_4\geqslant 0$ 和已知标量 a_1,a_2,a_3 和 b_l,估计误差系统(3.1.10)是渐近稳定的,同时具有扩展耗散性,如果存在标量 $\partial_{li}>0$,$\hbar_{li}>0$,$\upsilon_{li}>0$,矩阵 $\boldsymbol{P}_{1i}$,$\boldsymbol{P}_2$,$\boldsymbol{\mathcal{A}}_{f1i}(\vartheta)$,$\boldsymbol{\mathcal{A}}_{f2}(\vartheta)$,$\boldsymbol{\mathcal{B}}_{f1i}(\vartheta)$,$\boldsymbol{\mathcal{B}}_{f2}(\vartheta)$,$\boldsymbol{\mathcal{C}}_{f1i}(\vartheta)$ 和 $\boldsymbol{\mathcal{C}}_{f2}(\vartheta)$,对于 $\forall\, l=1,2,\cdots,\varkappa$,$i\in S$ 满足以下 LMI:

$$\widetilde{\boldsymbol{\Xi}}_{1i}(\vartheta)\triangleq\begin{bmatrix}\widetilde{\boldsymbol{Y}}_{1i}(\vartheta) & \boldsymbol{\mathcal{G}}_i(\vartheta)\\ * & -\boldsymbol{I}\end{bmatrix}<0 \tag{3.2.7}$$

$$\widetilde{\boldsymbol{\Xi}}_{2i}(\vartheta)\triangleq\begin{bmatrix}-\boldsymbol{P}_i & \widetilde{\boldsymbol{C}}_{1i}(\vartheta)\\ * & \boldsymbol{Q}_{li}\end{bmatrix}<0 \tag{3.2.8}$$

其中

$$\widetilde{\boldsymbol{Y}}_{1i}(\vartheta)\triangleq\begin{bmatrix}\widetilde{\boldsymbol{Y}}_{2i}(\vartheta) & \widetilde{\boldsymbol{\mathcal{Y}}}_1(\vartheta)\\ * & -\ell_{li}\boldsymbol{I}\end{bmatrix},\quad \widetilde{\boldsymbol{Y}}_{2i}(\vartheta)\triangleq\begin{bmatrix}\widetilde{\boldsymbol{Y}}_i(\vartheta) & \boldsymbol{0}\\ * & -\boldsymbol{I}\end{bmatrix}+\ell_{li}\boldsymbol{\mathcal{Z}}^{\mathrm{T}}\boldsymbol{\mathcal{Z}}$$

$$\widetilde{\boldsymbol{Y}}_{3i}(\vartheta)\triangleq\begin{bmatrix}\widetilde{\boldsymbol{\mathcal{D}}}_i(\vartheta)+\partial_{li}\boldsymbol{\mathcal{Y}}_i^{\mathrm{T}}(\vartheta)\boldsymbol{\mathcal{Y}}_i(\vartheta) & \boldsymbol{\mathcal{X}}\\ * & -\partial_{li}\boldsymbol{I}\end{bmatrix}+\hbar_{li}\widetilde{\boldsymbol{\mathcal{Y}}}^{\mathrm{T}}(\vartheta)\widetilde{\boldsymbol{\mathcal{Y}}}(\vartheta)$$

$$\widetilde{\boldsymbol{Y}}_i(\vartheta)\triangleq\begin{bmatrix}\widetilde{\boldsymbol{Y}}_{3i}(\vartheta) & \widetilde{\boldsymbol{\mathcal{X}}}_i(\vartheta)\\ * & -\hbar_{li}\boldsymbol{I}\end{bmatrix},\quad \widetilde{\boldsymbol{\mathcal{D}}}_i(\vartheta)\triangleq\begin{bmatrix}\widetilde{\boldsymbol{\mathcal{D}}}_{1i}(\vartheta) & \widetilde{\boldsymbol{K}}_{2i}(\vartheta)\\ * & -\boldsymbol{N}_3\end{bmatrix}$$

$$\widetilde{\boldsymbol{\mathcal{D}}}_{1i}(\vartheta)\triangleq\widetilde{\boldsymbol{V}}_{1i}(\vartheta)+\widetilde{\boldsymbol{V}}_{2i}(\vartheta),\quad \widetilde{\boldsymbol{V}}_{1i}(\vartheta)\triangleq\mathrm{sym}\left\{\begin{bmatrix}\widetilde{\boldsymbol{\Theta}}_{1i}(\vartheta) & \widetilde{\boldsymbol{\Theta}}_{2i}(\vartheta)\\ \widetilde{\boldsymbol{\Theta}}_{3i}(\vartheta) & \widetilde{\boldsymbol{\Theta}}_{4i}(\vartheta)\end{bmatrix}\right\}$$

$$\widetilde{\boldsymbol{\Theta}}_{1i}(\vartheta)\triangleq\boldsymbol{P}_{1i}\widetilde{\boldsymbol{A}}_i(\vartheta)+(1-\beta)\boldsymbol{\mathcal{B}}_{f1i}(\vartheta)\widetilde{\boldsymbol{L}}_i(\vartheta)+\beta\boldsymbol{\mathcal{B}}_{f2}(\vartheta)\widetilde{\boldsymbol{L}}_i(\vartheta)$$

$$\widetilde{\boldsymbol{\Theta}}_{2i}(\vartheta)\triangleq(1-\beta)\boldsymbol{\mathcal{A}}_{f1i}(\vartheta)+\beta\boldsymbol{\mathcal{A}}_{f2}(\vartheta),\quad \widetilde{\boldsymbol{\Theta}}_{4i}(\vartheta)\triangleq\widetilde{\boldsymbol{\Theta}}_{2i}(\vartheta)$$

$$\widetilde{\boldsymbol{\Theta}}_{3i}(\vartheta)\triangleq\boldsymbol{P}_2\widetilde{\boldsymbol{A}}_i(\vartheta)+(1-\beta)\boldsymbol{\mathcal{B}}_{f1i}(\vartheta)\widetilde{\boldsymbol{L}}_i(\vartheta)+\beta\boldsymbol{\mathcal{B}}_{f2}(\vartheta)\widetilde{\boldsymbol{L}}_i(\vartheta)$$

$$\boldsymbol{W}_i(\vartheta)=(1-\beta)\boldsymbol{\mathcal{C}}_{f1i}(\vartheta)+\beta\boldsymbol{\mathcal{C}}_{f2}(\vartheta)$$

$$\boldsymbol{M}_i(\vartheta)\triangleq\begin{bmatrix}-\widetilde{\boldsymbol{C}}_i^{\mathrm{T}}(\vartheta)\overline{\boldsymbol{N}}_1^{\mathrm{T}}\overline{\boldsymbol{N}}_1\widetilde{\boldsymbol{C}}_i(\vartheta) & \widetilde{\boldsymbol{C}}_i^{\mathrm{T}}(\vartheta)\overline{\boldsymbol{N}}_1^{\mathrm{T}}\overline{\boldsymbol{N}}_1\boldsymbol{W}_i(\vartheta)\\ * & \boldsymbol{0}\end{bmatrix}$$

$$\widetilde{\boldsymbol{K}}_{2i}(\vartheta)\triangleq\begin{bmatrix}\boldsymbol{P}_{1i}\widetilde{\boldsymbol{B}}_i(\vartheta)-(1-\delta)\widetilde{\boldsymbol{C}}_i^{\mathrm{T}}(\vartheta)\boldsymbol{N}_2\\ \boldsymbol{P}_2\widetilde{\boldsymbol{B}}_i(\vartheta)+\widetilde{\boldsymbol{\Theta}}_{6i}(\vartheta)\end{bmatrix},\quad \boldsymbol{\mathcal{Y}}_i(\vartheta)\triangleq\begin{bmatrix}\boldsymbol{b}(\vartheta)\widetilde{\boldsymbol{L}}_i(\vartheta) & \boldsymbol{0} & \boldsymbol{0}\end{bmatrix}$$

$$\widetilde{\boldsymbol{\Theta}}_{6i}(\vartheta)\triangleq(1-\delta)\boldsymbol{W}_i^{\mathrm{T}}(\vartheta)\boldsymbol{N}_2,\quad \boldsymbol{\mathcal{X}}\triangleq\left[(\beta\boldsymbol{P}_2a_2)^{\mathrm{T}}\quad(\beta\boldsymbol{P}_2a_2)^{\mathrm{T}}\quad\boldsymbol{0}\right]^{\mathrm{T}}$$

$$\widetilde{\mathcal{Y}}(\vartheta) \triangleq [\mathbf{0} \quad \boldsymbol{b}(\vartheta) \quad \mathbf{0} \quad \mathbf{0}], \quad \widetilde{\mathcal{X}}_i(\vartheta) \triangleq \begin{bmatrix} \beta \boldsymbol{P}_2 a_1 - (1-\delta)\beta \widetilde{\boldsymbol{C}}_i^{\mathrm{T}}(\vartheta)\overline{\boldsymbol{N}}_1^{\mathrm{T}}\overline{\boldsymbol{N}}_1 a_3 \\ \beta \boldsymbol{P}_2 a_1 + (1-\delta)\beta \boldsymbol{W}_i^{\mathrm{T}}(\vartheta)\overline{\boldsymbol{N}}_1^{\mathrm{T}}\overline{\boldsymbol{N}}_1 a_3 \\ (1-\delta)\beta \boldsymbol{N}_2^{\mathrm{T}} a_3 \\ \mathbf{0} \end{bmatrix}$$

$$\widetilde{\mathcal{Y}}_1(\vartheta) \triangleq \left[\mathbf{0} \quad \sqrt{1-\delta}\beta \boldsymbol{b}(\vartheta) \quad \mathbf{0} \quad \mathbf{0} \quad \mathbf{0} \quad \mathbf{0}\right]^{\mathrm{T}}, \quad \mathcal{Z} \triangleq [\mathbf{0} \quad \mathbf{0} \quad \mathbf{0} \quad \mathbf{0} \quad \mathbf{0} \quad a_3^{\mathrm{T}}\overline{\boldsymbol{N}}_1^{\mathrm{T}}]$$

$$\boldsymbol{Q}_{li} \triangleq \mathrm{diag}\{-\boldsymbol{I} + \upsilon_{li}\overline{\boldsymbol{N}}_4 a_3 a_3^{\mathrm{T}}\overline{\boldsymbol{N}}_4^{\mathrm{T}}, -\upsilon_{li}\}$$

$$\mathcal{G}_i(\vartheta) \triangleq \left[\mathbf{0} \quad \sqrt{1-\delta}\overline{\boldsymbol{N}}_1 \boldsymbol{W}_i(\vartheta) \quad \mathbf{0} \quad \mathbf{0} \quad \mathbf{0} \quad \mathbf{0} \quad \mathbf{0}\right]^{\mathrm{T}}$$

$$\widetilde{\boldsymbol{V}}_{2i}(\vartheta) \triangleq \mathcal{P}_i - (1-\delta)\boldsymbol{M}_i(\vartheta), \quad \widetilde{\boldsymbol{C}}_{1i}(\vartheta) \triangleq \begin{bmatrix} \sqrt{\delta}\widetilde{\boldsymbol{C}}_i^{\mathrm{T}}(\vartheta)\overline{\boldsymbol{N}}_4^{\mathrm{T}} & \mathbf{0} \\ -\sqrt{\delta}\boldsymbol{W}_i^{\mathrm{T}}(\vartheta)\overline{\boldsymbol{N}}_4^{\mathrm{T}} & -\beta\sqrt{\delta}\boldsymbol{b}^{\mathrm{T}}(\vartheta) \end{bmatrix}$$

证明 通过使用 Schur 补引理,式(3.2.7)等价于

$$\overline{\boldsymbol{Y}}_{1i}(\vartheta) = \begin{bmatrix} \overline{\boldsymbol{Y}}_{2i}(\vartheta) & \widetilde{\mathcal{Y}}_1(\vartheta) \\ * & -\ell_{li}\boldsymbol{I} \end{bmatrix} < 0 \tag{3.2.9}$$

其中

$$\overline{\boldsymbol{Y}}_{2i}(\vartheta) \triangleq \begin{bmatrix} \overline{\boldsymbol{Y}}_i(\vartheta) & \mathbf{0} \\ * & -\boldsymbol{I} \end{bmatrix} + \ell_{li}\mathcal{Z}^{\mathrm{T}}\mathcal{Z}, \quad \overline{\boldsymbol{Y}}_i(\vartheta) \triangleq \begin{bmatrix} \overline{\boldsymbol{Y}}_{3i}(\vartheta) & \widetilde{\mathcal{X}}_i(\vartheta) \\ * & -\hbar_{li}\boldsymbol{I} \end{bmatrix}$$

$$\overline{\boldsymbol{Y}}_{3i}(\vartheta) \triangleq \begin{bmatrix} \overline{\mathcal{D}}_i(\vartheta) + \partial_{li}\boldsymbol{Y}_i^{\mathrm{T}}(\vartheta)\mathcal{Y}_i(\vartheta) & \mathcal{X} \\ * & -\partial_{li}\boldsymbol{I} \end{bmatrix} + \hbar_{li}\widetilde{\mathcal{Y}}^{\mathrm{T}}(\vartheta)\widetilde{\mathcal{Y}}(\vartheta)$$

$$\overline{\mathcal{D}}_i(\vartheta) \triangleq \begin{bmatrix} \overline{\mathcal{D}}_{1i}(\vartheta) & \widetilde{\boldsymbol{K}}_{2i}(\vartheta) \\ * & -\boldsymbol{N}_3 \end{bmatrix}$$

$$\overline{\boldsymbol{V}}_{2i}(\vartheta) \triangleq (1-\delta)\begin{bmatrix} \widetilde{\boldsymbol{C}}_i^{\mathrm{T}}(\vartheta) \\ \widetilde{\boldsymbol{\Theta}}_{5i}^{\mathrm{T}}(\vartheta) \end{bmatrix}\overline{\boldsymbol{N}}_1^{\mathrm{T}}\overline{\boldsymbol{N}}_1\left[\widetilde{\boldsymbol{C}}_i(\vartheta) \quad \widetilde{\boldsymbol{\Theta}}_{5i}(\vartheta)\right] + \mathcal{P}_i$$

$$\overline{\mathcal{D}}_{1i}(\vartheta) \triangleq \widetilde{\boldsymbol{V}}_{1i}(\vartheta) + \overline{\boldsymbol{V}}_{2i}(\vartheta), \quad \widetilde{\boldsymbol{\Theta}}_{5i}(\vartheta) = -(1-\beta)\mathcal{C}_{f1i}(\vartheta) - \beta\mathcal{C}_{f2}(\vartheta)$$

结合文献[68]中的引理和 Schur 补引理,式(3.2.9)可以转变为

$$\begin{bmatrix} \boldsymbol{K}_{1i}(\vartheta) & \boldsymbol{K}_{2i}(\vartheta) \\ * & -\boldsymbol{N}_3 \end{bmatrix} < 0 \tag{3.2.10}$$

其中

$$\boldsymbol{K}_{1i}(\vartheta) \triangleq \boldsymbol{V}_{1i}(\vartheta) - \boldsymbol{V}_{2i}(\vartheta), \quad \boldsymbol{K}_{2i}(\vartheta) \triangleq \begin{bmatrix} \boldsymbol{P}_{1i}\widetilde{\boldsymbol{B}}_i(\vartheta) - (1-\delta)\widetilde{\boldsymbol{C}}_i^{\mathrm{T}}(\vartheta)\boldsymbol{N}_2 \\ \boldsymbol{P}_2\widetilde{\boldsymbol{B}}_i(\vartheta) + \boldsymbol{\Theta}_{6i}(\vartheta) \end{bmatrix}$$

$$\boldsymbol{V}_{1i}(\vartheta) \triangleq \mathrm{sym}\left\{\begin{bmatrix} \boldsymbol{\Theta}_{1i}(\vartheta) & \boldsymbol{\Theta}_{2i}(\vartheta) \\ \boldsymbol{\Theta}_{3i}(\vartheta) & \boldsymbol{\Theta}_{4i}(\vartheta) \end{bmatrix}\right\}$$

$$\boldsymbol{V}_{2i}(\vartheta) \triangleq (1-\delta)\begin{bmatrix} \widetilde{\boldsymbol{C}}_i^{\mathrm{T}}(\vartheta) \\ \boldsymbol{\Theta}_{5i}^{\mathrm{T}}(\vartheta) \end{bmatrix}\boldsymbol{N}_1\left[\widetilde{\boldsymbol{C}}_i(\vartheta) \quad \boldsymbol{\Theta}_{5i}(\vartheta)\right] - \mathcal{P}_i$$

$$\boldsymbol{\Theta}_{1i}(\vartheta) \triangleq \boldsymbol{P}_{1i}\widetilde{\boldsymbol{A}}_i(\vartheta) + [(1-\beta)\mathcal{B}_{f1i}(\vartheta) + \beta\mathcal{B}_{f2}(\vartheta) + \beta\boldsymbol{P}_2 a_2\widetilde{\boldsymbol{\Delta}}_f(t)\boldsymbol{b}(\vartheta)]\widetilde{\boldsymbol{L}}_i(\vartheta)$$

$$\boldsymbol{\Theta}_{2i}(\vartheta) \triangleq (1-\beta)\mathcal{A}_{f1i}(\vartheta) + \beta\mathcal{A}_{f2}(\vartheta) + \boldsymbol{P}_2\beta a_1\widetilde{\boldsymbol{\Delta}}_f(t)\boldsymbol{b}(\vartheta)$$

$$\boldsymbol{\Theta}_{3i}(\vartheta) \triangleq \boldsymbol{P}_2\widetilde{\boldsymbol{A}}_i(\vartheta) + [(1-\beta)\mathcal{B}_{f1i}(\vartheta) + \beta\mathcal{B}_{f2}(\vartheta) + \beta\boldsymbol{P}_2 a_2\widetilde{\boldsymbol{\Delta}}_f(t)\boldsymbol{b}(\vartheta)]\widetilde{\boldsymbol{L}}_i(\vartheta)$$

$$\Theta_{4i}(\vartheta)\triangleq\Theta_{2i}(\vartheta),\quad \Theta_{5i}(\vartheta)\triangleq -W_i(\vartheta)-\beta a_3\widetilde{\Delta}_f(t)b(\vartheta)$$

$$\Theta_{6i}(\vartheta)\triangleq(1-\delta)[W_i^{\mathrm{T}}(\vartheta)+\beta(a_3\widetilde{\Delta}_f(t)b(\vartheta))^{\mathrm{T}}]N_2$$

然后，定义一些新的矩阵，如下所示：$\mathcal{A}_{f1i}(\vartheta)\triangleq P_2\widetilde{A}_{fi}(\vartheta)$，$\mathcal{A}_{f2}(\vartheta)\triangleq P_2\widetilde{A}_f(\vartheta)$，$\mathcal{B}_{f1i}(\vartheta)\triangleq P_2\widetilde{B}_{fi}(\vartheta)$，$\mathcal{B}_{f2}(\vartheta)\triangleq P_2\widetilde{B}_f(\vartheta)$，$\mathcal{C}_{f1i}(\vartheta)\triangleq\widetilde{C}_{fi}(\vartheta)$和 $\mathcal{C}_{f2}(\vartheta)\triangleq\widetilde{C}_f(\vartheta)$，式(3.2.10)可以被表达成式(3.2.1)。

与式(3.2.7)的推导过程类似，如果满足式(3.2.8)，则可以得出式(3.2.2)成立的结论。证毕。

定理3.2中给出的条件实际上是一组参数化的LMI，这必然会增加计算成本。因此，我们根据定理3.2开发了以下标准LMI。

定理3.3　给定标量 $\delta\in\{0,1\}$，$\beta\in\{0,1\}$，实矩阵 $N_1=-\overline{N}_1^T\overline{N}_1\leqslant 0$，$N_2$，$N_3=N_3^T>0$，$N_4=\overline{N}_4^T\overline{N}_4\geqslant 0$ 和已知标量 a_1,a_2,a_3 和 b_l，估计误差系统(3.1.10)满足渐近稳定性和扩展耗散性，如果存在标量 $\partial_{li}>0$，$\hbar_{li}>0$，$\ell_{li}>0$，$\eth_{li}>0$，实矩阵 P_{1i}，P_2，$\widetilde{\mathcal{A}}_{f1li}$，$\widetilde{\mathcal{A}}_{f2l}$，$\widetilde{\mathcal{B}}_{f1li}$，$\widetilde{\mathcal{B}}_{f2l}$，$\widetilde{\mathcal{C}}_{f1li}$，$\widetilde{\mathcal{C}}_{f2l}$，对于 $\forall\, m,l=1,2,\cdots,\varkappa$，$i\in S$ 满足以下LMI：

$$\Phi_{mmi}<0,\quad \Phi_{mli}+\Phi_{lmi}<0 \tag{3.2.11}$$

$$\mathcal{F}_{mmi}<0,\quad \mathcal{F}_{mli}+\mathcal{F}_{lmi}<0 \tag{3.2.12}$$

其中

$$\Phi_{mli}\triangleq\begin{bmatrix}\widetilde{Y}_{1mli} & \mathcal{G}_{li}\\ * & -I\end{bmatrix},\quad \widetilde{Y}_{1mli}\triangleq\begin{bmatrix}\widetilde{Y}_{2mli} & \widetilde{\mathcal{Y}}_{1l}\\ * & -\ell_{li}I\end{bmatrix},\quad \widetilde{Y}_{2mli}\triangleq\begin{bmatrix}\widetilde{Y}_{mli} & 0\\ * & -I\end{bmatrix}+\ell_{li}\mathcal{Z}^{\mathrm{T}}\mathcal{Z}$$

$$\widetilde{Y}_{mli}\triangleq\begin{bmatrix}\widetilde{Y}_{3mli} & \widetilde{\mathcal{X}}_{mli}\\ * & -\hbar_{li}I\end{bmatrix},\quad \widetilde{Y}_{3mli}\triangleq\begin{bmatrix}\widetilde{\mathcal{D}}_{mli}+\partial_{li}\mathcal{Y}_{mli}^{\mathrm{T}}\mathcal{Y}_{mli} & \mathcal{X}\\ * & -\partial_{li}I\end{bmatrix}+\hbar_{li}\widetilde{\mathcal{Y}}_l^{\mathrm{T}}\widetilde{\mathcal{Y}}_l$$

$$\widetilde{\mathcal{D}}_{mli}\triangleq\begin{bmatrix}\widetilde{\mathcal{D}}_{1mli} & \widetilde{K}_{2mli}\\ * & -N_3\end{bmatrix},\quad \widetilde{\mathcal{D}}_{1mli}\triangleq\mathrm{sym}\left\{\begin{bmatrix}\widetilde{\Theta}_{1mli} & \widetilde{\Theta}_{2mli}\\ \widetilde{\Theta}_{3mli} & \widetilde{\Theta}_{4mli}\end{bmatrix}\right\}+(1-\delta)M_{mli}+\mathcal{P}_i$$

$$\widetilde{W}_{li}=(1-\beta)\widetilde{\mathcal{C}}_{f1li}+\beta\widetilde{\mathcal{C}}_{f2l},\quad M_{mli}\triangleq\begin{bmatrix}C_{mi}^{\mathrm{T}}\overline{N}_1^{\mathrm{T}}\overline{N}_1C_{mi} & -C_{mi}^{\mathrm{T}}\overline{N}_1^{\mathrm{T}}\overline{N}_1\widetilde{W}_{li}\\ * & 0\end{bmatrix}$$

$$\widetilde{K}_{2mli}\triangleq\begin{bmatrix}P_{1i}B_{mi}-(1-\delta)C_{mi}^{\mathrm{T}}N_2\\ P_2B_{mi}+(1-\delta)\widetilde{W}_{li}^{\mathrm{T}}N_2\end{bmatrix},\quad \widetilde{\Theta}_{1mli}\triangleq P_{1i}A_{mi}+(1-\beta)\widetilde{\mathcal{B}}_{f1li}L_{mi}+\beta\widetilde{\mathcal{B}}_{f2l}L_{mi}$$

$$\widetilde{\Theta}_{2mli}\triangleq(1-\beta)\widetilde{\mathcal{A}}_{f1li}+\beta\widetilde{\mathcal{A}}_{f2l},\quad \widetilde{\Theta}_{3mli}\triangleq P_2A_{mi}+(1-\beta)\widetilde{\mathcal{B}}_{f1li}L_{mi}+\beta\widetilde{\mathcal{B}}_{f2l}L_{mi}$$

$$\widetilde{\Theta}_{4mli}\triangleq\widetilde{\Theta}_{2mli},\quad \widetilde{\mathcal{Y}}_{1l}\triangleq\begin{bmatrix}0 & \sqrt{1-\delta}\beta b_l & 0 & 0 & 0 & 0\end{bmatrix}^{\mathrm{T}},\quad \mathcal{F}_{mli}\triangleq\begin{bmatrix}-P_i & \widetilde{C}_{1mli}\\ * & Q_{li}\end{bmatrix}$$

$$\widetilde{\mathcal{Y}}_l\triangleq[0\quad b_l\quad 0\quad 0],\quad \mathcal{G}_{li}\triangleq\begin{bmatrix}0 & \sqrt{1-\delta}N_1\widetilde{W}_{li} & 0 & 0 & 0 & 0 & 0\end{bmatrix}^{\mathrm{T}}$$

$$\mathcal{Y}_{mli}\triangleq[b_lL_{mi}\quad 0\quad 0],\quad \widetilde{\mathcal{X}}_{mli}\triangleq\begin{bmatrix}\beta P_2a_1-(1-\delta)\beta C_{mi}^{\mathrm{T}}\overline{N}_1^{\mathrm{T}}\overline{N}_1a_3\\ \beta P_2a_1+(1-\delta)\beta\widetilde{W}_{li}^{\mathrm{T}}\overline{N}_1^{\mathrm{T}}\overline{N}_1a_3\\ (1-\delta)\beta N_2^{\mathrm{T}}a_3\\ 0\end{bmatrix}$$

$$\widetilde{C}_{1mli} \triangleq \begin{bmatrix} \sqrt{\delta}C_{mi}^{\mathrm{T}}\overline{N}_4^{\mathrm{T}} & \mathbf{0} \\ -\sqrt{\delta}\widetilde{W}_{li}^{\mathrm{T}}\overline{N}_4^{\mathrm{T}} & -\beta\sqrt{\delta}b_l^{\mathrm{T}} \end{bmatrix}$$

此外,式(3.1.9)中考虑的估计器增益矩阵可以由下式给出:

$$B_{fli} \triangleq P_2^{-1}\widetilde{\mathcal{B}}_{f1li},\quad A_{fli} \triangleq P_2^{-1}\widetilde{\mathcal{A}}_{f1li},\quad B_{fl} \triangleq P_2^{-1}\widetilde{\mathcal{B}}_{f2l},\quad A_{fl} \triangleq P_2^{-1}\widetilde{\mathcal{A}}_{f2l}$$

$$C_{fli} \triangleq \widetilde{\mathcal{C}}_{f1li},\quad C_{fl} \triangleq \widetilde{\mathcal{C}}_{f2l}$$

证明 定义变量 $\widetilde{\mathcal{B}}_{f1li} \triangleq P_2B_{fli}$, $\widetilde{\mathcal{A}}_{f1li} \triangleq P_2A_{fli}$, $\widetilde{\mathcal{B}}_{f2l} \triangleq P_2B_{fl}$, $\widetilde{\mathcal{A}}_{f2l} \triangleq P_2A_{fl}$, $\widetilde{\mathcal{C}}_{f1li} \triangleq C_{fli}$, $\widetilde{\mathcal{C}}_{f2l} \triangleq C_{fl}$,可以从式(3.2.11)和式(3.2.12)中得到

$$\begin{aligned}\widetilde{\Xi}_{1i}(\vartheta) &= \sum_{m=1}^{\varkappa}\sum_{l=1}^{\varkappa}\vartheta_m(s(t))\vartheta_l(s(t))\boldsymbol{\Theta}_{mli} \\ &= \sum_{m=1}^{\varkappa}\vartheta_m^2(s(t))\boldsymbol{\Theta}_{mmi} + \sum_{m=1}^{\varkappa}\sum_{m<l}^{\varkappa}\vartheta_m(s(t))\vartheta_l(s(t))(\boldsymbol{\Theta}_{mli}+\boldsymbol{\Theta}_{lmi})<0\end{aligned} \tag{3.2.13}$$

$$\begin{aligned}\widetilde{\Xi}_{2i}(\vartheta) &= \sum_{m=1}^{\varkappa}\sum_{l=1}^{\varkappa}\vartheta_m(s(t))\vartheta_l(s(t))\mathcal{F}_{mli} \\ &= \sum_{m=1}^{\varkappa}\vartheta_m^2(s(t))\mathcal{F}_{mmi} + \sum_{m=1}^{\varkappa}\sum_{m<l}^{\varkappa}\vartheta_m(s(t))\vartheta_l(s(t))(\mathcal{F}_{mli}+\mathcal{F}_{lmi})<0\end{aligned} \tag{3.2.14}$$

因此,式(3.2.13)和式(3.2.14)可以分别推导出式(3.2.7)和式(3.2.8)。证毕。

3.3 仿真验证

考虑式(3.1.5)中给出的具有两种模态($m=1,2$)的 Semi-Markov 切换模糊系统。假定 $-3\leqslant x_1(t)\leqslant 3$,模糊系统的参数如下:

$$A_{11}=\begin{bmatrix}-0.4 & 0.75\\ -0.5 & -0.45\end{bmatrix},\quad B_{11}=\begin{bmatrix}0.2 & -0.1\\ 0.2 & -0.15\end{bmatrix},\quad L_{11}=\begin{bmatrix}0.1 & -0.15\\ -0.25 & 0.45\end{bmatrix}$$

$$C_{11}=\begin{bmatrix}-0.2 & 0.4\\ 0.2 & -0.2\end{bmatrix},\quad A_{12}=\begin{bmatrix}-0.4 & 0.75\\ -0.5 & -0.3\end{bmatrix},\quad B_{12}=\begin{bmatrix}-0.4 & 0.3\\ -0.15 & 0.2\end{bmatrix}$$

$$L_{12}=\begin{bmatrix}-0.15 & 0.2\\ -0.2 & 0.35\end{bmatrix},\quad C_{12}=\begin{bmatrix}-0.2 & 0.1\\ 0.1 & -0.4\end{bmatrix},\quad A_{21}=\begin{bmatrix}-0.1 & 0.6\\ -0.5 & -0.45\end{bmatrix}$$

$$B_{21}=\begin{bmatrix}-0.35 & 0.35\\ -0.25 & 0.2\end{bmatrix},\quad L_{21}=\begin{bmatrix}0.1 & -0.2\\ 0.25 & -0.2\end{bmatrix},\quad C_{21}=\begin{bmatrix}0.3 & -0.3\\ -0.2 & 0.25\end{bmatrix}$$

$$A_{22}=\begin{bmatrix}-0.4 & 0.45\\ -0.5 & -0.35\end{bmatrix},\quad B_{22}=\begin{bmatrix}-0.15 & 0.35\\ -0.2 & 0.25\end{bmatrix},\quad L_{22}=\begin{bmatrix}0.1 & -0.35\\ 0.1 & -0.25\end{bmatrix}$$

$$C_{22}=\begin{bmatrix}0.25 & -0.2\\ 0.2 & -0.2\end{bmatrix},\quad a_1=\begin{bmatrix}-0.2\\ -0.35\end{bmatrix},\quad a_2=\begin{bmatrix}-0.4\\ -0.15\end{bmatrix}$$

$$\boldsymbol{a}_3=\begin{bmatrix}-0.45\\-0.15\end{bmatrix},\quad \boldsymbol{b}_1=\begin{bmatrix}-0.25\\-0.2\end{bmatrix},\quad \boldsymbol{b}_2=\begin{bmatrix}-0.2\\-0.15\end{bmatrix}$$

选择隶属度函数：$\vartheta_1(x_1(t))=1-\dfrac{x_1^2(t)}{9}$，$\vartheta_2(x_1(t))=\dfrac{x_1^2(t)}{9}$。考虑以下转移率矩阵：

$$\boldsymbol{\Pi}(\epsilon)=\begin{bmatrix}-\dfrac{1}{2}\epsilon & \dfrac{1}{2}\epsilon\\ 3(\epsilon)^2 & -3(\epsilon)^2\end{bmatrix}$$

根据韦布尔分布[69-70]，逗留时间的 PDF 如下所示：$f_1(\epsilon)=\dfrac{1}{2}(\epsilon)\mathrm{e}^{-0.25(\epsilon)^2}$，$f_2(\epsilon)=3(\epsilon)^2\mathrm{e}^{-(\epsilon)^3}$。因此，$\boldsymbol{\Pi}(\epsilon)$的数学期望可以被简单地计算：

$$\mathbb{E}\{\boldsymbol{\Pi}(\epsilon)\}=\begin{bmatrix}-0.8862 & 0.8862\\ 2.7082 & -2.7082\end{bmatrix}$$

现在，将仿真分为两种情况，即模态无关估计和模态相关估计。

情况 3.1　如注解 3.1 所述，将 β 转化为 0，研究了模态相关估计器。在 l_2-l_∞ 状态估计的条件下，使得 $\delta=1,N_1=1,N_2=2,N_3=4$ 和 $N_4=4$。初始条件被选择为 $x(0)\triangleq[-0.3\quad -0.4]^{\mathrm{T}}$，$x_f(0)\triangleq[0\quad 0]^{\mathrm{T}}$，并假设外部扰动信号为 $\omega(t)\triangleq[0.6\sin(t)\times\exp(-0.4t)\quad 0.6\sin(t)\times\exp(-0.4t)]^{\mathrm{T}}$，$\Delta_f(t)\triangleq 0.1\sin t$。利用 Matlab 工具箱求解式(3.2.11)和式(3.2.12)，可以获得以下估计器增益：

$$\boldsymbol{A}_{f11}=\begin{bmatrix}-1.2754 & 0.4675\\ -1.2511 & -0.6281\end{bmatrix},\quad \boldsymbol{A}_{f12}=\begin{bmatrix}-0.9931 & 0.4861\\ -0.9729 & -0.6527\end{bmatrix}$$

$$\boldsymbol{A}_{f21}=\begin{bmatrix}-1.0572 & 1.1216\\ -1.5010 & -0.3779\end{bmatrix},\quad \boldsymbol{A}_{f22}=\begin{bmatrix}-0.8808 & 0.0581\\ -0.7186 & -0.7968\end{bmatrix}$$

$$\boldsymbol{B}_{f11}=\begin{bmatrix}-16.4703 & -5.5971\\ -19.1629 & -5.8314\end{bmatrix},\quad \boldsymbol{B}_{f12}=\begin{bmatrix}9.2778 & -5.7289\\ 1.9762 & 0.1341\end{bmatrix}$$

$$\boldsymbol{B}_{f21}=\begin{bmatrix}4.8785 & -6.5443\\ 5.6228 & -6.7024\end{bmatrix},\quad \boldsymbol{B}_{f22}=\begin{bmatrix}-4.2832 & 5.9850\\ -7.0525 & 8.3278\end{bmatrix}$$

$$\boldsymbol{C}_{f11}=\begin{bmatrix}0.1113 & -0.1413\\ -0.0994 & 0.0834\end{bmatrix},\quad \boldsymbol{C}_{f12}=\begin{bmatrix}0.0910 & -0.0493\\ -0.0692 & 0.1199\end{bmatrix}$$

$$\boldsymbol{C}_{f21}=\begin{bmatrix}-0.1415 & 0.1200\\ 0.1010 & -0.0971\end{bmatrix},\quad \boldsymbol{C}_{f22}=\begin{bmatrix}-0.1178 & 0.0814\\ -0.0979 & 0.0766\end{bmatrix}$$

估计误差 $x(t)-x_f(t)$的仿真被展示在图 3.1(a)中。输出误差 $z(t)-z_f(t)$被展示在图 3.2(a)中。图 3.1(a)和图 3.2(a)中的信息清楚地反映了模态相关估计器的可行性。

情况 3.2　使得 $\beta=1$，以设计模态无关估计器。在 H_∞ 状态估计条件下关注式(3.1.5)。在这个场合下，使得 $\delta=0,N_1=-1,N_2=0,N_3=4$ 和 $N_4=1$。然后，使用 Matlab 工具箱求解式(3.2.11)和式(3.2.12)，所需要的估计增益如下：

$$\boldsymbol{A}_{f1}=\begin{bmatrix}-1.0695 & 0.1210\\ -0.5518 & -0.9605\end{bmatrix},\quad \boldsymbol{A}_{f2}=\begin{bmatrix}-0.8140 & 0.6793\\ -0.7181 & -0.8007\end{bmatrix}$$

$$\boldsymbol{B}_{f1}=\begin{bmatrix}-0.7397 & -1.0815\\ -1.0177 & -0.0452\end{bmatrix},\quad \boldsymbol{B}_{f2}=\begin{bmatrix}0.5053 & -2.5921\\ -0.1436 & -0.8186\end{bmatrix}$$

$$\boldsymbol{C}_{f1}=\begin{bmatrix}0.0535 & -0.0214\\ -0.0605 & 0.0696\end{bmatrix},\quad \boldsymbol{C}_{f2}=\begin{bmatrix}-0.2393 & -0.0225\\ 0.1095 & 0.0481\end{bmatrix}$$

初始值和外部干扰信号 $\omega(t)$ 与上述条件相同。图 3.1(b)和图 3.2(b)分别展示了 $x(t)-x_f(t)$ 和 $z(t)-z_f(t)$ 的仿真结果,这表示 H_∞ 模态相关估计器是有效的。

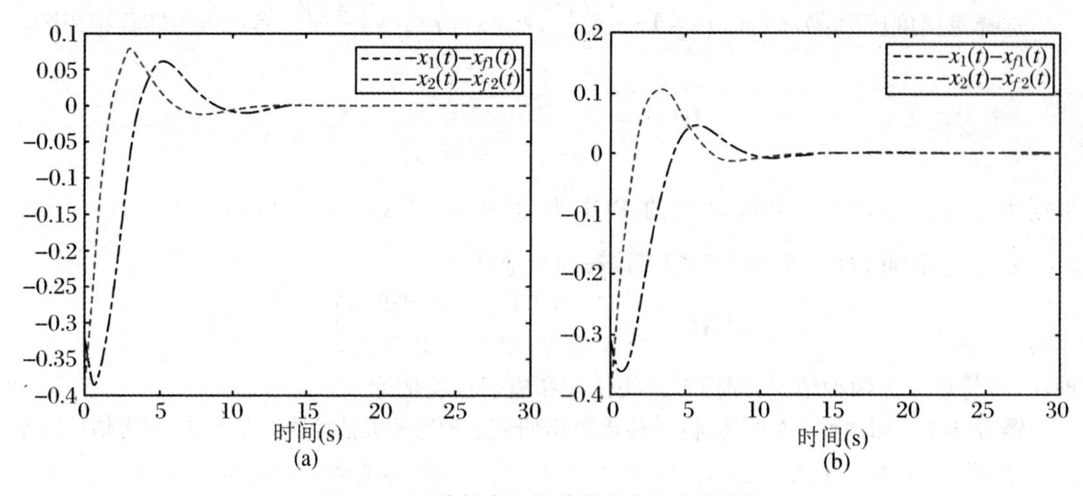

图 3.1 系统状态和估计器状态的响应误差

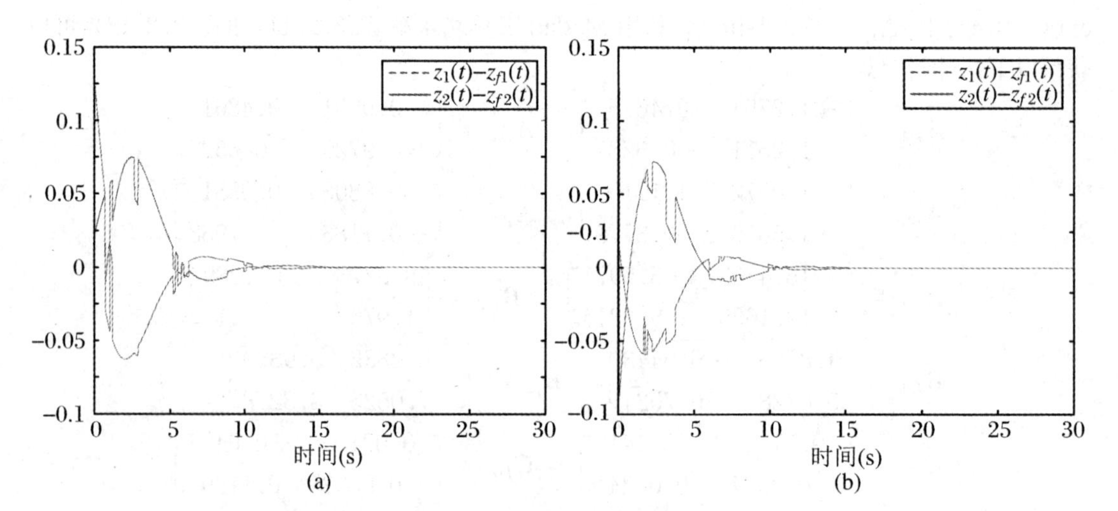

图 3.2 估计误差系统输出的响应

第4章　WTOD协议下Markov切换网络系统的有限时间 l_2-l_∞ 量化滤波

在大多数现有的关于耦合网络系统滤波问题的研究中，一般都假定传感器节点同时接入网络进行信号传输。然而，由于网络带宽有限，在现实网络中上述假设通常是不切实际的，这很可能会导致数据冲突和无序。因此，如何避免这些现象并有效地传输信号是一个至关重要的问题。在众多通信协议中，WTOD协议因其在主动选择节点访问方面的优势而备受关注。依据WTOD协议，节点的发送遵循“最大误差优先”原则，即权值误差最大的传感器节点将获得传输数据的访问权[71]。因此，可以有效地采用加权尝试一次丢弃协议来确定在某一时刻哪个节点获得了通信网络的权限。

本章研究了受量化效应和WTOD协议影响的网络化系统的有限时间 l_2-l_∞ 滤波问题，其中耦合连接的随机变化由Markov链控制。为了避免数据传输中的冲突，我们在传感器节点和过滤器之间的通信中引入WTOD协议，它保证在每个传输瞬间只有一个传感器节点有机会发送数据。此外，量化器被用来提高数据传输的可靠性。本章旨在通过构建滤波器，使滤波误差系统满足有限时间有界和指定的 l_2-l_∞ 性能的要求。基于克罗内克积、Lyapunov稳定性理论和改进的矩阵解耦方法，通过处理凸优化问题提出了一些充分条件，并通过一个数值的例子证明了所设计的滤波器的有效性。

4.1　系统描述

4.1.1　Markov切换耦合网络系统

考虑由耦合节点组成的离散时间Markov切换耦合网络系统，模型如下：

$$\begin{cases} x_i(k+1) = g(x_i(k)) + \sum_{j=1}^{s} w_{ig\sigma(k)} \boldsymbol{\Gamma}_{\sigma(k)} x_j(k) + \boldsymbol{L}_i v(k) \\ z_i(k) = \boldsymbol{E}_i x_i(k) \end{cases} \tag{4.1.1}$$

其中，对于 $i \in \mathbb{S} \triangleq \{1,2,\cdots,s\}$，$x_i(k) \in \mathbb{R}^a$ 和 $z_i(k) \in \mathbb{R}^b$ 分别表示在第 i 个节点上估计的系统状态和输出信号。$v(k)$ 表示属于 $l_2[0,\infty)$ 的外源扰动输入。此外，$\boldsymbol{L}_i$ 和 $\boldsymbol{E}_i$ 表示具有适当维数的已知系统矩阵。非线性向量值函数 $g(\cdot)$ 满足下述假设4.1。设 $U_{S\sigma(k)} = (O, Q_{\sigma(k)}, \boldsymbol{W}_{\sigma(k)})$ 表示外耦合关系的跳变图，其中顶点集为 $O \triangleq \{o_1, o_2, \cdots, o_s\}$，$Q_{\sigma(k)} \in O \times O$ 表示有向边集，$\boldsymbol{W}_{\sigma(k)} \triangleq \{w_{ij\sigma(k)}\}_{s\times s}$ 表示外耦合加权矩阵。如果在 k 时刻 O_i 和 O_j

之间存在联系，$w_{ij\sigma(k)} \neq 0$，同时 $\sum_{j=1}^{s} w_{ij\sigma(k)} = 0, \forall i \in \mathbb{S}, \sigma(k) \in \mathbb{M}$。若 $\phi_{j\sigma(k)} \neq 0$，则 $\boldsymbol{\Gamma}_{\sigma(k)} \triangleq \mathrm{diag}\{\phi_{1\sigma(k)}, \phi_{2\sigma(k)}, \cdots, \phi_{s\sigma(k)}\} \geqslant 0$ 表示连接第 j 个状态向量的内耦合矩阵。$\{\sigma(k), k \geqslant 0\}$ 是一个离散时间 Markov 过程，它在有限集合 $\mathbb{M} = \{1, 2, \cdots, \bar{m}\}$ 中取值，转移概率矩阵 $\boldsymbol{\Pi} \triangleq \{\pi_{mn}\}$ 如下：

$$\Pr\{\sigma(k+1) = n \mid \sigma(k) = m\} = \pi_{mn}$$

其中，$0 \leqslant \pi_{mn} \leqslant 1, \forall m, n \in \mathbb{M}, \sum_{n=1}^{\bar{m}} \pi_{mn} = 1$。

假设 4.1[72] 非线性函数 $g(\cdot)$ 满足以下有界条件：

$$\left[g(\varphi(k)) - \mathfrak{U}_1 \varphi(k)\right]^{\mathrm{T}} \left[g(\varphi(k)) - \mathfrak{U}_2 \varphi(k)\right] \leqslant 0$$

其中，$g(0) = 0, \forall \varphi(k) \in \mathbb{R}^a$ 和 $\mathfrak{U}_1, \mathfrak{U}_2$ 是具有适当维度的实矩阵。

注解 4.1 在实际应用中，耦合条件经常受到外界扰动的影响，可能导致系统不稳定或耦合网络性能较差。由于耦合网络是由外耦合矩阵和内耦合矩阵构成的，随机变化耦合成为精确研究耦合网络系统的一个有意义的研究方向。本节采用 Markov 链描述了内外耦合矩阵的模态在不同时刻可以随机切换到另一个模态。

4.1.2 通信网络的测量

在本节中，将考虑通信网络中两种网络诱导有界的影响：对数量化和加权尝试一次丢弃协议。如图 4.1 所示，首先对 Markov 切换耦合网络系统的测量输出量进行量化，然后用通信网络中的 WTOD 协议对量化后的信号进行调度。

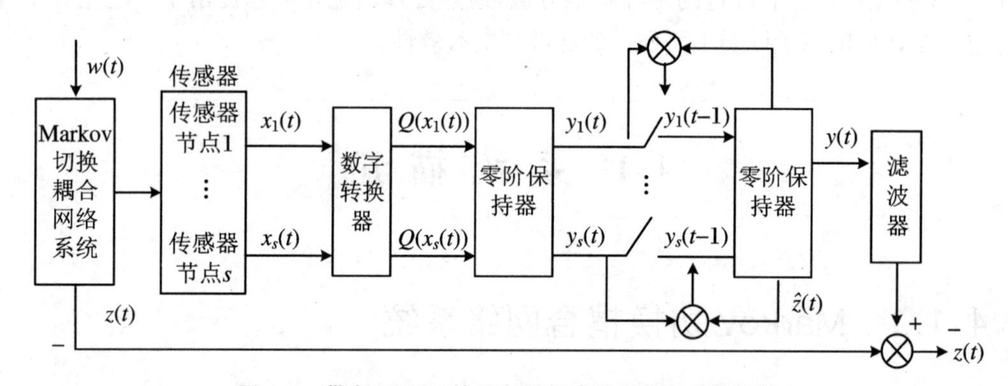

图 4.1 带有 WTOD 协议和量化滤波误差系统的结构

首先，量化效应下的测量输出可以描述为

$$y_i(k) = \boldsymbol{C}_i Q(x_i(k)) + \boldsymbol{D}_i v(k) \tag{4.1.2}$$

其中，$y_i(k)$ 是第 i 个传感器传送前的输出。$\boldsymbol{C}_i$ 和 $\boldsymbol{D}_i$ 是具有适当维数的实常数矩阵。对数量化器表示为 $Q(x_i(k)) = [q(x_{i1}(k)), q(x_{i2}(k)), \cdots, q(x_{ir}(k))]^{\mathrm{T}}$。对于每个 $q(x_{i\ell}(k))(1 \leqslant \ell \leqslant r)$，可得到量化能级的集合：

$$l = \{\pm \bar{l}^{(h)}, \bar{l}^{(h)} = \rho \bar{l}^{(h-1)}, h = 0, \pm 1, \pm 2, \cdots\} \cup \{0\}$$

其中，$\rho \in (0,1)$ 表示量化密度，$\bar{l}^{(0)} > 0$ 表示量化器输入的一段。量化器输入的每一部分都对应于每个量化级别，从而使量化器的整个部分被映射到量化级别。

下面将给出对数量化器 $q(\cdot)$ 的形式：

$$
q(x_{i\ell}(k)) = \begin{cases} \bar{l}^{(h)} & \left(x_{i\ell}(k) > 0, \dfrac{1}{1+\mu}\bar{l}^{(h)} < x_{i\ell}(k) \leqslant \dfrac{1}{1-\mu}\bar{l}^{(h)}\right) \\ 0 & (x_{i\ell}(k) = 0) \\ -q(-x_{i\ell}(k)) & (x_{i\ell}(k) < 0) \end{cases} \tag{4.1.3}
$$

其中，$\mu = \dfrac{1-\rho}{1+\rho}$。根据以上定义可以清晰地推出：

$$
\boldsymbol{Q}(x_i(k)) = (\boldsymbol{I} + \boldsymbol{\Delta}_i(k))x_i(k) \tag{4.1.4}
$$

其中，$\boldsymbol{\Delta}_i(k) \triangleq \mathrm{diag}\{\delta_{i1}(k), \cdots, \delta_{ir}(k)\}$和$|\delta_{i\ell}(k)| \leqslant \mu$。

此外，考虑到通信信道容量的有界，一般采用通信协议调度信号传输，以避免数据冲突。在这种情况下，我们引入了 WTOD 协议来选择一个传感器节点，通过通信网络有效地发送数据。受文献[73]启发，设 $\zeta(k)$为按以下选择原则确定的选定传感器节点：

$$
\zeta(k) = \arg\max_{1 \leqslant i \leqslant s} \| y_i(k) - \tilde{y}_i(k-1) \|_{G_i}^2 \tag{4.1.5}
$$

其中，$\tilde{y}_i(k-1)$表示第 i 个传感器节点的时间瞬间 t 前的传输信号。权重矩阵 $\boldsymbol{G}_i$ $(i \in \mathbb{S})$是一个与传感器节点 i 有关的给定矩阵，并且 $\boldsymbol{G}_i > 0$。

算法　WTOD 协议

输入：给出最终时间 k，s 节点

输出：$\tilde{y}(k)$

1. 设定初始条件 $y(1)$，$\tilde{y}(0)$和 $k=1$
2. 当模拟继续进行时，进行
3. 　　对于 $\zeta(k)=1, \zeta(k) \leqslant s$ 进行
4. 　　确定哪个节点正在被传送
5. 　　根据 $\zeta(k) = \arg\max_{1 \leqslant i \leqslant s} \| y_i(k) - \tilde{y}_i(k-1) \|_{G_i}^2$
6. 　　　如果 $\zeta(k) = i$，则
7. 　　　　$\tilde{y}_i(k) = y_i(k)$
8. 　　　否则
9. 　　　　$\tilde{y}_i(k) = \tilde{y}_i(k-1)$
10. 　　结束
11. 　　$\zeta(k)++$
12. 　　用零阶保持器储存 $\tilde{y}_i(k)$
13. 结束
14. $k+1$
15. 根据式(4.1.2)更新 $y(k)$的数据
16. 令 $\tilde{y}(k) = [\tilde{y}_1^{\mathrm{T}}(k), \cdots, \tilde{y}_s^{\mathrm{T}}(k)]^{\mathrm{T}}$
17. 结束
18. 返回 $\tilde{y}(k)$

设 $\widetilde{\boldsymbol{G}} \triangleq \mathrm{diag}\{\boldsymbol{G}_1, \boldsymbol{G}_2, \cdots, \boldsymbol{G}_s\}$ 和 $\boldsymbol{\Xi}_i \triangleq \mathrm{diag}\{\varepsilon(i-1)\boldsymbol{I}, \cdots, \varepsilon(i-s)\boldsymbol{I}\}$，选择原则可以表示为

$$\zeta(k) = \arg\max_{1 \leqslant i \leqslant s} \| y(k) - \widetilde{y}(k-1) \|^2_{\widetilde{G}\Xi_i} \tag{4.1.6}$$

根据克罗内克函数的特性，测量输出可重新写为以下形式：

$$\widetilde{y}(k) = \boldsymbol{\Xi}_{\zeta(k)} y(k) + (\boldsymbol{I} - \boldsymbol{\Xi}_{\zeta(k)}) \widetilde{y}(k-1) \tag{4.1.7}$$

注解 4.2 通过在接收端安装零阶保持器，得到式(4.1.7)。在现有的结果中，使用 WTOD 协议来研究文献[74]和[75]中的过滤和控制任务。本章研究的主要区别在于引入零阶保持器使更新后的矩阵更改为 $\boldsymbol{\Xi}_{\zeta(k)}$，并将测量输出重新定义为 $\widetilde{y}(k) = \boldsymbol{\Xi}_{\zeta(t)} y(k)$，这意味着只有一部分数据被分配，而其他数据被清除。尽管如此，通过保留以前的信息，在接收到更新的信息之前，通过保留之前的信息，即 $(\boldsymbol{I} - \boldsymbol{\Xi}_{\zeta(k)}) \widetilde{y}(k-1)$，用零阶保持器来补偿信号 $\widetilde{y}(k)$ 是合理的。

注解 4.3 本章考虑文献[76]中首次介绍的动态 WTOD 协议，由于采用固定的二次选择原则，将传输瞬时分配给特定的传感器节点。根据之前传输的信号与当前信号之间的误差值，将误差最大的节点授予网络访问权。从计算机科学的角度来看，这是一种相当有效的算法，但当整体数据超过一定的阈值时，需要花费一些精力来确定最终传输的节点。作为性能和复杂性之间的折中方案，WTOD 协议值得进一步改进。

4.1.3 滤波器的设计

离散时间 Markov 切换耦合网络系统(4.1.1)和测量输出(4.1.2)可以根据以下矩阵克罗内克乘积重写：

$$\begin{cases} x(k+1) = g(x(k)) + (\boldsymbol{W}_{\sigma(k)} \otimes \boldsymbol{\Gamma}_{\sigma(k)}) x(t) + \boldsymbol{L} v(k) \\ y(k) = \boldsymbol{C}(\boldsymbol{I} + \boldsymbol{\Delta}(k)) x(k) + \boldsymbol{D} v(k) \\ z(k) = \boldsymbol{E} x(k) \end{cases} \tag{4.1.8}$$

其中

$$x(k) \triangleq [x_1^{\mathrm{T}}(k), \cdots, x_s^{\mathrm{T}}(k)]^{\mathrm{T}}, \quad y(k) \triangleq [y_1^{\mathrm{T}}(k), \cdots, y_s^{\mathrm{T}}(k)]^{\mathrm{T}}$$

$$z(k) \triangleq [z_1^{\mathrm{T}}(k), \cdots, z_s^{\mathrm{T}}(k)]^{\mathrm{T}}, \quad \boldsymbol{L} \triangleq [\boldsymbol{L}_1^{\mathrm{T}}, \cdots, \boldsymbol{L}_s^{\mathrm{T}}]^{\mathrm{T}}, \quad \boldsymbol{D} \triangleq [\boldsymbol{D}_1^{\mathrm{T}}, \cdots, \boldsymbol{D}_s^{\mathrm{T}}]^{\mathrm{T}}$$

$$\boldsymbol{C} \triangleq \mathrm{diag}\{\boldsymbol{C}_1, \cdots, \boldsymbol{C}_s\}, \quad \boldsymbol{E} \triangleq \mathrm{diag}\{\boldsymbol{E}_1, \cdots, \boldsymbol{E}_s\}$$

$$\boldsymbol{\Delta}(k) \triangleq \mathrm{diag}\{\boldsymbol{\Delta}_1(k), \cdots, \boldsymbol{\Delta}_s(k)\}, \quad g(x(k)) \triangleq [g^{\mathrm{T}}(x_1(k)), \cdots, g^{\mathrm{T}}(x_s(k))]^{\mathrm{T}}$$

通过采用 WTOD 协议，记 $\widetilde{x}(k) \triangleq [x^{\mathrm{T}}(k) \widetilde{y}^{\mathrm{T}}(k-1)]^{\mathrm{T}}$，式(4.1.8)可以重新写为

$$\begin{cases} \widetilde{x}(k+1) = \widetilde{\boldsymbol{A}}_{\sigma(t),\zeta(t)} \widetilde{x}(k) + \widetilde{g}(x(k)) + \widetilde{\boldsymbol{L}} v(k) \\ \widetilde{y}(k) = \widetilde{\boldsymbol{C}}_{\zeta(t)} \widetilde{x}(k) + \boldsymbol{\Xi}_{\zeta(t)} \boldsymbol{D} v(k) \\ z(k) = \widetilde{\boldsymbol{E}} \widetilde{x}(k) \end{cases} \tag{4.1.9}$$

其中

$$\widetilde{\boldsymbol{A}}_{\sigma(k),\zeta(k)} \triangleq \begin{bmatrix} \boldsymbol{W}_{\sigma(k)} \otimes \boldsymbol{\Gamma}_{\sigma(k)} & \boldsymbol{0} \\ \widetilde{\boldsymbol{\Theta}}_{\zeta(k)} & \boldsymbol{I} - \boldsymbol{\Xi}_{\zeta(k)} \end{bmatrix}, \quad \widetilde{\boldsymbol{L}} \triangleq \begin{bmatrix} \boldsymbol{L} \\ \boldsymbol{\Xi}_{\zeta(k)} \boldsymbol{D} \end{bmatrix}, \quad \boldsymbol{I}_1 \triangleq \begin{bmatrix} \boldsymbol{I} \\ \boldsymbol{0} \end{bmatrix}, \quad \widetilde{\boldsymbol{E}} \triangleq \begin{bmatrix} \boldsymbol{E}^{\mathrm{T}} \\ \boldsymbol{0} \end{bmatrix}^{\mathrm{T}}$$

$$\widetilde{\boldsymbol{C}}_{\zeta(k)} \triangleq \begin{bmatrix} \widetilde{\boldsymbol{\Theta}}_{\zeta(k)} & \boldsymbol{I} - \boldsymbol{\Xi}_{\zeta(k)} \end{bmatrix}, \quad \widetilde{\boldsymbol{\Theta}}_{\zeta(k)} \triangleq \boldsymbol{\Xi}_{\zeta(k)} \boldsymbol{C}(\boldsymbol{I} + \boldsymbol{\Delta}(k)), \quad \widetilde{g}(x(k)) \triangleq \boldsymbol{I}_1 g(x(k))$$

为了估计式(4.1.9)在 WTOD 协议下的状态,滤波器结构被构造如下:

$$\begin{cases}\hat{x}(k+1)=\boldsymbol{M}_{\sigma(k)}\hat{x}(k)+\boldsymbol{N}_{\sigma(k)}\tilde{y}(k)\\ \hat{z}(k)=\boldsymbol{K}_{\sigma(t)}\hat{x}(k)\end{cases}\tag{4.1.10}$$

其中,$\hat{z}(k)$是对输出 $z(k)$的估算。滤波器增益 $\boldsymbol{M}_{\sigma(k)}$,$\boldsymbol{N}_{\sigma(k)}$,$\boldsymbol{K}_{\sigma(k)}$有待确定。为方便起见,定义$\forall\,\sigma(k)\triangleq m\in\mathbb{M}$,有$[\boldsymbol{M}_m\quad \boldsymbol{N}_m\quad \boldsymbol{K}_m]\triangleq[\boldsymbol{M}_{\sigma(k)}\quad \boldsymbol{N}_{\sigma(k)}\quad \boldsymbol{K}_{\sigma(k)}]$。滤波器的具体表示如下:

$$\hat{x}(k)\triangleq\begin{bmatrix}\hat{x}_1(k)\\ \hat{x}_2(k)\end{bmatrix},\quad \hat{z}(k)\triangleq\begin{bmatrix}\hat{z}_1(k)\\ \hat{z}_2(k)\end{bmatrix},\quad \boldsymbol{N}_m\triangleq\begin{bmatrix}\boldsymbol{N}_m^1\\ \boldsymbol{N}_m^2\end{bmatrix}$$

$$\boldsymbol{M}_m\triangleq\mathrm{diag}\{\boldsymbol{M}_m^1,\boldsymbol{M}_m^2\},\quad \boldsymbol{K}_m\triangleq[\boldsymbol{K}_m^1\quad \boldsymbol{0}],\quad \boldsymbol{K}_m^1\triangleq[\bar{\boldsymbol{K}}_{mpq}^1]_{2s\times s}$$

$$\boldsymbol{M}_m^1\triangleq[\bar{\boldsymbol{m}}_{mpq}^1]_{2s\times 2s},\quad \boldsymbol{M}_m^2\triangleq\mathrm{diag}\{\boldsymbol{M}_{m11}^2,\cdots,\boldsymbol{M}_{mss}^2\}$$

$$\boldsymbol{N}_m^1\triangleq[\bar{\boldsymbol{N}}_{mpq}^1]_{2s\times s},\quad \boldsymbol{N}_m^2\triangleq\mathrm{diag}\{\boldsymbol{N}_{m11}^2,\cdots,\boldsymbol{N}_{mss}^2\}$$

$$\bar{\boldsymbol{M}}_{mpq}^1\triangleq\begin{cases}\boldsymbol{M}_{mpq}^1 & (p,q\in T,T\triangleq\{2\hbar-1,2\hbar\},\hbar\triangleq1,2,\cdots,s)\\ 0 & (\text{其他})\end{cases}$$

$$\bar{\boldsymbol{N}}_{mab}^1\triangleq\begin{cases}\boldsymbol{N}_{mpq}^1 & (p\in T,q=\hbar,T\triangleq\{2\hbar-1,2\hbar\},\hbar\triangleq1,2,\cdots,s)\\ 0 & (\text{其他})\end{cases}$$

$$\bar{\boldsymbol{K}}_{mpq}^1\triangleq\begin{cases}\boldsymbol{K}_{mpq}^1 & (p,q\in T,T\triangleq\{2\hbar-1,2\hbar\},\hbar\triangleq1,2,\cdots,s)\\ 0 & (\text{其他})\end{cases}$$

其中,$\hat{x}_1(k)$和 $\hat{x}_2(k)$分别代表 $x(k)$和 $\tilde{y}(k-1)$的估计值。定义 $\bar{e}(k)\triangleq[\tilde{x}^{\mathrm{T}}(k)\quad \hat{x}^{\mathrm{T}}(k)]^{\mathrm{T}}$ 和 $\bar{z}(k)\triangleq\hat{z}(k)-z(k)$,根据式(4.1.9)和式(4.1.10)可以得到以下滤波误差系统:

$$\begin{cases}\bar{e}(k+1)=\bar{\boldsymbol{A}}_{m,\zeta(k)}\bar{e}(k)+\bar{g}(\bar{e}(k))+\bar{\boldsymbol{L}}v(k)\\ \bar{z}(k)=\bar{\boldsymbol{E}}\bar{e}(k)\end{cases}\tag{4.1.11}$$

其中

$$\bar{\boldsymbol{A}}_{m,\zeta(k)}\triangleq\begin{bmatrix}\tilde{\boldsymbol{A}}_{m,\zeta(k)} & \boldsymbol{0}\\ \boldsymbol{N}_m\tilde{\boldsymbol{C}}_{\zeta(k)} & \boldsymbol{M}_m\end{bmatrix},\quad \bar{\boldsymbol{L}}\triangleq\begin{bmatrix}\tilde{\boldsymbol{L}}\\ \boldsymbol{N}_m\boldsymbol{\Xi}_{\zeta(k)}\boldsymbol{D}\end{bmatrix}$$

$$\bar{g}(\bar{e}(k))\triangleq\boldsymbol{H}_1\tilde{g}(x(k)),\quad \boldsymbol{H}_1\triangleq[\boldsymbol{I}\quad \boldsymbol{0}]^{\mathrm{T}},\quad \bar{\boldsymbol{E}}\triangleq[-\tilde{\boldsymbol{E}}\quad \boldsymbol{K}_m]$$

定义 4.1[77] 给定标量 $a_1>0$,$a_2>0$ 和矩阵 $\boldsymbol{R}>0$。

(1) 如果下列不等式$\forall\,k\in\{1,2,\cdots,\mathbb{N}\}$成立,那么含有 $v(k)\equiv0$ 的滤波误差系统(4.1.11)关于$(a_1,a_2,\mathbb{N},\boldsymbol{R})$是有限时间稳定的:

$$\mathbb{E}\{\bar{e}^{\mathrm{T}}(0)\boldsymbol{R}\bar{e}(0)\}\leqslant a_1\quad\Rightarrow\quad\{\bar{e}^{\mathrm{T}}(t)\boldsymbol{R}\bar{e}(k)\}\leqslant a_2\tag{4.1.12}$$

(2) 如果下列不等式$\forall\,k\in\{1,2,\cdots,\mathbb{N}\}$成立,那么含有 $v(k)\in l_2[0,\infty)$的滤波误差系统(4.1.11)的动力学关于$(a_1,a_2,\mathbb{N},\boldsymbol{R},\tilde{\omega})$是均方有限时间有界的:

$$\begin{cases}\mathbb{E}\{\bar{e}^{\mathrm{T}}(0)\boldsymbol{R}\bar{e}(0)\}\leqslant a_1\\ v^{\mathrm{T}}(k)v(k)\leqslant\tilde{\omega}\end{cases}\quad\Rightarrow\quad\mathbb{E}\{\bar{e}^{\mathrm{T}}(k)\boldsymbol{R}\bar{e}(k)\}\leqslant a_2\tag{4.1.13}$$

定义 4.2[45] 滤波误差系统(4.1.11)规定的 l_2-l_∞ 性能指标 $\tilde{\gamma}>0$,如果在零初值条件下,对于任何$v(k)\in l_2[0,\infty)$,以下不等式成立:

$$\sup_{0\leqslant t\leqslant \mathbb{N}} \mathbb{E}\{\bar{z}^{\mathrm{T}}(k)\bar{z}(k)\}<\tilde{\gamma}^2\mathbb{E}\{\sum_{t=0}^{\mathbb{N}} v^{\mathrm{T}}(k)v(k)\} \tag{4.1.14}$$

本章旨在设计一个滤波器，它满足以下两个要求：

(1) 当 $v(k)\equiv 0$ 时，滤波误差系统(4.1.11)是有限时间有界的。

(2) 在零初值条件下，滤波误差系统(4.1.11)满足 l_2-l_∞ 性能指标。

4.2 主要结论

下面将给出一些条件以保证滤波误差系统(4.1.11)是均方有限时间有界的，同时满足 l_2-l_∞ 性能指能。此外，根据矩阵解耦方法，通过前文的条件可推导出滤波器的增益。

4.2.1 均方有限时间有界和 l_2-l_∞ 性能分析

定理 4.1 构建 Lyapunov 函数如下：

$$V(\bar{e}(k),m)=\bar{e}^{\mathrm{T}}(k)\boldsymbol{P}_m\bar{e}(k) \tag{4.2.1}$$

其中，$\boldsymbol{P}_m$ 是正定对称矩阵。给定标量 $a_1>0,a_2>0,\varrho>1,\tilde{\omega}>0$，矩阵 $\boldsymbol{R}>0$ 和 l_2-l_∞ 性能指标 $\tilde{\gamma}>0$，那么滤波误差系统(4.1.11)关于$(a_1,a_2,\mathbb{N},\boldsymbol{R},\tilde{\omega})$是均方有限时间有界的，且满足 l_2-l_∞ 性能指标，如果存在矩阵 $\boldsymbol{P}_m$，使以下 LMI 对于$\forall\, i\in\mathbb{S},m\in\mathbb{M}$是可解的：

$$\begin{aligned}\mathbb{E}\{\Delta V(\bar{e}(k),m)\}&=\mathbb{E}\{V(\bar{e}(k+1),\sigma(k+1))-\varrho V(\bar{e}(k),m)\}\\&<\mathbb{E}\{v^{\mathrm{T}}(k)v(k)\}\end{aligned} \tag{4.2.2}$$

$$\frac{\rho^{\mathbb{N}}}{\varepsilon_0}\left[a_1\varepsilon_1+\frac{\tilde{\omega}}{\rho-1}\right]\leqslant a_2 \tag{4.2.3}$$

$$\varepsilon_0\boldsymbol{R}<\boldsymbol{P}_m<\varepsilon_1\boldsymbol{R},\quad \hat{\boldsymbol{P}}_m\triangleq\boldsymbol{R}^{-\frac{1}{2}}\boldsymbol{P}_m\boldsymbol{R}^{-\frac{1}{2}} \tag{4.2.4}$$

$$\begin{bmatrix}\boldsymbol{P}_m & \bar{\boldsymbol{E}}^{\mathrm{T}}\\ * & \tilde{\gamma}^2\boldsymbol{I}\end{bmatrix}\geqslant 0 \tag{4.2.5}$$

证明 根据反复的迭代操作，可以从式(4.2.2)中推导出：

$$\begin{aligned}\mathbb{E}\{V(\bar{e}(k),m)\}&<\varrho^k\mathbb{E}\{V(\bar{e}(0),\sigma(0))\}+\sum_{\iota=0}^{k-1}\rho^{k-1-\iota}v^{\mathrm{T}}(\iota)v(\iota)\\&\leqslant\varrho^k\left\{\max_{m\in\mathbb{M}}\{\lambda_{\max}(\hat{\boldsymbol{P}}_m)\}\mathbb{E}\{\bar{e}^{\mathrm{T}}(0)\boldsymbol{R}\bar{e}(0)\}+\frac{\tilde{\omega}}{\varrho-1}\right\}\end{aligned} \tag{4.2.6}$$

考虑到$\mathbb{E}\{\bar{e}^{\mathrm{T}}(0)\boldsymbol{R}\,\bar{e}(0)\}\leqslant a_1$ 和式(4.2.4)，对于任何整数 $k\in\{1,2,\cdots,\mathbb{N}\}$，可以推导出以下不等式：

$$\mathbb{E}\{V(\bar{e}(k),m)\}<\varrho^{\mathbb{N}}\left[a_1\max_{m\in\mathbb{M}}\{\lambda_{\max}(\hat{\boldsymbol{P}}_m)\}+\frac{\tilde{\omega}}{\varrho-1}\right]<\varrho^{\mathbb{N}}\left[a_1\varepsilon_1+\frac{\tilde{\omega}}{\varrho-1}\right] \tag{4.2.7}$$

另一方面，不难发现

$$V(\bar{e}(k),m)=\bar{e}^{\mathrm{T}}(k)\boldsymbol{P}_m\bar{e}(k)\geqslant\min_{m\in\mathbb{M}}\{\lambda_{\min}(\hat{\boldsymbol{P}}_m)\}\mathbb{E}\{\bar{e}^{\mathrm{T}}(k)\boldsymbol{R}\bar{e}(k)\}$$

$$\geqslant \varepsilon_0 \mathbb{E}\{\bar{e}^{\mathrm{T}}(k)\boldsymbol{R}\bar{e}(k)\} \tag{4.2.8}$$

结合式(4.2.7)和式(4.2.8),可以得到

$$\mathbb{E}\{\bar{e}^{\mathrm{T}}(k)\boldsymbol{R}\bar{e}(k)\} \leqslant \frac{\varrho^{\mathbb{N}}}{\varepsilon_0}\left[a_1\varepsilon_1 + \frac{\widetilde{\omega}}{\varrho - 1}\right] \leqslant a_2 \tag{4.2.9}$$

在定义 4.1 的基础上,滤波误差系统(4.1.11)关于$(a_1, a_2, \mathbb{N}, \boldsymbol{R}, \widetilde{\omega})$是均方有限时间有界的。

此外,在零初值条件下,式(4.2.6)的结果为

$$\mathbb{E}\{V(\bar{e}(k),m)\} < \sum_{\iota=0}^{k-1}\varrho^{k-1-\iota}v^{\mathrm{T}}(\iota)v(\iota) < \sum_{\iota=0}^{N}\varrho^{k-1-\iota}v^{\mathrm{T}}(\iota)v(\iota) < \varrho^{\mathbb{N}}\sum_{\iota=0}^{\mathbb{N}}v^{\mathrm{T}}(\iota)v(\iota) \tag{4.2.10}$$

根据 Schur 补引理,由式(4.2.5)可以得到

$$\bar{\boldsymbol{E}}^{\mathrm{T}}\bar{\boldsymbol{E}} - \widetilde{\gamma}^2\boldsymbol{P}_m \leqslant 0 \tag{4.2.11}$$

随后,设定 $\gamma \triangleq \widetilde{\gamma}\sqrt{\varrho^{\mathbb{N}}}$,可以得到以下不等式:

$$\begin{aligned}\mathbb{E}\{\bar{z}^{\mathrm{T}}(k)\bar{z}(k)\} &= \mathbb{E}\{\bar{e}^{\mathrm{T}}(k)\bar{\boldsymbol{E}}^{\mathrm{T}}\bar{\boldsymbol{E}}\boldsymbol{E}(k)\} \leqslant \widetilde{\gamma}^2\,\mathbb{E}\{\bar{e}^{\mathrm{T}}(k)\boldsymbol{P}_m\bar{e}(k)\}\\ &\leqslant \widetilde{\gamma}^2\varrho^{\mathbb{N}}\sum_{\iota=0}^{\mathbb{N}}v^{\mathrm{T}}(\iota)v(\iota) \leqslant \gamma^2\sum_{\iota=0}^{\mathbb{N}}v^{\mathrm{T}}(\iota)v(\iota)\end{aligned} \tag{4.2.12}$$

显然可以验证,对于任何非零的 $v(k) \in l_2[0,\infty)$,式(4.1.14)都是成立的。最后,依据定义 4.2,滤波误差系统(4.1.11)满足规定的 l_2-l_∞ 性能指标 $\widetilde{\gamma}$。证毕。

定理 4.2　给定标量 $a_1>0, a_2>0, \varrho>1, \widetilde{\omega}>0$,矩阵 $\boldsymbol{R}>0$ 和 l_2-l_∞ 性能指标 $\widetilde{\gamma}>0$,那么滤波误差系统(4.1.11)关于$(a_1, a_2, \mathbb{N}, \boldsymbol{R}, \widetilde{\omega})$是均方有限时间有界的,且满足 l_2-l_∞ 性能指标,如果存在正定对称矩阵 $\boldsymbol{P}_m$ 和一个正标量 λ,使式(4.2.3)～式(4.2.5)和以下 LMI 对于 $\forall\, i \in \mathbb{S}, m \in \mathbb{M}$ 是可解的:

$$\boldsymbol{\Psi}_m = \begin{bmatrix}\bar{\boldsymbol{\Psi}}_m^{11} & \bar{\boldsymbol{\Psi}}_m^{12} & \bar{\boldsymbol{\Psi}}_m^{13} & \bar{\boldsymbol{A}}_{m,\zeta(t)}^{\mathrm{T}}\\ * & \bar{\boldsymbol{\Psi}}_m^{22} & \boldsymbol{0} & \boldsymbol{H}_1^{\mathrm{T}}\\ * & * & \bar{\boldsymbol{\Psi}}_m^{33} & \bar{\boldsymbol{L}}^{\mathrm{T}}\\ * & * & * & -\boldsymbol{\mathcal{P}}_n^{-1}\end{bmatrix} < 0 \tag{4.2.13}$$

其中

$$\boldsymbol{J} \triangleq [\boldsymbol{J}_1 \quad \boldsymbol{0} \quad \boldsymbol{D}],\quad \boldsymbol{J}_1 \triangleq [\boldsymbol{J}_2 \quad \boldsymbol{0}],\quad \boldsymbol{J}_2 \triangleq [\boldsymbol{C}(\boldsymbol{I} + \Delta(t)) \quad -\boldsymbol{I}]$$

$$\boldsymbol{\mathcal{P}}_m \triangleq \sum_{n\in\mathbb{M}}\pi_{mn}\boldsymbol{P}_n,\quad \hat{\boldsymbol{U}} \triangleq \bar{\mathfrak{U}}_1^{\mathrm{T}}\bar{\mathfrak{U}}_2 + \bar{\mathfrak{U}}_2^{\mathrm{T}}\bar{\mathfrak{U}}_1,\quad \dot{\boldsymbol{U}} \triangleq \bar{\mathfrak{U}}_1^{\mathrm{T}} + \bar{\mathfrak{U}}_2^{\mathrm{T}},\quad \dot{\boldsymbol{U}}_1(t) \triangleq \boldsymbol{H}_1\mathrm{diag}_s\{\mathfrak{U}_1\}\boldsymbol{H}_1^{\mathrm{T}}$$

$$\bar{\mathfrak{U}}_1 \triangleq \boldsymbol{H}_1\mathrm{diag}_s\{\mathfrak{U}_2\}\boldsymbol{H}_1^{\mathrm{T}},\quad \bar{\boldsymbol{\Psi}}_m \triangleq \lambda\dot{\boldsymbol{U}}\boldsymbol{H}_1,\quad \bar{\boldsymbol{\Psi}}_m^{22} \triangleq -2\lambda\boldsymbol{H}_1^{\mathrm{T}}\boldsymbol{H}_1,\quad \bar{\boldsymbol{\Psi}}_m^{13} \triangleq -\boldsymbol{J}_1^{\mathrm{T}}\vartheta\boldsymbol{D}$$

$$\bar{\boldsymbol{\Psi}}_m^{33} \triangleq -\boldsymbol{I} - \boldsymbol{D}^{\mathrm{T}}\vartheta\boldsymbol{D},\quad \bar{\boldsymbol{\Psi}}_m^{11} \triangleq -\varrho\boldsymbol{P}_m - \lambda\hat{\boldsymbol{U}} - \boldsymbol{J}_1^{\mathrm{T}}\vartheta\boldsymbol{J}_1,\quad \boldsymbol{\vartheta} \triangleq \sum_{j=1}^{s}\varkappa_{ij}\boldsymbol{G}(\boldsymbol{\Xi}_j - \boldsymbol{\Xi}_{\zeta(t)})$$

证明　$V(\bar{e}(k),m)$的差分算子可以计算如下:

$$\mathbb{E}\{\Delta V(\bar{e}(k),m)\} = \bar{e}^{\mathrm{T}}(k+1)\boldsymbol{\mathcal{P}}_m\bar{e}(k+1) - \varrho\bar{e}^{\mathrm{T}}(k)\boldsymbol{P}_m\bar{e}(k) \tag{4.2.14}$$

考虑式(4.1.7),可以推导出以下公式:

$$(y(k) - \widetilde{y}(k-1))^{\mathrm{T}}\sum_{j=1}^{s}\varkappa_{ij}\boldsymbol{G}(\boldsymbol{\Xi}_j - \boldsymbol{\Xi}_{\zeta(k)})(y(k) - \widetilde{y}(k-1)) \leqslant 0 \tag{4.2.15}$$

这意味着对于 $j \in \mathbb{S}$,

$$\xi_1^{\mathrm{T}}(k)\boldsymbol{J}^{\mathrm{T}}\vartheta\boldsymbol{J}\xi_1(k)\leqslant 0 \tag{4.2.16}$$

其中，$\xi_1(k)\triangleq[\bar{e}^{\mathrm{T}}(k)\quad \tilde{g}^{\mathrm{T}}(x(k))\quad v^{\mathrm{T}}(k)]^{\mathrm{T}}$。

然后，根据假设 4.1 可知

$$\Upsilon(k)=\begin{bmatrix}\bar{e}(k)\\ \tilde{g}(x(k))\end{bmatrix}^{\mathrm{T}}\begin{bmatrix}\lambda\hat{\boldsymbol{U}} & -\lambda\hat{\boldsymbol{U}}\boldsymbol{H}_1\\ * & 2\lambda\boldsymbol{H}_1^{\mathrm{T}}\boldsymbol{H}_1\end{bmatrix}\begin{bmatrix}\bar{e}(k)\\ \tilde{g}(x(k))\end{bmatrix}\leqslant 0 \tag{4.2.17}$$

结合式(4.2.14)～式(4.2.17)，可以得出

$$\mathbb{E}\{\Delta V(\bar{e}(k),m)-\Upsilon(k)-\xi_1^{\mathrm{T}}(k)\boldsymbol{J}^{\mathrm{T}}\vartheta\boldsymbol{J}\xi_1(k)-v^{\mathrm{T}}(k)v(k)\}\leqslant\xi_1^{\mathrm{T}}(k)\boldsymbol{\Psi}_m\xi_1(k) \tag{4.2.18}$$

其中

$$\boldsymbol{\Psi}_m\triangleq\begin{bmatrix}\boldsymbol{\Psi}_m^{11} & \boldsymbol{\Psi}_m^{12} & \boldsymbol{\Psi}_m^{13}\\ * & \boldsymbol{\Psi}_m^{22} & \boldsymbol{\Psi}_m^{23}\\ * & * & \boldsymbol{\Psi}_m^{33}\end{bmatrix},\quad \boldsymbol{\Psi}_m^{11}\triangleq\bar{\boldsymbol{A}}_{m,\zeta(k)}^{\mathrm{T}}\boldsymbol{\mathcal{P}}_m\bar{\boldsymbol{A}}_{m,\zeta(k)}-\varrho\boldsymbol{P}_m-\lambda\hat{\boldsymbol{U}}-\boldsymbol{J}_1^{\mathrm{T}}\vartheta\boldsymbol{J}_1$$

$$\boldsymbol{\Psi}_m^{12}\triangleq\bar{\boldsymbol{A}}_m^{\mathrm{T}}\boldsymbol{\mathcal{P}}_m\boldsymbol{H}_1+\lambda\boldsymbol{U}\boldsymbol{H}_1,\quad \boldsymbol{\Psi}_m^{22}\triangleq\boldsymbol{H}_1^{\mathrm{T}}\boldsymbol{\mathcal{P}}_m\boldsymbol{H}_1-2\lambda\boldsymbol{H}_1^{\mathrm{T}}\boldsymbol{H}_1$$

$$\boldsymbol{\Psi}_m^{13}\triangleq\bar{\boldsymbol{A}}_m^{\mathrm{T}}\boldsymbol{\mathcal{P}}_m\bar{\boldsymbol{L}}-\boldsymbol{J}_1^{\mathrm{T}}\vartheta\boldsymbol{D},\quad \boldsymbol{\Psi}_m^{23}\triangleq\boldsymbol{H}_1^{\mathrm{T}}\boldsymbol{\mathcal{P}}_m\bar{\boldsymbol{L}},\quad \boldsymbol{\Psi}_m^{33}\triangleq\bar{\boldsymbol{L}}^{\mathrm{T}}\boldsymbol{\mathcal{P}}_m\bar{\boldsymbol{L}}-\boldsymbol{I}-\boldsymbol{D}^{\mathrm{T}}\vartheta\boldsymbol{D}$$

对式(4.2.13)应用 Schur 补引理，显然能够发现 $\boldsymbol{\Psi}_m<0$。此外，式(4.2.13)意味着

$$\xi_1^{\mathrm{T}}(k)\boldsymbol{\Psi}_m\xi_1(k)+v^{\mathrm{T}}(k)v(k)\leqslant v^{\mathrm{T}}(k)v(k) \tag{4.2.19}$$

因此，由式(4.2.13)很容易发现式(4.2.2)是成立的。证毕。

4.2.2 滤波器设计

定理 4.3 给定标量 $a_1>0,a_2>0,\varrho>1,\tilde{\omega}>0$，矩阵 $\boldsymbol{R}>0$ 和 l_2-l_∞ 性能指标 $\tilde{\gamma}>0$，滤波误差系统(4.1.11)关于$(a_1,a_2,\mathbb{N},\boldsymbol{R},\tilde{\omega})$是均方有限时间有界的，且满足 l_2-l_∞ 性能指标，如果存在标量 $\lambda>0,\epsilon_1>0$，一个正定对称矩阵 $\boldsymbol{P}_m$ 和矩阵 $\boldsymbol{\mathcal{M}}_m,\boldsymbol{\mathcal{N}}_m,\boldsymbol{\mathcal{K}}_m$ 和 $\bar{\boldsymbol{Z}}_m$，使得式(4.2.3)～式(4.2.5)和以下 LMI 对于 $\forall i\in\mathbb{S},m\in\mathbb{M}$是可解的：

$$\begin{bmatrix}\bar{\boldsymbol{\Psi}}_m^{11} & \bar{\boldsymbol{\Psi}}_m^{12} & \bar{\boldsymbol{\Psi}}_m^{13} & \tilde{\boldsymbol{\Psi}}_m^{14} & \boldsymbol{0}\\ * & \bar{\boldsymbol{\Psi}}_m^{22} & \boldsymbol{0} & \boldsymbol{H}_1^{\mathrm{T}}\bar{\boldsymbol{Z}}_m^{\mathrm{T}} & \boldsymbol{0}\\ * & * & \bar{\boldsymbol{\Psi}}_m^{33} & \tilde{\boldsymbol{\Psi}}_m^{34} & \boldsymbol{0}\\ * & * & * & \tilde{\boldsymbol{\Psi}}_m^{44} & \tilde{\boldsymbol{\Sigma}}_m^{1}\\ * & * & * & * & -\epsilon_1\boldsymbol{I}\end{bmatrix}<0 \tag{4.2.20}$$

其中

$$\boldsymbol{A}_{m,\zeta(k)}^{\mathrm{T}}\triangleq\begin{bmatrix}\bar{\boldsymbol{A}}_{m,\zeta(k)}^{\mathrm{T}}z_{1m}^{\mathrm{T}}+d_1\tilde{\boldsymbol{C}}_{\zeta(k)}^{\mathrm{T}}\boldsymbol{\mathcal{N}}_m^{\mathrm{T}} & \bar{\boldsymbol{A}}_{m,\zeta(k)}^{\mathrm{T}}z_{2m}^{\mathrm{T}}+d_2\tilde{\boldsymbol{C}}_{\zeta(k)}^{\mathrm{T}}\boldsymbol{\mathcal{N}}_m^{\mathrm{T}}\\ d_1\boldsymbol{\mathcal{M}}_m^{\mathrm{T}} & d_2\boldsymbol{\mathcal{M}}_m^{\mathrm{T}}\end{bmatrix}$$

$$\bar{\boldsymbol{A}}_{m,\zeta(k)}\triangleq\begin{bmatrix}\boldsymbol{W}_m\otimes\boldsymbol{\Gamma}_m & \boldsymbol{0}\\ \bar{\boldsymbol{\Theta}}_{\zeta(k)} & \boldsymbol{I}-\boldsymbol{\Xi}_{\zeta(k)}\end{bmatrix},\quad \bar{\boldsymbol{Z}}_m\triangleq\begin{bmatrix}z_{1m} & d_1z_m\\ z_{2m} & d_2z_m\end{bmatrix}$$

$$\boldsymbol{Z}_{1m}\triangleq\begin{bmatrix}z_{11m} & z_{12m}\\ z_{13m} & z_{14m}\end{bmatrix},\quad \boldsymbol{Z}_{2m}\triangleq\begin{bmatrix}z_{21m} & z_{22m}\\ z_{23m} & z_{24m}\end{bmatrix},\quad d\triangleq\begin{bmatrix}d_1\boldsymbol{\mathcal{N}}_m\\ d_2\boldsymbol{\mathcal{N}}_m\end{bmatrix}$$

$$\tilde{\boldsymbol{\Psi}}_m^{34}\triangleq[\tilde{\boldsymbol{L}}^{\mathrm{T}}z_{1m}^{\mathrm{T}}+d_1\boldsymbol{D}^{\mathrm{T}}\boldsymbol{\Xi}_{\zeta(k)}^{\mathrm{T}}\boldsymbol{\mathcal{N}}_m^{\mathrm{T}}\quad \tilde{\boldsymbol{L}}^{\mathrm{T}}z_{2m}^{\mathrm{T}}+d_2\boldsymbol{D}^{\mathrm{T}}\boldsymbol{\Xi}_{\zeta(k)}^{\mathrm{T}}\boldsymbol{\mathcal{N}}_m^{\mathrm{T}}]$$

$$\hat{\boldsymbol{Z}}_m\triangleq[z_{12m}^{\mathrm{T}}\quad z_{14m}^{\mathrm{T}}\quad z_{22m}^{\mathrm{T}}\quad z_{44m}^{\mathrm{T}}]^{\mathrm{T}},\quad \boldsymbol{F}\triangleq\mathrm{diag}\{\mu_1,\mu_2,\cdots,\mu_r\}$$

$$\boldsymbol{\Psi}_m^{11} \triangleq -\varrho \boldsymbol{P}_m - \lambda\hat{\boldsymbol{U}} - \boldsymbol{J}_1^{\mathrm{T}}\vartheta\boldsymbol{J}_1 + \epsilon\boldsymbol{H}_1\boldsymbol{I}_1\boldsymbol{F}^{\mathrm{T}}\boldsymbol{F}\boldsymbol{I}_1^{\mathrm{T}}\boldsymbol{H}_1, \quad \bar{\boldsymbol{\Theta}}_{\zeta(k)} \triangleq \boldsymbol{\Xi}_{\zeta(k)}\boldsymbol{C}$$

$$\tilde{\boldsymbol{\Psi}}_m^{14} \triangleq \boldsymbol{A}_{m,\zeta(k)}^{\mathrm{T}}, \quad \tilde{\boldsymbol{\Psi}}_m^{44} \triangleq \boldsymbol{\mathcal{P}}_m - \bar{\boldsymbol{Z}}_m - \bar{\boldsymbol{Z}}_m^{\mathrm{T}}, \quad \tilde{\boldsymbol{\Sigma}}_m^1 \triangleq \hat{z}_m\boldsymbol{\Xi}_{\zeta(k)}\boldsymbol{C} + d\boldsymbol{\Xi}_{\zeta(k)}\boldsymbol{C}$$

$$\boldsymbol{z}_m \triangleq \mathrm{diag}\{z_m^1, z_m^2\}, \quad z_m^1 \triangleq [\bar{z}_{mpq}^1]_{2s\times 2s}$$

$$\bar{z}_{mpq}^1 \triangleq \begin{cases} z_{mpq}^1 & (p,q\in T, T \triangleq \{2\hbar-1, 2\hbar\}, \hbar \triangleq 1,2,\cdots,s) \\ 0 & (\text{其他}) \end{cases}$$

然后,可以得到滤波器的增益:

$$\boldsymbol{M}_m = z_m^{-1}\boldsymbol{\mathcal{M}}_m, \quad \boldsymbol{N}_m = z_m^{-1}\boldsymbol{\mathcal{N}}_m, \quad \boldsymbol{K}_m = \boldsymbol{\mathcal{K}}_m$$

证明　由于 $|\boldsymbol{\Delta}(k)| \leqslant \mu_1$,可以得到 $\boldsymbol{\Delta}^{\mathrm{T}}(k)\boldsymbol{\Delta}(k) \leqslant \boldsymbol{F}^{\mathrm{T}}\boldsymbol{F} \leqslant \boldsymbol{I}$。此外,根据不等式 $(\boldsymbol{\mathcal{P}}_m - \bar{\boldsymbol{Z}}_m)\boldsymbol{\mathcal{P}}_m^{-1}(\boldsymbol{\mathcal{P}}_m - \bar{\boldsymbol{Z}}_m)^{\mathrm{T}} \geqslant 0$,可以得到以下不等式:

$$-\bar{\boldsymbol{Z}}_m\boldsymbol{\mathcal{P}}_m^{-1}\bar{\boldsymbol{Z}}_m^{\mathrm{T}} \leqslant \boldsymbol{\mathcal{P}}_m - \bar{\boldsymbol{Z}}_m - \bar{\boldsymbol{Z}}_m^{\mathrm{T}} \tag{4.2.21}$$

根据式(4.2.21),并利用文献[79]中的引理,左乘 $\mathrm{diag}\{\boldsymbol{I},\boldsymbol{I},\boldsymbol{I},\bar{\boldsymbol{Z}}_m^{-1}\}$,右乘其转置,可得式(4.2.13)在Schur补引理的基础上是成立的。滤波误差系统(4.1.11)是均方有限时间有界的,且满足固定的 l_2-l_∞ 性能指标 $\tilde{\gamma}$。证毕。

4.3　仿真验证

考虑具有三个节点的离散时间Markov切换耦合网络系统(4.1.1)。两种耦合模式下的内外耦合矩阵如下所示:

$$\boldsymbol{W}_1 = \begin{bmatrix} -0.1 & 0.05 & 0.05 \\ 0.05 & -0.1 & 0.05 \\ 0 & 0.15 & -0.15 \end{bmatrix}, \quad \boldsymbol{W}_2 = \begin{bmatrix} -0.3 & 0.15 & 0.15 \\ 0.15 & -0.3 & 0.15 \\ 0.15 & 0.15 & -0.3 \end{bmatrix}$$

$$\boldsymbol{\Gamma}_1 = \mathrm{diag}\{0.1, 0.1\}, \quad \boldsymbol{\Gamma}_2 = \mathrm{diag}\{0.19, 0.19\}$$

且相应的拓扑图如图4.2所示。外部干扰被选为 $v(k) = [v_e^{\mathrm{T}}(k), v_e^{\mathrm{T}}(k), v_e^{\mathrm{T}}(k)]^{\mathrm{T}}$,其中 $v_e^{\mathrm{T}}(k) = 0.2\exp(-0.1k)$。同时转移概率矩阵为 $\boldsymbol{\Pi} = [0.44 \quad 0.54 \quad 0.5 \quad 0.4]$。$g(x_i(k)) = 0.5(\boldsymbol{\mathfrak{U}}_1 + \boldsymbol{\mathfrak{U}}_2)x_i(k) + (\boldsymbol{\mathfrak{U}}_2 - \boldsymbol{\mathfrak{U}}_1)\sin(k)x_i(k)$,其中 $\boldsymbol{\mathfrak{U}}_1 = \mathrm{diag}\{0.85, 0.79\}$,$\boldsymbol{\mathfrak{U}}_2 = \mathrm{diag}\{0.81, 0.71\}$。离散时间Markov切换耦合网络系统(4.1.1)中的其他参数如下:

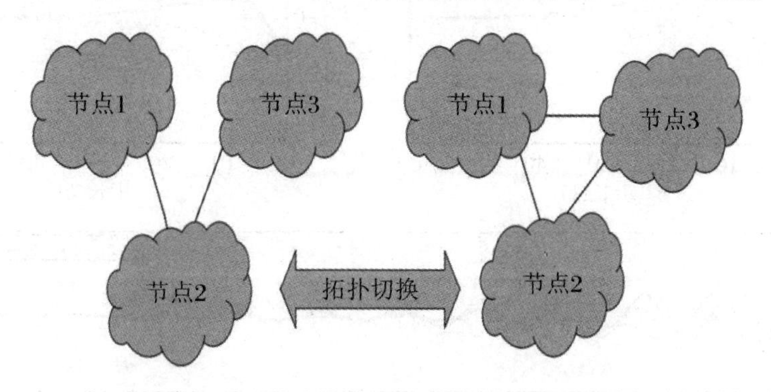

图4.2　三个节点在两种耦合模式下的拓扑结构

$$\boldsymbol{L}_1=\begin{bmatrix}0.016 & 0.021 & 0.013\\ 0.015 & 0.009 & 0.027\end{bmatrix},\quad \boldsymbol{L}_2=\begin{bmatrix}0.015 & 0.006 & 0.012\\ 0.014 & 0.001 & 0.025\end{bmatrix}$$

$$\boldsymbol{L}_3=\begin{bmatrix}0.015 & 0.02 & 0.012\\ 0.015 & 0.026 & 0.026\end{bmatrix},\quad \boldsymbol{E}_1=\boldsymbol{E}_2=\boldsymbol{E}_3=[0.1\quad 0.6]$$

$$\boldsymbol{C}_1=[0.5\quad -0.3],\quad \boldsymbol{C}_2=[0.2\quad 0.2],\quad \boldsymbol{C}_3=[0.3\quad -0.5]$$

$$\boldsymbol{D}_1=[0.8\quad 0.8\quad 0.6],\quad \boldsymbol{D}_2=[0.8\quad 0.7\quad 0.8],\quad \boldsymbol{D}_3=[0.6\quad 0.8\quad 0.6]$$

设置参数为 $a_1=0.2, a_2=70, N=10, \widetilde{\omega}=0.1, \varrho=1.02, \widetilde{\gamma}=2, d_1=d_2=0.1$ 和 $\rho_1=0.9$。初始条件为 $\widetilde{x}(0)=[0.02,-0.05,0.06,0.01,0.01,0.03,0.01,0.16,0.14]^{\mathrm{T}}$。状态响应和滤波误差如图 4.3 所示，这说明了根据定理 4.3 得到的滤波器可以实现预期的效果。此外，图 4.4 证明了滤波误差系统是有限时间有界的。

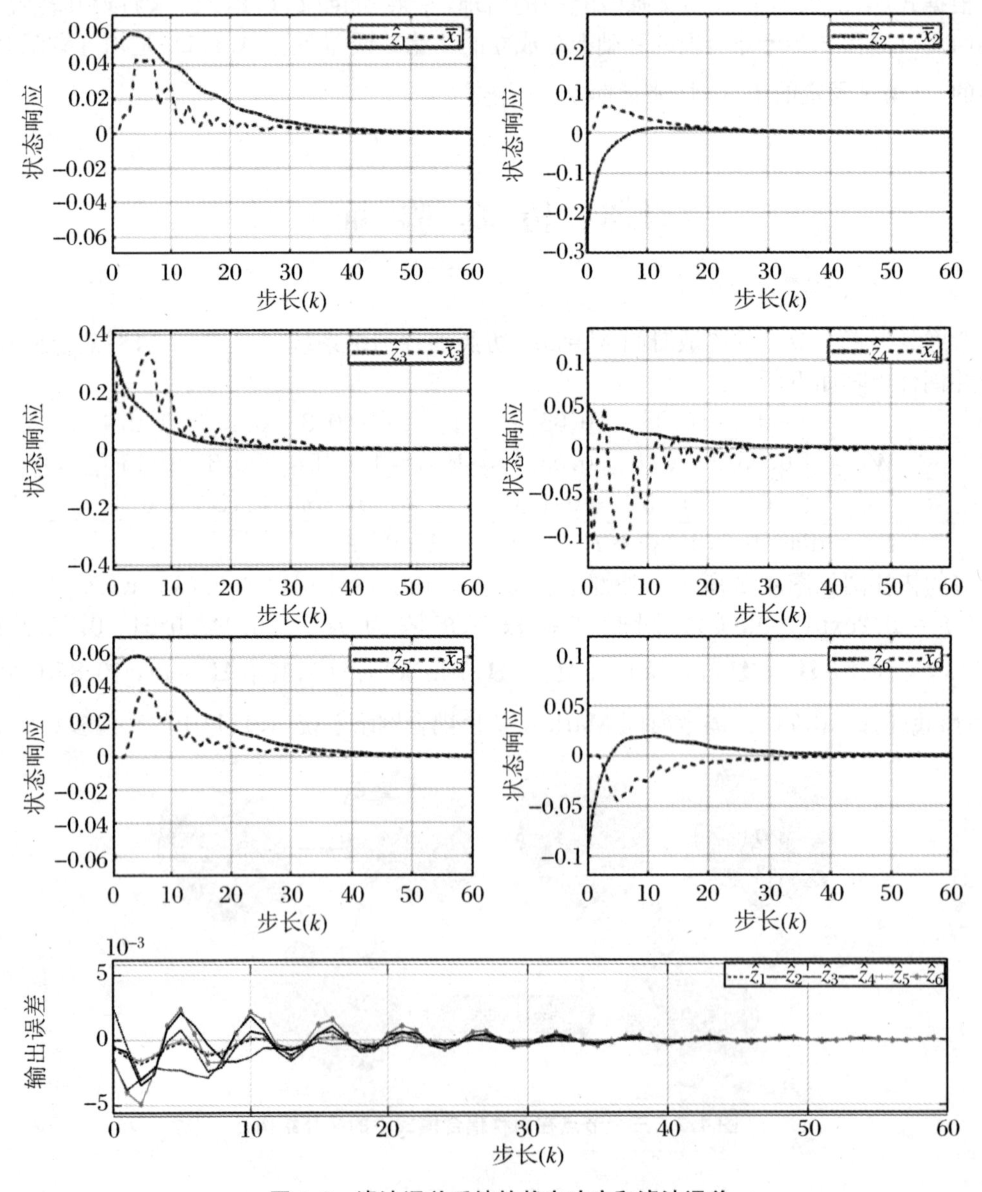

图 4.3　滤波误差系统的状态响应和滤波误差

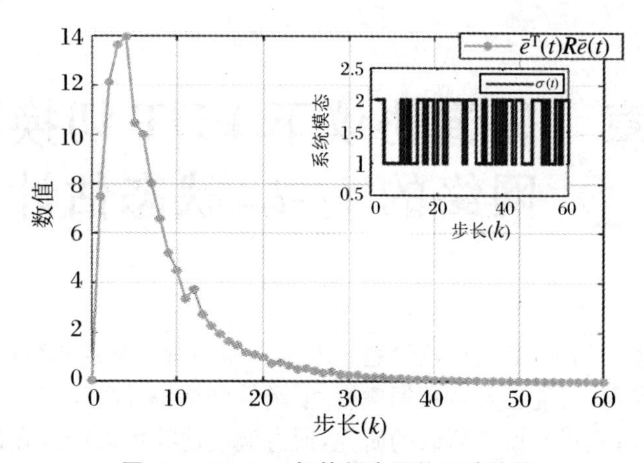

图 4.4　Markov 切换耦合网络系统的值

第5章　轮询协议下PDT切换耦合网络的l_2-l_∞状态估计

随着网络复杂度的增加,数据传输量趋于增大。如果所有节点的数据同时传输,会给通信通道带来很大的负担,可能会导致数据碰撞、混淆等网络诱导现象发生。为了解决这一问题,已经有大量的学者致力于调度协议的研究,通过调度协议可以确定在传输测量数据的瞬间哪个节点获得了传输权限。在各种调度协议中,轮询协议作为一种周期协议,可以有效地克服通信受限的问题[80-81]。即在一个固定的循环中,所有节点都被给予公平的访问权,通过共享通信信道一个一个地传输数据。当数据通过单一通道传输时,一旦该通道受到外界干扰,如环境条件突变或设备故障等,可能会导致数据传输失败。为了避免单通道传输失败造成数据包丢失,冗余通道作为有效的通信方案之一,被广泛应用于提高通信可靠性[82]。遗憾的是,一些研究工作仅仅考虑了轮询协议,或者仅仅考虑了冗余通道策略。而本章将使两者结合起来对耦合网络进行研究,这样不仅可以节约网络资源,还可以提高网络系统的可靠性。

本章研究了非线性耦合网络的l_2-l_∞状态估计问题,其中耦合模式的变化受一组切换信号的控制,该切换信号满足PDT切换特性。为了解决受限通信网络中的数据冲突问题,我们引入了一种重要的调度策略——轮询协议来调整传感器节点的传输顺序。另外,为了提高数据传输的可靠性,我们采用了信号量化的冗余通道来传输信息。本章旨在通过构建滤波器,使滤波误差系统满足均方意义下的指数稳定性和规定的l_2-l_∞性能指标。本章基于Lyapunov函数,建立了所处理问题的充分条件,得到了期望的估计器增益,并通过两个实例证明了所设计方法的有效性。

5.1　问题描述

5.1.1　复杂耦合网络系统

考虑下面由N个耦合节点组成的非线性离散时间切换网络:

$$\begin{cases} x_i(k+1)=\sum_{j=1}^{N}\lambda_{ij\rho(k)}\boldsymbol{C}_{j\rho(k)}x_j(k)+g(x_i(k))+\boldsymbol{D}_i\omega(k) \\ z_i(k)=\boldsymbol{R}_i x_i(k)\quad (i=1,2,\cdots,N) \end{cases} \tag{5.1.1}$$

其中,$x_i(k)\in\mathbb{R}^{n_1}$,$z_i(k)\in\mathbb{R}^{n_3}$,$\omega(k)\in\mathbb{R}^{n_4}$分别表示第$i$个节点的状态、待估输出和属于$l_2[0,\infty)$的外部干扰输入;$g(x_i(k))$表示非线性向量值函数;$\boldsymbol{D}_i$和$\boldsymbol{R}_i$是已知的具有适

当维数的实常数矩阵；$\rho(k)(k\in\mathbb{Z}^+)$作为时间 k 的分段常数函数，表示 PDT 切换信号，取有限集的值 $\mathcal{M}\triangleq\{1,2,\cdots,m\}$。$\bar{\boldsymbol{\Lambda}}_{\rho(k)}\triangleq\{\lambda_{ij\rho(k)}\}_{N\times N}$ 和 $\boldsymbol{C}_{j\rho(k)}$ 分别为外部耦合矩阵和内部耦合矩阵。

非线性向量值函数 $g(\cdot)$在式(5.1.1)中满足以下扇区有界条件[21]：

$$(g(a)-g(b)-\boldsymbol{U}_1(a-b))^{\mathrm{T}}(g(a)-g(b)-\boldsymbol{U}_2(a-b))\leqslant 0 \qquad (5.1.2)$$

其中，$g(0)=0,a,b\in\mathbb{R}^{n_1}$，$\boldsymbol{U}_1$ 和 $\boldsymbol{U}_2$ 是具有适当维数的实常数矩阵。

具有 N 个节点的切换网络的外部耦合条件用切换图 $\mathcal{G}\triangleq(\mathbb{N},\mathcal{Y}_{\rho(k)},\bar{\boldsymbol{\Lambda}}_{\rho(k)})$描述，其中 $\mathbb{N}\triangleq\{1,2,\cdots,N\}$表示节点的集合；$\mathcal{Y}_{\rho(k)}\subseteq\mathbb{N}\times\mathbb{N}$表示边的集合；$\bar{\boldsymbol{\Lambda}}_{\rho(k)}\triangleq\{\lambda_{ij\rho(k)}\}_{N\times N}$是邻接矩阵，且 $\lambda_{ij\rho(k)}\neq 0$ 表示节点 j 的信息可以被节点 i 接收，同时对任意 $i\in\mathbb{N}$，$\rho(k)\in\mathcal{M}$，$\sum_{j=1}^{N}\lambda_{ij\rho(k)}=0$。$\boldsymbol{C}_{j\rho(k)}=\mathrm{diag}\{c_{1j\rho(k)},c_{2j\rho(k)},\cdots,c_{n_1j\rho(k)}\}\geqslant 0$ 表示内部耦合条件，其中 $c_{lj\rho(k)}\neq 0$ 表示节点 j 与节点 i 连接。

注解 5.1　本章使用外部耦合矩阵 $\bar{\boldsymbol{\Lambda}}_{\rho(k)}$ 表示节点之间的耦合，用 $\boldsymbol{C}_{j\rho(k)}$ 表示内部耦合矩阵。可以看到，内部耦合矩阵 $\boldsymbol{C}_{j\rho(k)}$ 采用对角矩阵的形式，大大简化了耦合情况，方便了下面的分析和计算。此外，由于外部耦合和内部耦合都是随时间变化的，因此引入 PDT 切换机制来描述有限集合内、外部耦合模式在不同时间从一种模式切换到另一种模式的情况。

5.1.2　冗余通道策略和轮询协议策略下的状态估计器

由于各种因素的影响，网络的拓扑结构经常发生变化。为了使所考虑的网络模型更符合实际情况，有必要对网络拓扑结构的切换进行研究。同时，用于网络数据传输的通信通道在单个通道上传输大量数据时，经常会遇到网络诱导的现象。为了提高数据传输的可靠性，有必要在网络分析中引入通信协议和冗余通道。出于演示的目的，状态估计网络的通信结构如图 5.1 所示。

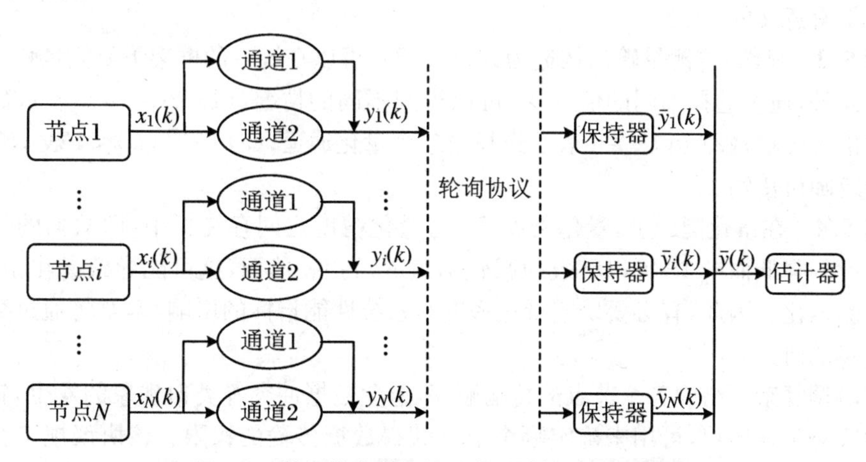

图 5.1　基于轮询协议的冗余信道估计网络结构

如图 5.1 所示，在本章中，考虑测量输出 $y_i(k)$通过两个并行通道传输，这两个通道之间的选择是随机的。此外，在通过数字通信通道传输时，原始测量值在发送到下一个设备之前需要进行量化，即将实值信号映射为分段常数信号，进而实现信号幅值的离散化。则可得到测量输出的表达式：

$$y_i(k) = (1-\theta(k))\boldsymbol{A}_i\boldsymbol{Q}_1(x_i(k)) + \theta(k)\boldsymbol{B}_i\boldsymbol{Q}_2(x_i(k)) + \boldsymbol{H}_i\omega(k) \quad (5.1.3)$$

其中,$\boldsymbol{A}_i$,$\boldsymbol{B}_i$ 是具有适当维数的已知矩阵,$y_i(k)\in\mathbb{R}^{n_2}$是测量输出。随机变量 $\theta(k)$服从伯努利分布,是用于表示信道随机选择的随机变量,满足以下概率分布规律:

$$\Pr\{\theta(k)=1\} = \mathbb{E}\{\theta(k)\} = \bar{\theta}, \quad \Pr\{\theta(k)=0\} = 1-\bar{\theta}$$

其中,$\bar{\theta}\in[0,1]$是已知常数,$\tilde{\theta}(k)\triangleq\theta(k)-\bar{\theta}$,很容易得到

$$\mathbb{E}\{\tilde{\theta}(k)\} = 0, \quad \mathbb{E}\{\tilde{\theta}(k)^2\} = \hat{\theta}, \quad \hat{\theta} \triangleq \bar{\theta}(1-\bar{\theta})$$

对于对数量化器,$\boldsymbol{Q}_{\bar{m}}(x_i(k))\triangleq[q_{\bar{m}1}(x_{i1}(k)),\cdots,q_{\bar{m}n_1}(x_{in_1}(k))]^{\mathrm{T}}$,$\bar{m}\in\{1,2\}$,量化参数在文献[83]中给出

$$\hat{q}_{\bar{m}l} = \{\pm\bar{q}_{\bar{m}l}^{(n)}, \bar{q}_{\bar{m}l}^{(n)} = \xi_{\bar{m}l}^{n}\bar{q}_{\bar{m}l}^{(0)}, n = 0, \pm 1, \pm 2, \cdots\} \cup \{0\}$$

其中,$l\in\{1,\cdots,n_1\}$,$0<\xi_{\bar{m}l}<1$ 表示量化密度,$\bar{q}_{\bar{m}l}^{(0)}$ 表示来自量化器的部分输入。

令$\varsigma_{\bar{m}l}\triangleq(1-\xi_{\bar{m}l})/(1+\xi_{\bar{m}l})$,然后可以得到

$$q_{\bar{m}l}(x_{il}(k)) = \begin{cases} \bar{q}_{\bar{m}l}^{(n)} & (x_{il}(k)\in(\bar{q}_{\bar{m}l}^{(n)}/(1+\varsigma_{\bar{m}l}), \bar{q}_{\bar{m}l}^{(n)}/(1-\varsigma_{\bar{m}l}))) \\ 0 & (x_{il}(k)=0) \\ q_{\bar{m}l}(-x_{il}(k)) & (x_{il}(k)<0) \end{cases} \quad (5.1.4)$$

然后结合扇区有界方法[84],可得

$$\boldsymbol{Q}_{\bar{m}}(x(k)) = \hat{\boldsymbol{\Gamma}}_{\bar{m}}(k)x(k) \quad (\bar{m} = 1,2) \quad (5.1.5)$$

其中,$\hat{\boldsymbol{\Gamma}}_{\bar{m}}(k) = \boldsymbol{I}_{Nn_1} + \bar{\boldsymbol{\Gamma}}_{\bar{m}}(k)$,$\bar{\boldsymbol{\Gamma}}_{\bar{m}}(k)\triangleq\boldsymbol{I}_N\otimes\mathrm{diag}\{\nu_{\bar{m}1}(k),\nu_{\bar{m}2}(k),\cdots,\nu_{\bar{m}n_1}(k)\}$,对每一个$l\in\{1,2,\cdots,n_1\}$,$|\nu_{\bar{m}l}(k)|\leqslant\varsigma_{\bar{m}l}$。

注解 5.2 对于数据传输来说,高可靠性尤为重要。当数据在单通道上传输时,在设备故障或外部干扰的情况下,数据包丢失很有可能发生。为了在主通道故障的情况下保证信息的正常传输,有必要引入冗余通道作为备份。同时,在数字通信中,通常需要对数据进行量化,以实现振幅的离散化。然而,如果量化水平高,网络需要传递更多的信息,可能会增加传输负担,产生网络诱发现象。因此,考虑到网络的通信能力有限,在模型构建过程中考虑轮询协议是有意义的。

注解 5.3 显然,将测量输出构造为式(5.1.3),可以在统一的框架下研究量化和冗余通道问题。此外,通过选择不同的值 $\theta(k)$可以得到不同的情况:(1) $\theta(k)=0$ 表示数据通过初级量化信道传输;(2) $\theta(k)=1$ 表示选择第二个量化通道;(3) $0<\theta(k)<1$ 表示数据通过这两个通道随机传输。

注解 5.4 在量化问题上,量化密度 $\xi_{\bar{m}l}$ 与量化精度之间存在折中,即数据的传输量随着量化密度的降低而减少,可以有效地减轻信道的负担。然而,这可能导致量化精度降低,使系统性能退化。因此,有必要研究量化密度对系统性能指标的影响,本章将通过数值算例进行进一步的研究。

为了协调复杂网络中各个节点的传输顺序,避免数据冲突等类似现象的发生,轮询协议作为一种静态传输协议,可用来确定哪个节点获得数据传输的权限。该协议规定在特定时刻只有一个节点可以访问网络,并且在每个传输周期结束时将数据传输权限授予第一个节点,这将在下面进行说明。

对于输出 $y(k)=[y_1^{\mathrm{T}}(k),y_2^{\mathrm{T}}(k),\cdots,y_N^{\mathrm{T}}(k)]^{\mathrm{T}}$,假设在数据传输过程中只有第 i 个节点的数据更新。因此,传输到状态估计器的数据可以表示为

$$\bar{y}(k) = [\bar{y}_1^{\mathrm{T}}(k),\bar{y}_2^{\mathrm{T}}(k),\cdots,\bar{y}_N^{\mathrm{T}}(k)]^{\mathrm{T}} \quad (5.1.6)$$

其中，$\bar{y}_i(l)=\begin{cases} y_i(k) & (\text{节点 } i) \\ \bar{y}_i(k-1) & (\text{其他节点}) \end{cases}$。

由此可以推导出在k时刻获得传输权限的节点可以表示为$\sigma(k)\triangleq \mathrm{mod}(k-1,N)+1$，$\sigma(k)\in\mathbb{N}$。

为了便于表达，我们引入了克罗内克函数$\delta(i)=\begin{cases}1 & (i=0)\\ 0 & (i\neq 0)\end{cases}$。与此同时，定义$\boldsymbol{\Delta}_i\triangleq$ $\mathrm{diag}\{\delta(i-1),\delta(i-2),\cdots,\delta(i-N)\}\otimes \boldsymbol{I}_{n_2}$。然后，式(5.1.6)可以被重写为

$$\bar{y}(k)=\boldsymbol{\Delta}_{\sigma(k)}y(k)+(\boldsymbol{I}_{Nn_2}-\boldsymbol{\Delta}_{\sigma(k)})\bar{y}(k-1) \tag{5.1.7}$$

注解5.5 信息包中传输的信息通常受信息包大小的限制。轮询协议不需要更新所有测量数据，而是每次只更新一个节点的数据，这样可有效避免出现大量数据同时传输到状态估计器的情况，从而减少网络诱导现象的发生。

根据上述第i个节点的分析，结合式(5.1.1)和式(5.1.3)，由N个耦合节点组成的切换网络可改写为

$$\begin{cases} x(k+1)=\boldsymbol{\Lambda}_{\rho(k)}\boldsymbol{C}_{\rho(k)}x(k)+\boldsymbol{G}(x(k))+\boldsymbol{D}\omega(k) \\ y(k)=(1-\theta(k))\boldsymbol{A}\boldsymbol{Q}_1(x(k))+\theta(k)\boldsymbol{B}\boldsymbol{Q}_2(x(k))+\boldsymbol{H}\omega(k) \\ z(k)=\boldsymbol{R}x(k) \end{cases} \tag{5.1.8}$$

其中

$$\boldsymbol{A}\triangleq \mathrm{diag}\{A_1,\cdots,A_N\},\quad \boldsymbol{D}\triangleq[D_1^{\mathrm{T}},\cdots,D_N^{\mathrm{T}}]^{\mathrm{T}},\quad \boldsymbol{B}\triangleq \mathrm{diag}\{B_1,\cdots,B_N\}$$

$$\boldsymbol{H}\triangleq[H_1^{\mathrm{T}},\cdots,H_N^{\mathrm{T}}]^{\mathrm{T}},\quad x(k)\triangleq[x_1^{\mathrm{T}}(k),\cdots,x_N^{\mathrm{T}}(k)]^{\mathrm{T}},\quad \boldsymbol{R}\triangleq \mathrm{diag}\{R_1,\cdots,R_N\}$$

$$y(k)\triangleq[y_1^{\mathrm{T}}(k),\cdots,y_N^{\mathrm{T}}(k)]^{\mathrm{T}},\quad z(k)\triangleq[z_1^{\mathrm{T}}(k),\cdots,z_N^{\mathrm{T}}(k)]^{\mathrm{T}},\quad \boldsymbol{\Lambda}_{\rho(k)}\triangleq\bar{\boldsymbol{\Lambda}}_{\rho(k)}\otimes \boldsymbol{I}_{n_1}$$

$$\boldsymbol{C}_{\rho(k)}\triangleq \mathrm{diag}\{C_{1\rho(k)},\cdots,C_{N\rho(k)}\},\quad \boldsymbol{G}(x(k))\triangleq[g^{\mathrm{T}}(x_1(k)),\cdots,g^{\mathrm{T}}(x_N(k))]^{\mathrm{T}}$$

令$\bar{x}(k)\triangleq[x^{\mathrm{T}}(k)\quad \bar{y}^{\mathrm{T}}(k-1)]^{\mathrm{T}}$。结合式(5.1.5)、式(5.1.7)、式(5.1.8)，具有轮询协议的切换耦合网络可表示为

$$\begin{cases} \bar{x}(k+1)=(\bar{\boldsymbol{A}}_{\rho(k)\sigma(k)}+\tilde{\theta}(k)\bar{\boldsymbol{B}}_{\sigma(k)})\bar{x}(k)+\boldsymbol{S}_1\bar{\boldsymbol{G}}(\bar{x}(k))+\bar{\boldsymbol{D}}_{\sigma(k)}\omega(k) \\ \bar{y}(k)=\bar{\boldsymbol{J}}_{\sigma(k)}\bar{x}(k)+\boldsymbol{\Delta}_{\sigma(k)}\boldsymbol{H}\omega(k) \\ \bar{z}(k)=\bar{\boldsymbol{R}}\bar{x}(k) \end{cases} \tag{5.1.9}$$

其中

$$\bar{\boldsymbol{A}}_{\rho(k)\sigma(k)}\triangleq\begin{bmatrix}\boldsymbol{\Lambda}_{\rho(k)}\boldsymbol{C}_{\rho(k)} & 0\\ \phi^1_{\sigma(k)} & \boldsymbol{I}_{Nn_2}-\boldsymbol{\Delta}_{\sigma(k)}\end{bmatrix},\quad \bar{\boldsymbol{B}}_{\sigma(k)}\triangleq\begin{bmatrix}0 & 0\\ \phi^2_{\sigma(k)} & 0\end{bmatrix},\quad \bar{\boldsymbol{D}}_{\sigma(k)}\triangleq\begin{bmatrix}\boldsymbol{D}\\ \boldsymbol{\Delta}_{\sigma(k)}\boldsymbol{H}\end{bmatrix}$$

$$\bar{\boldsymbol{G}}(\bar{x}(k))\triangleq\boldsymbol{G}(\boldsymbol{S}_1^{\mathrm{T}}\bar{x}(k)),\quad \boldsymbol{S}_1\triangleq[\boldsymbol{I}_{Nn_1}\quad 0]^{\mathrm{T}},\quad \bar{\boldsymbol{J}}_{\sigma(k)}\triangleq\bar{\boldsymbol{J}}_{1\sigma(k)}+\tilde{\theta}(k)\bar{\boldsymbol{J}}_{2\sigma(k)},\quad \bar{\boldsymbol{R}}\triangleq[\boldsymbol{R}\quad 0]$$

及

$$\phi^1_{\sigma(k)}\triangleq(1-\bar{\theta})\boldsymbol{\Delta}_{\sigma(k)}\boldsymbol{A}\hat{\boldsymbol{\Gamma}}_1(k)+\bar{\theta}\boldsymbol{\Delta}_{\sigma(k)}\boldsymbol{B}\hat{\boldsymbol{\Gamma}}_2(k),\quad \bar{\boldsymbol{J}}_{1\sigma(k)}\triangleq[\phi^1_{\sigma(k)}\quad \boldsymbol{I}_{Nn_2}-\boldsymbol{\Delta}_{\sigma(k)}]$$

$$\phi^2_{\sigma(k)}\triangleq\boldsymbol{\Delta}_{\sigma(k)}(\boldsymbol{B}\hat{\boldsymbol{\Gamma}}_2(l)-\boldsymbol{A}\hat{\boldsymbol{\Gamma}}_1(k)),\quad \bar{\boldsymbol{J}}_{2\sigma(k)}\triangleq[\phi^2_{\sigma(k)}\quad \boldsymbol{0}]$$

为了获得切换耦合网络[式(5.1.8)]的状态，构造如下状态估计器：

$$\begin{cases} \tilde{x}(k+1)=(\bar{\boldsymbol{A}}_{\rho(k)\sigma(k)}+\tilde{\theta}(k)\bar{\boldsymbol{B}}_{\sigma(k)})\tilde{x}(k)+\boldsymbol{S}_1\bar{\boldsymbol{G}}(\tilde{x}(k)) \\ \qquad\qquad +\boldsymbol{K}_{\rho(k)}(\bar{y}(k)-\bar{\boldsymbol{J}}_{\sigma(k)}\tilde{x}(k)) \\ z(k)=\bar{\boldsymbol{R}}\tilde{x}(k) \end{cases} \tag{5.1.10}$$

其中

$$\tilde{x}(k) \triangleq [\tilde{x}_1^{\mathrm{T}}(k) \quad \tilde{x}_2^{\mathrm{T}}(k)]^{\mathrm{T}}, \quad x_1(k) \triangleq [\tilde{x}_{1,1}^{\mathrm{T}}(k) \quad \cdots \quad \tilde{x}_{1,N}^{\mathrm{T}}(k)]^{\mathrm{T}}$$

$$x_2(k) \triangleq [\tilde{x}_{2,1}^{\mathrm{T}}(k) \quad \cdots \quad \tilde{x}_{2,N}^{\mathrm{T}}(k)]^{\mathrm{T}}, \quad z(k) \triangleq [\bar{z}_1^{\mathrm{T}}(k) \quad \cdots \quad \bar{z}_N^{\mathrm{T}}(k)]^{\mathrm{T}}$$

$$\boldsymbol{K}_{\rho(k)} \triangleq [\boldsymbol{K}_{1\rho(k)}^{\mathrm{T}} \quad \boldsymbol{K}_{2\rho(k)}^{\mathrm{T}}]^{\mathrm{T}}, \quad \boldsymbol{K}_{1\rho(k)} \triangleq \mathrm{diag}\{\boldsymbol{K}_{1\rho(k),1}, \cdots, \boldsymbol{K}_{1\rho(k),N}\}$$

$$\bar{\boldsymbol{G}}(\tilde{x}(k)) \triangleq \boldsymbol{G}(\boldsymbol{S}_1^{\mathrm{T}}\tilde{x}(k)), \quad \boldsymbol{K}_{2\rho(k)} \triangleq \mathrm{diag}\{\boldsymbol{K}_{2\rho(k),1}, \cdots, \boldsymbol{K}_{2\rho(k),N}\}$$

并且,$\tilde{x}_1(k) \in \mathbb{R}^{n_1 N}$是$x(k)$的估计值,$\tilde{x}_2(k) \in \mathbb{R}^{n_2 N}$是$\bar{y}(k-1)$的估计值,$\tilde{z}(k) \in \mathbb{R}^{n_3 N}$是控制量的输出。对于每一个$\rho(k) \in \mathcal{M}$,$\boldsymbol{K}_{1\rho(k)} \in \mathbb{R}^{n_1 N \times n_2 N}$和$\boldsymbol{K}_{2\rho(k)} \in \mathbb{R}^{n_1 N \times n_2 N}$是待确定的状态估计器参数。

为了方便,对于每个$\rho(k) = m \in \mathcal{M}$,矩阵$\bar{\boldsymbol{A}}_{\rho(k)\sigma(k)}$和$\boldsymbol{K}_{\rho(k)}$分别用$\bar{\boldsymbol{A}}_{m,\sigma(k)}$,$\boldsymbol{K}_m$表示,其他符号也有类似的定义。通过设置$e(k) \triangleq \bar{x}(k) - \tilde{x}(k)$,$\hat{z}(k) \triangleq \bar{z}(k) - \tilde{z}(k)$,误差系统$(\hat{\Sigma})$可以表示为

$$\begin{cases} e(k+1) = \tilde{\boldsymbol{A}}_{m,\sigma(k)} e(k) + \boldsymbol{S}_1 \bar{\boldsymbol{G}}(e(k)) + \tilde{\boldsymbol{D}}_{m,\sigma(k)} \omega(k) \\ \hat{z}(k) = \bar{\boldsymbol{R}} e(k) \end{cases} \tag{5.1.11}$$

其中

$$\bar{\phi}_{m,\sigma(k)}^1 \triangleq \bar{\boldsymbol{A}}_{m,\sigma(k)} - \boldsymbol{K}_m \bar{\boldsymbol{J}}_{1\sigma(k)}, \quad \bar{\phi}_{m,\sigma(k)}^2 \triangleq \bar{\boldsymbol{B}}_{\sigma(k)} - \boldsymbol{K}_m \bar{\boldsymbol{J}}_{2\sigma(k)}$$

$$\tilde{\boldsymbol{A}}_{m,\sigma(k)} \triangleq \bar{\phi}_{m,\sigma(k)}^1 + \tilde{\theta}(k) \bar{\phi}_{m,\sigma(k)}^2$$

$$\tilde{\boldsymbol{D}}_{m,\sigma(k)} \triangleq \bar{\boldsymbol{D}}_{\sigma(k)} - \boldsymbol{K}_m \boldsymbol{\Delta}_{\sigma(k)} \boldsymbol{H}, \quad \bar{\boldsymbol{G}}(e(k)) \triangleq \boldsymbol{G}(\boldsymbol{S}_1^{\mathrm{T}} \bar{x}(k)) - \boldsymbol{G}(\boldsymbol{S}_1^{\mathrm{T}} \tilde{x}(k))$$

定义 5.1[85] 如果存在常数$\pi \in (0,1)$和$\varepsilon > 0$使下列条件成立:

$$\mathbb{E}\{\| e(k) \|^2\} \leqslant \mathbb{E}\{\varepsilon \pi^{k-k_0} \| e(k_0) \|^2\}, \quad \forall k \in \mathbb{Z} \geqslant k_0 \tag{5.1.12}$$

则在$\omega(k) \equiv 0$时,误差系统(5.1.11)是指数均方稳定的。

定义 5.2[86] 给定一个常数$\bar{\gamma} > 0$,误差系统(5.1.11)被认为满足l_2-l_∞性能指标$\bar{\gamma}$,且是指数均方稳定的。如果在零初值条件下,对于任何非零$\omega(k) \in l_2[0, \infty)$,系统是指数均方稳定的且满足

$$\sup_{k \geqslant 0} \sqrt{\mathbb{E}\{\| \hat{z}(k) \|^2\}} < \bar{\gamma} \sqrt{\sum_{l=0}^{\infty} \| \omega(l) \|^2} \tag{5.1.13}$$

本章旨在设计一个控制器,它满足以下两个要求:

(1) 在$\omega(k) \equiv 0$时,误差系统(5.1.11)是指数均方稳定的。

(2) 在零初值条件下,误差系统(5.1.11)满足l_2-l_∞性能指标。

5.2 主要结论

本节旨在对误差系统(5.1.11)进行l_2-l_∞状态估计分析。定理5.1给出了保证误差系统(5.1.11)满足l_2-l_∞性能指标,且是指数均方稳定的充分条件。

5.2.1 指数均方稳定和l_2-l_∞性能分析

定理 5.1 假定误差系统(5.1.11)的 Lyapunov 函数为

$$V_m(e(k),\sigma(k)) = e^{\mathrm{T}}(k)\boldsymbol{P}_{m,\sigma(k)}e(k) \tag{5.2.1}$$

且

$$\boldsymbol{P}_{m,\sigma(k)} > 0,\quad \boldsymbol{P}_{p,\sigma(k)} \leqslant \vartheta\boldsymbol{P}_{q,\sigma(k)}\quad (p \neq q) \tag{5.2.2}$$

其中，$m,p,q\in\mathcal{M}$，$\sigma(k)\in\mathbb{N}$。对于给定的标量 $\mu(0<\mu<1)$ 和 $\vartheta(\vartheta>1)$，式(5.2.1)和矩阵 $\boldsymbol{P}_{m,\sigma(k)}$ 满足式(5.2.2)及以下条件：

$$\mathbb{E}\{V_m(e(k+1),\sigma(k+1))-\mu V_m(e(k),\sigma(k))\}\leqslant\mathbb{E}\{\omega^{\mathrm{T}}(k)\omega(k)\} \tag{5.2.3}$$

$$\mathbb{E}\{\hat{z}^{\mathrm{T}}(k)\hat{z}(k)\}<\gamma^2\,\mathbb{E}\{V_m(e(k),\sigma(k))\} \tag{5.2.4}$$

然后，对于任何切换信号 $\rho(k)$，持续驻留时间 $\tau(\tau^{(n)}>\tau)$ 及持续周期 $T(T^{(n)}<T)$ 满足

$$(T+1)\ln\vartheta+(T+\tau)\ln\mu\leqslant 0 \tag{5.2.5}$$

则误差系统$(\hat{\Sigma})$满足 l_2-l_∞ 性能指标 $\bar{\gamma}(\bar{\gamma}=\sqrt{\varkappa}\,\gamma,\varkappa\triangleq\vartheta^{(T+1)[1/(T+\tau)+1]})$，且是指数均方稳定的。

证明　步骤 1：证明误差系统$(\hat{\Sigma})$是指数均方稳定的。

在 $\omega(k)\equiv 0$ 的条件下，从式(5.2.3)可以得到以下条件：

$$\mathbb{E}\{V_m(e(k+1),\sigma(k+1))\}\leqslant\mu\,\mathbb{E}\{V_m(e(k),\sigma(k))\} \tag{5.2.6}$$

在切换的瞬间，可以得到

$$\begin{cases}\rho(k_{s_n+t}^{+})=\rho(k_{s_n+t})\\ \rho(k_{s_n+t}^{-})=\rho(k_{s_n+t}-1)\end{cases},\quad\begin{cases}\sigma(k_{s_n+t}^{+})=\sigma(k_{s_n+t})\\ \sigma(k_{s_n+t}^{-})=\sigma(k_{s_n+t})\end{cases} \tag{5.2.7}$$

依据式(5.2.2)和式(5.2.7)，可以得到

$$\mathbb{E}\{V_{\rho(k_{s_n+t})}(e(k_{s_n+t}),\sigma(k_{s_n+t}))\}\leqslant\vartheta\,\mathbb{E}\{V_{\rho(k_{s_n+t}^{-})}(e(k_{s_n+t}^{-}),\sigma(k_{s_n+t}^{-}))\} \tag{5.2.8}$$

使用$\mathfrak{S}(k_{s_n},k_{s_{n+1}})$表示间隔内的总切换次数$[k_{s_n},k_{s_{n+1}})$。很明显，总采样时间大于总切换时间，这意味着$\mathfrak{S}(k_{s_n},k_{s_{n+1}})\leqslant T^{(n)}+1$。与此同时，结合 $\vartheta>1,0<\mu<1$，当 $\tau^{(n)}=k_{s_n+1}-k_{s_n}\geqslant\tau$ 时，可得 $\vartheta^{\mathfrak{S}(k_{s_n},k_{s_{n+1}})}\leqslant\vartheta^{T^{(n)}+1}$，$\mu^{(k_{s_n+1}-k_{s_n})}\leqslant\mu^{\tau}$。随后，根据式(5.2.6)和式(5.2.8)不难得到

$$\begin{aligned}
&\mathbb{E}\{V_{\rho(k_{s_{n+1}})}(e(k_{s_{n+1}}),\sigma(k_{s_{n+1}}))\}\\
&\quad\leqslant\vartheta\,\mathbb{E}\{V_{\rho(k_{s_{n+1}}^{-})}(e(k_{s_{n+1}}^{-}),\sigma(k_{s_{n+1}}^{-}))\}\\
&\quad\leqslant\vartheta\mu\,\mathbb{E}\{V_{\rho(k_{s_{n+1}}-1)}(e(k_{s_{n+1}}-1),\sigma(k_{s_{n+1}}-1))\}\\
&\quad\leqslant\vartheta\mu^{T_r}\,\mathbb{E}\{V_{\rho(k_{n+1}-T_r)}(e(k_{s_{n+1}}-T_r),\sigma(k_{s_{n+1}}-T_r))\} &(5.2.9)\\
&\quad\leqslant\vartheta^{\mathfrak{S}(k_{s_n},k_{s_{n+1}})}\mu^{(k_{s_{n+1}}-k_{s_n})}\,\mathbb{E}\{V_{\rho(k_{s_n})}(e(k_{s_n}),\sigma(k_{s_n}))\}\\
&\quad\leqslant\vartheta^{T^{(n)}+1}\mu^{T^{(n)}+\tau^{(n)}}\,\mathbb{E}\{V_{\rho(k_{s_n})}(e(k_{s_n}),\sigma(k_{s_n}))\} &(5.2.10)
\end{aligned}$$

依据式(5.2.10)，结合 PDT 切换定义，可得

$$\mathbb{E}\{V_l(e(k_{s_{n+1}}),\sigma(k_{s_{n+1}}))\}\leqslant(\vartheta\mu)^{T^{(n)}}\vartheta\mu^{\tau}\,\mathbb{E}\{V_f(e(k_{s_n}),\sigma(k_{s_n}))\} \tag{5.2.11}$$

其中，$l=\rho(k_{s_{n+1}})$，$f=\rho(k_{s_n})$。

情形 1($\vartheta\mu>1$)：从式(5.2.5)，可以很容易得到

$$(\vartheta\mu)^{T^{(n)}}\vartheta\mu^{\tau}<(\vartheta\mu)^{T}\vartheta\mu^{\tau}=\vartheta^{T+1}\mu^{T+\tau} \tag{5.2.12}$$

令 $\pi\triangleq\max\limits_{\forall n\in\mathbb{Z}\geqslant 1}\{(\vartheta\mu)^{T^{(n)}}\vartheta\mu^{\tau}\}$，可得 $0<\pi<1$。因此，式(5.2.11)可以重写为

$$\mathbb{E}\{V_l(e(k_{s_{n+1}}),\sigma(k_{s_{n+1}}))\}\leqslant\pi\,\mathbb{E}\{V_f(e(k_{s_n}),\sigma(k_{s_n}))\} \tag{5.2.13}$$

因此，可以得到

$$\mathbb{E}\{V_{\rho(k_{s_n})}(e(k_{s_n}),\sigma(k_{s_n}))\}\leqslant\pi\,\mathbb{E}\{V_{\rho(k_{s_{n-1}})}(e(k_{s_{n-1}}),\sigma(k_{s_{n-1}}))\}$$

$$\vdots$$

$$\leqslant \pi^{n-1}\mathbb{E}\{V_{\rho(k_0)}(e(k_0),\sigma(k_0))\} \tag{5.2.14}$$

其中,$e(k_0)\triangleq e(k_{s_1})$。

$\bar{\lambda}_{\max}(\boldsymbol{P}_{\rho(k)\sigma(k)})$和$\bar{\lambda}_{\min}(\boldsymbol{P}_{\rho(k)\sigma(k)})$分别表示矩阵$\boldsymbol{P}_{\rho(k)\sigma(k)}$的最大和最小特征值。存在两个标量:$\varepsilon_1=\min\limits_{\forall m\in\mathcal{M},i\in\mathbb{N}}\{\bar{\lambda}_{\min}(\boldsymbol{P}_{m,i})\}$和$\varepsilon_2=\max\limits_{\forall m\in\mathcal{M},i\in\mathbb{N}}\{\bar{\lambda}_{\max}(\boldsymbol{P}_{m,i})\}$,可以得到

$$\begin{aligned}&\mathbb{E}\{V_{\rho(k_{s_n})}(e(k_{s_n}),\sigma(k_{s_n}))\}\geqslant\varepsilon_1\mathbb{E}\{\|e(k_{s_n})\|^2\}\\&\mathbb{E}\{V_{\rho(k_0)}(e(k_0),\sigma(k_0))\}\leqslant\varepsilon_2\mathbb{E}\{\|e(k_0)\|^2\}\end{aligned} \tag{5.2.15}$$

因此,由式(5.2.14)和式(5.2.15)可知

$$\mathbb{E}\{\|e(k_{s_n})\|^2\}\leqslant\frac{\varepsilon_2}{\varepsilon_1}\pi^{n-1}\mathbb{E}\{\|e(k_0)\|^2\} \tag{5.2.16}$$

令$k_{s_n}\triangleq k$,$n\triangleq k_{s_n}-k_0+1$,$\varepsilon\triangleq\dfrac{\varepsilon_2}{\varepsilon_1}$,可以得到

$$\mathbb{E}\{\|e(k)\|^2\}\leqslant\varepsilon\pi^{k-k_0}\mathbb{E}\{\|e(k_0)\|^2\} \tag{5.2.17}$$

情形2($\vartheta\mu\leqslant1$):在这种情况下,定义$\pi\triangleq\max\limits_{\forall n\in\mathbb{Z}\geqslant1}\{(\vartheta\mu)^{T^{(n)}}\vartheta\mu^{\tau}\}$,很显然,$0<\pi<1$,用同样的方法仍然可以得到式(5.2.17)。

综上所述,当情形1和情形2满足式(5.2.17)时,根据定义5.1,误差系统($\hat{\Sigma}$)是指数均方稳定的。

步骤2:建立l_2-l_∞性能指标。受文献[19]中提出的迭代法的启发,依据式(5.2.2)和式(5.2.3)可以推导出以下不等式:

$$\begin{aligned}\mathbb{E}\{V_{\rho(k_{s_n})}(e(k_{s_n}),\sigma(k_{s_n}))\}\leqslant&\vartheta^{\aleph(k_{s_1},k_{s_n})}\mu^{k_{s_n}-k_{s_1}}\mathbb{E}\{V_{\rho(k_{s_1})}(e(k_{s_1}),\sigma(k_{s_1}))\}\\&+\sum_{l=k_{s_1}}^{k_{s_n}-1}\vartheta^{\aleph(l,k_{s_n})}\mu^{k_{s_n}-l-1}\mathbb{E}\{\omega^T(l)\omega(l)\}\end{aligned} \tag{5.2.18}$$

当$\aleph(k_{s_1},k_{s_n})$满足以下限制条件时:

$$\aleph(k_{s_1},k_{s_n})\leqslant(T+1)\left(\frac{k_{s_n}-k_{s_1}}{T+\tau}+1\right) \tag{5.2.19}$$

令$k_{s_n}\triangleq k$,$k_{s_1}\triangleq k_0$,结合式(5.2.4),可以得到

$$\mathbb{E}\{\hat{z}^T(k)\hat{z}(k)\}\leqslant\gamma^2\varkappa\sum_{l=k_0}^{k-1}(\mu\vartheta^{\frac{T+1}{T+\tau}})^{k-l-1}\mathbb{E}\{\omega^T(l)\omega(l)\} \tag{5.2.20}$$

显然,$\mu\vartheta^{\frac{T+1}{T+\tau}}\leqslant1$,可以得到

$$\sup_{0\leqslant k<\infty}\mathbb{E}\{\hat{z}^T(k)\hat{z}(k)\}\leqslant\gamma^2\varkappa\sum_{l=k_0}^{\infty}\mathbb{E}\{\omega^T(l)\omega(l)\}=\bar{\gamma}^2\sum_{l=k_0}^{\infty}\mathbb{E}\{\omega^T(l)\omega(l)\}$$

表明式(5.1.13)可被满足。

从步骤1和步骤2中,可以很容易地验证满足l_2-l_∞性能指标$\bar{\gamma}$的误差系统($\hat{\Sigma}$)是指数均方稳定的。

注解5.6 在定理5.1的推导中,确定PDT切换信号在任何给定区间$[t_1,t_2)$内的总切换时间$\aleph(t_1,t_2)$的上界是至关重要的。然而,目前大多数文献都忽略了切换时间上界的详细推导。为了更好地揭示PDT切换的性质,在定义5.1的基础上,下面将对式(5.2.18)给出一个比较直观的分析过程。建议分别考虑T部分和τ部分中t_1和t_2的情况,如图5.2所

示(其他情况可以用类似的方法推导出来)。

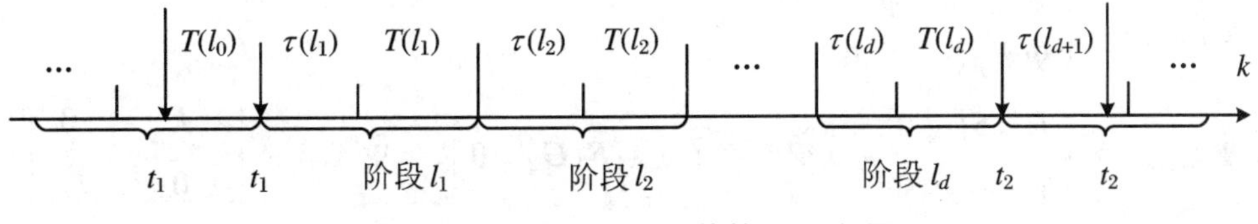

图 5.2 在$[t_1,t_2)$上可能的 PDT 间隔

然后,可以得到

$$
\begin{aligned}
\aleph(t_1,t_2) &= \aleph(t_1,\tilde{t}_1) + \aleph(\tilde{t}_1,\tilde{t}_2) + \aleph(\tilde{t}_2,t_2) \\
&\leqslant T + \frac{t_2-t_1}{T_{ac}+\tau_{ac}}(T_{ac}+1)+1 \\
&= \left(\frac{t_2-t_1}{T+\tau}\,\frac{(T+\tau)(T_{ac}+1)}{(T_{ac}+\tau_{ac})(T+1)}+1\right)(T+1)
\end{aligned}
$$

其中,$T_{ac} \triangleq \dfrac{1}{d}\sum_{v=l_1}^{l_d} T^{(v)}$,$\tau_{ac} \triangleq \dfrac{1}{d}\sum_{v=l_1}^{l_d}\tau^{(v)}$。

显然,T_{ac} 和 τ_{ac} 满足 $T_{ac}\leqslant T$,$\tau_{ac}\geqslant\tau$,这表明$\dfrac{(T+\tau)(T_{ac}+1)}{(T_{ac}+\tau_{ac})(T+1)}\leqslant 1$。因此,可以得到

$$
\aleph(t_1,t_2) \leqslant \left(\frac{t_2-t_1}{T+\tau}+1\right)(T+1)
$$

5.2.2 状态估计器设计

在本节的其余部分,将通过矩阵的变换和解耦,结合定理 5.1 得到的条件,设计如式(5.1.10)所示的期望状态估计量。

定理 5.2 给定标量 $\gamma>0$,$\vartheta>1$,$\mu\in(0,1)$,$\bar{\theta}\in[0,1]$,$\bar{\phi}\in[0,1]$,对角矩阵 $\boldsymbol{N}_{lm}\in\mathbb{R}^{n_1N\times n_1N}(l=1,2)$,实矩阵 $\boldsymbol{U}_1$ 和 $\boldsymbol{U}_2$。对于满足 PDT 切换机制的任何切换信号 $\rho(k)=m\in\mathcal{M}$,满足 l_2-l_∞ 性能指标 $\bar{\gamma}$ 的误差系统$(\hat{\Sigma})$是指数均方稳定的,如果存在 $\lambda_1>0$,$\tau_1>0$,$\tau_2>0$ 以及矩阵 $\boldsymbol{R}_{1m}\triangleq\mathrm{diag}\{\boldsymbol{R}_{1m1},\cdots,\boldsymbol{R}_{1mN}\}\in\mathbb{R}^{n_1N\times n_1N}$,矩阵 $\boldsymbol{R}_{2m}\triangleq\mathrm{diag}\{\boldsymbol{R}_{2m1},\cdots,\boldsymbol{R}_{2mN}\}\in\mathbb{R}^{n_2N\times n_2N}$,矩阵 $\bar{\boldsymbol{K}}_{1m}\triangleq\mathrm{diag}\{\bar{\boldsymbol{K}}_{1m1},\cdots,\bar{\boldsymbol{K}}_{1mN}\}\in\mathbb{R}^{n_1N\times n_2N}$,矩阵 $\bar{\boldsymbol{K}}_{2m}\triangleq\mathrm{diag}\{\bar{\boldsymbol{K}}_{2m1},\cdots,\bar{\boldsymbol{K}}_{2mN}\}\in\mathbb{R}^{n_2N\times n_2N}$,对称正定矩阵 $\boldsymbol{P}_{m,\sigma(k)}\triangleq\begin{bmatrix}\boldsymbol{P}^1_{m,\sigma(k)} & \boldsymbol{P}^2_{m,\sigma(k)}\\ * & \boldsymbol{P}^2_{m,\sigma(k)}\end{bmatrix}$,非负整数 τ,T,其中 $m\in\mathcal{M}$,$\sigma(k)\in\mathbb{N}$,以下 LMI 和式(5.2.2)、式(5.2.5)成立:

$$
\begin{bmatrix}
\widetilde{\boldsymbol{\Psi}}^{11}_{m,\sigma(k)} & \widetilde{\boldsymbol{\Psi}}^{12} & \widetilde{\boldsymbol{\Psi}}^{13}_{m,\sigma(k)} & \boldsymbol{0}\\
* & \widetilde{\boldsymbol{\Psi}}^{22}_{m,\sigma(k)} & \widetilde{\boldsymbol{\Psi}}^{23}_{m,\sigma(k)} & \boldsymbol{0}\\
* & * & \widetilde{\boldsymbol{\Psi}}^{33}_{m,\sigma(k)} & \widetilde{\boldsymbol{\Psi}}^{34}_{m,\sigma(k)}\\
* & * & * & \widetilde{\boldsymbol{\Psi}}^{44}_{m,\sigma(k)}
\end{bmatrix}<0 \tag{5.2.21}
$$

$$
\begin{bmatrix}
-\boldsymbol{P}_{m,\sigma(k)} & \dfrac{1}{\gamma}\bar{\boldsymbol{R}}^{\mathrm{T}}\\
* & -\boldsymbol{I}_{n_3N}
\end{bmatrix}<0 \tag{5.2.22}
$$

其中

$$\widetilde{\boldsymbol{\Psi}}^{11}_{m,\sigma(k)} \triangleq \boldsymbol{S}_1(\tau_1\boldsymbol{Y}_1\boldsymbol{Y}_1^{\mathrm{T}}+\tau_2\boldsymbol{Y}_2\boldsymbol{Y}_2^{\mathrm{T}}-\lambda_1\hat{\boldsymbol{G}}_1)\boldsymbol{S}_1^{\mathrm{T}}-\mu\boldsymbol{P}_{m,\sigma(k)}$$

$$\widetilde{\boldsymbol{\Psi}}^{13}_{m,\sigma(k)} \triangleq \begin{bmatrix}\widetilde{\boldsymbol{\psi}}^{11}_{m,\sigma(k)} & \widetilde{\boldsymbol{\psi}}^{12}_{m,\sigma(k)}\\ \widetilde{\boldsymbol{\psi}}^{21}_{m,\sigma(k)} & \boldsymbol{0}\end{bmatrix}$$

$$\widetilde{\boldsymbol{\Psi}}^{23}_{m,\sigma(k)} \triangleq \begin{bmatrix}\boldsymbol{R}_{1m}^{\mathrm{T}}\boldsymbol{S}_1^{\mathrm{T}} & \boldsymbol{0}\\ \widetilde{\boldsymbol{\psi}}^{31}_{m,\sigma(k)} & \boldsymbol{0}\end{bmatrix},\quad \widetilde{\boldsymbol{\Psi}}^{12} \triangleq [-\lambda_1\boldsymbol{S}_1\hat{\boldsymbol{G}}_2\quad \boldsymbol{0}],\quad \widetilde{\boldsymbol{\Psi}}^{22} \triangleq -\begin{bmatrix}\lambda_1\boldsymbol{I}_{Nn_1} & \boldsymbol{0}\\ \boldsymbol{0} & \boldsymbol{I}_{n_4}\end{bmatrix}$$

$$\widetilde{\boldsymbol{\Psi}}^{34}_{m,\sigma(k)} \triangleq \begin{bmatrix}(\bar{\theta}-1)\boldsymbol{\Sigma}^{\mathrm{T}}_{m,\sigma(k)}\boldsymbol{A} & -\bar{\theta}\boldsymbol{\Sigma}^{\mathrm{T}}_{m,\sigma(k)}\boldsymbol{B}\\ \sqrt{\hat{\theta}}\boldsymbol{\Sigma}^{\mathrm{T}}_{m,\sigma(k)}\boldsymbol{A} & -\sqrt{\hat{\theta}}\boldsymbol{\Sigma}^{\mathrm{T}}_{m,\sigma(k)}\boldsymbol{B}\end{bmatrix}$$

$$\widetilde{\boldsymbol{\Psi}}^{33}_{m,\sigma(k+1)} \triangleq \boldsymbol{I}_2\otimes\bar{\boldsymbol{P}}_{m,\sigma(k+1)},\quad \widetilde{\boldsymbol{\Psi}}^{44}_{m,\sigma(k)} \triangleq \mathrm{diag}\{-\tau_1\boldsymbol{I}_{Nn_1},-\tau_2\boldsymbol{I}_{Nn_1}\}$$

及

$$\boldsymbol{\Sigma}_{m,\sigma(k)} \triangleq \boldsymbol{\Delta}^{\mathrm{T}}_{\sigma(k)}\widetilde{\boldsymbol{K}}_m,\quad \widetilde{\boldsymbol{K}}_m \triangleq [\bar{\boldsymbol{K}}_{1m}^{\mathrm{T}}\quad \bar{\boldsymbol{K}}_{2m}^{\mathrm{T}}-\boldsymbol{R}_{2m}^{\mathrm{T}}]$$

$$\widetilde{\boldsymbol{\psi}}^{11}_{m,\sigma(k)} \triangleq ((\bar{\theta}-1)\boldsymbol{A}^{\mathrm{T}}-\bar{\theta}\boldsymbol{B}^{\mathrm{T}})\boldsymbol{\Sigma}_{m,\sigma(k)}+\boldsymbol{C}_m^{\mathrm{T}}\boldsymbol{\Lambda}_m^{\mathrm{T}}\boldsymbol{R}_{1m}^{\mathrm{T}}\boldsymbol{S}_1^{\mathrm{T}}$$

$$\widetilde{\boldsymbol{\psi}}^{12}_{m,\sigma(k)} \triangleq \sqrt{\hat{\theta}}(\boldsymbol{A}^{\mathrm{T}}-\boldsymbol{B}^{\mathrm{T}})\boldsymbol{\Sigma}_{m,\sigma(k)},\quad \hat{\boldsymbol{G}}_1 \triangleq \boldsymbol{I}_N\otimes\boldsymbol{G}_1$$

$$\widetilde{\boldsymbol{\psi}}^{21}_{m,\sigma(k)} \triangleq (\boldsymbol{\Delta}^{\mathrm{T}}_{\sigma(k)}-\boldsymbol{I}_{Nn_2})\widetilde{\boldsymbol{K}}_m,\quad \hat{\boldsymbol{G}}_2 \triangleq \boldsymbol{I}_N\otimes\boldsymbol{G}_2,\quad \boldsymbol{G}_2 \triangleq -0.5(\boldsymbol{U}_1^{\mathrm{T}}+\boldsymbol{U}_2^{\mathrm{T}})$$

$$\widetilde{\boldsymbol{\psi}}^{31}_{m,\sigma(k)} \triangleq \boldsymbol{D}^{\mathrm{T}}\boldsymbol{R}_{1m}^{\mathrm{T}}\boldsymbol{S}_1^{\mathrm{T}}-\boldsymbol{H}^{\mathrm{T}}\boldsymbol{\Sigma}_{m,\sigma(k)},\quad \boldsymbol{G}_1 \triangleq 0.5(\boldsymbol{U}_1^{\mathrm{T}}\boldsymbol{U}_2+\boldsymbol{U}_2^{\mathrm{T}}\boldsymbol{U}_1)$$

$$\boldsymbol{Y}_{\bar{m}} \triangleq \boldsymbol{I}_N\otimes\mathrm{diag}\{\varsigma_{\bar{m}1},\cdots,\varsigma_{\bar{m}n_1}\},\quad \bar{m}=\{1,2\}$$

$$\bar{\boldsymbol{P}}_{m,\sigma(k+1)} \triangleq \boldsymbol{N}_m\boldsymbol{P}_{m,\sigma(k+1)}\boldsymbol{N}_m^{\mathrm{T}}-\mathrm{sym}\{\boldsymbol{N}_m\boldsymbol{R}_m^{\mathrm{T}}\}$$

则状态估计器增益可得

$$\boldsymbol{K}_{1m}=\boldsymbol{R}_{1m}^{-1}\bar{\boldsymbol{K}}_{1m},\quad \boldsymbol{K}_{2m}=\boldsymbol{R}_{2m}^{-1}\bar{\boldsymbol{K}}_{2m}\quad (m\in\mathcal{M}) \tag{5.2.23}$$

证明 根据 Schur 补引理，当且仅当 $-\boldsymbol{P}_{m,\sigma(k)}+\dfrac{1}{\gamma^2}\bar{\boldsymbol{R}}^{\mathrm{T}}\bar{\boldsymbol{R}}<0$ 时，式(5.2.22)成立。结合式(5.1.11)和式(5.2.1)，可知式(5.2.19)可以保证式(5.2.4)成立。

当 $|\nu_{\bar{m}l}(k)|\leqslant\varsigma_{\bar{m}l}$ 时，其中 $l\in\{1,\cdots,n_1\}$，可得

$$\bar{\boldsymbol{\Gamma}}_{\bar{m}}^{\mathrm{T}}(k)\bar{\boldsymbol{\Gamma}}_{\bar{m}}(k)\leqslant\boldsymbol{Y}_{\bar{m}}^{\mathrm{T}}\boldsymbol{Y}_{\bar{m}}\quad(\bar{m}\in\{1,2\})$$

此外，$(\boldsymbol{N}_m\boldsymbol{P}_{m,\sigma(k+1)}-\boldsymbol{R}_m)\boldsymbol{P}^{-1}_{m,\sigma(k+1)}(\boldsymbol{N}_m\boldsymbol{P}_{m,\sigma(k+1)}-\boldsymbol{R}_m)^{\mathrm{T}}\geqslant0$，意味着

$$-\boldsymbol{R}_m\boldsymbol{P}^{-1}_{m,\sigma(k+1)}\boldsymbol{R}_m^{\mathrm{T}}\leqslant\boldsymbol{N}_m\boldsymbol{P}_{m,\sigma(k+1)}\boldsymbol{N}_m^{\mathrm{T}}-\mathrm{sym}\{\boldsymbol{N}_m\boldsymbol{R}_m^{\mathrm{T}}\} \tag{5.2.24}$$

定义

$$\begin{gathered}\boldsymbol{R}_m \triangleq \mathrm{diag}\{\boldsymbol{R}_{1m},\boldsymbol{R}_{2m}\},\quad \bar{\boldsymbol{K}}_{1m} \triangleq \boldsymbol{R}_{1m}\boldsymbol{K}_{1m}\\ \boldsymbol{N}_m \triangleq \mathrm{diag}\{\boldsymbol{N}_{1m},\boldsymbol{N}_{2m}\},\quad \bar{\boldsymbol{K}}_{2m} \triangleq \boldsymbol{R}_{2m}\boldsymbol{K}_{2m}\end{gathered} \tag{5.2.25}$$

误差系统$(\hat{\Sigma})$采用 Lyapunov 函数[式(5.2.1)]为

$$\Delta V_m(e(k),\sigma(k)) \triangleq V_m(e(k+1),\sigma(k+1))-\mu V_m(e(k),\sigma(k))$$

由式(5.2.3)可计算得到

$$\begin{aligned}&\mathbb{E}\{\Delta V_m(e(k),\sigma(k))-\omega^{\mathrm{T}}(k)\omega(k)\}\\ &=\mathbb{E}\{(\widetilde{\boldsymbol{A}}_{m,\sigma(k)}e(k)+\boldsymbol{S}_1\bar{\boldsymbol{G}}(e(k))+\widetilde{\boldsymbol{D}}_{m,\sigma(k)}\omega(k))^{\mathrm{T}}\\ &\quad\times\boldsymbol{P}_{m,\sigma(k+1)}(\widetilde{\boldsymbol{A}}_{m,\sigma(k)}e(k)+\boldsymbol{S}_1\bar{\boldsymbol{G}}(e(k))+\widetilde{\boldsymbol{D}}_{m,\sigma(k)}\omega(k))\\ &\quad-\mu e^{\mathrm{T}}(k)\boldsymbol{P}_{m,\sigma(k)}e(k)-\omega^{\mathrm{T}}(k)\omega(k)\}\end{aligned} \tag{5.2.26}$$

那么，对于 $\bar{\boldsymbol{G}}(e(k))$ 这个非线性函数，根据式(5.1.2)可以得到

$$\lambda_1\begin{bmatrix} e(k) \\ \bar{\boldsymbol{G}}(e(k)) \end{bmatrix}^{\mathrm{T}}\begin{bmatrix} \boldsymbol{S}_1\hat{\boldsymbol{G}}_1\boldsymbol{S}_1^{\mathrm{T}} & \boldsymbol{S}_1\hat{\boldsymbol{G}}_2 \\ * & \boldsymbol{I}_{Nn_1} \end{bmatrix}\begin{bmatrix} e(k) \\ \bar{\boldsymbol{G}}(e(k)) \end{bmatrix}<0 \tag{5.2.27}$$

定义 $\zeta(k)\triangleq[e^{\mathrm{T}}(k)\quad \bar{\boldsymbol{G}}^{\mathrm{T}}(e(k))\quad \omega^{\mathrm{T}}(k)]^{\mathrm{T}}$，可以得到

$$\mathbb{E}\{\Delta V_m(e(k),\sigma(k))-\omega^{\mathrm{T}}(k)\omega(k)\}\leqslant \zeta^{\mathrm{T}}(k)\boldsymbol{\Psi}_{m,\sigma(k)}\zeta(k) \tag{5.2.28}$$

其中

$$\boldsymbol{\Psi}_{m,\sigma(k)}\triangleq\begin{bmatrix} \boldsymbol{\Psi}_{m,\sigma(k)}^{11} & \boldsymbol{\Psi}_{m,\sigma(k)}^{12} & \boldsymbol{\Psi}_{m,\sigma(k)}^{13} \\ * & \boldsymbol{\Psi}_{m,\sigma(k)}^{22} & \boldsymbol{\Psi}_{m,\sigma(k)}^{23} \\ * & * & \boldsymbol{\Psi}_{m,\sigma(k)}^{33} \end{bmatrix}$$

$$\boldsymbol{\Psi}_{m,\sigma(k)}^{11}\triangleq\bar{\phi}_{m,\sigma(k)}^{1\mathrm{T}}\boldsymbol{P}_{m,\sigma(k+1)}\bar{\phi}_{m,\sigma(k)}^{1}+\hat{\theta}\bar{\phi}_{m,\sigma(k)}^{2\mathrm{T}}\boldsymbol{P}_{m,\sigma(k+1)}\bar{\phi}_{m,\sigma(k)}^{2}-\mu\boldsymbol{P}_{m,\sigma(k)}-\lambda_1\boldsymbol{S}_1\hat{g}_1\boldsymbol{S}_1^{\mathrm{T}}$$

$$\boldsymbol{\Psi}_{m,\sigma(k)}^{12}\triangleq\bar{\phi}_{m,\sigma(k)}^{1\mathrm{T}}\boldsymbol{P}_{m,\sigma(k+1)}\boldsymbol{S}_1-\lambda_1\boldsymbol{S}_1\hat{\boldsymbol{G}}_2,\quad \boldsymbol{\Psi}_{m,\sigma(k)}^{13}\triangleq\bar{\phi}_{m,\sigma(k)}^{1\mathrm{T}}\boldsymbol{P}_{m,\sigma(k+1)}\widetilde{\boldsymbol{D}}_{m,\sigma(k)}$$

$$\boldsymbol{\Psi}_{m,\sigma(k)}^{22}\triangleq\boldsymbol{S}_1^{\mathrm{T}}\boldsymbol{P}_{m,\sigma(k+1)}\boldsymbol{S}_1-\lambda_1\boldsymbol{I}_{Nn_1},\quad \boldsymbol{\Psi}_{m,\sigma(k)}^{23}\triangleq\boldsymbol{S}_1^{\mathrm{T}}\boldsymbol{P}_{m,\sigma(k+1)}\widetilde{\boldsymbol{D}}_{m,\sigma(k)}$$

$$\boldsymbol{\Psi}_{m,\sigma(k)}^{33}\triangleq\widetilde{\boldsymbol{D}}_{m,\sigma(k)}^{\mathrm{T}}\boldsymbol{P}_{m,\sigma(k+1)}\widetilde{\boldsymbol{D}}_{m,\sigma(k)}-\boldsymbol{I}_{n_4}$$

对于矩阵 $\boldsymbol{\Psi}_{m,\sigma(k)}$，通过使用文献[87]中的引理以及 Schur 补引理，分别左乘和右乘 $\mathrm{diag}\{\boldsymbol{I},\boldsymbol{I},\boldsymbol{I},\boldsymbol{R}_m,\boldsymbol{R}_m,\boldsymbol{I},\boldsymbol{I}\}$ 及其转置。结合式(5.2.24)、式(5.2.25)可以得到式(5.2.21)，能够保证 $\boldsymbol{\Psi}_{m,\sigma(k)}<0$ 成立，这意味着满足式(5.2.3)。显然，也可以用类似的方法从式(5.2.22)得到式(5.2.4)。因此，根据定理 5.1，可以得到满足 l_2-l_∞ 性能指标 $\bar{\gamma}$ 的误差系统($\hat{\Sigma}$)是指数均方稳定的。证毕。

注解 5.7　提出定理 5.11，得到保证误差系统($\hat{\Sigma}$)满足 l_2-l_∞ 性能指标，且是指数均方稳定的充分条件。然而，得到的充分条件不能直接求解。因此，提出定理 5.2 进行矩阵变换和解耦，使得到的充分条件可以使用 LMI 工具箱。以下算法可用来求解期望的估计增益。

算法　l_2-l_∞ PDT 切换耦合网络的状态估计器设计

输入：节点数 N；$x_i(k),y_i(k),z_i(k),\omega(k)$等的维度 n_1,n_2,n_3,n_4；

耦合模式描述为 $\bar{\boldsymbol{\Lambda}}_{\rho(k)},\boldsymbol{C}_{j\rho(k)}$；矩阵 $\boldsymbol{A},\boldsymbol{B},\boldsymbol{R},\boldsymbol{D},\boldsymbol{H},\boldsymbol{\Delta}_{\sigma(k)},\boldsymbol{N}_{lm}$；

标量 $\tau,T,\mu,\vartheta,\bar{\theta},\bar{\phi},\bar{\gamma},\xi_{1l},\xi_{2l}$，其中 $l\in\{1,2\},\sigma(k),i,j\in\mathbb{N},\rho(k)\in\mathcal{M}$。

输出：状态估计的增益 $\boldsymbol{K}_m,m\in\mathcal{M}$。

1. 利用量化密度的性质确定 $\bar{\Gamma}_{\bar{m}}(k)$的界 $\bar{Y}_{\bar{m}}$。
2. 根据非线性函数 $g(x_i(k))$计算一组合适的矩阵 $\boldsymbol{U}_1,\boldsymbol{U}_2$。
3. 检查定理 5.1 和定理 5.2 中所给的式(5.2.2)、式(5.2.5)、式(5.2.21)、式(5.2.22)。如果这些式可行，转第 4 步；否则，调整输入的参数。
4. 根据式(5.2.23)计算 $\boldsymbol{K}_{1m},\boldsymbol{K}_{2m}$。
5. 通过绘制误差系统(5.1.11)的响应曲线来验证所设计估计量的有效性。如果它们是收敛的，则 $\boldsymbol{K}_m=[\boldsymbol{K}_{1m}^{\mathrm{T}}\quad \boldsymbol{K}_{2m}^{\mathrm{T}}]^{\mathrm{T}}$；否则，$\boldsymbol{K}_m=\mathrm{null}$。
6. 返回 $\boldsymbol{K}_m,m\in\mathcal{M}$。

5.3 仿真验证

例 5.1 考虑式(5.1.1), $x_i(k)$, $y_i(k)$, $z_i(k)$, $\omega(k)$ 的维数分别是 $n_1=2$, $n_2=1$, $n_3=1$ 及 $n_4=3$。有两种耦合模式,外部和内部耦合矩阵如下所示:

$$\boldsymbol{\Lambda}_1 \triangleq \begin{bmatrix} -0.6\boldsymbol{I}_2 & 0.6\boldsymbol{I}_2 & \boldsymbol{0} \\ 0.6\boldsymbol{I}_2 & -1.1\boldsymbol{I}_2 & 0.5\boldsymbol{I}_2 \\ \boldsymbol{0} & 0.5\boldsymbol{I}_2 & -0.5\boldsymbol{I}_2 \end{bmatrix}, \quad \boldsymbol{\Lambda}_2 \triangleq \begin{bmatrix} -0.6\boldsymbol{I}_2 & 0.3\boldsymbol{I}_2 & 0.3\boldsymbol{I}_2 \\ 0.3\boldsymbol{I}_2 & -0.6\boldsymbol{I}_2 & 0.3\boldsymbol{I}_2 \\ 0.3\boldsymbol{I}_2 & 0.3\boldsymbol{I}_2 & -0.6\boldsymbol{I}_2 \end{bmatrix}$$

$$\boldsymbol{C}_1 = \mathrm{diag}\{0.8,0.6,0.9,0.5,0.8,0.7\}, \quad \boldsymbol{C}_2 = \mathrm{diag}\{0.7,0.8,0.6,0.5,0.6,0.7\}$$

拓扑结构如图 4.2 所示。

设 $\tilde{\omega}_1(k)=0.1\exp(-0.04k)\sin(0.4k)$, $\omega(k)=[\tilde{\omega}_1(k),\tilde{\omega}_1(k),\tilde{\omega}_1(k)]^{\mathrm{T}}$ 为外部扰动输入,取非线性函数 $g(x_i(k))$ 为

$$g(x_i(k)) = 0.5(\boldsymbol{U}_1 + \boldsymbol{U}_2 + (\boldsymbol{U}_2 - \boldsymbol{U}_1)\sin k)x_i(k)$$

其中, $\boldsymbol{U}_1=\mathrm{diag}\{0.66,0.68\}$, $\boldsymbol{U}_2=\mathrm{diag}\{0.62,0.72\}$。

其他参数取为

$$\boldsymbol{A} = \begin{bmatrix} 0.59 & -0.39 & 0 & 0 & 0 & 0 \\ 0 & 0 & 0.32 & 0.21 & 0 & 0 \\ 0 & 0 & 0 & 0 & 0.42 & -0.5 \end{bmatrix}$$

$$\boldsymbol{B} = \begin{bmatrix} -1 & 0.7 & 0 & 0 & 0 & 0 \\ 0 & 0 & -0.8 & -0.9 & 0 & 0 \\ 0 & 0 & 0 & 0 & -0.6 & 0.7 \end{bmatrix}$$

$$\boldsymbol{R} = \begin{bmatrix} 0.24 & 0.24 & 0 & 0 & 0 & 0 \\ 0 & 0 & 0.24 & 0.48 & 0 & 0 \\ 0 & 0 & 0 & 0 & 0.24 & 0.6 \end{bmatrix}$$

$$\boldsymbol{H} = \begin{bmatrix} 1 & 0.8 & 0.7 \\ 0.8 & 0.9 & 0.8 \\ 0.5 & 0.6 & 0.7 \end{bmatrix}, \quad \boldsymbol{D} = \begin{bmatrix} 0.17 & 0.22 & 0.1 \\ 0.13 & 0.1 & 0.29 \\ 0.15 & 0.07 & 0.1 \\ 0.15 & 0.03 & 0.27 \\ 0.27 & 0.21 & 0.12 \\ 0.15 & 0.27 & 0.27 \end{bmatrix}$$

设 $\gamma=0.5$, $\mu=0.9$, $\vartheta=1.11$, $\tau=2$, $T=3$, $\bar{\theta}=0.3$, $\xi_{1l}=0.6$, $\xi_{2l}=0.3$, $k\in\{1,2\}$,可以得到所需的估计增益矩阵如下:

$$\boldsymbol{K}_{11}=\begin{bmatrix}0.2834 & 0 & 0\\ 0.4051 & 0 & 0\\ 0 & 0.0928 & 0\\ 0 & 0.3295 & 0\\ 0 & 0 & 0.3819\\ 0 & 0 & 0.5995\end{bmatrix},\quad \boldsymbol{K}_{12}=\begin{bmatrix}0.3198 & 0 & 0\\ 0.4265 & 0 & 0\\ 0 & 0.1722 & 0\\ 0 & 0.3477 & 0\\ 0 & 0 & 0.4092\\ 0 & 0 & 0.5894\end{bmatrix}$$

$$\boldsymbol{K}_{21}=\text{diag}\{0.9907,0.9986,0.9907\},\quad \boldsymbol{K}_{22}=\text{diag}\{0.9977,0.9987,0.9919\}$$

图 5.3 给出了可能的 PDT 切换序列、伯努利分布序列以及三个节点获得转换权限的序列。根据得到的估计增益和给定序列，式(5.1.9)和式(5.1.10)对应的状态响应如图 5.4 所示。其中

$$\bar{x}(0)=[0.12\quad -0.15\quad 0.13\quad 0.20\quad 0.13\quad -0.17\quad 0\quad 0\quad 0]^{\mathrm{T}}$$
$$\tilde{x}(0)=[0\quad 0\quad 0\quad 0\quad 0\quad 0\quad 0\quad 0\quad 0]^{\mathrm{T}}$$

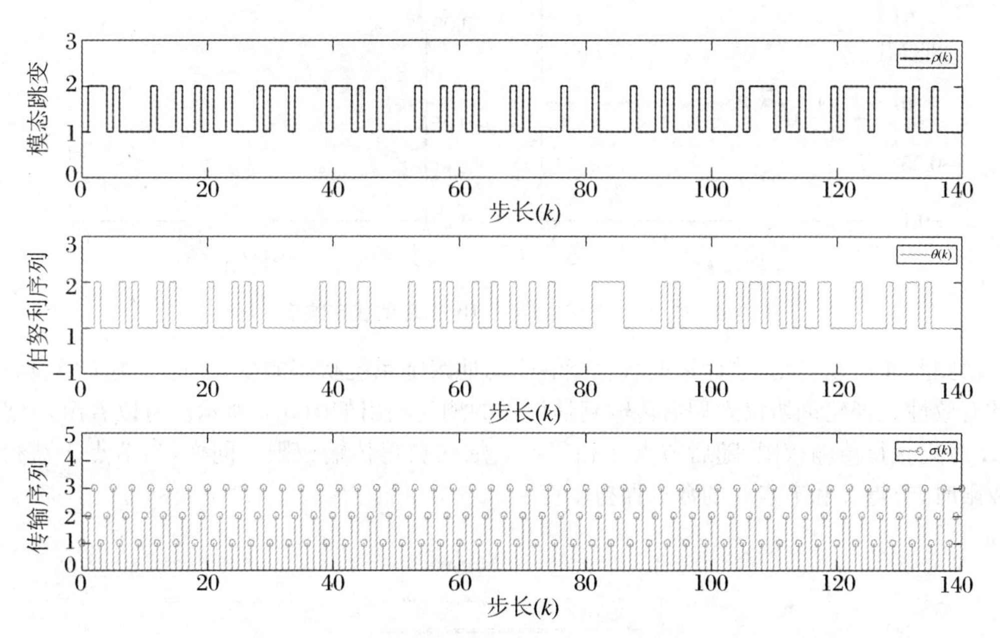

图 5.3　PDT 切换序列、伯努利分布序列及三个节点获得转换权限的序列

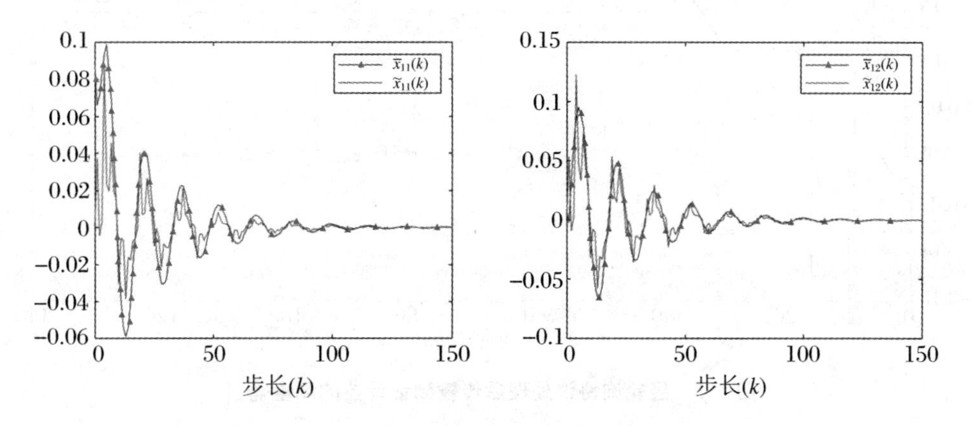

图 5.4　式(5.1.9)和式(5.1.10)对应的状态响应

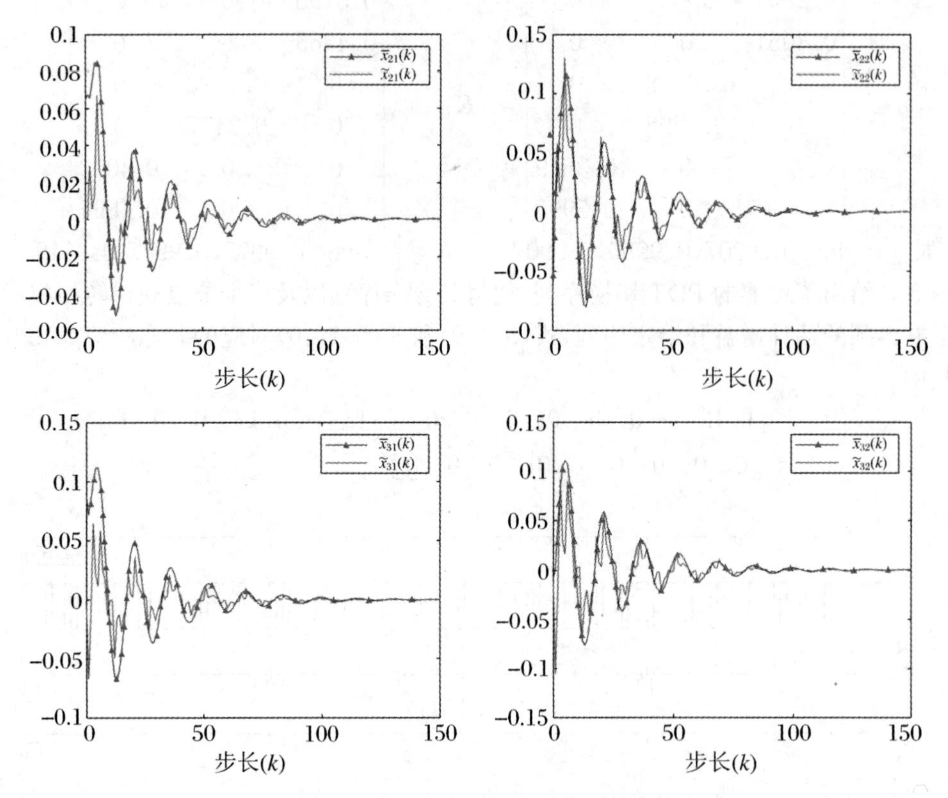

图 5.4　式(5.1.9)和式(5.1.10)对应的状态响应(续)

由图 5.4 可以看出,估计量的状态能够密切地跟随系统状态的变化,这表明了所设计方法的有效性。经轮询协议处理后传输到估计器的测量输出如图 5.5 所示。可以看出,节点 1 在 21 时刻获得传输权限,随后节点 2 和节点 3 依次获得传输权限。同样,当节点 1 获得传输权限时,节点 2 和节点 3 的数据保持不变。

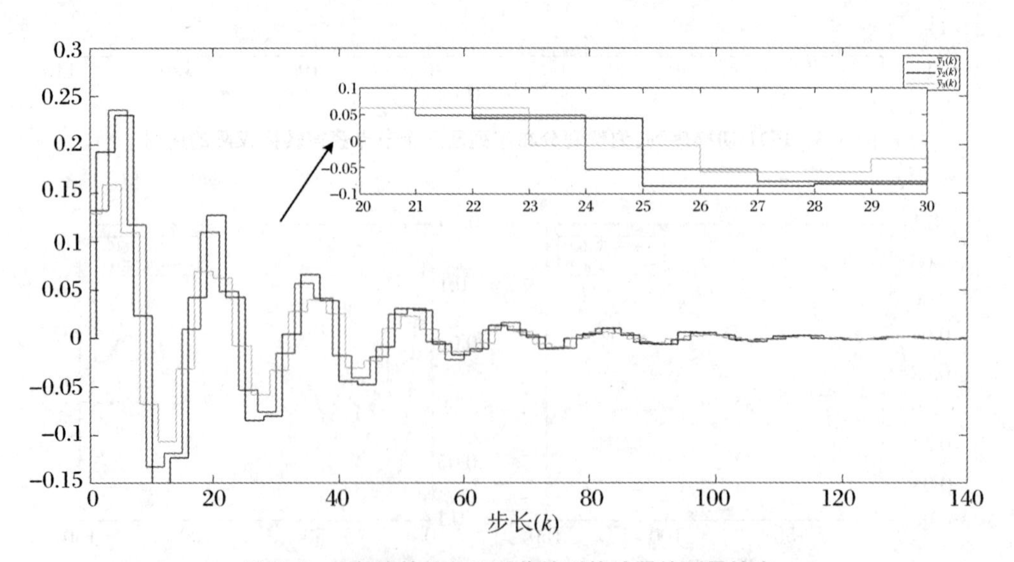

图 5.5　经轮询协议处理后传输到估计器的测量输出

接下来,我们将重点分析不同信道下量化密度 $\xi_{\bar{m}l}$、采样瞬时衰减率 μ 和系统性能指标 $\bar{\gamma}$ 之间的关系。为了便于分析,设 $\xi_{\bar{m}1}=\xi_{\bar{m}2}=\xi_{\bar{m}}(\bar{m}=1,2)$,$\bar{\gamma}_{\min}$用来表示 $\bar{\gamma}$ 的最小允许值。然后,得到表 5.1,从中可以得到以下三种变化趋势。

表 5.1　不同的 $\bar{\theta}$,ξ 和 μ 的值对 l_2-l_∞ 性能指标的影响

$\bar{\gamma}_{\min}$	$\bar{\theta}=0$			$\bar{\theta}=1$		
	$\xi_1=0.3$	$\xi_1=0.5$	$\xi_1=0.7$	$\xi_2=0.3$	$\xi_2=0.5$	$\xi_2=0.7$
$\mu=0.7$	0.8461	0.7596	0.7014	0.9660	0.9567	0.8464
$\mu=0.8$	0.6679	0.6297	0.6057	0.8391	0.7907	0.6548
$\mu=0.9$	0.6094	0.5881	0.5735	0.7595	0.6505	0.5881

(1) 在其他条件相同的情况下,仅使用信道 2($\bar{\theta}=1$)进行数据传输时获得的性能指标低于选择信道 1($\bar{\theta}=0$)时的性能指标。

(2) 在这两个信道中,$\bar{\gamma}_{\min}$的值随着 $\xi_{\bar{m}}$ 的增加而减小,这意味着量化密度 $\xi_{\bar{m}l}$的增加可能对提高系统性能有积极的影响。

(3) 随着 μ 的增加,可以得到较小的$\bar{\gamma}_{\min}$。由此可见,采样瞬时衰减率越高,系统性能越好。

为了进一步评估非加权 l_2-l_∞ 在不同量化密度下的性能,使用 $\bar{\gamma}_{act1}$ 和 $\bar{\gamma}_{act2}$ 来表示实际的 l_2-l_∞ 分别在 $\xi_{1k}=\xi_{2k}=0.2(k\in 1,2)$ 和 $\xi_{1k}=\xi_{2k}=0.9(k\in 1,2)$ 条件下的性能指标。规定的 l_2-l_∞ 性能指标为$\bar{\gamma}=0.7708$,其他参数与前面提到的相同。然后,在零初值条件下,实际的 l_2-l_∞ 随时间变化的性能指标 $\bar{\gamma}_{act1}$ 和 $\bar{\gamma}_{act2}$ 如图 5.6 所示。具体的 l_2-l_∞ 性能也可以计算为

$$\sqrt{\frac{\sup\limits_{0\leqslant k\leqslant 140}\mathbb{E}\{\|\hat{z}(k)\|^2\}}{\sum\limits_{k=0}^{140}\|\omega(k)\|^2}}=\begin{cases}0.3493<0.7708, & \xi_{\bar{m}}=0.2\\ 0.2910<0.7708, & \xi_{\bar{m}}=0.9\end{cases}$$

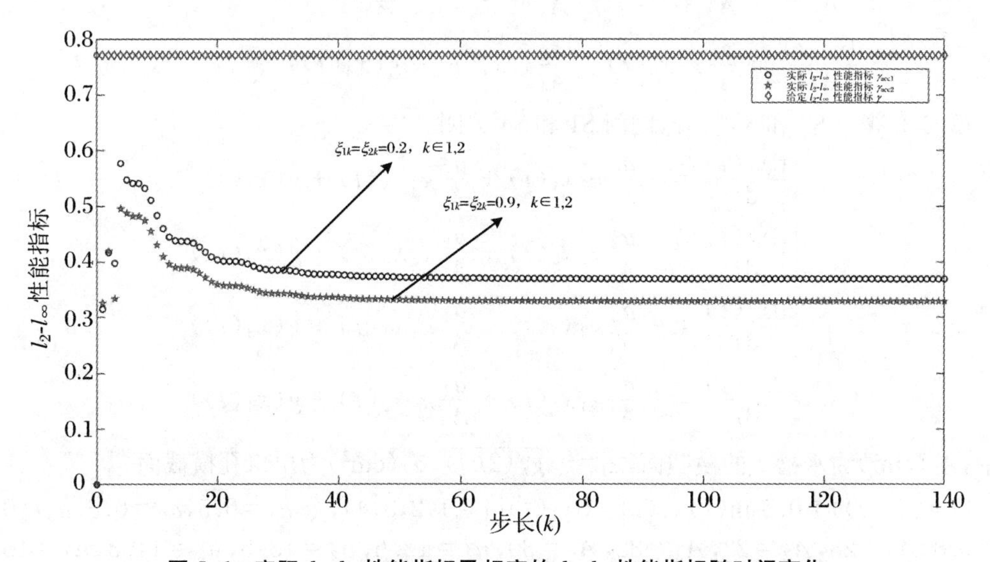

图 5.6　实际 l_2-l_∞ 性能指标及规定的 l_2-l_∞ 性能指标随时间变化

显然,实际的性能指标都小于规定的性能指标,证明了定义 5.2 中的 l_2-l_∞ 性能约束很好满足。而且,量化密度 ξ_{ml} 越大,系统实际性能可能越好,这与图 5.6 所示的变化趋势一致。

例 5.2 在这个例子中,我们修改文献[88]中的四缸工艺系统(图 5.7)来证明所提方法的有效性。取 $x_i(t) \triangleq h_i(t) - h_i^0$,其中 $h_i(t)$表示第 i 号槽的水位,然后,根据文献[47]中的分析并结合图 5.7,可以得到以下两种模式。

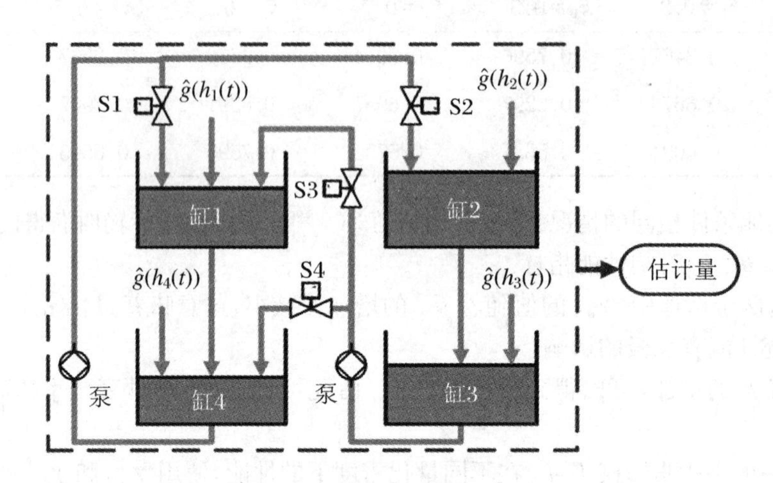

图 5.7 四缸工艺系统示意图

模式 1:阀门 S1、S2 和 S3 打开,阀门 S4 关闭。

$$\begin{cases} \dfrac{dx_1(t)}{dt} = -\dfrac{a_1}{\boldsymbol{A}_1}\kappa_1 x_1(t) + \dfrac{a_3}{\boldsymbol{A}_1}\kappa_3 x_3(t) + \hat{g}(x_1(t)) \\ \dfrac{dx_2(t)}{dt} = -\dfrac{a_2}{\boldsymbol{A}_2}\kappa_2 x_2(t) + \dfrac{a_4}{\boldsymbol{A}_2}\kappa_4 x_4(t) + \hat{g}(x_2(t)) \\ \dfrac{dx_3(t)}{dt} = \dfrac{a_1}{\boldsymbol{A}_3}\kappa_1 x_1(t) + \dfrac{a_2}{\boldsymbol{A}_3}\kappa_2 x_2(t) - \dfrac{2a_3}{\boldsymbol{A}_3}\kappa_3 x_3(t) + \hat{g}(x_3(t)) \\ \dfrac{dx_4(t)}{dt} = \dfrac{a_3}{\boldsymbol{A}_4}\kappa_3 x_3(t) - \dfrac{a_4}{\boldsymbol{A}_4}\kappa_4 x_4(t) + \hat{g}(x_4(t)) \end{cases}$$

模式 2:阀门 S2 和 S3 打开,阀门 S1 和 S4 关闭。

$$\begin{cases} \dfrac{dx_1(t)}{dt} = -\dfrac{a_1}{\boldsymbol{A}_1}\kappa_1 x_1(t) + \dfrac{a_4}{\boldsymbol{A}_1}\kappa_4 x_4(t) + \hat{g}(x_1(t)) \\ \dfrac{dx_2(t)}{dt} = -\dfrac{a_2}{\boldsymbol{A}_2}\kappa_2 x_2(t) + \dfrac{a_3}{\boldsymbol{A}_2}\kappa_3 x_3(t) + \hat{g}(x_2(t)) \\ \dfrac{dx_3(t)}{dt} = -\dfrac{a_3}{\boldsymbol{A}_3}\kappa_3 x_3(t) + \dfrac{a_1}{\boldsymbol{A}_3}\kappa_1 x_1(t) + \hat{g}(x_3(t)) \\ \dfrac{dx_4(t)}{dt} = -\dfrac{a_4}{\boldsymbol{A}_4}\kappa_4 x_4(t) + \dfrac{a_2}{\boldsymbol{A}_4}\kappa_2 x_2(t) + \hat{g}(x_4(t)) \end{cases}$$

其中,$A_i(\text{cm}^2)$为水槽 i 的横截面,$\kappa_i = \sqrt{g/(2h_i^0)}$,$a_i(\text{cm}^2)$为出口孔横截面。

取 $\hat{g}(x_i(t)) \triangleq 0.5\sin(t)x_i(t) - 5x_i(t)(i=1,2,3,4)$,令 $a_1 = 0.5, a_2 = 0.6, a_3 = 0.4, a_4 = 0.8, A_1 = 28, A_2 = 23, A_3 = 32, A_4 = 30, h_1^0 = 12.6, h_2^0 = 13.5, h_3^0 = 14.3, h_4^0 = 16.1, g = 981\ \text{cm/s}^2$。然后,取 $\tilde{T} = 0.1$ s,对上述系统进行离散化,当假定扰动存在时,可得

$$x(k+1) = \boldsymbol{\Lambda}_i \boldsymbol{C}_i x(k) + \boldsymbol{G}(x(k)) + \boldsymbol{D}\omega(k)$$

其中

$$\boldsymbol{\Lambda}_1 = \begin{bmatrix} -0.0036 & 0 & 0.0036 & 0 \\ 0 & -0.0043 & 0.0043 & 0 \\ 0.0031 & 0 & -0.0063 & 0.0031 \\ 0 & 0.0033 & 0 & -0.0033 \end{bmatrix}$$

$$\boldsymbol{\Lambda}_2 = \begin{bmatrix} -0.0036 & 0 & 0 & 0.0036 \\ 0 & -0.0043 & 0.0043 & 0 \\ 0.0031 & 0 & -0.0031 & 0 \\ 0 & 0.0033 & 0 & -0.0033 \end{bmatrix}$$

$$\boldsymbol{D} = \begin{bmatrix} 0.15 & 0.21 & 0.12 & 0.11 \\ 0.15 & 0.09 & 0.27 & 0.13 \\ 0.15 & 0.06 & 0.12 & 0.09 \\ 0.15 & 0.03 & 0.27 & 0.07 \end{bmatrix}$$

$$g(x_i(k)) = 0.05\sin(k)x_i(k) + 5x_i(k) \quad (i \in \{1,2,3,4\})$$

$$\boldsymbol{C}_i = \mathrm{diag}\{3.1196, 3.6166, 2.3427, 4.4157\}$$

其中

$$\boldsymbol{U}_1 = \mathrm{diag}\{0.86, 0.86, 0.86, 0.86\}, \quad \boldsymbol{U}_2 = \mathrm{diag}\{0.12, 0.12, 0.12, 0.12\}$$

其他参数如下所示：

$$\boldsymbol{H} = \begin{bmatrix} 0.45 & 0.40 & 0.30 & 0.15 \\ 0.35 & 0.45 & 0.40 & 0.30 \\ 0.30 & 0.40 & 0.35 & 0.20 \\ 0.20 & 0.30 & 0.25 & 0.40 \end{bmatrix}, \quad \mu = 0.8, \quad \vartheta = 1.11, \quad T = 4, \quad \tau = 3, \quad \bar{\theta} = 0.2$$

$\gamma = 0.8$， $\xi_1 = 0.6$， $\xi_2 = 0.55$， $\boldsymbol{A} = \mathrm{diag}\{0.9, 0.7, 0.5, 0.8\}$

$\boldsymbol{B} = \mathrm{diag}\{-0.8, -0.7, 0.6, -0.2\}$， $\boldsymbol{R} = \mathrm{diag}\{0.3, 0.5, 0.2, 0.4\}$

通过求解定理 5.9 中的条件，可得到以下估计增益：

$$\boldsymbol{K}_{11} = \mathrm{diag}\{0.4916, 0.5212, 0.8566, 0.7017\}$$

$$\boldsymbol{K}_{21} = \mathrm{diag}\{1.0000, 1.0000, 0.9998, 0.9999\}$$

$$\boldsymbol{K}_{12} = \mathrm{diag}\{0.5043, 0.5384, 0.8410, 0.7281\}$$

$$\boldsymbol{K}_{22} = \mathrm{diag}\{1.0000, 1.0000, 0.9998, 0.9999\}$$

外部扰动选择为

$$\omega(k) = [\tilde{\omega}_2(k), \tilde{\omega}_2(k), \tilde{\omega}_2(k), \tilde{\omega}_2(k)]$$

其中

$$\tilde{\omega}_2(k) = \exp(-0.04k)\sin(0.6k)$$

初始条件为

$$\bar{x}(0) = [0.32 \quad 0.20 \quad -0.16 \quad -0.21 \quad 0 \quad 0 \quad 0 \quad 0]^{\mathrm{T}},$$

$$\tilde{x}(0) = [0 \quad 0 \quad 0 \quad 0 \quad 0 \quad 0 \quad 0 \quad 0]^{\mathrm{T}}$$

然后，可能的伯努利序列和传输序列如图 5.8 所示，在此基础上对应的状态响应和估计误差响应如图 5.9 所示。从图 5.9 可以看出，估计误差响应曲线收敛于零，说明了本章方法的实用性。节点 1 的未处理状态 $x_1(k)$和量化状态 $q_1(x_1(k))$如图 5.10 所示。可以观察到量化器确实对处理数据的振幅有影响。

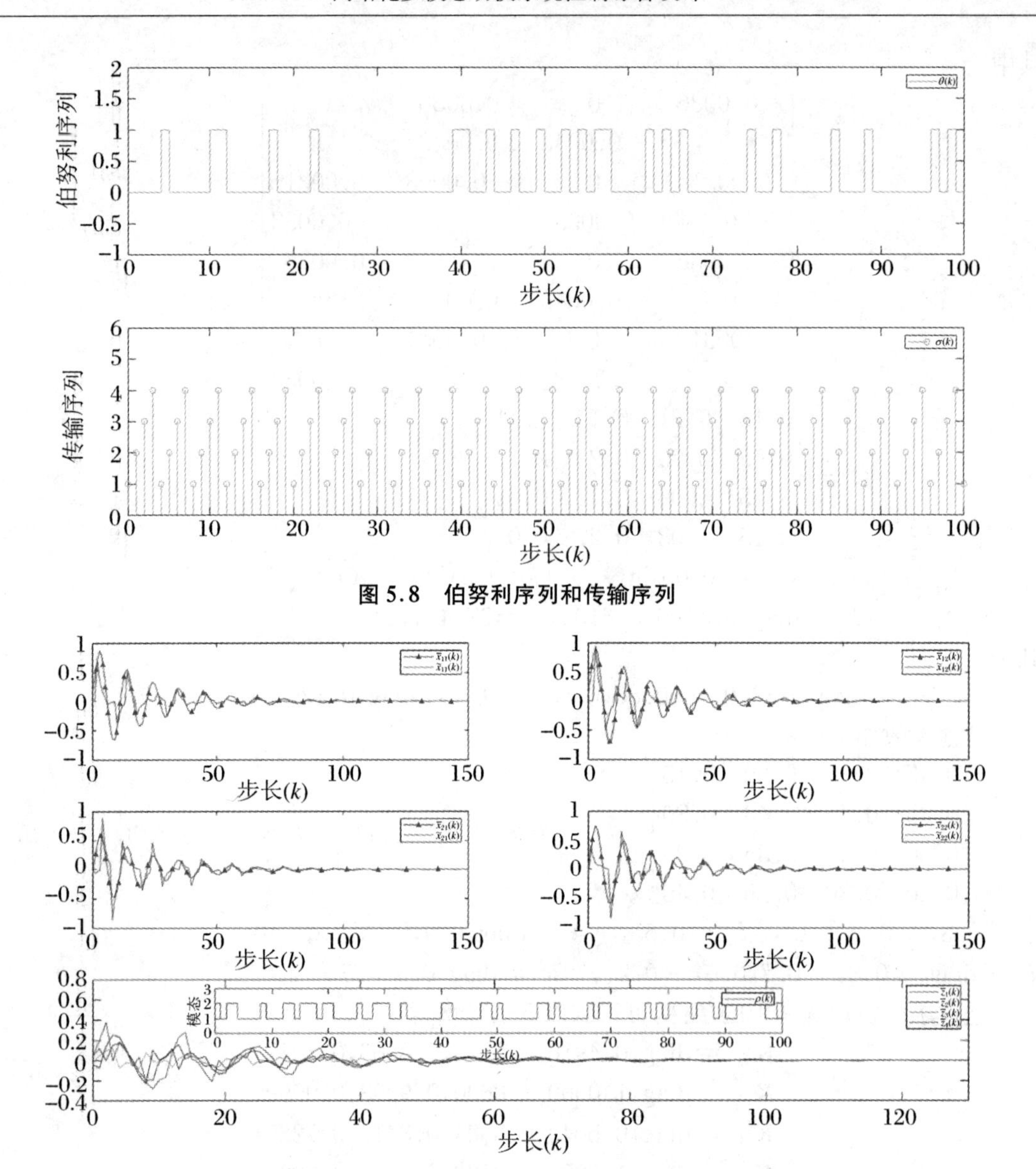

图 5.8 伯努利序列和传输序列

图 5.9 四缸工艺系统的状态响应和估计误差响应

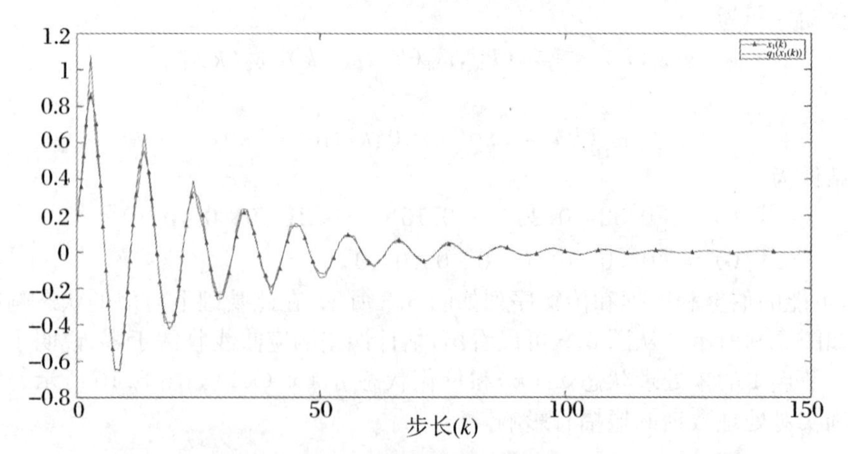

图 5.10 节点 1 的未处理状态 $x_1(k)$和量化状态 $q_1(x_1(k))$

第 6 章　PDT 切换连续时间神经网络的 H_∞ 滤波

神经网络是典型的复杂系统，在现实世界中有许多应用，如伺服电机驱动的机械臂、音频信号恢复、图像分割和视频生成。在一定的限制下，对于神经网络，只能研究其渐近稳定性和指数稳定性[89-90]。然而，上述两类稳定性具有一定的保守性。从数学的角度来看，全局指数稳定性具有较小的保守性。因此，对具有 PDT 切换规律的连续时间神经网络(Continuous-Time Neural Network，CTNN)的全局一致指数稳定性进行分析是有价值和必要的。

本章研究了一类 PDT 切换连续时间神经网络的 H_∞ 滤波问题，其随机变化由 PDT 切换策略控制。为了使获得的结果具有较小的保守性，本章设计了一个模态依赖滤波器，并确保所产生的滤波误差系统是全局一致指数稳定(Global Uniformly Exponentially Stable，GUES)的。通过设计合适的 Lyapunov 函数和利用切换系统理论，在充分考虑切换频率的情况下，提出了解决上述问题的一般步骤。最后，通过简单的解耦方法得出了滤波器的增益，并通过一个数值的例子证明了滤波器的有效性。

6.1　问 题 描 述

考虑 PDT 切换下的 CTNN 系统：

$$\begin{cases}\dot{x}(t)=\boldsymbol{A}_{\eta(t)}x(t)+\boldsymbol{N}_{\eta(t)}g(x(t))+\boldsymbol{W}_{\eta(t)}\bar{h}(t)\\ y(t)=\boldsymbol{C}_{\eta(t)}x(t)+\boldsymbol{D}_{\eta(t)}\bar{h}(t)\end{cases}\tag{6.1.1}$$

其中，$\eta(t)$表示 PDT 切换信号，它在有限集合 $\mathcal{O}\triangleq\{1,2,3,\cdots,\mathcal{N}\}$中取值，其中 $\mathcal{N}$ 表示信号 $\eta(t)$可以取得的最大值；$x(t)\in\mathbb{R}^{n_x}$和$g(x(t))\in\mathbb{R}^{n_x}$分别表示的是$n_x$个神经元的状态和激活函数；具有 $\bar{h}\times 1$ 维度的 $\bar{h}(t)\in\mathcal{L}_2[0,\infty)$表示外部干扰；$y(t)\in\mathbb{R}^{n_y}$表示输出；$\boldsymbol{A}_{\eta(t)}\triangleq\mathrm{diag}\{-a_{\eta(t)1},-a_{\eta(t)2},\cdots,-a_{\eta(t)n_x}\}(a_{\eta(t)i}>0,i\in\mathbf{Z}^+)$和 $\boldsymbol{N}_{\eta(t)}\in\mathbb{R}^{n_x\times n_x}$分别表示自反馈矩阵和连接矩阵；$\boldsymbol{W}_{\eta(t)}\in\mathbb{R}^{n_x\times n_{\bar{h}}}$和$\boldsymbol{D}_{\eta(t)}\in\mathbb{R}^{n_y\times n_{\bar{h}(t)}}$是具有适当维数的矩阵。为了便于表示，令 $\eta(t)\triangleq l$，则$(\boldsymbol{A}_{\eta(t)},\boldsymbol{N}_{\eta(t)},\boldsymbol{W}_{\eta(t)},\boldsymbol{C}_{\eta(t)},\boldsymbol{D}_{\eta(t)})$即可简单地表示为$(\boldsymbol{A}_l,\boldsymbol{N}_l,\boldsymbol{W}_l,\boldsymbol{C}_l,\boldsymbol{D}_l)$。

对于式(6.1.1)，滤波系统被构建如下：

$$\begin{cases}\dot{x}_f(t)=\boldsymbol{A}_{Fl}x_f(t)+\boldsymbol{B}_{Fl}y(t)\\ y_f(t)=\boldsymbol{E}_{Fl}x_f(t)\end{cases}\tag{6.1.2}$$

其中，$\boldsymbol{A}_{Fl}$和$\boldsymbol{B}_{Fl}$以及$\boldsymbol{E}_{Fl}$是有待确定的滤波器增益矩阵。

令 $\tilde{x}(t)\triangleq[x^{\mathrm{T}}(t),x_f^{\mathrm{T}}(t)]^{\mathrm{T}}$，$e_y(t)\triangleq y(t)-y_f(t)$，再结合 CTNN[式(6.1.1)]和滤波系统(6.1.2)，则滤波误差系统如下所示：

$$\begin{cases}\dot{\tilde{x}}(t)=\tilde{\boldsymbol{A}}_l\tilde{x}(t)+\tilde{\boldsymbol{N}}_l g(\boldsymbol{I}_1\tilde{x}(t))+\tilde{\boldsymbol{W}}_l\bar{h}(t)\\ e_y(t)=\tilde{\boldsymbol{C}}_l\tilde{x}(t)+\tilde{\boldsymbol{D}}_l\bar{h}(t)\end{cases}\tag{6.1.3}$$

其中

$$\tilde{\boldsymbol{A}}_l\triangleq\begin{bmatrix}\boldsymbol{A}_l & \boldsymbol{0}\\ \boldsymbol{B}_{Fl}\boldsymbol{C}_l & \boldsymbol{A}_{Fl}\end{bmatrix},\quad \tilde{\boldsymbol{N}}_l\triangleq\begin{bmatrix}\boldsymbol{N}_l\\ \boldsymbol{0}\end{bmatrix},\quad \tilde{\boldsymbol{D}}_l\triangleq\boldsymbol{D}_l$$

$$\tilde{\boldsymbol{W}}_l\triangleq\begin{bmatrix}\boldsymbol{W}_l\\ \boldsymbol{B}_{Fl}\boldsymbol{D}_l\end{bmatrix},\quad \boldsymbol{C}_l\triangleq\begin{bmatrix}\boldsymbol{C}_l^{\mathrm{T}}\\ -\boldsymbol{E}_{Fl}^{\mathrm{T}}\end{bmatrix}^{\mathrm{T}},\quad \boldsymbol{I}_1\triangleq\begin{bmatrix}\boldsymbol{I}\\ \boldsymbol{0}\end{bmatrix}^{\mathrm{T}}$$

假设 6.1[91]　切换信号 $\eta(t)$是右连续的，则有 $\eta(t)=\lim\limits_{s\to t^+}\eta(s),\forall s\geqslant 0$。

图 6.1 用一个可能的切换信号序列说明了假设 6.1。同时，图 6.2 展示了 PDT 切换信号的规则。对于切换时刻 j，对应的子系统的能量函数以及实际的运行时间分别表示为 V_j 和Γ_j。根据文献[22]，PDT 切换序列被看作由 τ_{PDT}部分和 $\mathcal{T}_{\mathrm{PDT}}$部分两个部分组成。如图 6.1 所示，$\tau_{\mathrm{PDT}}$部分和 $\mathcal{T}_{\mathrm{PDT}}$部分交替地出现在切换序列中。$\mathcal{T}_{\mathrm{PDT}}$部分的实际总运行时间由 $\mathcal{T}(t_{s_r+q},t_{s_r+q+1})$组成，$\forall q\in\mathbf{Z}^+$表示在第 r 个阶段在时刻 t_{s_r+q}被选中的子系统的运行时间。此外，$\mathcal{T}(t_{s_r+q},t_{s_r+q+1}),\forall r,q\in\mathbf{Z}^+$满足

$$\mathcal{T}_{Ac-r}=\sum_{q=1}^{\Lambda(t_{s_r+1},t_{s_{r+1}})}\mathcal{T}(t_{s_r+q},t_{s_r+q+1})\leqslant\mathcal{T}_{\mathrm{PDT}}$$

其中，$\mathcal{T}_{Ac-r}$表示切换系统在第 r 个阶段的 $\mathcal{T}_{\mathrm{PDT}}$部分中的实际运行时间。此外，对于 $\forall r,q\in\mathbf{Z}^+$，$t_{s_r+q}$仅表示两个连续模态之间的切换时刻，而 $t_{s_{r+q}}$不仅表示下一个阶段的起始时刻，而且表示前一个阶段的终止时刻。在第 r 个阶段中，$\Lambda(t_{s_r+1},t_{s_{r+1}})$表示的是切换信号 $\eta(t)$在 $\mathcal{T}_{\mathrm{PDT}}$部分中的总切换次数。

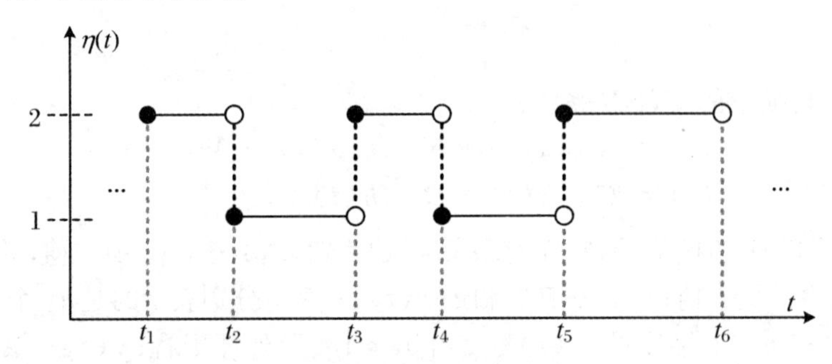

图 6.1　PDT 切换信号 $\boldsymbol{\eta}(t)$的可能的切换序列($N=2$)

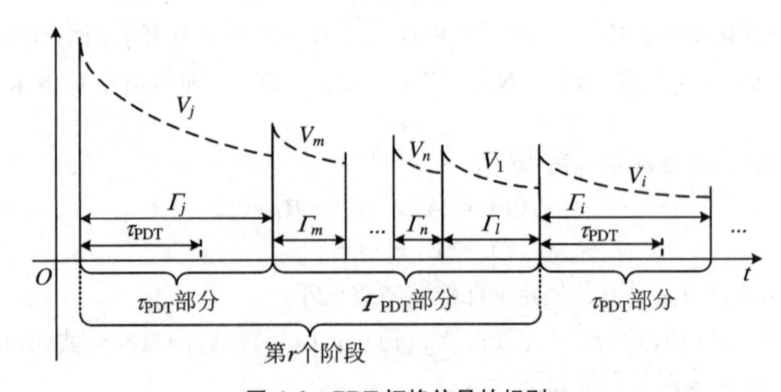

图 6.2　PDT 切换信号的规则

注解 6.1　根据假设 6.1 以及图 6.1，对于 $t\in[t_1,t_2)$，有 $\Lambda(t_1,t_2)=\Lambda(t,t_2)$，其中 t_1 和 t_2 是切换时刻。

引理 6.1[91]　$\forall r\in \mathbf{Z}^+$，每一个 $\mathcal{T}_{Ac-r}$ 都有一个相应的切换频率，其满足 f_r，$\Lambda(t_{s_r+1},t_{s_{r+1}})/\mathcal{T}_{Ac-r}$，而 $1/f_r$ 表示在第 r 个阶段中每个切换间隔的平均长度。令 f，$\max\limits_{r\in \mathbf{Z}^+} f_r$，则有 $\min\limits_{r\in \mathbf{Z}^+} \mathcal{T}_{Ac-r}=1/f$。

注解 6.2　根据引理 6.1，对于 $\mathcal{T}_{\mathrm{PDT}}$ 部分而言，在极端的情况下，两个连续切换时刻之间的切换间隔的平均长度为 $1/f$，则最大切换次数为 $\mathcal{T}_{\mathrm{PDT}}\cdot f$，其中参数 $\mathcal{T}_{\mathrm{PDT}}$ 是预先给定的。同时，可知 $1/f=\min\limits_{r\in \mathbf{Z}^+} 1/f_r\leqslant\max\limits_{r\in \mathbf{Z}^+} 1/f_r<\tau_{\mathrm{PDT}}$。

注解 6.3　注意，$1/f$ 是 $\mathcal{T}_{\mathrm{PDT}}$ 部分中最短的平均切换间隔长度，但是离散步长（Discrete Step-Length，DSL）不可以超过它，即当离散化 CTNN[式(6.1.1)]时，DSL 不可以超过 $1/f$。因此，在 $\mathcal{T}_{\mathrm{PDT}}$ 部分中，实际最短平均切换间隔的长度（Length of the Actual Shortest Average Switching Interval，LASASI）包含两种情况：

情况 1：如果 $((1/f)/\mathrm{DSL})\in \mathbf{Z}^+$，$\mathrm{LASASI}=1/f$。

情况 2：如果 $((1/f)/\mathrm{DSL})\notin \mathbf{Z}^+$，$\mathrm{LASASI}=[(1/f)/\mathrm{DSL}+1]\mathrm{DSL}$。

为了更加清楚地理解这一内容，此处考虑离散时间下的情况，即 $1/f=1$，这就意味着在 $\mathcal{T}_{\mathrm{PDT}}$ 部分中，$\forall r,q\in \mathbf{Z}^+$，$\mathcal{T}(t_{s_r+q},t_{s_r+q+1})$ 理论上的可能最短长度为 1，$\mathcal{T}_{\mathrm{PDT}}$ 部分本身也是如此。

引理 6.2[92]　在 $\mathcal{T}_{\mathrm{PDT}}$ 部分中，切换次数 $\Lambda(t_{s_r+1},t_{s_{r+1}})$ 是有限的，这意味着在 $\mathcal{T}_{\mathrm{PDT}}$ 部分中，芝诺现象不会发生。因此，对于时间区间 $[v,t)$ 有

$$0\leqslant\Lambda(v,t)\leqslant([(t-v)/(\mathcal{T}_{\mathrm{PDT}}+\tau_{\mathrm{PDT}})]+1)(\mathrm{int}[\mathcal{T}_{\mathrm{PDT}}\cdot f]+1)$$

注解 6.4　首先，引理 6.2 中的等式符号仅仅表示 $\Lambda(v,t)$ 的范围而不是具体的表达式。因此，根据上述不等式的右端表达式，在区间 $[v,t)$ 中的阶段数量或许可以表示为 $[(t-v)/(\mathcal{T}_{\mathrm{PDT}}+\tau_{\mathrm{PDT}})]$。但是，一方面，如果区间 $[v,t)$ 的长度小于 $\mathcal{T}_{\mathrm{PDT}}+\tau_{\mathrm{PDT}}$，则可能意味着在这个区间中不存在任何阶段，这绝对是不准确的。当切换系统开始运行时，至少会有一个阶段发生，这意味着阶段存在于 $[v,t)$ 中，而不是 $[v,t)$ 存在于阶段中。另一方面，如果区间 $[v,t)$ 的长度大于 $\mathcal{T}_{\mathrm{PDT}}+\tau_{\mathrm{PDT}}$ 但是不超过 $N(\mathcal{T}_{\mathrm{PDT}}+\tau_{\mathrm{PDT}})(N\geqslant 2)$，这意味着在区间 $[v,t)$ 中仅有 $N-1$ 个阶段，这或许也是不准确的。因此，将区间 $[v,t)$ 中的阶段的数量表示为 $[(t-v)/(\mathcal{T}_{\mathrm{PDT}}+\tau_{\mathrm{PDT}})+1]$ 更加合理。此外，$\mathrm{int}[\mathcal{T}_{\mathrm{PDT}}\cdot f]$ 是切换信号在区间 $[v,t)$ 中可能的最大切换次数。并且由于 τ_{PDT} 部分的存在，一个阶段中的切换次数的上界为 $\mathrm{int}[\mathcal{T}_{\mathrm{PDT}}\cdot f]+1$。特别地，如果 $[v,t)$ 存在于两个连续的切换时刻之间，如 t_{s_r+1} 与 t_{s_r+2} 之间，则 $\Lambda(v,t)=0$。

基于上述定义和注解以及引理，此处给出了连续时间下的时间依赖的 PDT 切换系统的算法。算法 1 是 PDT 切换信号序列的初始化式，在此基础上，算法 2 给出了相对详细的 PDT 切换时相关信号序列的生成过程。

定义 6.1[91]　当 $\bar{h}(t)\equiv 0$ 时，如果有标量 $\varsigma\in(0,\infty)$ 和 $\phi\in(0,1)$ 使得对于任意的切换信号 $\eta(t)$ 和任意的初始条件 $\tilde{x}(t_0)(\forall t_0\geqslant 0)$，式(6.1.3)的解都满足 $\|\tilde{x}(t)\|\leqslant\varsigma\phi^{t-t_0}\|\tilde{x}(t_0)\|(\forall t\geqslant t_0)$，则滤波误差系统(6.1.3)是 GUES 的。

定义 6.2[92]　$\forall \bar{h}(t)\neq 0\in \mathcal{L}_2[0,\infty)$，如果保证定义 6.2 中的条件并满足以下不等式，则滤波误差系统(6.1.3)是 GUES 的，且具有 $\mathcal{L}_2$ 增益，能达到 H_∞ 性能：

$$\int_0^\infty e_y^{\mathrm{T}}(t)e_y(t)\mathrm{d}t \leqslant \tilde{\gamma}^2\int_0^\infty \bar{h}^{\mathrm{T}}(t)\bar{h}(t)\mathrm{d}t$$

引理 6.3[92]　激活函数 $g(\cdot)\in \mathcal{R}^{n_x}$ 是有界的且满足 $g(0)=0$。此外，存在常数 ν_q^- 和 ν_q^+，使得

$$\nu_q^- \leqslant \frac{g_q(\iota_1)-g_q(\iota_2)}{\iota_1-\iota_2}\leqslant \nu_q^+\quad (\forall q\in \mathbf{Z}^+)$$

其中，$\iota_1,\iota_2(\iota_1\neq\iota_2)$，$\nu_q^-,\nu_q^+(\nu_q^-\neq\nu_q^+)\in\mathcal{R}$。假设存在矩阵 $\boldsymbol{H}_l\triangleq \mathrm{diag}\{h_{l1},h_{l2},\cdots,h_{ln_x}\}>0$，$\forall l\in\mathcal{O}$，并使得下述不等式成立：

$$\begin{bmatrix}\boldsymbol{I}_1\tilde{x}(t)\\ g(\boldsymbol{I}_1\tilde{x}(t))\end{bmatrix}^{\mathrm{T}}\begin{bmatrix}-\boldsymbol{H}_l\boldsymbol{\Omega}_1 & \boldsymbol{H}_l\boldsymbol{\Omega}_2\\ * & -\boldsymbol{H}_l\end{bmatrix}\begin{bmatrix}\boldsymbol{I}_1\tilde{x}(t)\\ g(\boldsymbol{I}_1\tilde{x}(t))\end{bmatrix}\geqslant 0 \tag{6.1.4}$$

其中

$$\boldsymbol{\Omega}_1\triangleq \mathrm{diag}\{\nu_1^-\nu_1^+,\nu_2^-\nu_2^+,\cdots,\nu_{n_x}^-\nu_{n_x}^+\},\quad \boldsymbol{\Omega}_2\triangleq \mathrm{diag}\left\{\frac{\nu_1^-+\nu_1^+}{2},\frac{\nu_2^-+\nu_2^+}{2},\cdots,\frac{\nu_{n_x}^-+\nu_{n_x}^+}{2}\right\}$$

注解 6.5　如同引理 6.3 中提到的，$\nu_q^-,\nu_q^+\in\mathcal{R}$，可能会导致产生的激活函数是非单调的。而且，这种描述限制了所使用的激活函数的上下限。此外，在引理 6.2 和定理 6.3 中显示的限制条件表明，激活函数在有限时间内的增量是有限的。之后，与常用的 Sigmoid 函数和 Lipschitz 条件相比，人们可以获得较小的保守性。

引理 6.4[93]　对于可微函数 $V_l(t)\geqslant 0$，可知

$$\dot{V}_l(t)\leqslant -\alpha V_l(t)+\mathcal{F}(t)\quad (\forall\alpha\in\mathcal{R},\forall l\in\mathcal{O})$$

对上述不等式从 t_k 到 t 积分，可以得到

$$V_l(t)\leqslant \exp(-\alpha(t-t_k))V_l(t_k)+\int_{t_k}^t \exp(-\alpha(t-s))\mathcal{F}(s)\mathrm{d}s$$

本章旨在设计一个模态依赖的滤波器，它满足以下两个要求：

(1) 在 $\bar{h}(t)\equiv 0$ 的条件下，滤波误差系统(6.1.3)是 GUES 的。

(2) 在零初值条件下，滤波误差系统(6.1.3)具有 $\mathcal{L}_2$ 增益的 H_∞ 性能。

算法 1　初始化 PDT 切换信号的序列生成

输入：离散化步长 h；

$\mathcal{T}_{\mathrm{PDT}}$ 部分的最长长度 $\mathcal{T}_{\mathrm{PDT}}$；

$\mathcal{T}_{\mathrm{PDT}}$ 部分的最大切换频率 f；

局部衰减率 α；

局部增加率 μ；

τ_{PDT} 部分的最短长度 τ_{PDT}；

PDT 切换信号的运行时间 $\mathcal{T}$；

模态数 NoM；

τ_{PDT} 部分的标记 MTau；

$\mathcal{T}_{\mathrm{PDT}}$ 部分的标记 MT；

续表

τ_{PDT}部分中切换系统的运行时间 RTiTauP；
每一个 T_{PDT}部分的切换次数 SToET；
T_{PDT}部分中当前子系统的运行时间 RToCSiTP；
T_{PDT}部分中切换系统的运行时间 RTiTP；
τ_{PDT}部分与 T_{PDT}部分中第　个区间之间的连接标记 firstTr。
输出：随机生成当前的模态；
计算切换系统在 τ_{PDT}部分中的运行时间 RTiTauP；
记录当前的模态；
设置前述的一些参数；
返回一个初始化的 τ_{PDT}部分。

算法 2　PDT 切换信号的序列生成

输入：一个初始化的 τ_{PDT}部分。
输出：一个 PDT 切换序列。
1. if $h>1/f$ then
2. 报错
3. else
4.　　for $i=1$ to T do
　　if MTau==1 且 RTiTauP $<\tau_{PDT}$ then
　　　　当前模态保持不变
　　else
　　　　if MTau==1 且 $\tau_{PDT}<=$ RTiTauP then
　　　　　随机生成当前的模态
　if MT==1 且 RToCSiTP $<1/f$ then
　　当前模态保持不变
　　令标记 firstTr=1
　else
　　if MT==1 且 RToCSiTP $<=\tau_{PDT}-h$ then
　　　　随机生成当前的模态
　if MTau==1 且当前模态与前一个模态相同 then
　　记录当前模态并且计算 RTiTauP
　else
　　清除 τ_{PDT}部分标记
设置 T_{PDT}部分标记
　if firstTr==0 且 MT==1 then
　　记录当前模态
　　计算 RToCSiTP 和 RTiTP
　if MT==1 且当前模态与前一个模态相同 then
　　记录当前模态

续表

计算 RToCSiTP 和 RTiTP
else if MT==1 且当前模态与前一个模态不同且剩余的时间足够一个切换 then
在 τ_{PDT} 部分与 $\mathcal{T}_{PDT}$ 部分之间选择下一个部分
清除并设置相应的参数
else if MT==1 且当前模态与前一个模态相同且剩余的时间不足够一个切换 then
清除 $\mathcal{T}_{PDT}$ 部分的标志
设置 τ_{PDT} 部分的标志
if SToET>=$\mathcal{T}f$ 或者 RTiTP>=$\mathcal{T}$ then
清除 $\mathcal{T}_{PDT}$ 部分的标志
设置 τ_{PDT} 部分的标志

6.2 主要结论

在本节中，将验证滤波误差系统(6.1.3)在 $\bar{h}(t)\equiv 0$ 的情况下是 GUES 的，并实现具有 $\mathcal{L}_2$ 增益的 H_∞ 性能。为了达到这些目标，我们将使用两个定理来分析它们。在定理 6.1 中，我们证明了滤波误差系统(6.1.3)的全局一致指数稳定性。然后，分析了具有 $\mathcal{L}_2$ 增益的 H_∞ 性能。在定理 6.1 的基础上，我们利用定理 6.2 求解了定理 6.1 中的耦合项，同时给出了滤波器增益的具体形式。

6.2.1 GUES 和 $\mathcal{L}_2$ 增益的 H_∞ 性能分析

定理 6.1 给定标量 $\gamma>0, f>0, \mathcal{T}_{PDT}>0$，采样时刻衰减率 $\alpha\in(0,1)$ 和切换瞬时变化率 $\mu\in(1,\infty)$，如果 $\forall\, l,i,j\in\mathcal{O}(j\neq i)$，有标量 τ_{PDT} 和对称矩阵 $\boldsymbol{P}_l>0$ 使得下述不等式成立：

$$\begin{bmatrix}\boldsymbol{G}_1 & \boldsymbol{G}_2\\ * & \boldsymbol{G}_3\end{bmatrix}<0 \tag{6.2.1}$$

$$\boldsymbol{P}_j\leqslant\mu\boldsymbol{P}_i \tag{6.2.2}$$

$$\mathcal{T}_{PDT}>\tau_{PDT}>\frac{\mathcal{T}_{PDT}\cdot f+1}{\alpha}\ln\mu-\frac{1}{f} \tag{6.2.3}$$

其中

$$\boldsymbol{G}_1\triangleq\begin{bmatrix}\boldsymbol{G}_{11} & \boldsymbol{P}_l\widetilde{\boldsymbol{N}}_l+\boldsymbol{I}_1^{\mathrm{T}}\boldsymbol{H}_l\boldsymbol{\Omega}_2\\ * & -\boldsymbol{H}_l\end{bmatrix},\quad \boldsymbol{G}_{11}\triangleq\mathrm{sym}(\boldsymbol{P}_l\widetilde{\boldsymbol{A}}_l)+\alpha\boldsymbol{P}_l-\boldsymbol{I}_1^{\mathrm{T}}\boldsymbol{H}_l\boldsymbol{\Omega}_1\boldsymbol{I}_1$$

$$\boldsymbol{G}_2\triangleq\begin{bmatrix}\boldsymbol{P}_l\widetilde{\boldsymbol{W}}_l & \widetilde{\boldsymbol{C}}_l^{\mathrm{T}}\\ \boldsymbol{0} & \boldsymbol{0}\end{bmatrix},\quad \boldsymbol{G}_3\triangleq\begin{bmatrix}-\gamma^2\boldsymbol{I} & \widetilde{\boldsymbol{D}}_l^{\mathrm{T}}\\ * & -\boldsymbol{I}\end{bmatrix}$$

且 $\tilde{\gamma}=\gamma\sqrt{k_{H_\infty}}=\gamma\sqrt{(-\alpha\mu^{\mathrm{int}[\mathcal{T}_{PDT}\cdot f]+1})/\left(\dfrac{\mathrm{int}[\mathcal{T}_{PDT}\cdot f]+1}{\mathcal{T}_{PDT}+\tau_{PDT}}\ln\mu-\alpha\right)}$

证明　根据滤波误差系统(6.1.3),构建如下 Lyapunov 函数:

$$V_l(\tilde{x}(t)) = \tilde{x}^{\mathrm{T}}(t)\boldsymbol{P}_l\tilde{x}(t)$$

随后,构建下述目标函数:

$$\mathbb{J} = \dot{V}_l(\tilde{x}(t)) + \alpha V_l(\tilde{x}(t)) + e_y^{\mathrm{T}}(t)e_y(t) - \gamma^2\bar{h}^{\mathrm{T}}(t)\bar{h}(t)$$

结合式(6.1.4)可得

$$\begin{aligned}\mathbb{J} \leqslant\ & \mathrm{sym}(\dot{\tilde{x}}^{\mathrm{T}}(t)\boldsymbol{P}_l\tilde{x}(t)) + \alpha\tilde{x}^{\mathrm{T}}(t)\boldsymbol{P}_l\tilde{x}(t) + \tilde{x}^{\mathrm{T}}(t)[-\boldsymbol{I}_1^{\mathrm{T}}\boldsymbol{H}_l\boldsymbol{\Omega}_1\boldsymbol{I}_1]\tilde{x}(t)\\ & + \mathrm{sym}(\tilde{x}^{\mathrm{T}}(t)[\boldsymbol{I}_1^{\mathrm{T}}\boldsymbol{H}_l\boldsymbol{\Omega}_2]g(\boldsymbol{I}_1\tilde{x}(t))) + g^{\mathrm{T}}(\boldsymbol{I}_1\tilde{x}(t))[-\boldsymbol{H}_l]g(\boldsymbol{I}_1\tilde{x}(t))\\ =\ & \boldsymbol{\chi}^{\mathrm{T}}(t)\boldsymbol{\Psi}\boldsymbol{\chi}(t)\end{aligned}$$

其中

$$\boldsymbol{\chi}(t) \triangleq [\tilde{x}^{\mathrm{T}}(t)\quad g^{\mathrm{T}}(\boldsymbol{I}_1\tilde{x}(t))\quad h^{\mathrm{T}}(t)]^{\mathrm{T}},\quad \boldsymbol{\Psi} \triangleq \begin{bmatrix}\boldsymbol{\Psi}_1\\ \boldsymbol{\Psi}_2\end{bmatrix}$$

且

$$\boldsymbol{\Psi}_1 \triangleq [\boldsymbol{G}_4\quad \boldsymbol{G}_5],\quad \boldsymbol{\Psi}_2 \triangleq [\boldsymbol{G}_5^{\mathrm{T}}\quad \boldsymbol{G}_6],\quad \boldsymbol{G}_4 \triangleq \mathrm{sym}(\boldsymbol{P}_l\tilde{\boldsymbol{A}}_l) + \alpha\boldsymbol{P}_l - \boldsymbol{I}_1^{\mathrm{T}}\boldsymbol{H}_l\boldsymbol{\Omega}_1\boldsymbol{I}_1 + \tilde{\boldsymbol{C}}_l^{\mathrm{T}}\tilde{\boldsymbol{C}}_l$$

$$\boldsymbol{G}_5 \triangleq \left[\boldsymbol{P}_l\tilde{\boldsymbol{N}}_l + \boldsymbol{I}_1^{\mathrm{T}}\boldsymbol{H}_l\boldsymbol{\Omega}_2\quad \boldsymbol{P}_l\tilde{\boldsymbol{W}}_l + \tilde{\boldsymbol{C}}_l^{\mathrm{T}}\tilde{\boldsymbol{D}}_l\right],\quad \boldsymbol{G}_6 \triangleq \begin{bmatrix}-\boldsymbol{H}_l & \boldsymbol{0}\\ * & -\gamma^2\boldsymbol{I} + \tilde{\boldsymbol{D}}_l^{\mathrm{T}}\tilde{\boldsymbol{D}}_l\end{bmatrix}$$

结合式(6.2.1)和 Schur 补引理可知 $\boldsymbol{\Psi}\leqslant 0$,也就是$\mathbb{J}\leqslant 0$,因此可得

$$\dot{V}_l(\tilde{x}(t)) \leqslant -\alpha V_l(\tilde{x}(t)) + \mathcal{F}(t)$$

其中,$\mathcal{F}(t) \triangleq -e_y^{\mathrm{T}}(t)e_y(t) + \gamma^2\bar{h}^{\mathrm{T}}(t)\bar{h}(t)$。根据引理 6.4 和式(6.2.1),令 $\delta \triangleq \eta(t_{s_{r+1}-1})$,$V_l(t) \triangleq V_l(\tilde{x}(t))$,对于 $t\in[t_{s_{r+1}-1}, t_{s_{r+1}})$,则有

$$\begin{aligned}V_\delta(t) \leqslant\ & \exp(-\alpha(t - t_{s_{r+1}-1}))V_{\eta(t_{s_{r+1}-1})}(t_{s_{r+1}-1}) + \int_{t_{s_{r+1}-1}}^{t}\exp(-\alpha(t-v))\mathcal{F}(v)\mathrm{d}v\\ \leqslant\ & \mu\exp(-\alpha(t - t_{s_{r+1}-1}))V_{\eta(t_{s_{r+1}-2})}(t_{s_{r+1}-1}) + \int_{t_{s_{r+1}-1}}^{t}\exp(-\alpha(t-v))\mathcal{F}(v)\mathrm{d}v\\ \leqslant\ & \mu\exp(-\alpha(t - t_{s_{r+1}-2}))V_{\eta(t_{s_{r+1}-2})}(t_{s_{r+1}-2}) + \mu\int_{t_{s_{r+1}-2}}^{t_{s_{r+1}-1}}\exp(-\alpha(t-v))\mathcal{F}(v)\mathrm{d}v\\ & + \int_{t_{s_{r+1}-1}}^{t}\exp(-\alpha(t-v))\mathcal{F}(v)\mathrm{d}v\end{aligned}\tag{6.2.4}$$

根据注解 6.1 可知,$\forall\, v\in(t_{s_r+k}, t_{s_r+k+1})$,$k\in\{0\}\cup\mathbf{Z}^+$,有 $\Lambda(t_{s_r+k}, t) = \Lambda(v, t)$,然后对式(6.2.4)中的 t_{s_r} 进行迭代,可得

$$\begin{aligned}V_\delta(t) \leqslant\ & \mu^{\Lambda(t_{s_r}, t)}\exp(-\alpha(t - t_{s_r}))V_{\eta(t_{s_r})}t_{s_r} + \mu^{\Lambda(t_{s_r}, t)}\int_{t_{s_r}}^{t_{s_r+1}}\exp(-\alpha(t-v))\mathcal{F}(v)\mathrm{d}v\\ & + \mu^{\Lambda(t_{s_r+1}, t)}\int_{t_{s_r+1}}^{t_{s_r+2}}\exp(-\alpha(t-v))\mathcal{F}(v)\mathrm{d}v + \cdots + \int_{t_{s_{r+1}-1}}^{t}\exp(-\alpha(t-v))\mathcal{F}(v)\mathrm{d}v\\ =\ & \mu^{\Lambda(t_{s_r}, t)}\exp(-\alpha(t - t_{s_r}))V_{\eta(t_{s_r})}t_{s_r} + \int_{t_{s_r}}^{t}\mu^{\Lambda(v, t)}\exp(-\alpha(t-v))\mathcal{F}(v)\mathrm{d}v\end{aligned}\tag{6.2.5}$$

当干扰 $\bar{h}(t)\equiv 0$ 时,根据式(6.2.3)和式(6.2.5),引理 6.1 以及$\mathbb{J}\leqslant 0$,令 $\mathcal{T}_r \triangleq t - t_{s_r+1}$,$\varrho \triangleq (\mathcal{T}_{\mathrm{PDT}}\cdot f + 1)\ln\mu - \alpha\left(\dfrac{1}{f} + \tau_{\mathrm{PDT}}\right)$以及 $\tau \triangleq t_{s_r+1} - t_{s_r}$,可得

$$
\begin{aligned}
V_{\delta}(t) &\leqslant \mu^{\Lambda(t_{s_r},t)}\exp(-\alpha(t-t_{s_r}))V_{\eta(t_{s_r})}(t_{s_r}) \\
&= \mu^{\Lambda(t_{s_r+1},t)+1}\exp(-\alpha(\mathcal{T}_r+\tau))V_{\eta(t_{s_r})}(t_{s_r}) \\
&\leqslant \mu^{\mathcal{T}_r f_r+1}\exp(-\alpha(\mathcal{T}_r+\tau_{\text{PDT}}))V_{\eta(t_{s_r})}(t_{s_r}) \\
&\leqslant \mu^{\mathcal{T}_{\text{PDT}}\cdot f+1}\exp(-\alpha(1/f_r+\tau_{\text{PDT}}))V_{\eta(t_{s_r})}(t_{s_r}) \\
&\leqslant \exp(\varrho)V_{\eta(t_{s_r})}(t_{s_r}) = \varphi^2 V_{\eta(t_{s_r})}(t_{s_r})
\end{aligned}
$$

其中，$\varphi \triangleq \sqrt{\exp(\varrho)} \in (0,1)$。

根据上述不等式，则可以直接推导出

$$
V_{\delta}(t) \leqslant (\varphi^2)^r V_{\eta(t_{s_1})}(t_{s_1})
$$

由于

$$
\min_{l\in\mathcal{O}}\lambda_{\min}(\boldsymbol{P}_l)\|\tilde{x}(t)\|^2 \leqslant V_{\delta}(t) \leqslant \max_{l\in\mathcal{O}}\lambda_{\max}(\boldsymbol{P}_l)\|\tilde{x}(t)\|^2
$$

则有

$$
\|\tilde{x}(t)\|^2 \leqslant \left[(\max_{l\in\mathcal{O}}\lambda_{\max}(\boldsymbol{P}_l))/(\min_{l\in\mathcal{O}}\lambda_{\min}(\boldsymbol{P}_l))\right](\varphi^2)^r\|\tilde{x}(t_{s_1})\|^2
$$

依据注解 6.5 和注解 6.6，可以得到

$$
r \geqslant \inf_{\tau_{\text{PDT}}<\mathcal{T}_{\text{PDT}}}[(t-t_{s_1})/(\mathcal{T}_{\text{PDT}}+\tau_{\text{PDT}})]+1
$$

令$\varsigma \triangleq \varphi\sqrt{(\max_{l\in\mathcal{O}}\lambda_{\max}(\boldsymbol{P}_l))/(\min_{l\in\mathcal{O}}\lambda_{\min}(\boldsymbol{P}_l))} \in (0,\infty)$并且 $t_{s_1}=0$，则有

$$
\|\tilde{x}(t)\| \leqslant \varsigma\,\varphi^{[t/(2\mathcal{T}_{\text{PDT}})]}\|\tilde{x}(0)\|
$$

根据定义 6.2，滤波误差系统(6.1.3)是 GUES 的。

下面给出 H_∞ 性能的分析。依据式(6.2.5)，可得

$$
V_{\delta}(t) \leqslant \mu^{\Lambda(t_{s_1},t)}\exp(-\alpha(t-t_{s_1}))V_{\eta(t_{s_1})}(t_{s_1}) + \int_{t_{s_1}}^{t}\mu^{\Lambda(v,t)}\exp(-\alpha(t-v))\mathcal{F}(v)\mathrm{d}v
$$

因为 t_{s_1} 是初始时刻，且 $V_{\eta(t_{s_1})}(t_{s_1})=0$，所以

$$
\int_{t_{s_1}}^{t}\mu^{\Lambda(v,t)}\exp(-\alpha(t-v))\mathcal{F}(v)\mathrm{d}v \geqslant 0 \tag{6.2.6}
$$

根据引理 6.2 和式(6.2.6)，令 $\rho_1 \triangleq ([(t-v)/(\mathcal{T}_{\text{PDT}}+\tau_{\text{PDT}})]+1)(\text{int}[\mathcal{T}_{\text{PDT}}\cdot f]+1)$，$\rho_2 \triangleq ((\text{int}[\mathcal{T}_{\text{PDT}}\cdot f]+1)/(\mathcal{T}_{\text{PDT}}+\tau_{\text{PDT}}))\ln\mu-\alpha$。因为 $\mathcal{T}_{\text{PDT}}>1/f$，根据式(6.2.3)，$\rho_2<0$，所以

$$
\begin{aligned}
\int_{t_{s_1}}^{t}\exp(-\alpha(t-v))\|e_y(v)\|^2\mathrm{d}v &\leqslant \int_{t_{s_1}}^{t}\mu^{\rho_1}\exp(-\alpha(t-v))\gamma^2\|\bar{h}(v)\|^2\mathrm{d}v \\
&\leqslant \gamma^2\mu^{\text{int}[\mathcal{T}_{\text{PDT}}\cdot f]+1}\int_{t_{s_1}}^{t}\exp(\rho_2(t-v))\|\bar{h}(v)\|^2\mathrm{d}v
\end{aligned}
$$

设 $\rho_3 \triangleq \mu^{\text{int}[\mathcal{T}_{\text{PDT}}\cdot f]+1}$，对于上述不等式，对变量 t 从 t_{s_1} 到∞积分，然后交换积分顺序可得

$$
\int_{t_{s_1}}^{\infty}\int_{v}^{\infty}\exp(-\alpha(t-v))\|e_y(v)\|^2\mathrm{d}t\mathrm{d}v \leqslant \gamma^2\rho_3\int_{t_{s_1}}^{\infty}\int_{v}^{\infty}\exp(\rho_2(t-v))\|\bar{h}(v)\|^2\mathrm{d}t\mathrm{d}v
$$

经过简单的积分计算之后，令 $t_{s_1}=0$，则有

$$
\int_0^{\infty}\|e_y(v)\|^2\mathrm{d}v \leqslant k_{H_\infty}\gamma^2\int_0^{\infty}\|\bar{h}(v)\|^2\mathrm{d}v
$$

其中

$$k_{H_\infty} \triangleq \frac{-\alpha\mu^{\mathrm{int}[\mathcal{T}_{\mathrm{PDT}}\cdot f]+1}}{\rho_2} = (-\alpha\mu^{\mathrm{int}[\mathcal{T}_{\mathrm{PDT}}\cdot f]+1})/\left(\frac{\mathrm{int}[\mathcal{T}_{\mathrm{PDT}}\cdot f]+1}{\mathcal{T}_{\mathrm{PDT}}+\tau_{\mathrm{PDT}}}\ln\mu-\alpha\right) \quad (6.2.7)$$

这意味着PDT切换下的滤波误差系统(6.1.3)是GUES的，并获得了无权重的具有不超过 $\widetilde{\gamma}=\gamma\sqrt{k_{H_\infty}}$ 的 $\mathcal{L}_2$ 增益的 H_∞ 性能。证毕。

注解6.6　对于每次切换 $\eta(t)$ 和每个初始条件 $\widetilde{x}(0)$，滤波误差系统(6.1.3)是全局一致渐近稳定(Global Uniform Asymptotic Stability, GUAS)的，条件是存在一个常数 $\delta_0>0$ 和一类 $\mathcal{KL}$ 函数 Υ 使得下述不等式成立：

$$\|\widetilde{x}(t)\| \leqslant \Upsilon(\|\widetilde{x}(0)\|, t) \quad (\forall t\geqslant 0)$$

其中，$\|\widetilde{x}(0)\|\leqslant\delta_0$。如果上述函数 Υ 具有形式 $\Upsilon(\|\widetilde{x}(0)\|,t)=\varsigma\varphi^t\|\widetilde{x}(0)\|$ 且 $\varsigma>0$，$\varphi\in(0,1)$，则上述不等式可以改写成如下形式：

$$\|\widetilde{x}(t)\| \leqslant \varsigma\varphi^t\|\widetilde{x}(0)\| \quad (\forall t\geqslant 0)$$

而后，滤波误差系统(6.1.3)是GUES的。GUES是GUAS的特殊形式，即如果系统是GUES的，那也能保证系统是GUAS的，但是逆命题可能不成立。因此，此结果比文献[37]得出的结果具有更小的保守性。

注解6.7　对于常见的 H_∞ 性能，其最终目的是使得以下与 H_∞ 性能的常见定义一致的不等式成立：

$$\frac{\int_0^\infty e_y^{\mathrm{T}}(t)e_y(t)\mathrm{d}t}{\int_0^\infty \bar{h}^{\mathrm{T}}(t)\bar{h}(t)\mathrm{d}t} \leqslant \gamma^2$$

其中，γ 是相应的 H_∞ 性能指标。但是，对于具有 $\mathcal{L}_2$ 增益的 H_∞ 性能，滤波误差系统(6.1.3)最终满足下述不等式：

$$\frac{\int_0^\infty e_y^{\mathrm{T}}(t)e_y(t)\mathrm{d}t}{\int_0^\infty \bar{h}^{\mathrm{T}}(t)\bar{h}(t)\mathrm{d}t} \leqslant k_{H_\infty}\gamma^2$$

其中，根据上述不等式以及 $\mathcal{L}_2$ 范数所得的 $\widetilde{\gamma}=\sqrt{k_{H_\infty}}\gamma$，即 $\mathcal{L}_2$ 增益。同时，根据文献[40]可知，上述不等式与 H_∞ 性能的形式是一致的。因此称其为具有 $\mathcal{L}_2$ 增益的非加权 H_∞ 性能，它与有权重的具有 $\mathcal{L}_2$ 增益的 H_∞ 性能相比具有显著的物理意义。

注解6.8　根据式(6.2.3)可知，在求解定理6.1中的不等式时，尽管 $\mathcal{T}_{\mathrm{PDT}}, f, \mu, \alpha$ 都是给定的变量，但是 τ_{PDT} 也可能无规律地变化。为此，为了计算 $\mathcal{L}_2$ 增益的实际下界(实际的 H_∞ 性能指标)，可令

$$\tau_{\mathrm{PDT}} = \tau_{\mathrm{PDT}}^* + \mathbb{O}(\tau_{\mathrm{PDT}}^*)$$

其中，$\tau_{\mathrm{PDT}}^* \triangleq ((\mathcal{T}_{\mathrm{PDT}}\cdot f+1)/\alpha)\ln\mu-1/f$，$\tau_{\mathrm{PDT}}^*>0$。如果参数 $\tau_{\mathrm{PDT}}^*\leqslant 0$，那么给出一个满足要求的参数 τ_{PDT}^* 即可。

6.2.2　滤波器设计

定理6.2　给定参数 $a\neq 0, b\neq 0, \alpha\in(0,1), \mu\in(1,\infty), \gamma>0, f>0$ 以及 $\mathcal{T}_{\mathrm{PDT}}>0$，如果存在变量 τ_{PDT} 以及对称矩阵 $\boldsymbol{P}_l \triangleq \begin{bmatrix} \boldsymbol{P}_{l1} & a\boldsymbol{P}_{l2} \\ * & b\boldsymbol{P}_{l2} \end{bmatrix}>0$，使得 $\forall l,j,i\in\mathcal{O}(j\neq i)$，式(6.2.2)

和式(6.2.3)以及以下不等式成立：

$$\begin{bmatrix} \boldsymbol{G}_7 & \boldsymbol{G}_8 \\ * & \boldsymbol{G}_3 \end{bmatrix} < 0 \tag{6.2.8}$$

其中

$$\boldsymbol{G}_7 \triangleq \begin{bmatrix} \boldsymbol{G}_{71} & \boldsymbol{G}_{72} & \boldsymbol{G}_{73} \\ * & \boldsymbol{G}_{74} & \boldsymbol{G}_{75} \\ * & * & \boldsymbol{G}_{76} \end{bmatrix}, \quad \boldsymbol{G}_8 \triangleq \begin{bmatrix} \boldsymbol{G}_{81} & \boldsymbol{G}_{82} \\ \boldsymbol{G}_{83} & \boldsymbol{G}_{84} \\ \boldsymbol{0} & \boldsymbol{0} \end{bmatrix}$$

$$\boldsymbol{G}_{71} \triangleq \mathrm{sym}(\boldsymbol{P}_{l1}\boldsymbol{A}_l + a\hat{\boldsymbol{B}}_{Fl}\boldsymbol{C}_l) + \alpha\boldsymbol{P}_{l1} - \boldsymbol{H}_l\boldsymbol{\Omega}_1$$

$$\boldsymbol{G}_{72} \triangleq a(\hat{A}_{Fl} + A_l^{\mathrm{T}}\boldsymbol{P}_{l2}) + b\boldsymbol{C}_l^{\mathrm{T}}\hat{\boldsymbol{B}}_{Fl}^{\mathrm{T}} + \alpha a\boldsymbol{P}_{l2}, \quad \boldsymbol{G}_{73} \triangleq \boldsymbol{P}_{l1}\boldsymbol{N}_l + \boldsymbol{H}_l\boldsymbol{\Omega}_2$$

$$\boldsymbol{G}_{74} \triangleq b\,\mathrm{sym}(\hat{\boldsymbol{A}}_{Fl}) + \alpha b\boldsymbol{P}_{l2}, \quad \boldsymbol{G}_{75} \triangleq a\boldsymbol{P}_{l2}\boldsymbol{N}_l, \quad \boldsymbol{G}_{76} \triangleq -\boldsymbol{H}_l, \quad \boldsymbol{G}_{81} \triangleq \boldsymbol{P}_{l1}\boldsymbol{W}_l + a\hat{\boldsymbol{B}}_{Fl}\boldsymbol{D}_l$$

$$\boldsymbol{G}_{82} \triangleq \boldsymbol{C}_l^{\mathrm{T}}, \quad \boldsymbol{G}_{83} \triangleq a\boldsymbol{P}_{l2}\boldsymbol{W}_l + b\hat{\boldsymbol{B}}_{Fl}\boldsymbol{D}_l, \quad \boldsymbol{G}_{84} \triangleq -\hat{\boldsymbol{E}}_{Fl}^{\mathrm{T}}$$

则 PDT 切换系统下的滤波误差系统(6.1.3)是 GUES 的，并获得无权重的具有不超过 $\tilde{\gamma}$ 的 $\mathcal{L}_2$ 增益的 H_∞ 性能。滤波器的增益矩阵如下所示：

$$\boldsymbol{A}_{Fl} = \boldsymbol{P}_{l2}^{-1}\hat{\boldsymbol{A}}_{Fl}, \quad \boldsymbol{B}_{Fl} = \boldsymbol{P}_{l2}^{-1}\hat{\boldsymbol{B}}_{Fl}, \quad \boldsymbol{E}_{Fl} = \hat{\boldsymbol{E}}_{Fl}$$

证明 为了处理式(6.2.1)中的耦合项，令

$$\hat{\boldsymbol{A}}_{Fl} \triangleq \boldsymbol{P}_{l2}\boldsymbol{A}_{Fl}, \quad \hat{\boldsymbol{B}}_{Fl} \triangleq \boldsymbol{P}_{l2}\boldsymbol{B}_{Fl}, \quad \hat{\boldsymbol{E}}_{Fl} \triangleq \boldsymbol{E}_{Fl}$$

则式(6.2.8)可以确保式(6.2.1)成立。证毕。

6.3 仿真验证

以下两个子系统组成了 PDT 切换下的 CTNN[式(6.1.1)][42]：

$$\boldsymbol{A}_1 = \begin{bmatrix} -1 & 0 \\ 0 & -3 \end{bmatrix}, \quad \boldsymbol{N}_1 = \begin{bmatrix} -0.6 & 0.1 \\ -0.2 & 0.2 \end{bmatrix}, \quad \boldsymbol{W}_1 = \begin{bmatrix} -0.33 & 2 \\ 0.3 & 0.32 \end{bmatrix}$$

$$\boldsymbol{C}_1 = \begin{bmatrix} -1.21 & 0.13 \\ -1.22 & -0.34 \end{bmatrix}, \quad \boldsymbol{D}_1 = \begin{bmatrix} 0.27 & 0.83 \\ 2.01 & 1.26 \end{bmatrix}$$

$$\boldsymbol{A}_2 = \begin{bmatrix} -1 & 0 \\ 0 & -2.5 \end{bmatrix}, \quad \boldsymbol{N}_2 = \begin{bmatrix} -0.33 & 0 \\ -0.13 & 0.14 \end{bmatrix}, \quad \boldsymbol{W}_2 = \begin{bmatrix} 1.23 & 3.32 \\ 0.23 & -1.18 \end{bmatrix}$$

$$\boldsymbol{C}_2 = \begin{bmatrix} -1.2 & -0.13 \\ -2.23 & 1.53 \end{bmatrix}, \quad \boldsymbol{D}_2 = \begin{bmatrix} 0.1 & 0.82 \\ 2.9 & 1.2 \end{bmatrix}$$

设 $\mathcal{T}_{\mathrm{PDT}} = 3\ \mathrm{s}$，$f = 10\ \mathrm{s}^{-1}$，$a = b = 1$，$\alpha = 0.9$，$\mu = 1.01$ 及 $\gamma = 3.1661$，通过求解前述的 LMI，即可得到 $\tau_{\mathrm{PDT}} = 0.2427\ \mathrm{s}$，$k_{H_\infty} = 1.5222$ 及下述滤波器增益：

$$\boldsymbol{A}_{F1} = \begin{bmatrix} -28.0206 & 37.7805 \\ 6.4876 & -13.1864 \end{bmatrix}, \quad [\boldsymbol{B}_{F1} \quad \boldsymbol{E}_{F1}] = \begin{bmatrix} 34.4953 & -7.2264 & 0.9192 & -1.3636 \\ -8.5732 & 1.5015 & 0.6974 & -2.3878 \end{bmatrix}$$

$$\boldsymbol{A}_{F2} = \begin{bmatrix} -15.4052 & -16.6143 \\ 0.9650 & -2.4652 \end{bmatrix}, \quad [\boldsymbol{B}_{F2} \quad \boldsymbol{E}_{F2}] = \begin{bmatrix} 13.6461 & -0.2482 & 1.1327 & 1.1711 \\ -0.2191 & -0.5321 & 1.6156 & -2.1531 \end{bmatrix}$$

随后，取离散周期 $h = 0.01\ \mathrm{s}$，初始条件 $x(0) = [1 \quad 1.22]^{\mathrm{T}}$，$x_f(0) = [0 \quad 0]^{\mathrm{T}}$，切换神经

网络的激活函数以及外部干扰分别取为 $g(x(t)) = \tanh(x(t))$ 和 $\bar{h}(t) = [0.5\exp(-0.5t) \quad 0.5\exp(-0.5t)]^{\mathrm{T}}$。之后，状态响应和滤波误差响应以及使用的切换序列如图 6.3 所示，它表明 PDT 切换下的滤波误差系统(6.1.3)是收敛的。

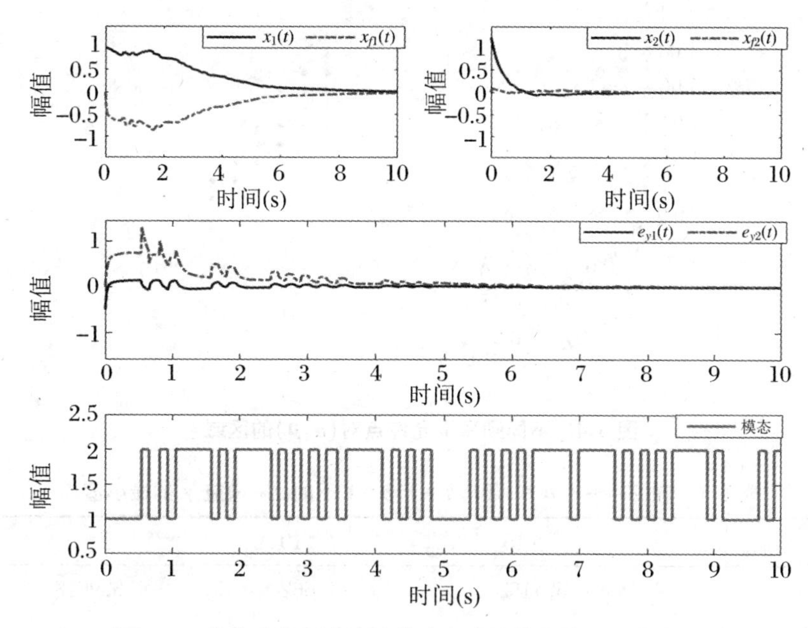

图 6.3　状态响应和滤波误差响应以及使用的 PDT 切换序列

根据式(6.2.7)可知，在不同的条件下可以得到不同的 $\mathcal{L}_2$ 增益 $\tilde{\gamma} = \sqrt{k_{H_\infty}}\gamma$。如图 6.4 所示，随着 α 的增加，可以得到更加优化的 $\mathcal{L}_2$ 增益，这意味着 $\tilde{\gamma}_{\min}$将更小。换句话说，假设面对一些恶劣的环境，α 越大，滤波误差系统(6.1.3)或许具有更强的抗干扰能力。因此，当面对更加恶劣、复杂的环境时，或许需要使用更大的 α。但是，对于允许能量函数在切换时刻增加的 μ 而言，更大的 μ 或许会使得 $\mathcal{L}_2$ 增益恶化。也就是说，能量函数在切换时刻的变化应当是平缓的，如此系统才可以更加稳定，否则，滤波误差系统(6.1.3)的状态响应会变的起伏不定。

限制变量 $\tau_{\mathrm{PDT}} \in (((\mathcal{T}_{\mathrm{PDT}} \cdot f + 1)/\alpha)\ln\mu - 1/f, \mathcal{T}_{\mathrm{PDT}})$，让变量 τ_{PDT}尽可能地小[19]。如下所述，并不是所有的点对(α, μ)都是适合的。图 6.4 展示了能够找到 $\tilde{\gamma}_{\min}$ 的允许点对(α, μ)。允许点对(α, μ)的区域可以通过减小可能的最大切换频率 f 来进行扩大。上述方法的结果显示在表 6.1 和表 6.2 中，它们表明可以通过减小可能的最大切换频率 f 来获得更好的最小 $\mathcal{L}_2$ 增益 $\tilde{\gamma}_{\min}$。其次，结合表 6.1 和表 6.2 可知，假设切换频率比较快，则可以通过取稍微大一点的 α 和稍微小一点的μ 来改善切换对网络或者系统的影响。因此，对于具有切换特性的滤波误差系统(6.1.3)，切换或许会使它不稳定或者具有相对较差的性能，不过，这样的影响可以通过调节 PDT 系统的一些参数来消除或者改善。

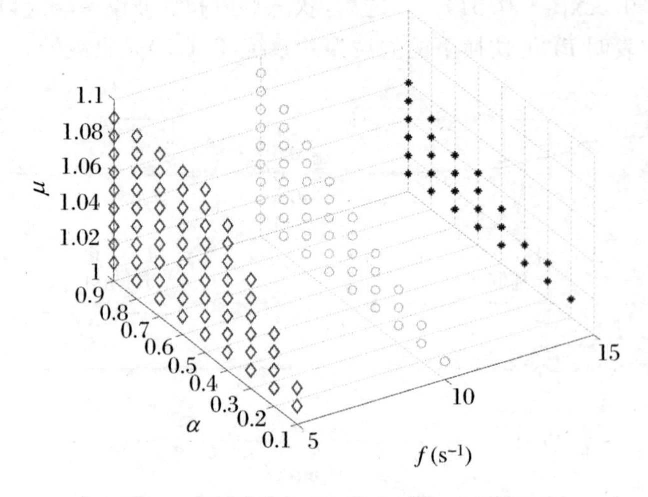

图 6.4　不同频率下允许点对(α,μ)的区域

表 6.1　在 $\mathcal{T}_{PDT}=3,\mu=1.01,a=1,b=1$ 下的 $\mathcal{L}_2$ 增益 $\tilde{\gamma}$ 的最小值

$\tilde{\gamma}_{min}$	$f=15$	$f=10$	$f=5$
$\alpha=0.2$	5.4152	4.662	3.9618
$\alpha=0.4$	4.7852	4.2381	3.7361
$\alpha=0.6$	4.5559	4.087	3.6578

表 6.2　在 $\mathcal{T}_{PDT}=3,\alpha=0.9,a=1,b=1$ 下的 $\mathcal{L}_2$ 增益 $\tilde{\gamma}$ 的最小值

$\tilde{\gamma}_{min}$	$f=15$	$f=10$	$f=5$
$\mu=1.02$	5.9042	4.8771	4.0133
$\mu=1.04$	10.324	7.1787	4.9379
$\mu=1.06$	17.5062	10.3619	6.0227

第 7 章　具有随机丢包的 PDT 切换系统的扩展耗散滤波

当涉及切换系统的滤波器设计时,主要有两种类型的滤波器。一种是模态无关滤波器,它在设计过程中不需要获取系统的模态信息,通常在模态信息难以获取的情况下考虑。一般来说,采用模态无关滤波器可以明显简化所要解决的问题,但可能会使所提结果具有保守性[94]。另一种是模态相关滤波器,它假定系统的所有模态信息都可以在任何时候成功地传递给滤波器。然而,这样的假设在实践中很难甚至不可能得到满足[95]。为了得到更合理的滤波器设计方法,并取得更好的效果,本章提出了一种同时包含模态相关滤波器和模态无关滤波器的统一滤波器。

本章主要研究切换离散时间系统的扩展耗散滤波器设计问题,其中切换信号在子系统间的变化受 PDT 切换策略的控制。考虑到在实际应用中,系统和滤波器之间的通信通道拥塞可能会导致数据丢失,因此考虑了数据丢包问题,使考虑的问题更加一般化。同时,由于一般情况下系统的模态信息可能无法被访问,因此考虑设计一个同时包含模态相关滤波器和模态无关滤波器的统一滤波器。本章旨在寻找一种合适的滤波器设计方法,以确保所得到的误差系统是指数均方稳定的,并具有扩展耗散性。本章基于 Lyapunov 稳定性理论和适当的矩阵解耦方法,通过处理凸优化问题建立了一些充分条件,并给出了两个算例证明所提方法的有效性。

7.1　问题描述

考虑离散时间线性 PDT 切换系统:

$$\begin{cases} x(k+1) = \boldsymbol{A}_{\rho(k)}x(k) + \boldsymbol{C}_{\rho(k)}\omega(k) \\ y(k) = \theta(k)\boldsymbol{D}_{\rho(k)}x(k) + \boldsymbol{G}_{\rho(k)}\omega(k) \\ z(k) = \boldsymbol{H}_{\rho(k)}x(k) \\ x(k_0) = \chi(k_0) \quad (-\infty < k_0 \leqslant 0) \end{cases} \tag{7.1.1}$$

其中, $x(k) \triangleq [x_1^{\mathrm{T}}(k), x_2^{\mathrm{T}}(k), \cdots, x_{m_1}^{\mathrm{T}}(k)]^{\mathrm{T}} \in \mathbb{R}^{m_1}$ 为系统状态,初值为 $\chi(k_0)$; $\omega(k) \in \mathbb{R}^{m_2}$ 表示外部干扰输入,属于 $l_2[0,\infty)$; $y(k) \in \mathbb{R}^{m_3}$ 为测量输出; $z(k) \in \mathbb{R}^{m_4}$ 表示衰减的目标信号; $\rho(k)(k \in \mathbb{Z}^+)$ 表示切换信号,它在有限集合中取值 $\Lambda \triangleq \{1,2,\cdots,K\}$,其中 $K>1$ 表示子系统的数量, $\rho(k) \triangleq l(l \in \Lambda)$ 表示第 l 个子系统在时间 k 处被激活; $\boldsymbol{A}_{\rho(k)}$, $\boldsymbol{C}_{\rho(k)}$, $\boldsymbol{D}_{\rho(k)}$, $\boldsymbol{G}_{\rho(k)}$ 及 $\boldsymbol{H}_{\rho(k)}$ 是实常数系统矩阵,随着子系统的切换而变化,对于每个 $\rho(k)$ 都有适当的维数; $\theta(k)$ 是一个伯努利分布序列,用于表示数据包丢失的情况, $\theta(k) \triangleq 0$ 表示数

据包丢失,$\theta(k)\triangleq 1$ 表示数据包正常传输。它遵循以下概率分布规律:

$$\Pr\{\theta(k)=1\}=\mathbb{E}\{\theta(k)\}=\theta,\quad \Pr\{\theta(k)=0\}=1-\theta$$

其中,$\theta\in[0,1]$是已知的常数。

在本章中,涉及混合滤波器的参数如下:

$$\begin{cases}x_F(k+1)=\alpha(k)[\boldsymbol{A}^F_{\rho(k)}x_F(k)+\boldsymbol{B}^F_{\rho(k)}y(k)]+(1-\alpha(k))[\boldsymbol{A}^Fx_F(k)+\boldsymbol{B}^Fy(k)]\\ z_F(k)=\alpha(k)\boldsymbol{H}^F_{\rho(k)}x_F(k)+(1-\alpha(k))\boldsymbol{H}^Fx_F(k)\end{cases}\tag{7.1.2}$$

其中,$x_F(k)\in\mathbb{R}^{m_1}$,$z_F(k)\in\mathbb{R}^{m_4}$分别为滤波器状态和输出;矩阵 $\boldsymbol{A}^F_{\rho(k)}$,$\boldsymbol{B}^F_{\rho(k)}$和 $\boldsymbol{H}^F_{\rho(k)}$需要设计模态相关滤波器矩阵;$\boldsymbol{A}^F$,$\boldsymbol{B}^F$ 和$\boldsymbol{H}^F$ 需要设计模态无关滤波器矩阵。$\alpha(k)$为伯努利分布序列,引入该序列以确定选择哪个滤波器,$\alpha(k)\triangleq 0$ 表示模态无关滤波器,$\alpha(k)\triangleq 1$ 表示模态相关滤波器,遵循以下概率分布定律:

$$\Pr\{\alpha(k)=1\}=\mathbb{E}\{\alpha(k)\}=\alpha,\quad \Pr\{\alpha(k)=0\}=1-\alpha$$

其中,$\alpha\in[0,1]$是已知的常数。

显然,对于随机变量 $\theta(k)$和 $\alpha(k)$,由于它们是相互独立的,可以很容易地得到以下结果:

$$\mathbb{E}\{\alpha(k)-\alpha\}=0,\quad \mathbb{E}\{|\alpha(k)-\alpha|^2\}=\alpha(1-\alpha),\quad \mathbb{E}\{\theta(k)-\theta\}=0$$

$$\mathbb{E}\{|\theta(k)-\theta|^2\}=\theta(1-\theta),\quad \mathbb{E}\{(\alpha(k)-\alpha)(\theta(k)-\theta)\}=0$$

为了简化符号,$\boldsymbol{A}_{\rho(k)}$,$\boldsymbol{C}_{\rho(k)}$,$\boldsymbol{D}_{\rho(k)}$,$\boldsymbol{G}_{\rho(k)}$,$\boldsymbol{H}_{\rho(k)}$,$\boldsymbol{A}^F_{\rho(k)}$,$\boldsymbol{B}^F_{\rho(k)}$,$\boldsymbol{H}^F_{\rho(k)}$分别用 $\boldsymbol{A}_l$,$\boldsymbol{C}_l$,$\boldsymbol{D}_l$,$\boldsymbol{G}_l$,$\boldsymbol{H}_l$,$\boldsymbol{A}^F_l$,$\boldsymbol{B}^F_l$,$\boldsymbol{H}^F_l$ 表示。令 $\eta(k)\triangleq[x^{\mathrm{T}}(k),x^{\mathrm{T}}_F(k)]^{\mathrm{T}}$ 和 $e(k)\triangleq z(k)-z_F(k)$,结合式(7.1.1)和式(7.1.2),可以得到如下误差系统($\widetilde{\Sigma}$):

$$\begin{cases}\eta(k+1)=\widetilde{\alpha}(k)\widetilde{\boldsymbol{A}}_l\eta(k)+\widetilde{\alpha}(k)\widetilde{\theta}(k)\widetilde{\boldsymbol{B}}_l\eta(k)+\widetilde{\theta}(k)\widetilde{\boldsymbol{C}}_l\eta(k)\\ \qquad\qquad +\widetilde{\alpha}(k)\widetilde{\boldsymbol{D}}_l\omega(k)+\widetilde{\boldsymbol{E}}_l\eta(k)+\widetilde{\boldsymbol{F}}_l\omega(k)\\ e(k)=\widetilde{\boldsymbol{G}}_l\eta(k)-\widetilde{\alpha}(k)\widetilde{\boldsymbol{H}}_l\eta(k)\end{cases}\tag{7.1.3}$$

其中

$$\begin{aligned}&\widetilde{\alpha}(k)\triangleq\alpha(k)-\alpha,\quad \widetilde{\theta}(k)\triangleq\theta(k)-\theta\\ &\widetilde{\boldsymbol{A}}_l\triangleq\begin{bmatrix}\boldsymbol{0}&\boldsymbol{0}\\ \theta\zeta_l\boldsymbol{D}_l&\boldsymbol{A}^F_l-\boldsymbol{A}^F\end{bmatrix},\quad \widetilde{\boldsymbol{B}}_l\triangleq\begin{bmatrix}\boldsymbol{0}&\boldsymbol{0}\\ \zeta_l\boldsymbol{D}_l&\boldsymbol{0}\end{bmatrix},\quad \widetilde{\boldsymbol{C}}_l\triangleq\begin{bmatrix}\boldsymbol{0}&\boldsymbol{0}\\ \zeta_l(\alpha)\boldsymbol{D}_l&\boldsymbol{0}\end{bmatrix}\\ &\widetilde{\boldsymbol{D}}_l\triangleq\begin{bmatrix}\boldsymbol{0}\\ \zeta_l\boldsymbol{G}_l\end{bmatrix},\quad \widetilde{\boldsymbol{F}}_l\triangleq\begin{bmatrix}\boldsymbol{C}_l\\ \zeta_l(\alpha)\boldsymbol{G}_l\end{bmatrix},\quad \widetilde{\boldsymbol{E}}_l\triangleq\begin{bmatrix}\boldsymbol{A}_l&\boldsymbol{0}\\ \theta\zeta_l(\alpha)\boldsymbol{D}_l&\alpha\boldsymbol{A}^F_l+(1-\alpha)\boldsymbol{A}^F\end{bmatrix}\\ &\widetilde{\boldsymbol{G}}_l\triangleq[\boldsymbol{H}_l\quad -(\alpha\boldsymbol{H}^F_l+(1-\alpha)\boldsymbol{H}^F)],\quad \widetilde{\boldsymbol{H}}_l\triangleq[\boldsymbol{0}\quad \boldsymbol{H}^F_l-\boldsymbol{H}^F]\\ &\zeta_l\triangleq\boldsymbol{B}^F_l-\boldsymbol{B}^F,\quad \zeta_l(\alpha)\triangleq\alpha\boldsymbol{B}^F_l+(1-\alpha)\boldsymbol{B}^F\end{aligned}\tag{7.1.4}$$

本章旨在设计一个控制器,它满足以下两个要求:

(1) 在 $\omega(k)\equiv 0$ 的条件下,误差系统($\widetilde{\Sigma}$)是指数均方稳定的:

$$\mathbb{E}\{\|\eta(k)\|^2\}\leqslant\gamma\sigma^{k-k_0}\,\mathbb{E}\{\|\eta(k_0)\|^2\}\quad(\forall k\in\mathbb{Z}\geqslant k_0)\tag{7.1.5}$$

(2) 在零初值条件下,所得到的误差系统($\widetilde{\Sigma}$)满足扩展耗散性:

$$\mathbb{E}\left\{\sum_{k=0}^{t}T(\mathcal{S}_1,\mathcal{S}_2,\mathcal{S}_3,k)\right\}\geqslant\sup_{0\leqslant k\leqslant t}\mathbb{E}\{e^{\mathrm{T}}(k)\mathcal{S}_4e(k)\}\quad(\forall t>0)\tag{7.1.6}$$

其中,$T(\mathcal{S}_1,\mathcal{S}_2,\mathcal{S}_3,k)\triangleq e^{\mathrm{T}}(k)\mathcal{S}_1e(k)+2e^{\mathrm{T}}(k)\mathcal{S}_2\omega(k)+\omega^{\mathrm{T}}(k)\mathcal{S}_3\omega(k)$,给定实矩阵 $\mathcal{S}_2$ 和实对称矩阵 $\mathcal{S}_1\leqslant 0$,$\mathcal{S}_3>0$ 以及 $\mathcal{S}_4\geqslant 0$,并且满足$(\|\mathcal{S}_1\|+\|\mathcal{S}_2\|)\cdot\|\mathcal{S}_4\|=0$。

7.2 主要结论

本节旨在获得确保所得到的误差系统($\tilde{\Sigma}$)的指数均方稳定性和扩展耗散性的充分条件,并给出混合滤波器增益。

7.2.1 指数均方稳定性和扩展耗散性分析

定理 7.1 给定标量 $\mu>1$, $0<\lambda<1$, $\alpha\in[0,1]$, $\theta\in[0,1]$,实矩阵 $\boldsymbol{\mathcal{S}}_1=\boldsymbol{\mathcal{S}}_1^{\mathrm{T}}\leqslant 0$, $\boldsymbol{\mathcal{S}}_2$, $\boldsymbol{\mathcal{S}}_3=\boldsymbol{\mathcal{S}}_3^{\mathrm{T}}>0$, $\boldsymbol{\mathcal{S}}_4=\boldsymbol{\mathcal{S}}_4^{\mathrm{T}}\geqslant 0$ 并满足 $(\|\boldsymbol{\mathcal{S}}_1\|+\|\boldsymbol{\mathcal{S}}_2\|)\cdot\|\boldsymbol{\mathcal{S}}_4\|=0$,对于满足 PDT 切换机制的任意切换信号 $\rho(k)=l$,所考虑的误差系统($\tilde{\Sigma}$)是指数均方稳定和扩展耗散的,如果存在对称正定矩阵 $\boldsymbol{P}_l=\begin{bmatrix}\boldsymbol{P}_{1l} & \boldsymbol{P}_{2l}\\ * & \boldsymbol{P}_{3l}\end{bmatrix}$,非负整数 τ_{PDT} 和 T,对于任意 $l,f,q\in\Lambda$, $\rho(k_{s_n+t})=f\neq q=\rho(k_{s_n+t}-1)$,下列矩阵不等式成立:

$$\boldsymbol{\Phi}_l=\begin{bmatrix}\boldsymbol{\Phi}_{1l} & \boldsymbol{\Phi}_{2l}\\ * & \boldsymbol{\Phi}_{3l}\end{bmatrix} \tag{7.2.1}$$

$$\boldsymbol{P}_f\leqslant\mu\boldsymbol{P}_q \tag{7.2.2}$$

$$(T+1)\ln\mu+(T+\tau)\ln\lambda\leqslant 0 \tag{7.2.3}$$

$$\tilde{\boldsymbol{G}}_l^{\mathrm{T}}\boldsymbol{\mathcal{S}}_4\tilde{\boldsymbol{G}}_l+\alpha(1-\alpha)\tilde{\boldsymbol{H}}_l^{\mathrm{T}}\boldsymbol{\mathcal{S}}_4\tilde{\boldsymbol{H}}_l-\boldsymbol{P}_l\leqslant 0 \tag{7.2.4}$$

其中

$$\begin{aligned}\boldsymbol{\Phi}_{1l}\triangleq{}&\alpha(1-\alpha)(\tilde{\boldsymbol{A}}_l^{\mathrm{T}}\boldsymbol{P}_l\tilde{\boldsymbol{A}}_l+\theta(1-\theta)\tilde{\boldsymbol{B}}_l^{\mathrm{T}}\boldsymbol{P}_l\tilde{\boldsymbol{B}}_l-\tilde{\boldsymbol{H}}_l^{\mathrm{T}}\boldsymbol{\mathcal{S}}_1\tilde{\boldsymbol{H}}_l)\\&+\theta(1-\theta)\tilde{\boldsymbol{C}}_l^{\mathrm{T}}\boldsymbol{P}_l\tilde{\boldsymbol{C}}_l+\tilde{\boldsymbol{E}}_l^{\mathrm{T}}\boldsymbol{P}_l\tilde{\boldsymbol{E}}_l-\lambda\boldsymbol{P}_l-\tilde{\boldsymbol{G}}_l^{\mathrm{T}}\boldsymbol{\mathcal{S}}_1\tilde{\boldsymbol{G}}_l\end{aligned}$$

$$\boldsymbol{\Phi}_{2l}\triangleq\alpha(1-\alpha)\tilde{\boldsymbol{A}}_l^{\mathrm{T}}\boldsymbol{P}_l\tilde{\boldsymbol{D}}_l+\tilde{\boldsymbol{E}}_l^{\mathrm{T}}\boldsymbol{P}_l\tilde{\boldsymbol{F}}_l-\tilde{\boldsymbol{G}}_l^{\mathrm{T}}\boldsymbol{\mathcal{S}}_2,\quad \boldsymbol{\Phi}_{3l}\triangleq\alpha(1-\alpha)\tilde{\boldsymbol{D}}_l^{\mathrm{T}}\boldsymbol{P}_l\tilde{\boldsymbol{D}}_l+\tilde{\boldsymbol{F}}_l^{\mathrm{T}}\boldsymbol{P}_l\tilde{\boldsymbol{F}}_l-\boldsymbol{\mathcal{S}}_3$$

因此,可以从 $\mathbb{E}\{\|\eta(k)\|^2\}\leqslant\gamma\sigma^{k-k_0}\mathbb{E}\{\|\eta(k_0)\|^2\}$ 中得到衰减系数 γ,其中 $\gamma\triangleq\frac{\upsilon_2}{\upsilon_1\sigma^{k-k_0-n+1}}$, $\upsilon_1\triangleq\min\limits_{\forall l}\lambda_{\min}(\boldsymbol{P}_l)$, $\upsilon_2\triangleq\max\limits_{\forall l}\lambda_{\max}(\boldsymbol{P}_l)$。

证明 为了证明误差系统($\tilde{\Sigma}$)的指数均方稳定性和扩展耗散性,选择 Lyapunov 函数如下:

$$V_l(\eta(k))\triangleq\eta^{\mathrm{T}}(k)\boldsymbol{P}_l\eta(k) \tag{7.2.5}$$

定义 $\mathbb{E}\{\Delta V_l(\eta(k))\}\triangleq\{V_l(\eta(k+1))-\lambda V_l(\eta(k))\}$,结合式(7.1.6),可以推导出

$$\begin{aligned}&\mathbb{E}\{\Delta V_l(\eta(k))-T(\boldsymbol{\mathcal{S}}_1,\boldsymbol{\mathcal{S}}_2,\boldsymbol{\mathcal{S}}_3,k)\}\\&=\mathbb{E}\{\eta^{\mathrm{T}}(k+1)\boldsymbol{P}_l\eta(k+1)-\mathrm{sym}\{[\tilde{\boldsymbol{G}}_l\eta(k)-\tilde{\alpha}(k)\tilde{\boldsymbol{H}}_l\eta(k)]^{\mathrm{T}}\boldsymbol{\mathcal{S}}_2\omega(k)\}\\&\quad-[\tilde{\boldsymbol{G}}_l\eta(k)-\tilde{\alpha}(k)\tilde{\boldsymbol{H}}_l\eta(k)]^{\mathrm{T}}\boldsymbol{\mathcal{S}}_1[\tilde{\boldsymbol{G}}_l\eta(k)-\tilde{\alpha}(k)\tilde{\boldsymbol{H}}_l\eta(k)]\\&\quad-\lambda\eta^{\mathrm{T}}(k)\boldsymbol{P}_l\eta(k)-\omega^{\mathrm{T}}(k)\boldsymbol{\mathcal{S}}_3\omega(k)\}\\&=\boldsymbol{\xi}^{\mathrm{T}}(k)\boldsymbol{\Phi}_l\boldsymbol{\xi}(k)\end{aligned} \tag{7.2.6}$$

其中,$\boldsymbol{\xi}(k)\triangleq[\eta^{\mathrm{T}}(k)\quad\omega^{\mathrm{T}}(k)]^{\mathrm{T}}$。

首先,下面将证明误差系统($\tilde{\Sigma}$)满足指数均方稳定性。

由式(7.2.6)可知，一旦验证了式(7.2.1)，则以下不等式成立：

$$\mathbb{E}\{\Delta V_l(\eta(k)) - T(\mathcal{S}_1,\mathcal{S}_2,\mathcal{S}_3,k)\}\leqslant 0 \tag{7.2.7}$$

当 $\omega(k)\equiv 0$ 时，可以得到 $2e^{\mathrm{T}}(k)\mathcal{S}_2\omega(k)=\omega^{\mathrm{T}}(k)\mathcal{S}_3\omega(k)=0$。由于 $\mathcal{S}_1=\mathcal{S}_1^{\mathrm{T}}\leqslant 0$，可以得到 $-e^{\mathrm{T}}(k)\mathcal{S}_1 e(k)\geqslant 0$，因此式(7.2.7)可保证以下不等式成立：

$$\mathbb{E}\{\Delta V_l(\eta(k))\}\leqslant 0 \tag{7.2.8}$$

这意味着

$$V_l(\eta(k+1))\leqslant \lambda V_l(\eta(k)) \tag{7.2.9}$$

依据 $\rho(k_{s_n+t})=f\neq q=\rho(k_{s_n+t}-1)$ 及式(7.2.2)可得到以下不等式成立：

$$V_f(\eta(k_{s_n+t}))\leqslant \mu V_q(\eta(k_{s_n+t})) \tag{7.2.10}$$

考虑到 $\rho(k_{s_n})=l,\rho(k_{s_{n+1}})=\rho(k_{s_n+1}+T^{(n)})=j$，由式(7.2.9)和式(7.2.10)可以得到

$$\begin{aligned}V_j(\eta(k_{s_{n+1}})) &= V_j(\eta(k_{s_n+1}+T^{(n)}))\\ &\leqslant \mu\lambda^{T_m}V_m(\eta(k_{s_n+1}+T^{(n)}-T_m))\\ &\vdots\\ &\leqslant \mu^{\delta(k_{s_n},k_{s_n+1}+T^{(n)})}\lambda^{T^{(n)}+(k_{s_n+1}-k_{s_n})}V_k(\eta(k_{s_n}))\\ &\vdots\\ &\leqslant \mu^{\delta(k_{s_n},k_{s_n+1}+T^{(n)})}\lambda^{T^{(n)}+(l_{s_n+1}-l_{s_n})}V_l(\eta(k_{s_n}))\\ &\leqslant (\mu\lambda)^{T^{(n)}}\mu\lambda^{\tau}V_l(\eta(k_{s_n}))\end{aligned} \tag{7.2.11}$$

其中，$\delta(k_{s_n},k_{s_n+1}+T^{(n)})$表示间隔内$[k_{s_n},k_{s_n+1}+T^{(n)}]$的总切换次数。

首先考虑 $\mu\lambda\geqslant 1$，可以得到 $T^{(n)}\leqslant T$，当 $\mu\lambda\geqslant 1$ 时，结合式(7.2.3)，意味着 $\mu^{T+1}\lambda^{T+\tau}\leqslant 1$，可得

$$(\mu\lambda)^{T^{(n)}}\mu\lambda^{\tau}\leqslant(\mu\lambda)^{T}\mu\lambda^{\tau}=\mu^{T+1}\lambda^{T+\tau}\leqslant 1 \tag{7.2.12}$$

定义 $\sigma\triangleq\mu^{T+1}\lambda^{T+\tau}$，很显然 $0<\sigma\leqslant 1$，则式(7.2.11)可以改写成

$$V_j(\eta(k_{s_{n+1}}))\leqslant \sigma V_l(\eta(k_{s_n})) \tag{7.2.13}$$

因此，可以推导出

$$V_{\rho(k_{s_n})}(\eta(k_{s_n}))\leqslant \sigma V_{\rho(k_{s_{n-1}})}(\eta(k_{s_{n-1}}))\leqslant\cdots\leqslant\sigma^{n-1}V_{\rho(k_0)}(\eta(k_0)) \tag{7.2.14}$$

其中，$\eta(k_{s_1})\triangleq\eta(k_0)$。

由于 $\boldsymbol{P}_l$ 是正定矩阵，它的特征值大于零。分别用 $\max\lambda_{\max}(\boldsymbol{P}_l)$，$\min\lambda_{\min}(\boldsymbol{P}_l)$ 表示矩阵 $\boldsymbol{P}_l$ 的最大特征值和最小特征值。然后可以得到存在两个标量 $\nu_1\triangleq\min\limits_{\forall l}\lambda_{\min}(\boldsymbol{P}_l)$，$\nu_2\triangleq\max\limits_{\forall l}\lambda_{\max}(\boldsymbol{P}_l)$能够保证下列条件成立：

$$\begin{aligned}V_{\rho(k_{s_n})}(\eta(k_{s_n}))&\geqslant \nu_1\|\eta(k_{s_n})\|^2\\ V_{\rho(k_0)}(\eta(k_0))&\leqslant \nu_2\|\eta(k_0)\|^2\end{aligned} \tag{7.2.15}$$

由式(7.2.14)和式(7.2.15)可以推导出

$$\begin{aligned}\mathbb{E}\{\|\eta(k_{s_n})\|^2\}&\leqslant\mathbb{E}\left\{\frac{1}{\nu_1}V_{\rho(k_{s_n})}(\eta(k_{s_n}))\right\}\\ &\leqslant\mathbb{E}\left\{\frac{1}{\nu_1}\sigma^{n-1}V_{\rho(k_0)}(\eta(k_0))\right\}\\ &\leqslant\mathbb{E}\left\{\frac{\nu_2}{\nu_1}\sigma^{n-1}\|\eta(k_0)\|^2\right\}\end{aligned}$$

这意味着

$$\mathbb{E}\{\|\eta(k)\|^2\}\leqslant\mathbb{E}\left\{\frac{v_2}{v_1}\sigma^{n-1}\|\eta(k_0)\|^2\right\}\tag{7.2.16}$$

然后,考虑 $\mu\lambda<1$,通过定义 $\sigma\triangleq\mu^{T+1}\lambda^{T+\tau}$,使用相似的方法仍然可以得到式(7.2.16)。

通过定义 $\gamma\triangleq\dfrac{v_2}{v_1\sigma^{k-k_0-n+1}}$,式(7.2.16)可以改写为以下形式:

$$\mathbb{E}\{\|\eta(k)\|^2\}\leqslant\mathbb{E}\{\gamma\sigma^{k-k_0}\|\eta(k_0)\|^2\}\tag{7.2.17}$$

因此,综合上述结果可以推断出在 $\omega(k)\equiv0$ 的条件下,误差系统($\tilde{\Sigma}$)满足指数均方稳定性。

最后,将证明误差系统($\tilde{\Sigma}$)是扩展耗散的。假设初始条件是 $V_l(\eta(0))=0(0\leqslant l\leqslant t)$。由式(7.2.1)已经证明了$\mathbb{E}\{\Delta V_l(\eta(k))\}\leqslant0$,$\boldsymbol{P}_l$ 是正定矩阵,意味着 $V_l(\eta(k))\geqslant0$。考虑到 $\omega(k)\neq0$ 和$(\|\boldsymbol{\mathcal{S}}_1\|+\|\boldsymbol{\mathcal{S}}_2\|)\cdot\|\boldsymbol{\mathcal{S}}_4\|=0$,因此,下面分两种情况来讨论这个问题。

第一种情况:$\|\boldsymbol{\mathcal{S}}_4\|=0$,可以得到

$$\begin{aligned}\sum_{k=0}^{t}\Delta V_l(\eta(k))&=\sum_{k=0}^{t}[V_l(\eta(k+1))-\lambda V_l(\eta(k))]\\&\geqslant\sum_{k=0}^{t}[V_l(\eta(k+1))-V_l(\eta(k))]=V_l(\eta(t+1))\end{aligned}\tag{7.2.18}$$

结合式(7.2.7)和式(7.2.18),可得

$$\begin{aligned}\mathbb{E}\left\{\sum_{k=0}^{t}T(\boldsymbol{\mathcal{S}}_1,\boldsymbol{\mathcal{S}}_2,\boldsymbol{\mathcal{S}}_3,k)\right\}&\geqslant\mathbb{E}\left\{\sum_{k=0}^{t}T(\boldsymbol{\mathcal{S}}_1,\boldsymbol{\mathcal{S}}_2,\boldsymbol{\mathcal{S}}_3,k)-V_k(\eta(t+1))\right\}\\&\geqslant\mathbb{E}\left\{\sum_{k=0}^{t}[T(\boldsymbol{\mathcal{S}}_1,\boldsymbol{\mathcal{S}}_2,\boldsymbol{\mathcal{S}}_3,k)-\Delta V_l(\eta(k))]\right\}\geqslant0\end{aligned}$$

这意味着在条件$\|\boldsymbol{\mathcal{S}}_4\|=0$下,式(7.1.6)可以得到满足。

第二种情况:$\boldsymbol{\mathcal{S}}_4>0$,$\|\boldsymbol{\mathcal{S}}_1\|+\|\boldsymbol{\mathcal{S}}_2\|=0$。由式(7.2.7)和式(7.2.18)可以推导出:

$$0\leqslant\mathbb{E}\left\{\sum_{i=0}^{k}[T(\boldsymbol{\mathcal{S}}_1,\boldsymbol{\mathcal{S}}_2,\boldsymbol{\mathcal{S}}_3,i)-\Delta V_l(\eta(i))]\right\}\leqslant\mathbb{E}\left\{\sum_{i=0}^{k}T(\boldsymbol{\mathcal{S}}_1,\boldsymbol{\mathcal{S}}_2,\boldsymbol{\mathcal{S}}_3,i)-V_l(\eta(k+1))\right\}$$

因此可以得到

$$\mathbb{E}\left\{\sum_{i=0}^{k}\omega^{\mathrm{T}}(i)\boldsymbol{\mathcal{S}}_3\omega(i)\right\}\geqslant\mathbb{E}\{V_l(\eta(k+1))\}\tag{7.2.19}$$

从式(7.2.4)中,不难得到

$$\mathbb{E}\{V_l(\eta(k))\}\geqslant\mathbb{E}\{e^{\mathrm{T}}(k)\boldsymbol{\mathcal{S}}_4e(k)\}\tag{7.2.20}$$

当 $\boldsymbol{\mathcal{S}}_3>0$,$0\leqslant k\leqslant t$ 时,由式(7.2.19)及式(7.2.20)可得

$$\begin{aligned}\mathbb{E}\left\{\sum_{k=0}^{t}T(\boldsymbol{\mathcal{S}}_1,\boldsymbol{\mathcal{S}}_2,\boldsymbol{\mathcal{S}}_3,k)\right\}&=\mathbb{E}\left\{\sum_{k=0}^{t}\omega^{\mathrm{T}}(k)\boldsymbol{\mathcal{S}}_3\omega(k)\right\}\\&\geqslant\mathbb{E}\left\{\sum_{i=0}^{k-1}\omega^{\mathrm{T}}(i)\boldsymbol{\mathcal{S}}_3\omega(i)\right\}\\&\geqslant\mathbb{E}\{V_l(\eta(k))\}\\&\geqslant\mathbb{E}\{e^{\mathrm{T}}(k)\boldsymbol{\mathcal{S}}_4e(k)\}\end{aligned}$$

因此,对所有的$0\leqslant k\leqslant t$,有 $\mathbb{E}\left\{\sum_{k=0}^{t}T(\boldsymbol{\mathcal{S}}_1,\boldsymbol{\mathcal{S}}_2,\boldsymbol{\mathcal{S}}_3,k)\right\}\geqslant\mathbb{E}\{e^{\mathrm{T}}(k)\boldsymbol{\mathcal{S}}_4e(k)\}$,这意味着在条件$\|\boldsymbol{\mathcal{S}}_1\|+\|\boldsymbol{\mathcal{S}}_2\|=0$下,式(7.1.6)可以得到满足。

综合以上结果，可以得到误差系统$(\widetilde{\Sigma})$满足指数均方稳定性和扩展耗散性。证毕。

注解 7.1 需要注意的是，在第 n 个阶段，瞬时 k 有两种情况$k^{(1)}$和 $k^{(2)}$，其中 $k^{(1)}$在 τ 部分，而 $k^{(2)}$在 T 部分。在第一种情况下，可以推导出

$$V_{\rho(k)}(\eta(k)) = V_{\rho(k)}(\eta(k^{(1)})) \leqslant \lambda^{k^{(1)}-k_{s_n}} V_l(\eta(k_{s_n})) \leqslant V_{\rho(k_{s_n})}(\eta(k_{s_n}))$$

因此，可以得到

$$\mathbb{E}\{\|\eta(k)\|^2\} \leqslant \mathbb{E}\left\{\frac{1}{v_1} V_{\rho(k)}(\eta(k))\right\} \leqslant \mathbb{E}\left\{\frac{1}{v_1} V_{\rho(k_{s_n})}(\eta(k_{s_n}))\right\} \leqslant \mathbb{E}\left\{\frac{v_2}{v_1}\sigma^{n-1}\|\eta(k_0)\|^2\right\}$$

这意味着

$$\mathbb{E}\{\|\eta(k)\|^2\} \leqslant \mathbb{E}\left\{\frac{v_2}{v_1}\sigma^{n-1}\|\eta(k_0)\|^2\right\}$$

在第二种情况下，也可以用类似的方法得到式(7.2.16)。

下面，为了根据定理 7.1 设计式(7.1.2)的扩展耗散滤波器，下面的定理 7.2 提出了利用 Schur 补引理实现矩阵解耦。

7.2.2 滤波器设计

定理 7.2 给定标量 $\mu>1, 0<\lambda<1, b_1, b_2, \alpha \in [0,1], \theta \in [0,1]$及矩阵 $\boldsymbol{N}_l = \mathrm{diag}\{N_{1l}, N_{2l}\}$，矩阵 $\boldsymbol{\mathcal{S}}_1 = \boldsymbol{\mathcal{S}}_1^{\mathrm{T}} \leqslant 0, \boldsymbol{\mathcal{S}}_2, \boldsymbol{\mathcal{S}}_3 = \boldsymbol{\mathcal{S}}_3^{\mathrm{T}} > 0, \boldsymbol{\mathcal{S}}_4 = \boldsymbol{\mathcal{S}}_4^{\mathrm{T}} \geqslant 0$ 并满足$(\|\boldsymbol{\mathcal{S}}_1\| + \|\boldsymbol{\mathcal{S}}_2\|) \cdot \|\boldsymbol{\mathcal{S}}_4\| = 0$，对于满足 PDT 切换机制的任何切换信号 $\rho(k) = l$，所得到的误差系统$(\widetilde{\Sigma})$是指数均方稳定和扩展耗散的，如果存在矩阵 $\boldsymbol{J}_l = \begin{bmatrix} \boldsymbol{J}_{1l} & b_1\boldsymbol{R} \\ \boldsymbol{J}_{2l} & b_2\boldsymbol{R} \end{bmatrix}, \bar{\boldsymbol{A}}_l^F, \bar{\boldsymbol{A}}^F, \bar{\boldsymbol{B}}_l^F, \bar{\boldsymbol{B}}^F, \bar{\boldsymbol{H}}_l^F, \bar{\boldsymbol{H}}^F$，对称正定矩阵 $\boldsymbol{P}_l = \begin{bmatrix} \boldsymbol{P}_{1l} & \boldsymbol{P}_{2l} \\ * & \boldsymbol{P}_{3l} \end{bmatrix}$，非负整数 τ_{PDT}, T，对于每个 $l, f, q \in \Lambda$，下列矩阵不等式和式(7.2.2)、式(7.2.3)成立：

$$\bar{\boldsymbol{\Phi}}_l = \begin{bmatrix} -\lambda\boldsymbol{P}_l & \bar{\boldsymbol{\Phi}}_l^1 & \bar{\boldsymbol{\Phi}}_l^2 & \bar{\boldsymbol{\Phi}}_l^3 & \bar{\boldsymbol{\Phi}}_l^4 \\ * & -\boldsymbol{\mathcal{S}}_3 & \bar{\boldsymbol{\Phi}}_l^5 & \boldsymbol{0} & \boldsymbol{0} \\ * & * & \bar{\boldsymbol{\Phi}}_l^6 & \boldsymbol{0} & \boldsymbol{0} \\ * & * & * & \bar{\boldsymbol{\Phi}}_l^6 & \boldsymbol{0} \\ * & * & * & * & \bar{\boldsymbol{\Phi}}_l^7 \end{bmatrix} < 0 \tag{7.2.21}$$

$$\widetilde{\boldsymbol{\Psi}}_l = \begin{bmatrix} -\boldsymbol{P}_l & \bar{\boldsymbol{\Phi}}_l^4 \\ * & \widetilde{\boldsymbol{\Psi}}_l^{(22)} \end{bmatrix} < 0 \tag{7.2.22}$$

其中

$$\bar{\boldsymbol{\Phi}}_l^1 \triangleq \begin{bmatrix} -\boldsymbol{H}_l^{\mathrm{T}}\boldsymbol{\mathcal{S}}_2 \\ \hat{\boldsymbol{H}}_l^F\boldsymbol{\mathcal{S}}_2 \end{bmatrix}, \quad \bar{\boldsymbol{\Phi}}_l^2 \triangleq \begin{bmatrix} \bar{\boldsymbol{\Phi}}_l^{(14)} & \bar{\boldsymbol{\Phi}}_l^{(15)} \\ \bar{\boldsymbol{\Phi}}_l^{(24)} & \bar{\boldsymbol{\Phi}}_l^{(25)} \end{bmatrix}, \quad \bar{\boldsymbol{\Phi}}_l^4 \triangleq \begin{bmatrix} \boldsymbol{H}_l^F & \boldsymbol{0} \\ -\hat{\boldsymbol{H}}_l^F & \sqrt{\alpha(1-\alpha)}\,\bar{\bar{\boldsymbol{H}}}_l^F \end{bmatrix}$$

$$\bar{\boldsymbol{\Phi}}_l^3 \triangleq \begin{bmatrix} \bar{\boldsymbol{\Phi}}_l^{(16)} & \bar{\boldsymbol{\Phi}}_l^{(17)} \\ \boldsymbol{0} & \boldsymbol{0} \end{bmatrix}, \quad \bar{\boldsymbol{\Phi}}_l^5 \triangleq \begin{bmatrix} \bar{\boldsymbol{\Phi}}_l^{(34)} & \bar{\boldsymbol{\Phi}}_l^{(35)} \end{bmatrix}, \quad \bar{\boldsymbol{\Phi}}_l^6 \triangleq \mathrm{diag}\{\bar{\boldsymbol{\Phi}}_l^{(44)}, \bar{\boldsymbol{\Phi}}_l^{(44)}\}$$

$$\bar{\boldsymbol{\Phi}}_l^7 \triangleq \mathrm{diag}\{\boldsymbol{\mathcal{S}}_1^{-1}, \boldsymbol{\mathcal{S}}_1^{-1}\}, \quad \widetilde{\boldsymbol{\Psi}}_l^{(22)} \triangleq \mathrm{diag}\{-\boldsymbol{\mathcal{S}}_4^{-1}, \boldsymbol{\mathcal{S}}_4^{-1}\}$$

且

$\bar{\boldsymbol{\Phi}}_l^{(14)} \triangleq \theta \boldsymbol{D}_l^{\mathrm{T}} \bar{\bar{\boldsymbol{B}}}_l^F \boldsymbol{I}_2(\alpha)$，　$\bar{\boldsymbol{\Phi}}_l^{(17)} \triangleq \boldsymbol{D}_l^{\mathrm{T}} \hat{\boldsymbol{B}}_l^F \boldsymbol{I}_3(\theta)$

$\bar{\boldsymbol{\Phi}}_l^{(15)} \triangleq [\boldsymbol{A}_l^{\mathrm{T}} \boldsymbol{J}_{1l}^{\mathrm{T}} + b_1 \theta \boldsymbol{D}_l^{\mathrm{T}} \hat{\boldsymbol{B}}_l^F \quad \boldsymbol{A}_l^{\mathrm{T}} \boldsymbol{J}_{2l}^{\mathrm{T}} + b_2 \theta \boldsymbol{D}_l^{\mathrm{T}} \hat{\boldsymbol{B}}_l^F]$，　$\bar{\boldsymbol{\Phi}}_l^{(34)} \triangleq \boldsymbol{G}_l^{\mathrm{T}} \bar{\bar{\boldsymbol{B}}}_l^F \boldsymbol{I}_2(\alpha)$

$\bar{\boldsymbol{\Phi}}_l^{(16)} \triangleq \sqrt{\theta(1-\theta)} \boldsymbol{D}_l^{\mathrm{T}} \bar{\bar{\boldsymbol{B}}}_l^F \boldsymbol{I}_2(\alpha)$，　$\bar{\boldsymbol{\Phi}}_l^{(24)} \triangleq \bar{\bar{\boldsymbol{A}}}_l^F \boldsymbol{I}_2(\alpha)$，　$\bar{\boldsymbol{\Phi}}_l^{(25)} \triangleq \hat{\boldsymbol{A}}_l^F \boldsymbol{I}_1$

$\bar{\boldsymbol{\Phi}}_l^{(35)} \triangleq [\boldsymbol{C}_l^{\mathrm{T}} \boldsymbol{J}_{1l}^{\mathrm{T}} + b_1 \boldsymbol{G}_l^{\mathrm{T}} \hat{\boldsymbol{B}}_l^F \quad \boldsymbol{C}_l^{\mathrm{T}} \boldsymbol{J}_{2l}^{\mathrm{T}} + b_2 \boldsymbol{G}_l^{\mathrm{T}} \hat{\boldsymbol{B}}_l^F]$，　$\bar{\boldsymbol{\Phi}}_l^{(44)} \triangleq \begin{bmatrix} \boldsymbol{\phi}_1 & \boldsymbol{\phi}_2 \\ * & \boldsymbol{\phi}_3 \end{bmatrix}$

$\hat{\boldsymbol{A}}_l^F \triangleq \alpha(\bar{\boldsymbol{A}}_l^F)^{\mathrm{T}} + (1-\alpha)(\bar{\boldsymbol{A}}^F)^{\mathrm{T}}$，　$\hat{\boldsymbol{B}}_l^F \triangleq \alpha(\bar{\boldsymbol{B}}_l^F)^{\mathrm{T}} + (1-\alpha)(\bar{\boldsymbol{B}}^F)^{\mathrm{T}}$

$\hat{\boldsymbol{H}}_l^F \triangleq \alpha(\bar{\boldsymbol{H}}_l^F)^{\mathrm{T}} + (1-\alpha)(\bar{\boldsymbol{H}}^F)^{\mathrm{T}}$，　$\bar{\bar{\boldsymbol{A}}}_l^F \triangleq (\bar{\boldsymbol{A}}_l^F)^{\mathrm{T}} - (\bar{\boldsymbol{A}}^F)^{\mathrm{T}}$，　$\bar{\bar{\boldsymbol{B}}}_l^F \triangleq (\bar{\boldsymbol{B}}_l^F)^{\mathrm{T}} - (\bar{\boldsymbol{B}}^F)^{\mathrm{T}}$

$\bar{\bar{\boldsymbol{H}}}_l^F \triangleq (\bar{\boldsymbol{H}}_l^F)^{\mathrm{T}} - (\bar{\boldsymbol{H}}^F)^{\mathrm{T}}$，　$\boldsymbol{I}_1 \triangleq [b_1 \boldsymbol{I} \quad b_2 \boldsymbol{I}]$，　$\boldsymbol{I}_2(\alpha) \triangleq \sqrt{\alpha(1-\alpha)} \boldsymbol{I}_1$

$\boldsymbol{I}_3(\theta) \triangleq \sqrt{\theta(1-\theta)} \boldsymbol{I}_1$，　$\boldsymbol{\phi}_1 \triangleq \boldsymbol{N}_{1l} \boldsymbol{P}_{1l} \boldsymbol{N}_{1l}^{\mathrm{T}} - \mathrm{sym}\{\boldsymbol{N}_{1l} \boldsymbol{J}_{1l}^{\mathrm{T}}\}$

$\boldsymbol{\phi}_2 \triangleq \boldsymbol{N}_{1l} \boldsymbol{P}_{2l} \boldsymbol{N}_{2l}^{\mathrm{T}} - \boldsymbol{N}_{1l} \boldsymbol{J}_{2l}^{\mathrm{T}} - b_1 \boldsymbol{R} \boldsymbol{N}_{2l}^{\mathrm{T}}$，　$\boldsymbol{\phi}_3 \triangleq \boldsymbol{N}_{2l} \boldsymbol{P}_{3l} \boldsymbol{N}_{2l}^{\mathrm{T}} - \mathrm{sym}\{b_2 \boldsymbol{N}_{2l} \boldsymbol{R}^{\mathrm{T}}\}$

在这种情况下，误差系统(Σ)的容许增益如下所示：

$$\begin{cases} \boldsymbol{A}_l^F = \boldsymbol{R}^{-1} \bar{\boldsymbol{A}}_l^F, \boldsymbol{B}_l^F = \boldsymbol{R}^{-1} \bar{\boldsymbol{B}}_l^F, \boldsymbol{H}_l^F = \bar{\boldsymbol{H}}_l^F \\ \boldsymbol{A}^F = \boldsymbol{R}^{-1} \bar{\boldsymbol{A}}^F, \boldsymbol{B}^F = \boldsymbol{R}^{-1} \bar{\boldsymbol{B}}^F, \boldsymbol{H}^F = \bar{\boldsymbol{H}}^F \end{cases} \tag{7.2.23}$$

证明　首先，通过对式(7.2.1)应用 Schur 补引理，然后再左乘、右乘对角矩阵 $\mathrm{diag}\{\boldsymbol{I}, \boldsymbol{I}, \boldsymbol{J}_l, \boldsymbol{J}_l, \boldsymbol{J}_l, \boldsymbol{J}_l, \boldsymbol{I}, \boldsymbol{I}\}$及其转置，式(7.2.1)可以改写为

$$\tilde{\boldsymbol{\Phi}}_l = \begin{bmatrix} \tilde{\boldsymbol{\Phi}}_l^{(11)} & \tilde{\boldsymbol{\Phi}}_l^{(12)} & \tilde{\boldsymbol{\Phi}}_l^{(13)} & \tilde{\boldsymbol{\Phi}}_l^{(14)} \\ * & \tilde{\boldsymbol{\Phi}}_l^{(22)} & \boldsymbol{0} & \boldsymbol{0} \\ * & * & \tilde{\boldsymbol{\Phi}}_l^{(22)} & \boldsymbol{0} \\ * & * & * & \bar{\boldsymbol{\Phi}}_l^{6} \end{bmatrix} \leqslant 0 \tag{7.2.24}$$

其中

$$\tilde{\boldsymbol{\Phi}}_l^{(11)} \triangleq \begin{bmatrix} -\lambda \boldsymbol{P}_l & -\tilde{\boldsymbol{G}}_l^{\mathrm{T}} \boldsymbol{\mathcal{S}}_2 \\ * & -\boldsymbol{\mathcal{S}}_3 \end{bmatrix}, \quad \tilde{\boldsymbol{\Phi}}_l^{(13)} \triangleq \begin{bmatrix} \boldsymbol{\psi}_l^{(15)} & \boldsymbol{\psi}_l^{(16)} \\ \boldsymbol{0} & \boldsymbol{0} \end{bmatrix}, \quad \tilde{\boldsymbol{\Phi}}_l^{(12)} \triangleq \begin{bmatrix} \boldsymbol{\psi}_l^{(13)} & \tilde{\boldsymbol{E}}_l^{\mathrm{T}} \boldsymbol{J}_l^{\mathrm{T}} \\ \boldsymbol{\psi}_l^{(23)} & \tilde{\boldsymbol{F}}_l^{\mathrm{T}} \boldsymbol{J}_l^{\mathrm{T}} \end{bmatrix}$$

$$\tilde{\boldsymbol{\Phi}}_l^{(14)} \triangleq \begin{bmatrix} \tilde{\boldsymbol{G}}_l^{\mathrm{T}} & \boldsymbol{\psi}_l^{(18)} \\ \boldsymbol{0} & \boldsymbol{0} \end{bmatrix}, \quad \tilde{\boldsymbol{\Phi}}_l^{(22)} \triangleq \mathrm{diag}\{-\boldsymbol{J}_l \boldsymbol{P}_l^{-1} \boldsymbol{J}_l^{\mathrm{T}}, -\boldsymbol{J}_l \boldsymbol{P}_l^{-1} \boldsymbol{J}_l^{\mathrm{T}}\}$$

且

$$\boldsymbol{\psi}_l^{(13)} \triangleq \sqrt{\alpha(1-\alpha)} \tilde{\boldsymbol{A}}_l^{\mathrm{T}} \boldsymbol{J}_l^{\mathrm{T}}, \quad \boldsymbol{\psi}_l^{(16)} \triangleq \sqrt{\theta(1-\theta)} \tilde{\boldsymbol{C}}_l^{\mathrm{T}} \boldsymbol{J}_l^{\mathrm{T}}, \quad \boldsymbol{\psi}_l^{(23)} \triangleq \sqrt{\alpha(1-\alpha)} \tilde{\boldsymbol{D}}_l^{\mathrm{T}} \boldsymbol{J}_l^{\mathrm{T}}$$

$$\boldsymbol{\psi}_l^{(18)} \triangleq \sqrt{\alpha(1-\alpha)} \tilde{\boldsymbol{H}}_l^{\mathrm{T}}, \quad \boldsymbol{\psi}_l^{(15)} \triangleq \sqrt{\alpha(1-\alpha)\theta(1-\theta)} \tilde{\boldsymbol{B}}_l^{\mathrm{T}} \boldsymbol{J}_l^{\mathrm{T}}$$

由$(\boldsymbol{N}_l \boldsymbol{P}_l - \boldsymbol{J}_l) \boldsymbol{P}_l^{-1} (\boldsymbol{N}_l \boldsymbol{P}_l - \boldsymbol{J}_l)^{\mathrm{T}} \geqslant 0$ 得 $-\boldsymbol{J}_l \boldsymbol{P}_l^{-1} \boldsymbol{J}_l^{\mathrm{T}} \leqslant \boldsymbol{N}_l \boldsymbol{P}_l \boldsymbol{N}_l^{\mathrm{T}} - \mathrm{sym}\{\boldsymbol{N}_l \boldsymbol{J}_l^{\mathrm{T}}\}$。对于式(7.2.24)，用 $\boldsymbol{N}_l \boldsymbol{P}_l \boldsymbol{N}_l^{\mathrm{T}} - \mathrm{sym}\{\boldsymbol{N}_l \boldsymbol{J}_l^{\mathrm{T}}\}$替换 $-\boldsymbol{J}_l \boldsymbol{P}_l^{-1} \boldsymbol{J}_l^{\mathrm{T}}$。同时，考虑矩阵 $\boldsymbol{P}_l, \boldsymbol{J}_l, \boldsymbol{N}_l$ 有以下形式：

$$\boldsymbol{P}_l \triangleq \begin{bmatrix} \boldsymbol{P}_{1l} & \boldsymbol{P}_{2l} \\ * & \boldsymbol{P}_{3l} \end{bmatrix}, \quad \boldsymbol{J}_l \triangleq \begin{bmatrix} \boldsymbol{J}_{1l} & b_1 \boldsymbol{R} \\ \boldsymbol{J}_{2l} & b_2 \boldsymbol{R} \end{bmatrix}, \quad \boldsymbol{N}_l \triangleq \mathrm{diag}\{\boldsymbol{N}_{1l}, \boldsymbol{N}_{2l}\}$$

定义未知矩阵如下：

$\bar{\boldsymbol{A}}_l^F = \boldsymbol{R} \boldsymbol{A}_l^F$，　$\bar{\boldsymbol{B}}_l^F = \boldsymbol{R} \boldsymbol{B}_l^F$，　$\bar{\boldsymbol{H}}_l^F = \boldsymbol{H}_l^F$，　$\bar{\boldsymbol{A}}^F = \boldsymbol{R} \boldsymbol{A}^F$，　$\bar{\boldsymbol{B}}^F = \boldsymbol{R} \boldsymbol{B}^F$，　$\bar{\boldsymbol{H}}^F = \boldsymbol{H}^F$

用这种方法可以得到式(7.2.21)，即式(7.2.21)可以保证式(7.2.1)成立。

对于式(7.2.4)，利用 Schur 补引理并用 $\bar{\boldsymbol{H}}^F$ 和 $\bar{\boldsymbol{H}}_l^F$ 替换 $\boldsymbol{H}^F$ 和 $\boldsymbol{H}_l^F$，可以直接得到式(7.2.22)。证毕。

7.3 仿真验证

例 7.1 考虑具有两个子系统的 PDT 切换系统($l=2$),参数如下:

$$\boldsymbol{A}_1=\begin{bmatrix}0.37&0.25&0.15\\0.305&0.16&0.43\\0.245&0.09&0.315\end{bmatrix},\quad \boldsymbol{C}_1=\begin{bmatrix}0.31\\0.12\\0.26\end{bmatrix}$$

$$\boldsymbol{D}_1=\begin{bmatrix}0.86&0.32&0.25\end{bmatrix},\quad \boldsymbol{G}_1=0.71,\quad \boldsymbol{H}_1=\begin{bmatrix}0.344&0.808&0.312\end{bmatrix}$$

$$\boldsymbol{A}_2=\begin{bmatrix}0.36&0.172&0.312\\0.336&0.12&0.304\\0.216&0.06&0.244\end{bmatrix},\quad \boldsymbol{C}_2=\begin{bmatrix}0.46\\0.12\\0.35\end{bmatrix}$$

$$\boldsymbol{D}_2=\begin{bmatrix}0.35&0.43&0.74\end{bmatrix},\quad \boldsymbol{G}_2=-0.43,\quad \boldsymbol{H}_2=\begin{bmatrix}0.44&0.696&0.232\end{bmatrix}$$

$$\boldsymbol{N}_{11}=\mathrm{diag}\{0.2,0.2,0.2\},\quad \boldsymbol{N}_{21}=\mathrm{diag}\{0.4,0.4,0.4\}$$

$$\boldsymbol{N}_{12}=\mathrm{diag}\{0.5,0.5,0.5\},\quad \boldsymbol{N}_{22}=\mathrm{diag}\{0.2,0.2,0.2\}$$

外部扰动输入为 $\omega(k)=0.5\exp(-0.1k)$,伯努利分布的数学期望分别为 $\alpha=0.3$ 和 $\theta=0.6$,采样瞬时衰减率和切换瞬时衰减率分别为 $\lambda=0.7$,$\mu=1.5$,且 $b_1=b_2=1$。这里考虑的性能指标是耗散性的,其中 $\mathcal{S}_1=-0.5$,$\mathcal{S}_2=1$,$\mathcal{S}_3=-1.2$ 和 $\mathcal{S}_4=0$。利用 LMI 工具箱从定理 7.2 计算出所需的滤波增益,如下所示:

$$\boldsymbol{A}_1^F=\begin{bmatrix}1.4747&-0.0269&-0.8889\\1.392&-0.0786&-0.7353\\1.1586&-0.111&-0.5875\end{bmatrix},\quad \boldsymbol{B}_1^F=\begin{bmatrix}-0.295\\-0.2715\\-0.24\end{bmatrix},\quad \boldsymbol{H}_1^F=\begin{bmatrix}0.4768\\-0.5078\\-0.4371\end{bmatrix}^{\mathrm{T}}$$

$$\boldsymbol{A}_2^F=\begin{bmatrix}1.6369&-0.2738&-1.1448\\1.3435&-0.2324&-0.9302\\1.1792&-0.2058&-0.8145\end{bmatrix},\quad \boldsymbol{B}_2^F=\begin{bmatrix}-0.0571\\-0.1152\\-0.0321\end{bmatrix},\quad \boldsymbol{H}_2^F=\begin{bmatrix}-0.9868\\-0.0074\\0.902\end{bmatrix}^{\mathrm{T}}$$

$$\boldsymbol{A}^F=\begin{bmatrix}0.6465&0.1324&-0.1477\\0.3899&0.1307&0.1098\\0.32&0.0924&0.1237\end{bmatrix},\quad \boldsymbol{B}^F=\begin{bmatrix}-0.1857\\-0.2205\\-0.1462\end{bmatrix},\quad \boldsymbol{H}^F=\begin{bmatrix}-0.2042\\-0.3238\\0.2442\end{bmatrix}^{\mathrm{T}}$$

设 $T=3$,$\tau=2$,相应的 PDT 切换顺序如图 7.1 所示。在此切换机制下结合上述滤波增益可以得到式(7.1.1)和式(7.1.2)的状态轨迹和初始条件为 $x(0)=[1.5\quad 1.8\quad 1.2]^{\mathrm{T}}$,$x_F(0)=[0\quad 0\quad 0]^{\mathrm{T}}$ 的滤波误差输出轨迹。式(7.1.1)和式(7.1.2)的状态如图 7.2 所示,式(7.1.4)的滤波误差输出如图 7.3 所示。从得到的图中可以发现滤波器的输出误差趋于零,这表明所提出的滤波器设计方法是有效的。

例 7.2 下面将研究采样瞬时衰减率 λ、切换瞬时衰减率 μ 和参数 α 对扩展耗散性的影响,同时证明设计包含模态相关滤波器和模态无关滤波器的统一滤波器的优点。通过设置不同的 $\mathcal{S}_1$,$\mathcal{S}_2$,$\mathcal{S}_3$,$\mathcal{S}_4$ 的值,可以得到 l_2-l_∞ 性能(表 7.1)、H_∞ 性能、无源性能和耗散性能。调整 λ 和 μ,其他参数同上,可得到四种情况下 $\mathcal{S}_3$ 的最小值,结果见表 7.2～表 7.4。需要注意的是,为了简便,取 $\mathcal{S}_3=\varsigma^2 I$,这个问题变成了获取 $\varsigma_{\min}^2$ 的最小值。

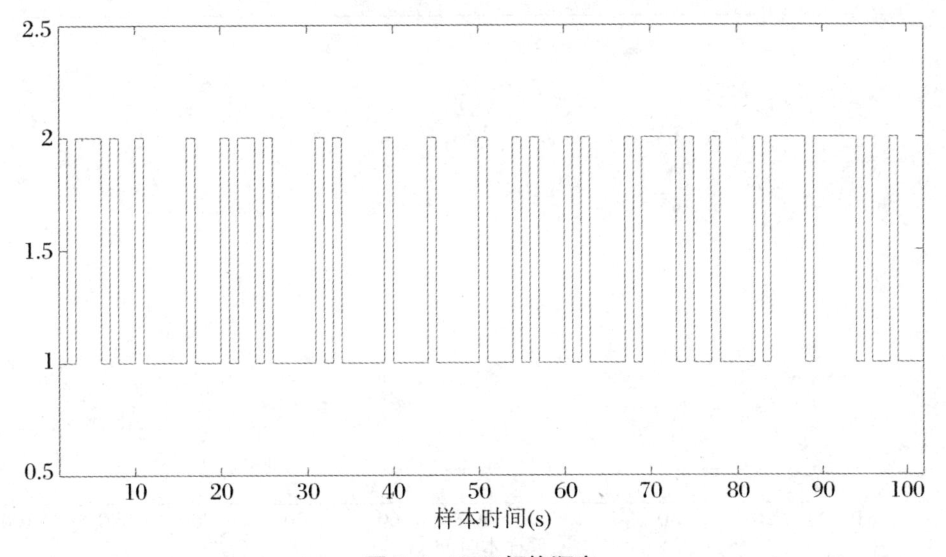

图 7.1　PDT 切换顺序

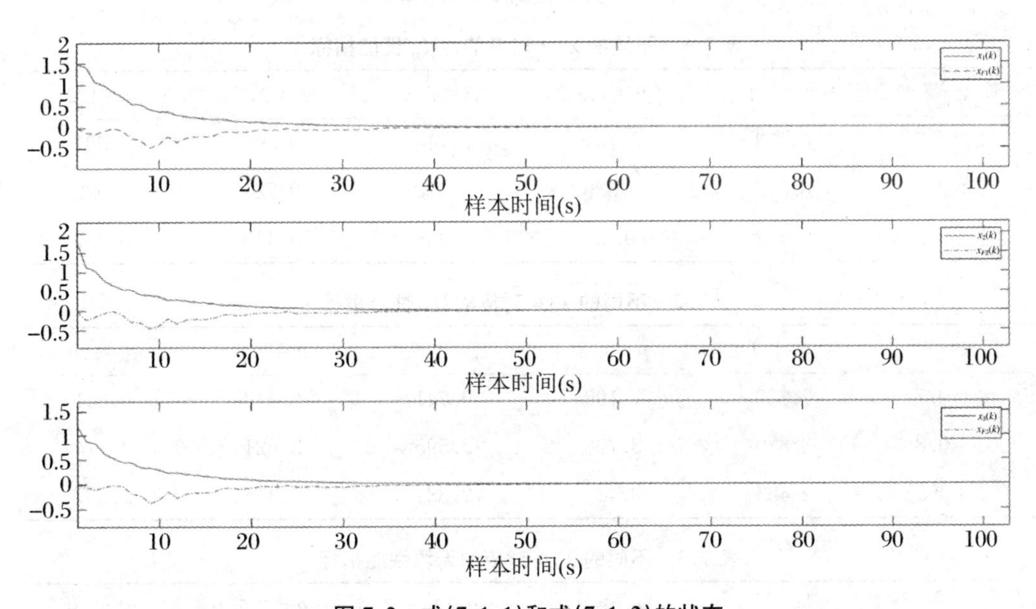

图 7.2　式(7.1.1)和式(7.1.2)的状态

从表 7.2～表 7.4 中可以发现，在上述四种情况下，$\mathcal{S}_3$ 的最小值都随着 λ 或 μ 的增大而减小，这意味着增大采样瞬时衰减率或切换瞬时衰减率可以带来更好的最优耗散性能水平 $\varsigma^2_{\min}$。通过分析很容易理解，采样瞬时衰减率或切换瞬时衰减率越大，Lyapunov 函数衰减越慢。也就是说，系统的能量衰减得更慢。因此，得到的仿真结果与理论分析是一致的。

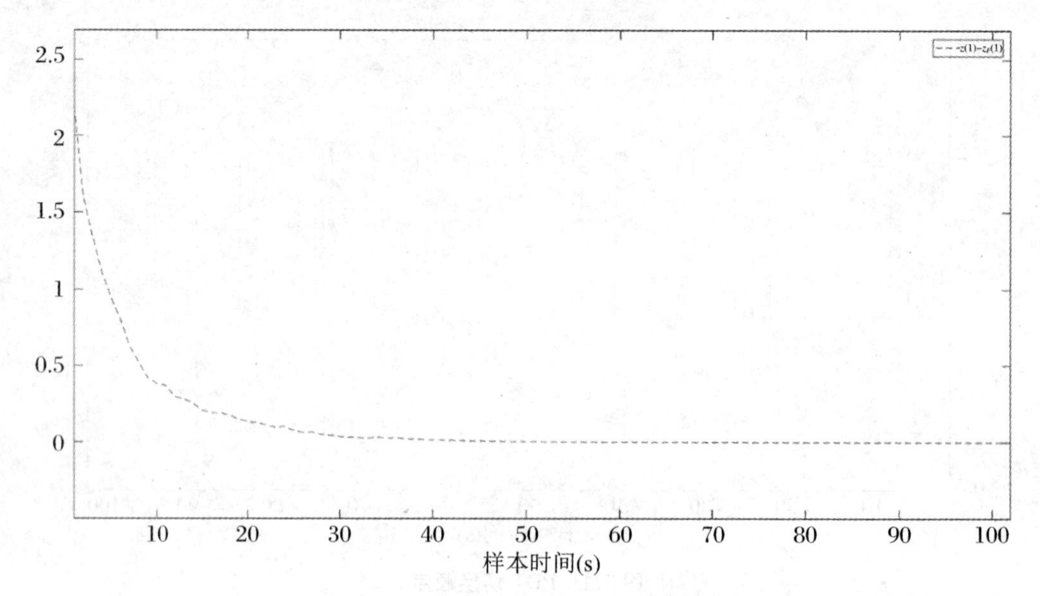

图 7.3　式(7.1.4)的滤波误差输出

表 7.1　不同的 λ,μ 对应的 l_2-l_∞ 性能指标

$\varsigma_{\min}^2$	$\mu=1.1$	$\mu=1.3$	$\mu=1.5$	$\mu=1.7$	$\mu=1.9$
$\lambda=0.7$	0.773	0.741	0.714	0.693	0.681
$\lambda=0.8$	0.545	0.535	0.528	0.524	0.522
$\lambda=0.9$	0.452	0.45	0.448	0.448	0.447

表 7.2　不同的 λ,μ 对应的 H_∞ 性能指标

$\varsigma_{\min}^2$	$\mu=1.1$	$\mu=1.3$	$\mu=1.5$	$\mu=1.7$	$\mu=1.9$
$\lambda=0.7$	7.836	7.190	6.741	6.443	6.251
$\lambda=0.8$	3.870	3.708	3.595	3.521	3.474
$\lambda=0.9$	2.483	2.422	2.381	2.354	2.337

表 7.3　不同的 λ,μ 对应的无源性能指标

$\varsigma_{\min}^2$	$\mu=1.1$	$\mu=1.3$	$\mu=1.5$	$\mu=1.7$	$\mu=1.9$
$\lambda=0.7$	0.707	0.646	0.632	0.628	0.627
$\lambda=0.8$	0.596	0.565	0.557	0.554	0.553
$\lambda=0.9$	0.527	0.508	0.503	0.500	0.499

表 7.4　不同的 λ,μ 对应的耗散性能指标

$\varsigma_{\min}^2$	$\mu=1.1$	$\mu=1.3$	$\mu=1.5$	$\mu=1.7$	$\mu=1.9$
$\lambda=0.7$	1.185	0.911	0.814	0.805	0.802
$\lambda=0.8$	0.787	0.682	0.667	0.664	0.663
$\lambda=0.9$	0.631	0.589	0.581	0.579	0.578

在耗散性能的情况下，通过设置 $\lambda=0.8$，$\mu=1.5$，调整 α 的值，可以得到表 7.5。从表 7.5 中可以看出，$\mathcal{S}_3$ 的最小值随着 α 的增大而减小，当 $\alpha=1$ 时，表示模态信息可用，选择了模态相关滤波器。在这种情况下，$\varsigma_{\min}^2$ 的值最小，系统性能更好。当 $\alpha=0$ 时，表示模态信息不可获取，选择模态无关滤波器。在这种情况下，$\varsigma_{\min}^2$ 的值最大，系统性能较差。仿真结果与理论分析相吻合，表明研究该问题具有重要意义。

表 7.5　不同 α 下的耗散性能指数 $\varsigma_{\min}^2$

α	0	0.2	0.4	0.6	0.8	1
$\varsigma_{\min}^2$	0.6745	0.6681	0.6669	0.6662	0.6657	0.5786
	5	1	9	2	7	6

第8章　欺骗攻击下PDT切换分段仿射系统有限时间l_2-l_∞滤波

在实际工程中，物理工厂和工业过程通常包含非线性成分。作为一个有效的逼近非线性项的方法，分段仿射(Piecewise-Affine，PWA)模型已成功地应用于许多实际领域，包括混杂系统[96]、连续时间非线性系统[97]和混合逻辑动态系统[98]。其主要思路是通过状态空间的期望区域划分，使得PWA近似模型可以很好地描述非线性现象。目前，对于PWA系统的分析和综合已经进行了大量的研究。同时，网络的开放性也容易使数据传输过程遭受网络攻击。一旦网络化系统被恶意网络攻击者控制，后果不堪设想。因此，研究网络攻击下切换分段仿射系统有限时间滤波问题具有重要的理论和现实意义。

本章研究了DA下PDT切换分段仿射系统的有限时间l_2-l_∞滤波问题，其中切换信号服从PDT切换策略。考虑到DA的影响，一系列服从伯努利分布的随机变量被用来描述原系统和滤波器之间错误数据输入的概率。基于对不同运行区域的状态空间的划分，本章旨在设计一个模态和区域相关滤波器，使得滤波误差系统是有限时间有界的，并且满足l_2-l_∞性能指标。本章基于Lyapunov稳定性理论和有限时间分析理论，通过处理凸优化问题建立了理想滤波器的充分条件，并利用一个仿真的例子来证明所提方法的有效性。

8.1　问题描述

考虑如下离散时间PDT切换PWA系统：

$$\begin{cases} x(k+1)=\boldsymbol{A}_{\rho(k),i}x(k)+\boldsymbol{B}_{\rho(k),i}\omega(k)+\boldsymbol{a}_{\rho(k),i} \\ y(k)=\boldsymbol{C}_{\rho(k),i}x(k)+\boldsymbol{D}_{\rho(k),i}\nu(k) \\ z(k)=\boldsymbol{E}_{\rho(k),i}x(k)\quad (x(k)\in\Xi_i,\ i\approx\in\hbar) \end{cases} \tag{8.1.1}$$

其中，$x(k)$是系统状态；$\omega(k)\in\mathbb{R}^{n_\omega}$和$\nu(k)\in\mathbb{R}^{n_\nu}$分别为外源干扰和测量噪声，且都属于$l_2[0,\infty)$；$y(k)\in\mathbb{R}^{n_y}$为测量输出变量；$z(k)\in\mathbb{R}^{n_z}$为估计信号；$\Xi_i\in\mathbb{R}^{n_x}$将状态空间划分为多个多面体区域；$\hbar\triangleq\{1,2,3,\cdots,n\}$是不同区域的集合，其中$n$是划分区域的数量；信号$\rho(k)(k\in\mathbf{Z}^+)$表示在有限集合$\nu\triangleq\{1,2,3,\cdots,\nu\}$中取值的PDT切换序列，其中$\nu$表示子系统的数量；$\boldsymbol{a}_{\rho(k),i}$是已知的仿射项；$\boldsymbol{A}_{\rho(k),i}$，$\boldsymbol{B}_{\rho(k),i}$，$\boldsymbol{C}_{\rho(k),i}$，$\boldsymbol{D}_{\rho(k),i}$和$\boldsymbol{E}_{\rho(k),i}$是具有适当维数的已知常数矩阵。

具体来说，区域索引$\hbar$被划分为两种类型：$\hbar=\hbar_0\cup\hbar_1$，其中$\hbar_0$表示包含原点的区域集合，$\hbar_1$表示不包含原点的区域集合。换句话说，对于$i\in\hbar_1$，仿射项$\boldsymbol{a}_{\rho(k),i}\neq0$，对于$i\in\hbar_0$，$\boldsymbol{a}_{\rho(k),i}=0$。

数据在网络传输过程中容易受到攻击者的攻击。因此，假定测量输出在滤波器接收之

前受到 DA 的影响，而实际的测量输出 $\tilde{y}(k)$的构造为

$$\tilde{y}(k) = (1-\beta(k))y(k) + \beta(k)\xi(x(k)) \tag{8.1.2}$$

同时，虚假数据 $\xi(x(k))$满足$\|\xi(x(k))\| \leqslant \|\boldsymbol{M}(x(k))\|$，其中 $\xi(x(k))$和 $\boldsymbol{M}$ 分别为非线性函数和已知常数矩阵。DA 下 PDT 切换 PWA 系统的结构展示在图 8.1 中。

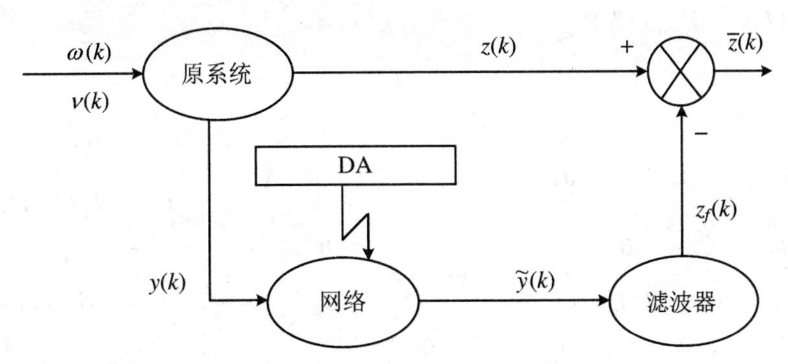

图 8.1　DA 下 PDT 切换 PWA 系统的结构

随机变量 $\beta(k)$服从伯努利分布，满足

$$\Pr\{\beta(k) = 1\} = \bar{\beta},\quad \Pr\{\beta(k) = 0\} = 1-\bar{\beta} \tag{8.1.3}$$

其中，$\bar{\beta} \in [0,1]$。更具体地说，当 $\beta(k)=0$ 时，DA 不发生，测量输出成功传输。当 $\beta(k)=1$ 时，在通信通道中测量输出受到 DA 和虚假数据 $\xi(x(k))$注入的影响。此外，对于随机变量 $\beta(k)$，有

$$\mathbb{E}\{|\beta(k)-\bar{\beta}|^2\} = \bar{\beta}(1-\bar{\beta})$$

基于上述分析，滤波器设计如下：

$$\begin{cases} x_f(k+1) = \boldsymbol{A}_{f\rho(k),i}x_f(k) + \boldsymbol{B}_{f\rho(k),i}\tilde{y}(k) + \boldsymbol{a}_{f\rho(k),i} \\ z_f(k) = \boldsymbol{E}_{f\rho(k),i}x_f(k) \end{cases} \tag{8.1.4}$$

其中，$x_f(k) \in R^{n_{x_f}}$ 为滤波状态变量；$z_f(k) \in R^{n_{z_f}}$ 为滤波输出变量；$\boldsymbol{A}_{f\rho(k),i}$，$\boldsymbol{B}_{f\rho(k),i}$ 和 $\boldsymbol{E}_{f\rho(k),i}$是未知滤波器增益；$\boldsymbol{a}_{f\rho(k),i}$是未知的仿射项，且当 $i \in \hbar_0$时，$\boldsymbol{a}_{f\rho(k),i}=0$。

此外，为了解决切换 PWA 系统下的滤波问题，一个新颖的集 Δ 被定义来概括所有可能的空间切换情况：

$$\Delta = \{(i,j) \mid x(k) \in \Xi_i, x(k+1) \in \Xi_j, i,j \in \hbar\} \tag{8.1.5}$$

每个多面体子空间 Ξ_i 可近似为一个椭球体，即

$$\Xi_i \subseteq \Lambda_i,\quad \Lambda_i = \{x \mid \|\boldsymbol{Q}_i x + q_i\| \leqslant 1\} \tag{8.1.6}$$

具体来说，如果多面体子空间 Ξ_i 是薄片：

$$\Xi_i = \{x \mid \psi_{1i} \leqslant \theta_i^{\mathrm{T}} x \leqslant \psi_{2i}\} \tag{8.1.7}$$

其中，ψ_{1i}和ψ_{2i}是已知的实常数，每个平面子空间可用一个简化的椭球体来描述，其参数为

$$\boldsymbol{Q}_i = \frac{2\theta_i^{\mathrm{T}}}{\psi_{2i}-\psi_{1i}},\quad q_i = -\frac{\psi_{1i}+\psi_{2i}}{\psi_{2i}-\psi_{1i}} \tag{8.1.8}$$

从式(8.1.8)中，对于每个椭球子空间，可以得到如下不等式：

$$\begin{bmatrix} x(k) \\ 1 \end{bmatrix}^{\mathrm{T}} \begin{bmatrix} \boldsymbol{Q}_i^{\mathrm{T}}\boldsymbol{Q}_i & \boldsymbol{Q}_i^{\mathrm{T}}q_i \\ * & q_i^{\mathrm{T}}q_i - 1 \end{bmatrix} \begin{bmatrix} x(k) \\ 1 \end{bmatrix} \leqslant 0 \quad (i \in \hbar) \tag{8.1.9}$$

出于简便，定义 $\theta(k) \triangleq r \in \nu$。然后引入变量 $\bar{x}(k) \triangleq [x^{\mathrm{T}}(k)\quad x_f^{\mathrm{T}}(k)]^{\mathrm{T}}$，

$\bar{\omega}(k) \triangleq [\omega^{\mathrm{T}}(k) \quad \nu^{\mathrm{T}}(k)]^{\mathrm{T}}$和$\bar{z}(k) \triangleq z(k) - z_f(k)$，结合式(8.1.1)、式(8.1.2)和式(8.1.4)，滤波误差系统被建立为

$$\begin{cases} \bar{x}(k+1) = \bar{\boldsymbol{A}}_{r,j}\bar{x}(k) + \bar{\boldsymbol{B}}_{r,i}\bar{\omega}(k) + \bar{\boldsymbol{a}}_{r,i} + \bar{\boldsymbol{G}}_{r,i}\xi(x(k)) \\ \qquad + (\beta(k) - \bar{\beta}) \times [\bar{\boldsymbol{C}}_{r,i}\bar{x}(k) + \bar{\boldsymbol{D}}_{r,i}\bar{\omega}(k) + \bar{\boldsymbol{H}}_{r,i}\xi(x(k))] \\ \bar{z}(k) = \bar{\boldsymbol{E}}_{r,i}\bar{x}(k) \end{cases} \tag{8.1.10}$$

其中

$$\bar{\boldsymbol{E}}_{r,i} \triangleq [\boldsymbol{E}_{r,i} \quad -\boldsymbol{E}_{fr,i}], \quad \bar{\boldsymbol{a}}_{r,i} \triangleq [\boldsymbol{a}_{r,i}^{\mathrm{T}} \quad \boldsymbol{a}_{fr,i}^{\mathrm{T}}]^{\mathrm{T}}, \quad \bar{\boldsymbol{A}}_{r,i} \triangleq \begin{bmatrix} \boldsymbol{A}_{r,i} & \boldsymbol{0} \\ (1-\bar{\beta})\boldsymbol{B}_{fr,i}\boldsymbol{C}_{r,i} & \boldsymbol{A}_{fr,i} \end{bmatrix}$$

$$\bar{\boldsymbol{B}}_{r,i} \triangleq \begin{bmatrix} \boldsymbol{B}_{r,i} & \boldsymbol{0} \\ \boldsymbol{0} & (1-\bar{\beta})\boldsymbol{B}_{fr,i}\boldsymbol{D}_{r,i} \end{bmatrix}, \quad \bar{\boldsymbol{G}}_{r,i} \triangleq \begin{bmatrix} \boldsymbol{0} \\ \bar{\beta}\boldsymbol{B}_{fr,i} \end{bmatrix}, \quad \bar{\boldsymbol{C}}_{r,i} \triangleq \begin{bmatrix} \boldsymbol{0} & \boldsymbol{0} \\ -\boldsymbol{B}_{fr,i}\boldsymbol{C}_{r,i} & \boldsymbol{0} \end{bmatrix}$$

$$\bar{\boldsymbol{D}}_{r,i} \triangleq \begin{bmatrix} \boldsymbol{0} & \boldsymbol{0} \\ \boldsymbol{0} & -\boldsymbol{B}_{fr,i}\boldsymbol{D}_{r,i} \end{bmatrix}, \quad \bar{\boldsymbol{H}}_{r,i} \triangleq \begin{bmatrix} \boldsymbol{0} \\ \boldsymbol{B}_{fr,i} \end{bmatrix}$$

定义 8.1 (1) 在$\bar{\omega}(k)=0$的条件下，$(a_1, a_2, N, \boldsymbol{R})$中有一个固定矩阵$\boldsymbol{R}>0$和参数$a_2>a_1>0$，滤波误差系统(8.1.10)是有限时间稳定的，如果以下条件被满足：

$$\mathbb{E}\{\bar{x}^{\mathrm{T}}(k_0)\boldsymbol{R}\bar{x}(k_0)\} \leqslant a_1 \quad \Rightarrow \quad \mathbb{E}\{\bar{x}^{\mathrm{T}}(k)\boldsymbol{R}\bar{x}(k)\} \leqslant a_2 \quad (\forall k \in \{k_0, k_0+1, \cdots, N\}) \tag{8.1.11}$$

(2) $(a_1, a_2, N, \boldsymbol{R}, W)$中有一个固定矩阵$\boldsymbol{R}>0$和参数$a_2>a_1>0$，$W>0$，滤波误差系统(8.1.10)是有限时间有界的，如果以下条件被满足：

$$\begin{cases} \mathbb{E}\{\bar{x}^{\mathrm{T}}(k_0)\boldsymbol{R}\bar{x}(k_0)\} \leqslant a_1 \\ \bar{\omega}^{\mathrm{T}}(k)\bar{\omega}(k) \leqslant W \end{cases} \Rightarrow \quad \mathbb{E}\{\bar{x}^{\mathrm{T}}(k)\boldsymbol{R}\bar{x}(k)\} \leqslant a_2 \quad (\forall k \in \{k_0, k_0+1, \cdots, N\}) \tag{8.1.12}$$

本章旨在设计一个l_2-l_∞滤波器，它满足以下两个要求：

(1) 在$\bar{\omega}(k)=0$的条件下，滤波误差系统(8.1.10)关于$(a_1, a_2, N, \boldsymbol{R}, W)$是有限时间有界的。

(2) 在零初值状态条件下，滤波误差系统(8.1.10)满足l_2-l_∞性能指标：

$$\sup_{0\leqslant k\leqslant N} \sqrt{E\{\|\bar{z}(k)\|^2\}} < \hat{\tau}\sqrt{\sum_{k=0}^{N} E\{\|\bar{\omega}(k)\|^2\}} \tag{8.1.13}$$

8.2 主要结论

下面将证明滤波误差系统(8.1.10)是有限时间有界的，且满足l_2-l_∞性能指标$\hat{\tau}$。定义：

$$\boldsymbol{P}_r \triangleq \boldsymbol{R}^{\frac{1}{2}}\bar{\boldsymbol{P}}_r\boldsymbol{R}^{\frac{1}{2}}, \quad \boldsymbol{G}(k) \triangleq \bar{\omega}^{\mathrm{T}}(k)\bar{\omega}(k), \quad \chi \triangleq \lambda^{(1+T_P)(1/(\tau_P+T_P)+1)}, \quad \mu \triangleq \eta\lambda^{(1+T_P)/(\tau_P+T_P)}$$

$$\hat{\tau} \triangleq \begin{cases} \tau\sqrt{\chi\mu^N} & (\mu>1) \\ \tau\sqrt{\chi} & (\mu\leqslant 1) \end{cases}, \quad \Upsilon \triangleq \begin{cases} \lambda^{1+T_P}\mu^N\vartheta_2 a_1 + \chi\dfrac{1-\mu^N}{1-\mu}W & (\mu>1) \\ \lambda^{1+T_P}\vartheta_2 a_1 + \chi NW & (\mu\leqslant 1) \end{cases}$$

8.2.1 有限时间有界和 l_2-l_∞ 性能分析

定理 8.1[99]　给定标量 $\tau_P>0, T_P>0, \tau>0, \lambda(\lambda>1), \eta(0<\eta<1), a_1, a_2(0<a_1<a_2), N\in\mathbf{Z}^+, \bar{\beta}\in[0,1]$和一个正定矩阵 $\boldsymbol{R}$,如果存在正定矩阵 $\boldsymbol{P}_r \triangleq \begin{bmatrix} \boldsymbol{P}_{r1} & \boldsymbol{P}_{r3} \\ * & \boldsymbol{P}_{r2} \end{bmatrix}$和正数 ϑ_1, ϑ_2,使得对于任何 $r,\bar{r}\in\nu(r\neq\bar{r})$,式(8.2.1)～式(8.2.5)成立:

$$\Upsilon \leqslant a_2\vartheta_1 \tag{8.2.1}$$

$$\vartheta_1\boldsymbol{R} \leqslant \boldsymbol{P}_r \leqslant \vartheta_2\boldsymbol{R} \tag{8.2.2}$$

$$\boldsymbol{P}_r \leqslant \lambda\boldsymbol{P}_{\bar{r}} \quad (r\neq\bar{r}, r, \bar{r}\in\nu) \tag{8.2.3}$$

$$\mathbb{E}\{\bar{z}^{\mathrm{T}}(k)\bar{z}(k)\} < \tau^2\,\mathbb{E}\{V_r(\bar{x}(k))\} \tag{8.2.4}$$

$$\mathbb{E}\{V_r(\bar{x}(k+1)) - \eta V_r(\bar{x}(k))\} < \mathbb{E}\{\boldsymbol{G}(k)\} \tag{8.2.5}$$

则滤波误差系统(8.1.10)关于$(a_1, a_2, N, \boldsymbol{R}, W)$是有限时间有界的,且满足 l_2-l_∞ 性能指标 $\hat{\tau}$。

证明　步骤 1:首先证明滤波误差系统(8.1.10)是有限时间有界的。

构造 Lyapunov 函数为

$$V_r(\bar{x}(k)) \triangleq \bar{x}^{\mathrm{T}}(k)\boldsymbol{P}_r\bar{x}(k) \tag{8.2.6}$$

令 $\Delta V_r(\bar{x}(k)) \triangleq V_r(\bar{x}(k+1)) - \eta V_r(\bar{x}(k))$,并结合式(8.2.5),考虑系统在区间$[k_{s_{j+1}}, k_{s_{j+1}+1})$中的切换次数,设置滤波误差系统(8.1.10)的开始时间和初始能量函数分别为 k_0 和 $V_0(\bar{x}(k_0))$,从式(8.2.3)可以很容易地推导出下列不等式:

$$\begin{aligned} \mathbb{E}\{V_{\bar{\delta}}(\bar{x}(k))\} &\leqslant \eta^{k-k_{s_{j+1}}}\mathbb{E}\{V_{\bar{\delta}}(\bar{x}(k_{s_{j+1}}))\} + \sum_{l=k_{s_{j+1}}}^{k-1}\eta^{k-l-1}\mathbb{E}\{\boldsymbol{G}(l)\} \\ &\leqslant \lambda^{\rho(k_{s_j},k)}\eta^{k-k_{s_j}}\mathbb{E}\{V_{\bar{\alpha}}(\bar{x}(k_{s_j}))\} + \sum_{l=k_{s_j}}^{k-1}\lambda^{\rho(l,k)}\eta^{k-1-l}\mathbb{E}\{\boldsymbol{G}(l)\} \\ &\leqslant \lambda^{\rho(k_0,k)}\eta^{k-k_0}\mathbb{E}\{V_0(\bar{x}(k_0))\} + \sum_{l=k_0}^{k-1}\lambda^{\rho(l,k)}\eta^{k-1-l}\mathbb{E}\{\boldsymbol{G}(l)\} \end{aligned} \tag{8.2.7}$$

结合条件 $0\leqslant\rho(l,k)\leqslant((k-l)/(T_P+\tau_P)+1)(T_P+1)$,可以得到

$$\begin{aligned} \mathbb{E}\{V_{\bar{\delta}}(\bar{x}(k))\} &\leqslant \lambda^{\rho(k_0,k)}\eta^{k-k_0}\mathbb{E}\{V_0(\bar{x}(k_0))\} \\ &\quad + \sum_{l=k_0}^{k-1}\lambda^{((k-l)/(\tau_P+T_P)+1)(T_P+1)}\eta^{k-1-l}\mathbb{E}\{\boldsymbol{G}(l)\} \\ &\leqslant \lambda^{T_P+1}\mu^{k-k_0}\mathbb{E}\{V_0(\bar{x}(k_0))\} + \chi\sum_{l=k_0}^{k-1}\mu^{k-1-l}\,\mathbb{E}\{\boldsymbol{G}(l)\} \end{aligned} \tag{8.2.8}$$

假设 $k_0=0, \mu>1$,可以从式(8.1.12)和式(8.2.2)中得到

$$\begin{aligned} \mathbb{E}\{V_{\bar{\delta}}(\bar{x}(k))\} &\leqslant \lambda^{T_P+1}\mu^k\mathbb{E}\{\bar{x}^{\mathrm{T}}(0)\boldsymbol{P}_r\bar{x}(0)\} + \chi\frac{1-\mu^k}{1-\mu}W \\ &\leqslant \lambda^{T_P+1}\mu^N\mathbb{E}\{\bar{x}^{\mathrm{T}}(0)\boldsymbol{R}^{\frac{1}{2}}\bar{\boldsymbol{P}}_r\boldsymbol{R}^{\frac{1}{2}}\bar{x}(0)\} + \chi\frac{1-\mu^k}{1-\mu}W \end{aligned}$$

$$\leqslant \lambda^{T_P+1}\mu^N\vartheta_2 a_1 + \chi\frac{1-\mu^N}{1-\mu}W \tag{8.2.9}$$

如果 $\mu\leqslant 1$，

$$\mathbb{E}\{V_{\bar{\delta}}(\bar{x}(k))\}\leqslant \lambda^{T_P+1}\vartheta_2 a_1 + \chi NW \tag{8.2.10}$$

基于式(8.2.2)，可以推得

$$\mathbb{E}\{V_{\bar{\delta}}(\bar{x}(k))\} = \mathbb{E}\{\bar{x}^{\mathrm{T}}(k)\boldsymbol{R}^{\frac{1}{2}}\bar{\boldsymbol{P}}_r\boldsymbol{R}^{\frac{1}{2}}\bar{x}(k)\}\geqslant \vartheta_1\mathbb{E}\{\bar{x}^{\mathrm{T}}(k)\boldsymbol{R}\bar{x}(k)\} \tag{8.2.11}$$

结合式(8.2.1)，从式(8.2.9)到式(8.2.11)，可以推得

$$\mathbb{E}\{\bar{x}^{\mathrm{T}}(k)\boldsymbol{R}\bar{x}(k)\}\leqslant a_2 \tag{8.2.12}$$

可以推得滤波误差系统(8.1.10)关于$(a_1,a_2,N,\boldsymbol{R},W)$是有限时间有界的。

步骤2：接下来，受文献[34]中证明方法的启发，在零初值条件下，可以由式(8.2.3)和式(8.2.5)推得以下不等式：

$$\mathbb{E}\{V_r(\bar{x}(k))\}\leqslant \sum_{l=0}^{k-1}\lambda^{((k-l)/(\tau_P+T_P)+1)(T_P+1)}\eta^{k-1-l}\mathbb{E}\{\boldsymbol{G}(l)\} \tag{8.2.13}$$

结合式(8.2.4)可得

$$\mathbb{E}\{\bar{z}^{\mathrm{T}}(k)\bar{z}(k)\}< \tau^2\sum_{l=0}^{k-1}\lambda^{((k-l)/(\tau_P+T_P)+1)(T_P+1)}\eta^{k-1-l}\mathbb{E}\{\boldsymbol{G}(l)\}< \hat{\tau}^2\sum_{l=0}^{N}\mathbb{E}\{\boldsymbol{G}(l)\} \tag{8.2.14}$$

然后，可以推得

$$\sup_{0\leqslant k\leqslant N}\mathbb{E}\{\bar{z}^{\mathrm{T}}(k)\bar{z}(k)\}< \hat{\tau}^2\sum_{l=0}^{N}\mathbb{E}\{\boldsymbol{G}(l)\} \tag{8.2.15}$$

这意味着满足式(8.1.13)。因此，滤波误差系统(8.1.10)是关于$(a_1,a_2,N,\boldsymbol{R},W)$有限时间有界的，且满足 l_2-l_∞ 性能指标 $\hat{\tau}$。证毕。

8.2.2 滤波器设计

定理 8.2 给定标量 $\tau_P>0,T_P>0,\tau>0,\lambda>1,0<\eta<1,a_1,a_2(0<a_1<a_2),N\in\mathbf{Z}^+$，$\bar{\beta}\in[0,1]$，矩阵 $\boldsymbol{R}>0$ 及矩阵 $\boldsymbol{M}$，如果存在 $\boldsymbol{T}_r\triangleq\begin{bmatrix}\boldsymbol{T}_{r1} & \delta_1\boldsymbol{T}_{r2}\\ \boldsymbol{T}_{r3} & \delta_2\boldsymbol{T}_{r2}\end{bmatrix}$，$\boldsymbol{P}_r\triangleq\begin{bmatrix}\boldsymbol{P}_{r1} & \boldsymbol{P}_{r3}\\ * & \boldsymbol{P}_{r2}\end{bmatrix}>0$ 和参数$\epsilon_i<0(i\in\hbar)$，$\vartheta_1>0,\vartheta_2>0$，使得对于任何 $r,\bar{r}\in\nu(r\neq\bar{r})$，以下公式和式(8.2.1)～式(8.2.3)被满足：

$$\begin{bmatrix}\bar{\boldsymbol{\Gamma}} & \boldsymbol{0} & \boldsymbol{0} & \mathbb{R}_{r,i} & \mathbb{Q}_{r,i}\\ * & -\boldsymbol{I} & \boldsymbol{0} & \mathbb{Z}_{r,i} & \mathbb{N}_{r,i}\\ * & * & -\boldsymbol{I} & \mathbb{C}_{r,i} & \aleph_{r,i}\\ * & * & * & \partial & \boldsymbol{0}\\ * & * & * & * & \boldsymbol{P}_r-\boldsymbol{T}_r^{\mathrm{T}}-\boldsymbol{T}_r\end{bmatrix}<0 \tag{8.2.16}$$

$$\begin{bmatrix}-\boldsymbol{P}_r & -\bar{\boldsymbol{E}}_{r,i}^{\mathrm{T}}\\ * & -\tau^2\boldsymbol{I}\end{bmatrix}<0 \tag{8.2.17}$$

其中

$$\mathbb{Q}_{r,i}\triangleq\begin{bmatrix}-\delta_1\sqrt{\bar{\beta}(1-\bar{\beta})}\boldsymbol{C}_{r,i}^{\mathrm{T}}\boldsymbol{G}_{r,i} & -\delta_2\sqrt{\bar{\beta}(1-\bar{\beta})}\boldsymbol{C}_{r,i}^{\mathrm{T}}\boldsymbol{G}_{r,i}\\ \boldsymbol{0} & \boldsymbol{0}\end{bmatrix},\quad \boldsymbol{M}\triangleq\boldsymbol{M}^{\mathrm{T}}\boldsymbol{M}$$

$$\mathbb{N}_{r,i} \triangleq \begin{bmatrix} \mathbf{0} & \mathbf{0} \\ -\delta_1\sqrt{\bar{\beta}(1-\bar{\beta})}\boldsymbol{D}_{r,i}^{\mathrm{T}}\boldsymbol{G}_{r,i} & -\delta_2\sqrt{\bar{\beta}(1-\bar{\beta})}\boldsymbol{D}_{r,i}^{\mathrm{T}}\boldsymbol{G}_{r,i} \end{bmatrix}$$

$$\mathfrak{S}_{r,i} \triangleq \begin{bmatrix} -\delta_1\sqrt{\bar{\beta}(1-\bar{\beta})}\boldsymbol{C}_{r,i}^{\mathrm{T}} \\ -\delta_1\sqrt{\bar{\beta}(1-\bar{\beta})}\boldsymbol{C}_{r,i}^{\mathrm{T}} \end{bmatrix}$$

如果 $i\in\hbar_0$，

$$\begin{cases} \partial = \partial^{(0)} \triangleq \boldsymbol{P}_r - \boldsymbol{T}_r^{\mathrm{T}} - \boldsymbol{T}_r \\ \mathbb{C}_{r,i} = \mathbb{C}_{r,i}^{(0)} \triangleq [\delta_1\bar{\beta}\boldsymbol{G}_{r,i} \quad \delta_2\bar{\beta}\boldsymbol{G}_{r,i}] \\ \mathbb{R}_{r,i} = \mathbb{R}_{r,i}^{(0)} \triangleq \begin{bmatrix} \boldsymbol{A}_{r,i}^{\mathrm{T}}\boldsymbol{T}_{r1}^{\mathrm{T}} + \delta_1(1-\bar{\beta})\boldsymbol{C}_{r,i}^{\mathrm{T}}\boldsymbol{G}_{r,i} & \boldsymbol{A}_{r,i}^{\mathrm{T}}\boldsymbol{T}_{r3}^{\mathrm{T}} + \delta_2(1-\bar{\beta})\boldsymbol{C}_{r,i}^{\mathrm{T}}\boldsymbol{G}_{r,i} \\ \delta_1\boldsymbol{F}_{r,i} & \delta_2\boldsymbol{F}_{r,i} \end{bmatrix} \\ \mathbb{Z}_{r,i} = \mathbb{Z}_{r,i}^{(0)} \triangleq \begin{bmatrix} \boldsymbol{B}_{r,i}^{\mathrm{T}}\boldsymbol{T}_{r1}^{\mathrm{T}} & \boldsymbol{B}_{r,i}^{\mathrm{T}}\boldsymbol{T}_{r3}^{\mathrm{T}} \\ \delta_1(1-\bar{\beta})\boldsymbol{D}_{r,i}^{\mathrm{T}}\boldsymbol{G}_{r,i} & \delta_2(1-\bar{\beta})\boldsymbol{D}_{r,i}^{\mathrm{T}}\boldsymbol{G}_{r,i} \end{bmatrix}, \quad \bar{\boldsymbol{\Gamma}} = \begin{bmatrix} -\eta\boldsymbol{P}_{r1} + \boldsymbol{M} & -\eta\boldsymbol{P}_{r3} \\ * & -\eta\boldsymbol{P}_{r2} \end{bmatrix} \end{cases} \tag{8.2.18}$$

如果 $i\in\hbar_1$，

$$\begin{cases} \boldsymbol{\Theta}_{1i} \triangleq \varepsilon_i\boldsymbol{Q}_i^{\mathrm{T}}\boldsymbol{Q}_i, \quad \hat{b}_{r,i} \triangleq [a_{r,i}^{\mathrm{T}}\boldsymbol{T}_{r1}^{\mathrm{T}} + \delta_1\boldsymbol{H}_{r,i} \quad a_{r,i}^{\mathrm{T}}\boldsymbol{T}_{r3}^{\mathrm{T}} + \delta_2\boldsymbol{H}_{r,i}] \\ \mathbb{Z}_{r,i} = [\mathbf{0} \quad \mathbb{Z}_{r,i}^{(0)}], \quad \mathbb{C}_{r_i} = [\mathbf{0} \quad \mathbb{C}_{r,i}^{(0)}] \\ \mathbb{R}_{r,i} = [\boldsymbol{\Theta}_{2i} \quad \mathbb{R}_{r,i}^{(0)}], \quad \boldsymbol{\Theta}_{2i} \triangleq [\varepsilon_i\boldsymbol{Q}_iq_1 \quad 0]^{\mathrm{T}}, \quad \boldsymbol{\Theta}_{3i} \triangleq \varepsilon_i(q_i^{\mathrm{T}}q_i - 1) \\ \bar{\boldsymbol{\Gamma}} = \begin{bmatrix} -\eta\boldsymbol{P}_{r1}\boldsymbol{F} + \boldsymbol{M} + \boldsymbol{\Theta}_{1i} & -\eta\boldsymbol{P}_{r3} \\ * & -\eta\boldsymbol{P}_{r2} \end{bmatrix}, \quad \partial = \begin{bmatrix} \boldsymbol{\Theta}_{3i} & \hat{\boldsymbol{b}}_{r,i} \\ * & \partial^{(0)} \end{bmatrix} \end{cases} \tag{8.2.19}$$

则对于切换信号 $\theta(k)\in\nu$，滤波误差系统(8.1.10)关于$(a_1, a_2, N, \boldsymbol{R}, W)$是有限时间有界的，且满足 l_2-l_∞ 性能指标 $\hat{\tau}$。滤波器[式(8.1.4)]的期望增益矩阵可被设计为

$$\boldsymbol{A}_{fr,i} \triangleq \boldsymbol{T}_{r2}{}^{-1}\boldsymbol{F}_{r,i}^{\mathrm{T}}, \quad \boldsymbol{B}_{fr,i} \triangleq \boldsymbol{T}_{r2}{}^{-1}\boldsymbol{G}_{r,i}^{\mathrm{T}}, \quad \boldsymbol{a}_{fr,i} \triangleq \boldsymbol{T}_{r2}{}^{-1}\boldsymbol{H}_{r,i}^{\mathrm{T}} \tag{8.2.20}$$

证明　为了简化推导，对于区域 $i\in\hbar_1$，仅更复杂的关于式(8.2.16)和式(8.2.19)的证明被列出。

首先，根据 Schur 补引理，如果以下不等式被满足，则可以容易地得到式(8.2.17)成立：

$$-\boldsymbol{P}_r + (\tau^2)^{-1}\bar{\boldsymbol{E}}_{r,i}^{\mathrm{T}}\bar{\boldsymbol{E}}_{r,i} < 0 \tag{8.2.21}$$

结合式(8.1.9)和式(8.2.6)，很容易得到式(8.2.17)可以保证式(8.2.4)成立。除此之外，既然$(\boldsymbol{P}_r - T_r)\boldsymbol{P}_r^{-1}(\boldsymbol{P}_r - \boldsymbol{T}_r)^{\mathrm{T}} \geqslant 0$，则有

$$-\boldsymbol{T}_r\boldsymbol{P}_r^{-1}\boldsymbol{T}_r^{\mathrm{T}} \leqslant \boldsymbol{P}_r - \boldsymbol{T}_r^{\mathrm{T}} - \boldsymbol{T}_r \tag{8.2.22}$$

定义 $\boldsymbol{F}_{r,i} \triangleq \boldsymbol{A}_{fr,i}^{\mathrm{T}}\boldsymbol{T}_{r2}^{\mathrm{T}}, \boldsymbol{H}_{r,i} \triangleq \boldsymbol{a}_{fr,i}^{\mathrm{T}}\boldsymbol{T}_{r2}^{\mathrm{T}}, \boldsymbol{G}_{r,i} \triangleq \boldsymbol{B}_{fr,i}^{\mathrm{T}}\boldsymbol{T}_{r2}^{\mathrm{T}}$，对于滤波误差系统(8.1.10)，使用候选 Lyapunov 函数[式(8.2.6)]，并且计算其关于滤波误差系统(8.1.10)的差值，可以得到

$$\begin{aligned} &\mathbb{E}\{\Delta V_r(\bar{x}(k)) - \boldsymbol{G}(k)\} \\ &\quad \leqslant \mathbb{E}\{[\bar{\boldsymbol{A}}_{r,i}\bar{x}(k) + \bar{\boldsymbol{B}}_{r,i}\bar{\omega}(k) + \bar{\boldsymbol{a}}_{r,i} + \bar{\boldsymbol{G}}_{r,i}\xi(x(k)) \\ &\qquad + (\beta(k) - \bar{\beta}) \times (\bar{\boldsymbol{C}}_{r,i}\bar{x}(k) + \bar{\boldsymbol{D}}_{r,i}\bar{\omega}(k) + \bar{\boldsymbol{H}}_{r,i}\xi(x(k)))]^{\mathrm{T}} \\ &\qquad \times \boldsymbol{P}_r[\bar{\boldsymbol{A}}_{r,i}\bar{x}(k) + \bar{\boldsymbol{B}}_{r,i}\bar{\omega}(k) + \bar{\boldsymbol{a}}_{r,i} + \bar{\boldsymbol{G}}_{r,i}\xi(x(k)) \\ &\qquad + (\beta(k) - \bar{\beta}) \times (\bar{\boldsymbol{C}}_{r,i}\bar{x}(k) + \bar{\boldsymbol{D}}_{r,i}\bar{\omega}(k) + \bar{\boldsymbol{H}}_{r,i}\xi(x(k)))] \end{aligned}$$

$$- \eta\bar{x}^{\mathrm{T}}(k)\boldsymbol{P}_r\bar{x}(k) - \boldsymbol{G}(k) + (\boldsymbol{\Omega}\bar{x}(k))^{\mathrm{T}}\boldsymbol{M}\boldsymbol{\Omega}\bar{x}(k) - \xi^{\mathrm{T}}(\boldsymbol{\Omega}\bar{x}(k))\xi(\boldsymbol{\Omega}\bar{x}(k))\} \tag{8.2.23}$$

其中，$\boldsymbol{\Omega} \triangleq [\boldsymbol{I} \quad \boldsymbol{0}]$。然后，考虑到每个椭圆[式(8.2.8)]子空间的结构并参考文献[5]中的S过程理论，$\varepsilon_i < 0 (i \in \hbar)$，可以得到

$$\begin{bmatrix} \boldsymbol{\Omega}\bar{x}(k) \\ 1 \end{bmatrix}^{\mathrm{T}} \begin{bmatrix} \boldsymbol{\Theta}_{1i} & \varepsilon_i Q_i^{\mathrm{T}} q_i \\ * & \boldsymbol{\Theta}_{3i} \end{bmatrix} \begin{bmatrix} \boldsymbol{\Omega}\bar{x}(k) \\ 1 \end{bmatrix} \geqslant 0 \tag{8.2.24}$$

结合式(8.2.23)，定义 $\zeta(k) \triangleq [\bar{x}^{\mathrm{T}}(k) \quad \bar{\omega}^{\mathrm{T}}(k) \quad \xi^{\mathrm{T}}(\boldsymbol{\Omega}\bar{x}(k)) \quad 1]^{\mathrm{T}}$，可得

$$\mathbb{E}\{\Delta V_r(\bar{x}(k)) - G(k)\} \leqslant \zeta^{\mathrm{T}}(k)\Phi_{r,i}\zeta(k) \tag{8.2.25}$$

其中

$$\boldsymbol{\Phi}_{r,i} \triangleq \begin{bmatrix} \boldsymbol{\Phi}_{r,i}^1 & \boldsymbol{0} & \boldsymbol{0} & \varepsilon_i \boldsymbol{\Omega}^{\mathrm{T}} Q_i^{\mathrm{T}} q_i \\ * & -\boldsymbol{I} & \boldsymbol{0} & \boldsymbol{0} \\ * & * & -\boldsymbol{I} & \boldsymbol{0} \\ * & * & * & \boldsymbol{\Theta}_{3i} \end{bmatrix} + \boldsymbol{\Phi}_{r,i}^2 + \boldsymbol{\Phi}_{r,i}^3$$

且

$$\boldsymbol{\Phi}_{r,i}^1 \triangleq -\eta\boldsymbol{P}_r + \boldsymbol{\Omega}^{\mathrm{T}}\boldsymbol{M}\boldsymbol{\Omega} + \boldsymbol{\Omega}^{\mathrm{T}}\boldsymbol{\Theta}_{1i}\boldsymbol{\Omega}, \quad \boldsymbol{\Phi}_{r,i}^2 \triangleq \boldsymbol{\phi}_{r,i}^{\mathrm{T}}\boldsymbol{P}_r\boldsymbol{\phi}_{r,i}, \quad \boldsymbol{\Phi}_{r,i}^3 \triangleq \boldsymbol{\Lambda}_{r,i}^{\mathrm{T}}\boldsymbol{P}_r\boldsymbol{\Lambda}_{r,i}$$

$$\tilde{\beta} \triangleq \sqrt{\bar{\beta}(1-\bar{\beta})}, \quad \boldsymbol{\phi}_{r,i} \triangleq [\bar{\boldsymbol{A}}_{r,i} \quad \bar{\boldsymbol{B}}_{r,i} \quad \bar{\boldsymbol{G}}_{r,i} \quad \bar{\boldsymbol{A}}_{r,i}], \quad \boldsymbol{\Lambda}_{r,i} \triangleq [\tilde{\beta}\bar{\boldsymbol{C}}_{r,i} \quad \tilde{\beta}\bar{\boldsymbol{D}}_{r,i} \quad \tilde{\beta}\bar{\boldsymbol{H}}_{r,i} \quad \boldsymbol{0}]$$

对于矩阵 $\boldsymbol{\Phi}_{r,i}$，使用两次 Schur 补引理，然后左乘 $\mathrm{diag}\{\boldsymbol{I},\boldsymbol{I},\boldsymbol{I},\boldsymbol{I},\boldsymbol{T}_r,\boldsymbol{T}_r\}$，右乘它的转置。再加上式(8.2.20)和式(8.2.22)，可以推得式(8.2.16)和式(8.2.19)，保证 $\boldsymbol{\Phi}_{r,i} < 0$ 成立。同样，可以得到式(8.2.17)，保证式(8.2.4)成立。因此，滤波误差系统(8.1.10)关于$(a_1, a_2, N, \boldsymbol{R}, W)$是有限时间有界的，且满足 l_2-l_∞ 性能指标 $\hat{\tau}$。证毕。

8.3 仿真验证

本节通过一个仿真实例验证所提方法的有效性。考虑具有两种模态的离散时间 PDT 切换 PWA 系统，其参数为

$$\boldsymbol{A}_{1,1} = 0.9\exp(-0.36)\begin{bmatrix} 0.70 & -0.15 \\ 0 & -0.12 \end{bmatrix}, \quad \boldsymbol{A}_{2,1} = 0.9\exp(-0.32)\begin{bmatrix} 0.61 & -0.3 \\ 0 & -0.2 \end{bmatrix}$$

$$\boldsymbol{A}_{1,2} = 0.9\exp(-0.38)\begin{bmatrix} 0.69 & -0.14 \\ 0 & -0.08 \end{bmatrix}, \quad \boldsymbol{A}_{2,2} = 0.9\exp(-0.39)\begin{bmatrix} 0.73 & -0.3 \\ 0 & -0.1 \end{bmatrix}$$

$$\boldsymbol{A}_{1,3} = 0.9\exp(-0.35)\begin{bmatrix} 0.59 & -0.21 \\ 0 & -0.08 \end{bmatrix}, \quad \boldsymbol{A}_{2,3} = 0.9\exp(-0.35)\begin{bmatrix} 0.62 & -0.4 \\ 0 & -0.2 \end{bmatrix}$$

$$\boldsymbol{B}_{1,1} = 0.9\exp(-0.36)\begin{bmatrix} 0.07 \\ 0.27 \end{bmatrix}, \quad \boldsymbol{B}_{2,1} = 0.9\exp(-0.39)\begin{bmatrix} 0.22 \\ 0.58 \end{bmatrix}$$

$$\boldsymbol{B}_{1,2} = 0.9\exp(-0.33)\begin{bmatrix} 0.14 \\ 0.31 \end{bmatrix}, \quad \boldsymbol{B}_{2,2} = 0.9\exp(-0.30)\begin{bmatrix} 0.22 \\ 0.58 \end{bmatrix}$$

$$\boldsymbol{B}_{1,3} = 0.9\exp(-0.28)\begin{bmatrix} 0.08 \\ 0.35 \end{bmatrix}, \quad \boldsymbol{B}_{2,3} = 0.9\exp(-0.31)\begin{bmatrix} 0.11 \\ 0.51 \end{bmatrix}$$

$$\boldsymbol{a}_{1,1}=\begin{bmatrix}0\\0.0120\end{bmatrix},\quad \boldsymbol{a}_{1,2}=\begin{bmatrix}0\\0\end{bmatrix},\quad \boldsymbol{a}_{1,3}=\begin{bmatrix}0\\-0.0120\end{bmatrix}$$

$$\boldsymbol{a}_{2,1}=\begin{bmatrix}0\\0.0122\end{bmatrix},\quad \boldsymbol{a}_{2,2}=\begin{bmatrix}0\\0\end{bmatrix},\quad \boldsymbol{a}_{2,3}=\begin{bmatrix}0\\-0.0122\end{bmatrix}$$

$$\boldsymbol{C}_{r,i}=[0\quad 1],\quad \boldsymbol{D}_{r,i}=1\quad (r=1,2,i=1,2,3)$$

$$\boldsymbol{E}_{1,1}=[1.2\quad 0.2],\quad \boldsymbol{E}_{1,2}=[1.7\quad 0.1],\quad \boldsymbol{E}_{1,3}=[1.1\quad 0.5]$$

$$\boldsymbol{E}_{2,1}=[1.28\quad 0.68],\quad \boldsymbol{E}_{2,2}=[1.3\quad 0.5],\quad \boldsymbol{E}_{2,3}=[1.4\quad 0.6]$$

依据式(8.1.6),这里划分了以下三个状态空间:

$$\begin{cases}\Xi_1=\{x\in R^2\mid -\Psi_2\leqslant x_2\leqslant -\Psi_1\}\\ \Xi_2=\{x\in R^2\mid -\Psi_1\leqslant x_2\leqslant -\Psi_1\}\\ \Xi_3=\{x\in R^2\mid -\Psi_1\leqslant x_2\leqslant -\Psi_2\}\end{cases}$$

其中,Ψ_1 和 Ψ_2 分别为 40 和 160。由式(8.1.5),三个椭圆子空间可以被准确地表达:

$$\begin{cases}\boldsymbol{Q}_1=\boldsymbol{Q}_3=\begin{bmatrix}\boldsymbol{0} & \dfrac{1}{\Psi_2-\Psi_1}\end{bmatrix},\quad \boldsymbol{Q}_2=\begin{bmatrix}\boldsymbol{0} & \dfrac{1}{\Psi_1}\end{bmatrix}\\ q_1=(\Psi_1+\Psi_2)/(\Psi_2-\Psi_1),\quad q_2=0,\quad q_3=(\Psi_1+\Psi_2)/(\Psi_1-\Psi_2)\end{cases}\tag{8.3.1}$$

设 $\bar{\beta}=0.34$,$\xi(x(k))=-0.9\boldsymbol{M}\sin(x(k))$,$\tau_P=4$,$T_P=8$,$\eta=0.51$,有限时间有界的系统参数为 $a_1=1.21$,$a_2=28.95$,$N=40$,$R=\boldsymbol{I}$,$W=1$。外部干扰输入信号和测量噪声信号分别是 $\omega(k)=0.2\exp(-0.4k)\sin(0.4k)$ 和 $\nu(k)=0.1\exp(-0.5k)\sin(0.3k)$。通过求解定理 8.2 中的式(8.2.16)、式(8.2.17)和式(8.2.19),加上参数 $\delta_1=0.7$ 和 $\delta_2=-0.5$,目标滤波器的理想参数可计算为

$$\boldsymbol{A}_{f1,1}=\begin{bmatrix}0.383 & -0.062\\-0.2281 & 0.0078\end{bmatrix},\quad \boldsymbol{A}_{f1,2}=\begin{bmatrix}0.4544 & -0.0785\\-0.0013 & -0.0238\end{bmatrix}$$

$$\boldsymbol{A}_{f1,3}=\begin{bmatrix}0.2202 & -0.0634\\-0.2577 & 0.0310\end{bmatrix},\quad \boldsymbol{A}_{f2,1}=\begin{bmatrix}0.2387 & -0.0980\\-0.2620 & 0.0749\end{bmatrix}$$

$$\boldsymbol{A}_{f2,3}=\begin{bmatrix}0.3233 & -0.1436\\-0.6106 & 0.2243\end{bmatrix},\quad \boldsymbol{A}_{f2,2}=\begin{bmatrix}0.3818 & -0.1387\\-0.3056 & 0.0868\end{bmatrix}$$

$$\boldsymbol{B}_{f1,1}=\begin{bmatrix}0.0231\\-0.0293\end{bmatrix},\quad \boldsymbol{B}_{f2,1}=\begin{bmatrix}-0.0256\\0.0073\end{bmatrix},\quad \boldsymbol{B}_{f1,3}=\begin{bmatrix}-0.0050\\-0.0277\end{bmatrix}$$

$$\boldsymbol{B}_{f2,3}=\begin{bmatrix}-0.0447\\0.0912\end{bmatrix},\quad \boldsymbol{B}_{f2,2}=\begin{bmatrix}-0.0441\\0.0095\end{bmatrix},\quad \boldsymbol{B}_{f1,2}=\begin{bmatrix}0.0341\\-0.0035\end{bmatrix}$$

$$\boldsymbol{a}_{f2,1}=\begin{bmatrix}0.8505\\-0.1991\end{bmatrix},\quad \boldsymbol{a}_{f2,3}=\begin{bmatrix}-0.9195\\1.0205\end{bmatrix},\quad \boldsymbol{a}_{f2,2}=\begin{bmatrix}0\\0\end{bmatrix}$$

$$\boldsymbol{a}_{f1,1}=\begin{bmatrix}-0.7592\\1.1147\end{bmatrix},\quad \boldsymbol{a}_{f1,3}=\begin{bmatrix}-0.1217\\-0.5299\end{bmatrix},\quad \boldsymbol{a}_{f1,2}=\begin{bmatrix}0\\0\end{bmatrix}$$

$$\boldsymbol{E}_{f1,1}=[0.6903\quad 0.0627],\quad \boldsymbol{E}_{f1,3}=[0.7962\quad 0.1405],\quad \boldsymbol{E}_{f1,2}=[0.8835\quad 0.0406]$$

$$\boldsymbol{E}_{f2,1}=[0.9778\quad 0.1891],\quad \boldsymbol{E}_{f2,3}=[0.9953\quad 0.1692],\quad \boldsymbol{E}_{f2,2}=[0.8946\quad 0.1421]$$

采用的序列 $\theta(k)$ 和 $\beta(k)$ 在图 8.2 中给出了。根据得到的滤波器增益,选择初始条件为 $x(0)=[1.11\quad -0.28]^{\mathrm{T}}$ 和 $x_f(0)=[0\quad 0]^{\mathrm{T}}$,式(8.1.1)和式(8.1.3)的状态响应如图 8.3 所示,图 8.4 展示了滤波误差输出响应,可以知道 $\bar{z}(k)$ 逐渐趋近于零,从而保证了所提方法的适用性。

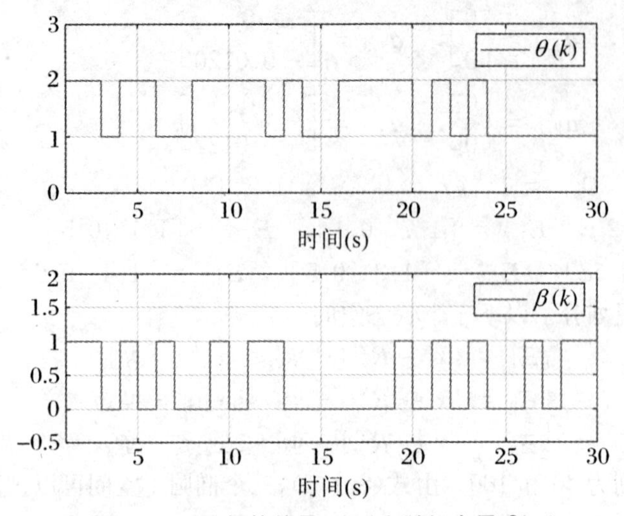

图 8.2　PDT 切换信号 $\boldsymbol{\theta}(k)$和随机变量 $\boldsymbol{\beta}(k)$

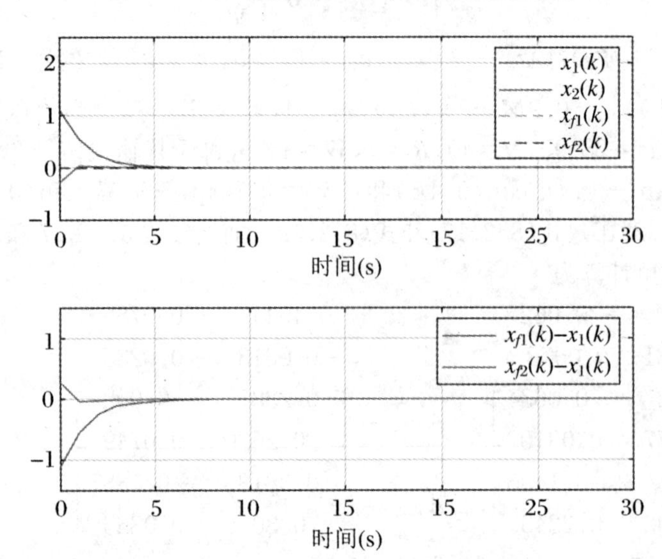

图 8.3　式(8.1.1)和式(8.1.3)的状态响应

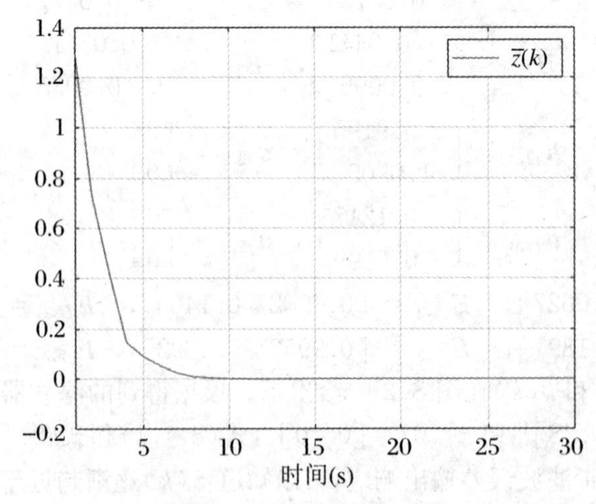

图 8.4　滤波误差输出响应

随后，将着重研究标量 η 和 λ 对系统性能的影响。表 8.1 展示了对于不同的 η 和 λ，优化 l_2-l_∞ 性能指标 $\hat{\tau}_{\min}$ 的变化趋势。这里描述的其他必要参数与上面描述的参数相同。值得一提的是，在一定范围内，采样瞬时衰减率 η 的降低可能导致系统性能下降。而采样瞬时上升率 λ 的降低可能对其产生正向影响，从而改善系统性能。

表 8.1　对于不同的 η 和 λ，优化 l_2-l_∞ 性能指标 $\hat{\tau}_{\min}$ 的变化趋势

$\hat{\tau}_{\min}$	$\eta=0.51$	$\eta=0.53$	$\eta-0.56$	$\eta-0.59$	$\eta=0.62$
$\lambda=1.012$	0.4934	0.4913	0.4892	0.4880	0.4869
$\lambda=1.016$	0.5031	0.5008	0.4987	0.4974	0.4964
$\lambda=1.019$	0.5103	0.508	0.506	0.5046	0.5035
$\lambda=1.022$	0.5178	0.5154	0.5133	0.5119	0.5108

第9章　混合网络攻击下 Markov 切换神经网络的静态输出反馈安全同步控制

由于网络结构的日益复杂和网络通信的普遍应用,非法黑客活动也越来越猖獗。通信网络中数据传输的安全性面临新的挑战。从本质上讲,网络攻击可以分为两大类:DA 和拒绝服务攻击[100-101]。简言之,DA 指的是通过恶意制造虚假信息来取代系统中的真实数据,它是网络攻击中最常见的攻击方式,因而得到了广泛的研究。拒绝服务攻击的机制主要是破坏通信网络中正常的数据传输,是网络攻击最具破坏性的形式。然而,混合网络攻击很少被研究,更没有在 Markov 切换神经网络中被研究,因此这是本章研究的主要动机。

本章研究了混合网络攻击下 Markov 切换神经网络的安全同步控制问题,其中同步控制器采用模态无关静态输出反馈策略。由于通信网络可能遭受多种形式的网络攻击,本章将研究 DA 和拒绝服务攻击下的混合网络攻击。其基本目的在于无论是否发生混合网络攻击,均能应用静态输出反馈策略实现闭环系统的随机稳定性及 H_∞/无源性。同时,本章利用 Lyapunov 稳定性理论和 LMI 技术,通过处理凸优化问题建立了一些充分条件,并利用一个算例证明了该方法的有效性。

9.1 问题描述

9.1.1 系统模型

考虑以下主 Markov 切换神经网络的数学模型:

$$\begin{cases}\dot{\widetilde{\varsigma}}(t) = -\boldsymbol{A}(\delta(t))\widetilde{\varsigma}(t) + \boldsymbol{B}(\delta(t))f(\widetilde{\varsigma}(t)) + \boldsymbol{J}(t)\\ \widetilde{y}(t) = \boldsymbol{C}(\delta(t))\widetilde{\varsigma}(t)\\ \overline{z}(t) = \boldsymbol{H}(\delta(t))\widetilde{\varsigma}(t)\end{cases} \tag{9.1.1}$$

其中,$\widetilde{\varsigma}(t)\in\mathbb{R}^{n_\varsigma}$,$\boldsymbol{J}(t)$,$\widetilde{y}(t)\in\mathbb{R}^{n_y}$,$\overline{z}(t)\in\mathbb{R}^{n_z}$ 分别为主 Markov 切换神经网络的系统状态、外部输入、可测量输出和实际输出。$\boldsymbol{A}(\delta(t))\in\mathbb{R}^{n_\varsigma\times n_\varsigma}$,$\boldsymbol{B}(\delta(t))\in\mathbb{R}^{n_\varsigma\times n_\varsigma}$,$\boldsymbol{C}(\delta(t))\in\mathbb{R}^{n_y\times n_\varsigma}$ 和 $\boldsymbol{H}(\delta(t))\in\mathbb{R}^{n_z\times n_\varsigma}$ 给出了考虑随机模态切换的矩阵。随机过程 $\{\delta(t)\}_{t\geqslant 0}$ 是一个连续时间的齐次 Markov 更新链,$\delta(t)$ 是有限状态集中的值 $\mathcal{A}=\{1,2,\cdots,\theta\}$,模态转移矩阵 $\boldsymbol{\Lambda}_{\delta(t)}\triangleq\{\pi_{mn}\}$。

另一方面,根据文献[102]可知,$f(\widetilde{\varsigma}(t))=\mathrm{col}\{f_1(\widetilde{\varsigma}_1(t)),f_2(\widetilde{\varsigma}_2(t)),\cdots,f_{n_\varsigma}(\widetilde{\varsigma}_{n_\varsigma}(\cdot))\}$ 表示激活函数且 $f_i(0)=0$ 满足如下不等式:

$$\sigma_i^- \leqslant \frac{f_i(a_1) - f_i(a_2)}{a_1 - a_2} \leqslant \sigma_i^+ \quad (a_1 \neq a_2 \in \mathbb{R}) \tag{9.1.2}$$

其中，$i \in \{1,2,\cdots,n_\varsigma\}$，$\sigma_i^-$，$\sigma_i^+$ 为已知常数。

随后，本章设计的从 Markov 切换神经网络可描述为如下形式：

$$\begin{cases} \dot{\varsigma}^*(t) = -\boldsymbol{A}(\delta(t))\varsigma^*(t) + \boldsymbol{B}(\delta(t))f(\varsigma^*(t)) + \boldsymbol{J}(t) \\ \qquad\qquad + \boldsymbol{D}(\delta(t))w(t) + \boldsymbol{E}(\delta(t))u(t) \\ y^*(t) = \boldsymbol{C}(\delta(t))\varsigma^*(t) \\ z^*(t) = \boldsymbol{H}(\delta(t))\varsigma^*(t) \end{cases} \tag{9.1.3}$$

其中，$\varsigma^*(t) \in \mathbb{R}^{n_\varsigma}$，$y^*(t) \in \mathbb{R}^{n_y}$ 和 $z^*(t) \in \mathbb{R}^{n_z}$ 分别表示对应的状态变量、可测输出变量和实际输出变量。$w(t) \in \mathbb{R}^{n_w}$ 表示范围属于 $L_2[0,+\infty)$ 的扰动，$u(t) \in \mathbb{R}^{n_u}$ 表示要设计的控制输入。$\boldsymbol{D}(\delta(t)) \in \mathbb{R}^{n_\varsigma \times n_w}$，$\boldsymbol{E}(\delta(t)) \in \mathbb{R}^{n_\varsigma \times n_u}$ 是具有适当维数的矩阵。

令 $e(t) \triangleq \varsigma^*(t) - \tilde{\varsigma}(t)$，$y(t) \triangleq y^*(t) - \tilde{y}(t)$，$\hat{f}(e(t)) = f(e(t) + \tilde{\varsigma}(t)) - f(\tilde{\varsigma}(t))$，得到如下同步误差系统：

$$\begin{cases} \dot{e}(t) = -\boldsymbol{A}_m e(t) + \boldsymbol{B}_m \hat{f}(e(t)) + \boldsymbol{D}_m w(t) + \boldsymbol{E}_m u(t) \\ y(t) = \boldsymbol{C}_m e(t) \\ z(t) = \boldsymbol{H}_m e(t) \end{cases} \tag{9.1.4}$$

同步误差系统(9.1.4)中的控制输出 $u(t)$ 被设计如下：

$$u(t) = \boldsymbol{K}y(t) \tag{9.1.5}$$

其中，$\boldsymbol{K} \in \mathbb{R}^{n_u \times n_y}$ 是模态未知的输出反馈增益矩阵。

9.1.2　混合网络攻击下的静态输出反馈安全同步控制

考虑到通信网络中的随机攻击，我们建立了 DA 和拒绝服务攻击的混合模型，DA 利用虚假数据而不是真实数据破坏系统的控制性能。当系统遭受 DA 时，式(9.1.5)可以被改写为

$$u(t) = \boldsymbol{K}[\beta_c(t)g(y(t)) + (1 - \beta_c(t))y(t)] \tag{9.1.6}$$

同时，拒绝服务攻击意味着直接阻断信号传输，式(9.1.6)可变为

$$u(t) = \boldsymbol{K}\beta_d(t)[\beta_c(t)g(y(t)) + (1 - \beta_c(t))y(t)] \tag{9.1.7}$$

其中，$\beta_d(t)$ 和 $\beta_c(t) \in \{0,1\}$ 分别描述拒绝服务攻击和 DA 的发生状态，并假设两者相互独立。当拒绝服务攻击发生时，即 $\beta_d(t) = 0$，无论是否发生 DA，通信网络通道都是受阻的，那么 $u(t) = 0$；否则，通信网络通道是标准的，但有可能发生 DA。一旦 $\beta_c(t) = 1$，即将正常信号 $y(t)$ 替换为非线性攻击信号 $g(y(t))$，则 $u(t) = \boldsymbol{K}g(y(t))$；当 $\beta_d(t) = 1$，$\beta_c(t) = 0$ 时，表示无攻击发生，则 $u(t) = \boldsymbol{K}y(t)$。

注解 9.1　在实际工程中，通信网络容易受到恶意网络攻击，这是影响网络安全的重要因素之一。本章认为通信网络遭受的是一种混合网络攻击，称为拒绝服务攻击和 DA。值得注意的是，成功的网络攻击具有任意性。因此，进一步假设拒绝服务攻击和 DA 由具有一定统计显著性的伯努利序列[37]确定，即 $\mathbb{E}\{\beta_d(t)\} = \Pr\{\beta_d(t) = 1\} = \bar{\beta}_d$，$\mathbb{E}\{\beta_c(t)\} = \Pr\{\beta_c(t) = 1\} = \bar{\beta}_c$，并且它们是相互独立的。

注解 9.2 需要注意的是，伪装攻击信号往往无法被检测到，因为它们是攻击者战略性地发送的。假设攻击者可以完全获取同步误差系统（Synchronization Error System，SES）的完整状态信息，DA 模型作为状态相关的非线性函数服从假设 9.1。

考虑到上述因素的影响，可以得到如下 SES 模型：

$$\begin{cases}\dot{e}(t) = -\boldsymbol{A}_m e(t) + \boldsymbol{B}_m \hat{f}(e(t)) + \boldsymbol{D}_m w(t) \\ \qquad + \boldsymbol{E}_m \boldsymbol{K} \beta_d(t)[\beta_c(t) g(y(t)) + (1-\beta_c(t)) y(t)] \\ z(t) = \boldsymbol{C}_m e(t) \\ z(t) = \boldsymbol{H}_m e(t)\end{cases} \tag{9.1.8}$$

此外，为了对所处理的问题给出更明显的解释，Markov 切换神经网络的同步控制框图如图 9.1 所示。

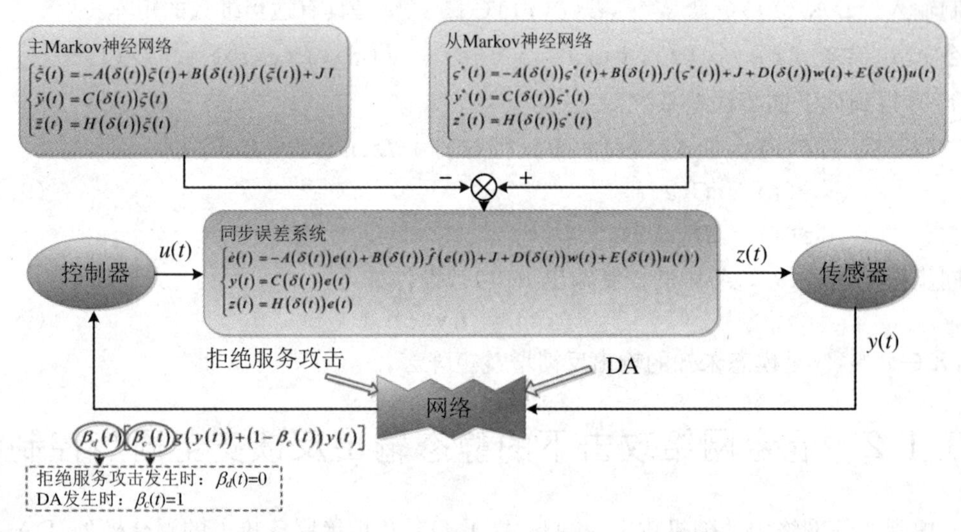

图 9.1 Markov 切换神经网络的同步控制框图

假设 9.1[103] 假设非线性函数 $g(\cdot)$ 满足

$$\|g(y(t))\|^2 \leqslant \|\boldsymbol{G} y(t)\|^2$$

其中，$\boldsymbol{G}$ 是表示非线性上界的常数矩阵。

定义 9.1[104] 对于任何初始条件 e_0 和 $\delta(0) \in \mathcal{A}$，SES[式(9.1.8)]在 $w(t) \equiv 0$ 时是随机稳定的：

$$\lim_{t_p \to \infty} \mathbb{E}\left\{\int_0^{t_p} \|e(t)\|^2 \mathrm{d}t\right\} < \infty$$

定义 9.2[105] 在零初值条件下，给定标量 $\eta > 0$，$\zeta \in [0,1]$，如果存在标量 $\gamma > 0$，对于满足以下条件的任意非零 $w(t) \in L_2[0,+\infty)$：

$$\mathbb{E}\left\{\int_0^{\eta} [-\gamma^2 w^{\mathrm{T}}(t) w(t) + \zeta z^{\mathrm{T}}(t) z(t) - 2(1-\zeta)\gamma z^{\mathrm{T}}(t) w(t)] \mathrm{d}t\right\} \leqslant 0$$

这保证了给定的 H_∞/无源性能指标 γ。

本章旨在设计一个静态输出反馈控制器，它满足以下两个要求：

(1) 当 $w(k) \equiv 0$ 时，SES[式(9.1.8)]是随机稳定的。

(2) 在零初值条件下，SES[式(9.1.8)]满足 H_∞/无源性能指标 γ。

9.2 主要结论

在静态输出反馈增益矩阵 $\boldsymbol{K}$ 已知的条件下，以下定理保证了 SES[式(9.1.8)]期望的 H_∞/无源性能指标 γ。

9.2.1 随机稳定性和 H_∞/无源性能分析

定理 9.1　对于给定的矩阵 $\boldsymbol{G}$，标量 $\zeta\in[0,1]$，$\gamma>0$，$\bar{\beta}_d$，$\bar{\beta}_c$，SES[式(9.1.8)]是随机稳定的，且满足期望的 H_∞/无源性能指标 γ，若对于任意的非零 $w(t)\in L_2[0,+\infty)$，存在正定对称矩阵 $\boldsymbol{P}_m\in\mathbb{R}^{n_\varsigma\times n_\varsigma}$，任一个 $\boldsymbol{F}_v>0\in\mathbb{R}^{n_\varsigma\times n_\varsigma}$ 满足以下条件：

$$\boldsymbol{\Pi}^\alpha\triangleq\begin{bmatrix}\boldsymbol{\Pi}_{11}^\alpha & \boldsymbol{\Pi}_{12}^\alpha & \boldsymbol{\Pi}_{13}^\alpha & \boldsymbol{\Pi}_{14}^\alpha\\ * & \boldsymbol{\Pi}_{22}^\alpha & \boldsymbol{0} & \boldsymbol{0}\\ * & * & -\gamma^2\boldsymbol{I} & \boldsymbol{0}\\ * & * & * & -\boldsymbol{I}\end{bmatrix}<0 \tag{9.2.1}$$

其中

$$\boldsymbol{\Pi}_{11}^\alpha=-2\boldsymbol{P}_\alpha\boldsymbol{A}_\alpha+2\bar{\beta}_d(1-\bar{\beta}_c)\boldsymbol{P}_\alpha\boldsymbol{E}_\alpha\boldsymbol{K}\boldsymbol{C}_\alpha+\sum_{q=1}^{\theta}\pi_{\alpha q}\boldsymbol{P}_q-\boldsymbol{F}_v\hat{\boldsymbol{\sigma}}^-+\boldsymbol{C}_\alpha^{\mathrm{T}}\boldsymbol{G}^{\mathrm{T}}\boldsymbol{G}\boldsymbol{C}_\alpha+\zeta\boldsymbol{H}_\alpha^{\mathrm{T}}\boldsymbol{H}_\alpha$$

$$\boldsymbol{\Pi}_{12}^\alpha=\boldsymbol{P}_\alpha\boldsymbol{B}_\alpha+\boldsymbol{F}_v\hat{\boldsymbol{\sigma}}^+,\quad \boldsymbol{\Pi}_{13}^\alpha=\boldsymbol{P}_\alpha\boldsymbol{D}_\alpha-(1-\zeta)\gamma\boldsymbol{H}_\alpha^{\mathrm{T}},\quad \boldsymbol{\Pi}_{14}^\alpha=\bar{\beta}_d\bar{\beta}_c\boldsymbol{P}_\alpha\boldsymbol{E}_\alpha\boldsymbol{K},\quad \boldsymbol{\Pi}_{22}^\alpha=-\boldsymbol{F}_v$$

$$\hat{\boldsymbol{\sigma}}^-=\mathrm{diag}\{\sigma_1^-\sigma_1^+,\sigma_2^-\sigma_2^+,\cdots,\sigma_{n_\varsigma}^-\sigma_{n_\varsigma}^+\},\quad \hat{\boldsymbol{\sigma}}^+=\mathrm{diag}\left\{\frac{\sigma_1^-+\sigma_1^+}{2},\frac{\sigma_2^-+\sigma_2^+}{2},\cdots,\frac{\sigma_{n_\varsigma}^-+\sigma_{n_\varsigma}^+}{2}\right\}$$

证明　构造 Lyapunov 函数：

$$V(t,\alpha)=e^{\mathrm{T}}(t)\boldsymbol{P}_\alpha e(t)$$

应用文献[43]中提出的弱无穷小算子 $\mathcal{L}$，可以得到

$$\begin{aligned}\mathcal{L}V(t,\alpha)=&2e^{\mathrm{T}}(t)\boldsymbol{P}_m[-\boldsymbol{A}_m e(t)+\boldsymbol{B}_m\hat{f}(e(t))+\boldsymbol{D}_m w(t)\\&+\boldsymbol{E}_m\boldsymbol{K}\beta_d(t)\beta_c(t)g(y(t))+\boldsymbol{E}_m\boldsymbol{K}\beta_d(t)(1-\beta_c(t))y(t)]\\&+\sum_{n=1}^{\theta}\pi_{mn}e^{\mathrm{T}}(t)\boldsymbol{P}_n e(t)\end{aligned}\tag{9.2.2}$$

步骤 1：在 $w(t)=0$ 的条件下，下面证明 SES[式(9.1.8)]的随机稳定性。首先，由式(9.1.2)和假设 9.1 很容易得到以下条件：

$$\mathcal{L}_1=\begin{bmatrix}e(t)\\ \hat{f}(e(t))\end{bmatrix}^{\mathrm{T}}\begin{bmatrix}-\boldsymbol{F}_v\hat{\sigma}^- & \boldsymbol{F}_v\hat{\sigma}^+\\ * & -\boldsymbol{F}_v\end{bmatrix}\begin{bmatrix}e(t)\\ \hat{f}(e(t))\end{bmatrix}\geqslant 0 \tag{9.2.3}$$

$$\mathcal{L}_2=y^{\mathrm{T}}(t)\boldsymbol{G}^{\mathrm{T}}\boldsymbol{G}y(t)-g^{\mathrm{T}}(y(t))g(y(t))\geqslant 0 \tag{9.2.4}$$

其中，$\boldsymbol{F}_v$ 是具有适当维数的正矩阵。

然后，依据式(9.2.2)和式(9.2.4)可得

$$\mathcal{L}V(t,\alpha)\leqslant\mathcal{L}V(t,\alpha)+\mathcal{L}_1+\mathcal{L}_2$$

两边同时取数学期望，可以得到

$$\mathbb{E}\{\mathcal{L}V(t,\alpha)\}\leqslant\mathbb{E}\{\mathcal{L}V(t,\alpha)+\mathcal{L}_1+\mathcal{L}_2\}=\epsilon^{\mathrm{T}}(t)\boldsymbol{\Pi}^{\alpha}\epsilon(t)$$

其中,$\epsilon(t)=\mathrm{col}\{e(t),\hat{f}(e(t)),w(t),g(y(t))\}$,并且根据式(9.2.1),可以得到

$$\mathcal{L}V(t,\alpha)<0$$

定义 $\tilde{\lambda}=\lambda_{\min}(-\boldsymbol{\Pi}^{\alpha})$,可以得到以下不等式:

$$\mathbb{E}\{\mathcal{L}V(t,\alpha)\}\leqslant-\tilde{\lambda}\,\mathbb{E}\{e^{\mathrm{T}}(t)e(t)\}$$

最后,利用 Dynkin 公式进行推导,可得

$$\lim_{t_p\to\infty}\mathbb{E}\left\{\int_0^{t_p}\|e(t)\|^2\mathrm{d}t\right\}<\infty$$

根据定义 9.1,可以得到 SES[式(9.1.8)]是随机稳定的。

步骤 2:当任意非零 $w(t)\in L_2[0,+\infty)$时,在步骤 1 的基础上验证 SES[式(9.1.8)]满足给定的 H_∞/无源性能指标 γ。首先,给出 H_∞/无源在零初值条件下的性能:

$$\mathcal{L}_3=\mathbb{E}\left\{\int_0^{\eta}[-\gamma^2w^{\mathrm{T}}(t)w(t)+\zeta z^{\mathrm{T}}(t)z(t)-2(1-\zeta)\gamma z^{\mathrm{T}}(t)w(t)]\mathrm{d}t\right\}$$

那么,很容易得到以下公式成立:

$$\begin{aligned}\mathcal{L}_3=&\ \mathbb{E}\left\{\int_0^{\eta}[-\gamma^2w^{\mathrm{T}}(t)w(t)+\zeta z^{\mathrm{T}}(t)z(t)-2(1-\zeta)\gamma z^{\mathrm{T}}(t)w(t)]\mathrm{d}t\right\}\\&+\mathbb{E}\left\{\int_0^{\eta}\mathcal{L}V(t,\alpha)\mathrm{d}t\right\}-\mathbb{E}\{V(t_\eta,\delta_\eta)-V(t_0,\delta_0)\}\\\leqslant&\ \mathbb{E}\left\{\int_0^{\eta}[-\gamma^2w^{\mathrm{T}}(t)w(t)+\zeta z^{\mathrm{T}}(t)z(t)-2(1-\zeta)\gamma z^{\mathrm{T}}(t)w(t)]\mathrm{d}t\right\}\\&+\mathbb{E}\left\{\int_0^{\eta}\mathcal{L}V(t,\alpha)\mathrm{d}t\right\}\\=&\int_0^{\eta}[\epsilon^{\mathrm{T}}(t)\boldsymbol{\Pi}^{\alpha}\rho\epsilon(t)]\mathrm{d}t\end{aligned}$$

根据式(9.2.1),可以得出 $\mathcal{L}_3<0$。因此

$$\mathbb{E}\left\{\int_0^{\eta}[-\gamma^2w^{\mathrm{T}}(t)w(t)+\zeta z^{\mathrm{T}}(t)z(t)-2(1-\zeta)\gamma z^{\mathrm{T}}(t)w(t)]\mathrm{d}t\right\}<0\qquad(9.2.5)$$

依据定义 9.2,保证了 SES[式(9.1.8)]满足期望的 H_∞/无源性能指标 γ,证毕。

注意,当静态输出反馈增益矩阵 $\boldsymbol{K}$ 未知时,式(9.2.1)是非线性矩阵不等式,其中增益矩阵 $\boldsymbol{K}$ 与变量矩阵 $\boldsymbol{P}_m$ 耦合,这导致了一个非凸问题。因此,定理 9.1 不能直接应用于静态输出反馈同步控制器的设计。在这种情况下,给出了一种参数化的静态输出反馈控制方法,将静态输出反馈增益矩阵 $\boldsymbol{K}$ 从定理 9.2 中的变量矩阵 $\boldsymbol{P}_m$ 中分离出来。

注解 9.3 定理 9.1 中出现的耦合项 $\boldsymbol{P}_\alpha\boldsymbol{E}_\alpha\boldsymbol{K}\boldsymbol{C}_\alpha$ 可重构为

$$(\boldsymbol{P}_\alpha\boldsymbol{E}_\alpha-\boldsymbol{S}\boldsymbol{Q})\boldsymbol{Q}^{-1}\boldsymbol{R}\boldsymbol{C}_\alpha+\boldsymbol{S}\boldsymbol{R}\boldsymbol{C}_\alpha\qquad(9.2.6)$$

其中,$\boldsymbol{K}=\boldsymbol{Q}^{-1}\boldsymbol{R}$,$\boldsymbol{S}$ 是任意给定的矩阵,$\boldsymbol{Q}$ 和 $\boldsymbol{R}$ 是所设计的未知矩阵。

9.2.2 控制器设计

定理 9.2 对于给定的标量 $\zeta\in[0,1]$,$\gamma>0$,$\bar{\beta}_d$,$\bar{\beta}_c$ 和矩阵 $\boldsymbol{S}$,$\boldsymbol{G}$,SES[式(9.1.8)]是随机稳定的,且对任意非零 $w(t)\in L_2[0,+\infty)$满足给定的 H_∞/无源性能指标 γ,若存在正定矩阵 $\boldsymbol{P}_m$,矩阵 $\boldsymbol{F}_v>0$,$\boldsymbol{Q}$,$\boldsymbol{R}$ 和标量 $\bar{e}>0$ 满足以下条件:

$$\boldsymbol{\Phi}^m \triangleq \begin{bmatrix} \boldsymbol{\Phi}_{11}^m & \boldsymbol{\Phi}_{12}^m & \boldsymbol{\Phi}_{13}^m \\ * & \boldsymbol{\Phi}_{22}^m & \boldsymbol{\Phi}_{23}^m \\ * & * & \boldsymbol{\Phi}_{33}^m \end{bmatrix} < 0 \tag{9.2.7}$$

其中

$$\boldsymbol{\Phi}_{11}^m = \begin{bmatrix} \widetilde{\boldsymbol{\Pi}}_{11}^m & \boldsymbol{\Pi}_{12}^m \\ * & -\boldsymbol{F}_v \end{bmatrix}, \quad \boldsymbol{\Phi}_{12}^m = \begin{bmatrix} \boldsymbol{\Pi}_{13}^m & \bar{\beta}_d \bar{\beta}_c \boldsymbol{SR} \\ \boldsymbol{0} & \boldsymbol{0} \end{bmatrix}$$

$$\boldsymbol{\Phi}_{13}^m = \begin{bmatrix} \boldsymbol{P}_m \boldsymbol{E}_m - \boldsymbol{SQ} & \bar{\beta}_d (1 - \bar{\beta}_c) \boldsymbol{C}_m^{\mathrm{T}} \boldsymbol{R}^{\mathrm{T}} \\ \boldsymbol{0} & \boldsymbol{0} \end{bmatrix}, \quad \boldsymbol{\Phi}_{22}^m = \begin{bmatrix} -\gamma^2 \boldsymbol{I} & \boldsymbol{0} \\ \boldsymbol{0} & -\boldsymbol{I} \end{bmatrix}$$

$$\boldsymbol{\Phi}_{23}^m = \begin{bmatrix} \boldsymbol{0} & \boldsymbol{0} \\ \boldsymbol{0} & \bar{\beta}_d \bar{\beta}_c \boldsymbol{R}^{\mathrm{T}} \end{bmatrix}, \quad \boldsymbol{\Phi}_{33}^m = \begin{bmatrix} \bar{\varrho} - \boldsymbol{Q} - \boldsymbol{Q}^{\mathrm{T}} & \boldsymbol{0} \\ \boldsymbol{0} & -\bar{\varrho} \end{bmatrix}$$

且

$$\widetilde{\boldsymbol{\Pi}}_{11}^m = -2\boldsymbol{P}_m \boldsymbol{A}_m + 2\bar{\beta}_d (1 - \bar{\beta}_c) \boldsymbol{SRC}_m + \sum_{n=1}^{\theta} \pi_{mn} \boldsymbol{P}_n - \boldsymbol{F}_v \hat{\sigma}^- + \boldsymbol{C}_m^{\mathrm{T}} \boldsymbol{G}^{\mathrm{T}} \boldsymbol{G} \boldsymbol{C}_m + \zeta \boldsymbol{H}_m^{\mathrm{T}} \boldsymbol{H}_m$$

其中,静态输出反馈增益矩阵 $\boldsymbol{K}$ 为

$$\boldsymbol{K} = \boldsymbol{Q}^{-1} \boldsymbol{R} \tag{9.2.8}$$

证明　根据注解 9.3 中的方法和不等式 $-\boldsymbol{Q}^{\mathrm{T}} \bar{\varrho}^{-1} \boldsymbol{Q} \leqslant \bar{\varrho} - \boldsymbol{Q} - \boldsymbol{Q}^{\mathrm{T}}$,由式(9.2.7)可以得到

$$\boldsymbol{\Gamma}^m \triangleq \begin{bmatrix} \widetilde{\boldsymbol{\Pi}}_{11}^m & \boldsymbol{\Pi}_{12}^m & \boldsymbol{\Pi}_{13}^m & \bar{\beta}_d \bar{\beta}_c \boldsymbol{SR} & \boldsymbol{P}_m \boldsymbol{E}_m - \boldsymbol{SQ} & \bar{\beta}_d (1 - \bar{\beta}_c) \boldsymbol{C}_m^{\mathrm{T}} \boldsymbol{R}^{\mathrm{T}} \\ * & -\boldsymbol{F}_v & \boldsymbol{0} & \boldsymbol{0} & \boldsymbol{0} & \boldsymbol{0} \\ * & * & -\gamma^2 \boldsymbol{I} & \boldsymbol{0} & \boldsymbol{0} & \boldsymbol{0} \\ * & * & * & -\boldsymbol{I} & \boldsymbol{0} & \bar{\beta}_d \bar{\beta}_c \boldsymbol{R}^{\mathrm{T}} \\ * & * & * & * & -\boldsymbol{Q}^{\mathrm{T}} \bar{\varrho}^{-1} \boldsymbol{Q} & \boldsymbol{0} \\ * & * & * & * & * & -\bar{\varrho} \end{bmatrix} \leqslant \boldsymbol{\Phi}^m \tag{9.2.9}$$

然后使用 Schur 补引理,式(9.2.9)等价于下式:

$$\boldsymbol{\Xi}^m = \begin{bmatrix} \widetilde{\boldsymbol{\Pi}}_{11}^m & \boldsymbol{\Pi}_{12}^m & \boldsymbol{\Pi}_{13}^m & \bar{\beta}_d \bar{\beta}_c \boldsymbol{SR} \\ * & -\boldsymbol{F}_v & \boldsymbol{0} & \boldsymbol{0} \\ * & * & -\gamma^2 \boldsymbol{I} & \boldsymbol{0} \\ * & * & * & -\boldsymbol{I} \end{bmatrix} + \bar{\varrho} \mathcal{M} \mathcal{M}^{\mathrm{T}} + \bar{\varrho}^{-1} \mathcal{N} \mathcal{N}^{\mathrm{T}} \tag{9.2.10}$$

其中

$$\mathcal{M} = [\boldsymbol{Q}^{-\mathrm{T}} (\boldsymbol{P}_m \boldsymbol{E}_m - \boldsymbol{SQ})^{\mathrm{T}} \quad \boldsymbol{0} \quad \boldsymbol{0} \quad \boldsymbol{0}]^{\mathrm{T}}, \quad \mathcal{N} = [\bar{\beta}_d (1 - \bar{\beta}_c) \boldsymbol{RC}_m \quad \boldsymbol{0} \quad \boldsymbol{0} \quad \bar{\beta}_d \bar{\beta}_c \boldsymbol{R}]^{\mathrm{T}}$$

根据不等式 $\mathcal{M} \mathcal{N}^{\mathrm{T}} + \mathcal{N} \mathcal{M}^{\mathrm{T}} \leqslant \bar{\varrho} \mathcal{M} \mathcal{M}^{\mathrm{T}} + \bar{\varrho}^{-1} \mathcal{N} \mathcal{N}^{\mathrm{T}}$,可以得到

$$\boldsymbol{\Omega}^m \triangleq \begin{bmatrix} \widetilde{\boldsymbol{\Pi}}_{11}^m & \boldsymbol{\Pi}_{12}^m & \boldsymbol{\Pi}_{13}^m & \bar{\beta}_d \bar{\beta}_c \boldsymbol{SR} \\ * & -\boldsymbol{F}_v & \boldsymbol{0} & \boldsymbol{0} \\ * & * & -\gamma^2 \boldsymbol{I} & \boldsymbol{0} \\ * & * & * & -\boldsymbol{I} \end{bmatrix} + \mathcal{M} \mathcal{N}^{\mathrm{T}} + \mathcal{N} \mathcal{M}^{\mathrm{T}} \leqslant \boldsymbol{\Xi}^m \tag{9.2.11}$$

最后，将注解9.3中的方法与式(9.2.8)结合起来，很容易推导出式(9.2.7)等价于式(9.2.1)。从而保证了SES[式(9.1.8)]满足期望的 H_∞/无源性能指标 γ。

注解9.4 通过参数化方法，消除了控制输入矩阵 $\boldsymbol{E}_m$ 为全列秩、测量矩阵 $\boldsymbol{C}_m$ 为全行秩的要求。同时，将矩阵 $\boldsymbol{P}_m$ 与控制器矩阵 $\boldsymbol{K}$ 分离，因此本章设计的控制器具有较小的保守性和较高的有效性。

9.3 仿真验证

在本节中，通过一个数值的例子来验证定理9.2的有效性。双模态转移概率矩阵为

$$\boldsymbol{\Lambda}(\delta(t)) = \begin{bmatrix} -0.825 & 0.825 \\ 0.65 & -0.65 \end{bmatrix}$$

考虑SES[式(9.1.8)]具有以下参数：

模态1：

$$\boldsymbol{A}_1 = \operatorname{diag}\{0.13, 0.35, 0.25\}, \quad \boldsymbol{H}_1 = \begin{bmatrix} 0.5 & 0.6 & 0.4 \end{bmatrix}$$

$$\boldsymbol{B}_1 = \begin{bmatrix} -0.5 & -0.2 & -0.3 \\ -0.3 & -0.45 & -0.1 \\ -0.4 & -0.1 & -0.65 \end{bmatrix}, \quad \boldsymbol{C}_1 = \begin{bmatrix} 0.7 & 0.8 & 0.9 \\ 0.9 & 0.65 & 0.1 \\ 0.8 & 0.9 & 0.8 \end{bmatrix}$$

$$\boldsymbol{D}_1 = \begin{bmatrix} 0.2 \\ 0.1 \\ 0.2 \end{bmatrix}, \quad \boldsymbol{E}_1 = \begin{bmatrix} 0.2 \\ 0.3 \\ 0.2 \end{bmatrix}$$

模态2：

$$\boldsymbol{A}_2 = \operatorname{diag}\{0.14, 0.2, 0.25\}, \quad \boldsymbol{H}_2 = \begin{bmatrix} 0.4 & 0.3 & 0.5 \end{bmatrix}$$

$$\boldsymbol{B}_2 = \begin{bmatrix} -0.6 & -0.2 & -0.1 \\ -0.6 & -0.45 & -0.4 \\ -0.2 & -0.3 & -0.35 \end{bmatrix}, \quad \boldsymbol{C}_2 = \begin{bmatrix} 0.7 & 0.7 & 0.9 \\ 0.6 & 0.8 & 0.5 \\ 0.8 & 0 & 0.6 \end{bmatrix}$$

$$\boldsymbol{D}_2 = \begin{bmatrix} 0.3 \\ 0.1 \\ 0.2 \end{bmatrix}, \quad \boldsymbol{E}_2 = \begin{bmatrix} 0.3 \\ 0.2 \\ 0.2 \end{bmatrix}$$

且 $\boldsymbol{S} = \begin{bmatrix} 0.3 & 0.2 & 0.2 \end{bmatrix}^{\mathrm{T}}$，$f(e(t)) = \dfrac{|e(t)+1| - |e(t)-1|}{2}$，$g(y(t)) = -\tanh(y(t))$，$J(t) = 0.15\sin t$，攻击发生的概率假设为 $\bar{\beta}_d = 0.5$ 和 $\bar{\beta}_c = 0.8$，通过上述数据可进一步推出 $\hat{\boldsymbol{\sigma}}^- = \operatorname{diag}\{0,0,0\}$，$\hat{\boldsymbol{\sigma}}^+ = \operatorname{diag}\{0.5,0.5,0.5\}$，$\boldsymbol{G} = \operatorname{diag}\{1,1,1\}$。图9.2(a)、(b)和(c)根据以上信息分别描绘了神经网络的模态演变过程、拒绝服务攻击序列和DA序列。

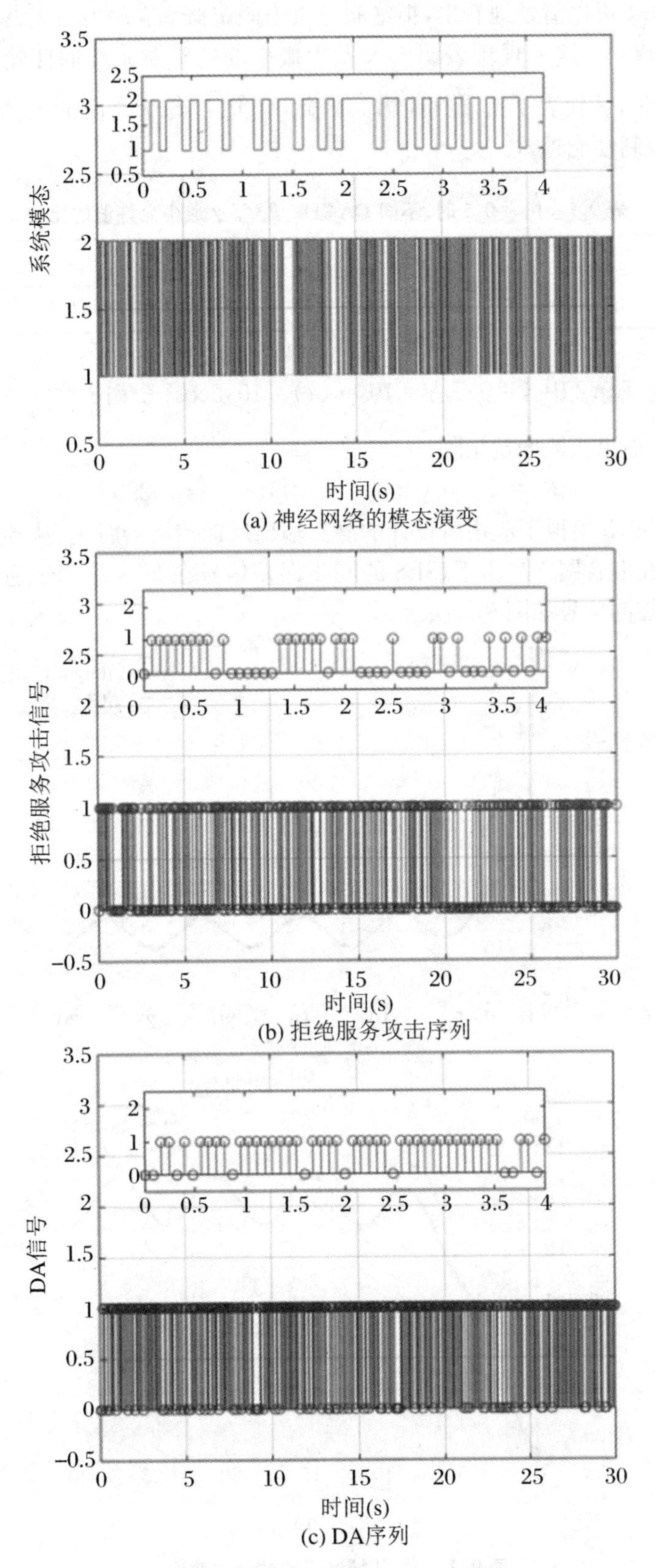

(a) 神经网络的模态演变

(b) 拒绝服务攻击序列

(c) DA序列

图 9.2　模态选择以及攻击发生情况

此外,从表9.1可以清楚地看出,拒绝服务攻击固定概率 $\bar{\beta}_d=0.5$,DA的概率 $\bar{\beta}_c$ 越大,γ 的最小允许值越大。这一现象表明DA发生概率的选择对系统的性能水平具有重要意义。值得指出的是,γ 代表了抗干扰能力。因此,研究 $\bar{\beta}_c$ 与 γ 之间的关系是合理的。攻击越频繁,系统的控制性能越差。

表9.1 $\bar{\beta}_d=0.5$ 时,不同DA概率 $\bar{\beta}_c$ 下 γ 最小允许值的比较

$\bar{\beta}_c$	0.25	0.5	0.75	0.9	1
$\gamma_{\min}$	0.6828	0.6830	0.7985	0.8454	0.8511

然后,应用定理9.2中 $\zeta=0.5,\gamma=10,w(t)=10.5\cos\left(\frac{\pi}{4}t\right)e^{-0.4t}$,根据上述给出的信息,可以得到静态输出反馈增益矩阵:

$$\boldsymbol{K}=[-0.0408\quad -0.0312\quad -0.0295]$$

与此同时,图9.3模拟了应用所设计的静态输出反馈控制器时主、从神经网络的状态演变。图9.4说明在混合网络攻击下,SES的同步误差信号在20 s后趋于稳定。有攻击和没有攻击时生成的控制信号如图9.5所示。

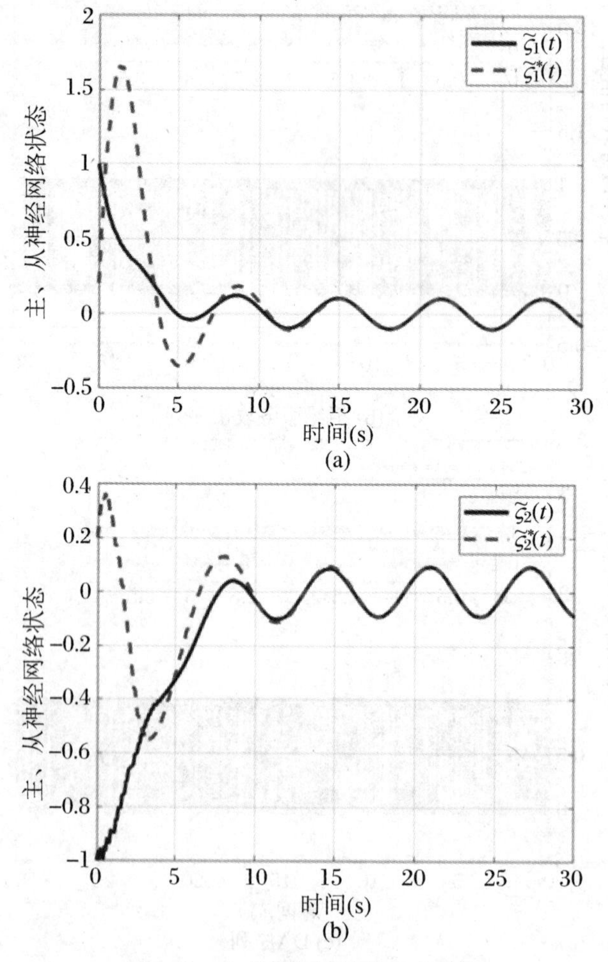

图9.3 主、从神经网络的状态演变

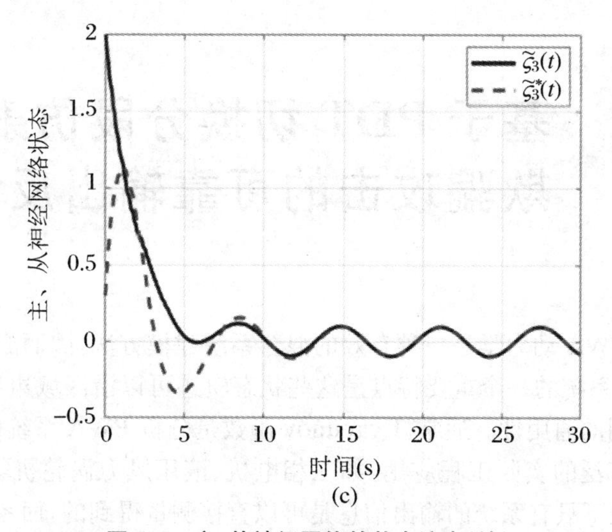

(c)

图 9.3　主、从神经网络的状态演变(续)

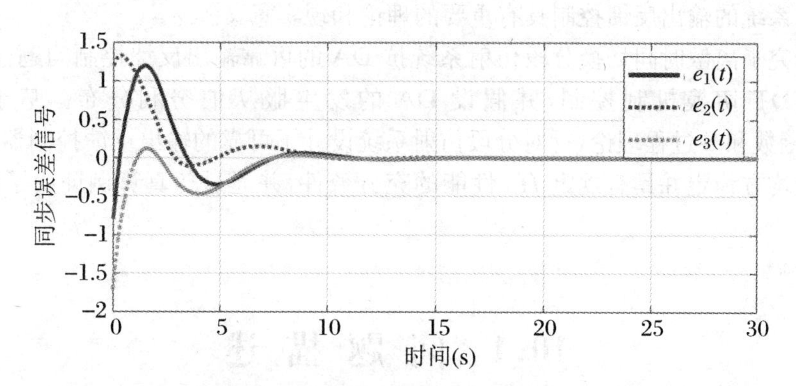

图 9.4　同步误差系统的状态演变

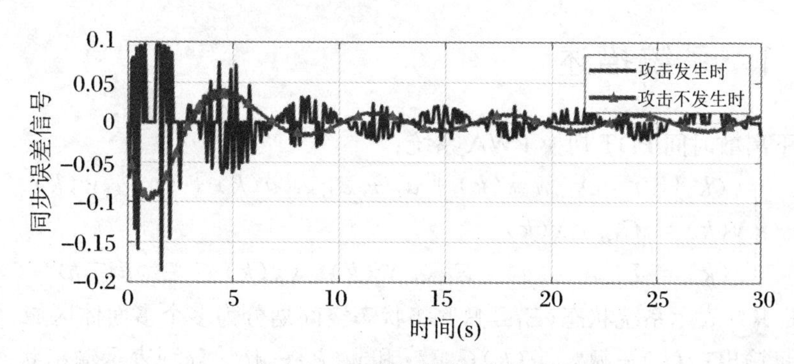

图 9.5　控制信号的状态演变

通过上述仿真实例可以看出，采用静态输出反馈控制策略，达到了在混合网络攻击下稳定闭环系统的目的。

第10章　基于PDT切换分段仿射系统抗欺骗攻击的可靠输出反馈控制

近年来，由于PWA动力学是一种有效的混合系统建模方法，因而成为混合系统研究的热点[106-108]。PWA系统的一个重要特点是这些状态轨迹可以沿区域边界不连续，这增加了PWA系统建模应用的通用性。通常，Lyapunov函数是分析PWA系统的常用方法。此外，PWA系统还具有广泛的实际工程应用，如三相电机、液压风力涡轮机等[109-110]。在实际工业生产中，很多情况下只有系统的输出信息是可以直接测量得到的，而系统全部的状态通常是不可测的。鉴于此，输出反馈控制问题的研究就显得尤为重要。因此，研究网络攻击下切换分段仿射系统的输出反馈控制具有重要的理论和现实意义。

本章研究了离散时间切换分段仿射系统抗DA的可靠输出反馈控制问题，所构建系统的模态由PDT切换机制控制，并假设DA的发生服从伯努利分布。基于模态相关Lyapunov函数和S过程理论，针对分段仿射系统设计了可靠的输出反馈控制器。建立了保证系统指数均方稳定并具有规定H_∞性能的充分条件，并通过仿真算例证明了控制器的有效性。

10.1　问题描述

10.1.1　系统描述

考虑如下离散时间PDT切换PWA系统：

$$\begin{cases} x(k+1)=\boldsymbol{A}_{i,\rho(k)}x(k)+\boldsymbol{a}_i+\boldsymbol{B}_{i,\rho(k)}u(k)+\boldsymbol{D}_{i,\rho(k)}w(k) \\ y(k)=\boldsymbol{C}_{i,\rho(k)}x(k) \\ z(k)=\boldsymbol{L}_{i,\rho(k)}x(g)+\boldsymbol{E}_{i,\rho(k)}w(k) \quad (x(k)\in\Xi_i, i\in\hbar) \end{cases} \tag{10.1.1}$$

其中，$x(k)\in\mathbb{R}^{n_x}$表示系统状态；$\Xi_i\subseteq\mathbb{R}^{n_x}$将状态空间划分为多个多面体区域；$y(k)\in\mathbb{R}^{n_y}$表示系统测量输出；$z(k)\in\mathbb{R}^{n_z}$，$u(k)\in\mathbb{R}^{n_u}$和$w(k)\in\mathbb{R}^{n_w}$分别表示输出状态、控制输入和外部扰动，$w(k)\in l_2[0,\infty)$；$\boldsymbol{A}_{i,\rho(k)}\in\mathbb{R}^{n_x\times n_x}$，$\boldsymbol{B}_{i,\rho(k)}\in\mathbb{R}^{n_x\times n_u}$，$\boldsymbol{C}_{i,\rho(k)}\in\mathbb{R}^{n_y\times n_x}$，$\boldsymbol{D}_{i,\rho(k)}\in\mathbb{R}^{n_x\times n_w}$，$\boldsymbol{E}_{i,\rho(k)}\in\mathbb{R}^{n_z\times n_w}$，$\boldsymbol{L}_{i,\rho(k)}\in\mathbb{R}^{n_z\times n_x}$和$\boldsymbol{a}_i\in\mathbb{R}^{n_x}$是已知矩阵；$\rho(k)\in\mathcal{N}$表示PDT切换信号，$\mathcal{N}\triangleq\{1,2,\cdots,N\}$是一个有限的集合，其中$N$表示子系统的数量；$\hbar\triangleq\{1,2,\cdots,H\}$代表不同区域的编号。特别地，$\boldsymbol{a}_i=0$表示包含初值的区域。具体来说，区域索引$\hbar$被划分为两种类型：$\hbar=\hbar_0\cup\hbar_1$，其中$\hbar_0$表示包含原点的区域集合，$\hbar_1$表示不包含原点的区域集合。

在本章中,考虑到控制信号在通过开放通信网络传输时可能会遇到 DA,因此

$$u(k)=\boldsymbol{K}_{i,l}(\alpha(k)y(k)+(1-\alpha(k))\xi(x(k)))$$

其中,$\boldsymbol{K}_{i,l}\in\mathbb{R}^{n_u\times n_y}$ 代表控制器增益;$\xi(x(k))\in\mathbb{R}^{n_y}$ 表示由攻击者发射的攻击信号,满足条件 $\|\xi(x(k))\|\leqslant\|Mx(k)\|$;$\alpha(k)$ 表示伯努利分布序列,用于描述是否遇到 DA:

$$\alpha(k)\triangleq\begin{cases}0 & (\text{攻击发生})\\ 1 & (\text{正常})\end{cases}$$

随机变量 $\alpha(k)$ 满足 $\Pr\{\alpha(k)=1\}=\alpha$,$\Pr\{\alpha(k)=0\}=1-\alpha$,$\alpha$ 是一个已知的常数并且满足 $0\leqslant\alpha\leqslant 1$。因此,可以得到如下闭环系统:

$$\begin{cases}x(k+1)=(\boldsymbol{A}_{i,l}+\alpha(k)\boldsymbol{B}_{i,l}\boldsymbol{K}_{i,l}\boldsymbol{C}_{i,l})x(k)\\ \qquad\qquad +(1-\alpha(k))\boldsymbol{B}_{i,l}\boldsymbol{K}_{i,l}\xi(x(k))+\boldsymbol{D}_{i,l}w(k)+\boldsymbol{a}_i\\ y(k)=\boldsymbol{C}_{i,l}x(k)\\ z(k)=\boldsymbol{L}_{i,l}x(k)+\boldsymbol{E}_{i,l}w(k)\quad(x(k)\in\Xi_i,i\in\hbar,l\in\mathcal{N})\end{cases}\tag{10.1.2}$$

10.1.2　椭球区域设计

在本节中,为了解决 Lyapunov 函数框架下离散时间 PDT 切换 PWA 系统(10.1.1)的控制器设计问题,假设集合 Ω 包含所有可能的子空间切换:

$$\Omega\triangleq\{(i,o)\mid x(k)\in\Xi_i,x(k+1)\in\Xi_o,i,o\in\hbar\}$$

特别地,当 $i=o$ 时,在 k 时刻,表示状态转换发生在同一个子空间内。文献[111]指出,每个多面体子空间都可以被塑造成椭球体,即

$$\Xi_i\subseteq\varrho_i,\quad \varrho_i=\{x\mid\|\boldsymbol{Q}_ix+q_i\|\leqslant 1\}\tag{10.1.3}$$

需要指出的是,如果多面体子空间 Ξ_i 满足 $\Xi_i=\{x\mid d_{1i}\leqslant\vartheta_i^{\mathrm{T}}x\leqslant d_{2i}\}$,则有以下等式成立:

$$\boldsymbol{Q}_i=\frac{2\vartheta_i^{\mathrm{T}}}{d_{2i}-d_{1i}},\quad q_i=-\frac{d_{2i}+d_{1i}}{d_{2i}-d_{1i}}$$

可以得到以下不等式:

$$\begin{bmatrix}x(k)\\1\end{bmatrix}^{\mathrm{T}}\begin{bmatrix}\boldsymbol{Q}_i^{\mathrm{T}}\boldsymbol{Q}_i & \boldsymbol{Q}_i^{\mathrm{T}}q_i\\ q_i^{\mathrm{T}}\boldsymbol{Q}_i & q_i^{\mathrm{T}}q_i-1\end{bmatrix}\begin{bmatrix}x(k)\\1\end{bmatrix}\leqslant 0\quad(i\in\hbar)$$

引理 10.1[112]　矩阵 $\mathcal{G}$,$\mathcal{H}$ 和 $\mathcal{F}(k)$ 具有合适的维度,并且 $\mathcal{F}^{\mathrm{T}}(k)\mathcal{F}(k)\leqslant\boldsymbol{I}$。那么,对于任意 $\theta>0$,有

$$\mathcal{G}^{\mathrm{T}}\mathcal{F}(k)\mathcal{H}+\mathcal{H}^{\mathrm{T}}\mathcal{F}^{\mathrm{T}}(k)\mathcal{G}\leqslant\theta^{-1}\mathcal{G}^{\mathrm{T}}\mathcal{G}+\theta\mathcal{H}^{\mathrm{T}}\mathcal{H}\tag{10.1.4}$$

本章旨在设计一个可靠的输出反馈控制器,它满足以下两个要求:

(1) 当 $w(k)\equiv 0$ 时,闭环系统(10.1.2)是指数均方稳定的:

$$\mathbb{E}\{\|x(k)\|^2\}\leqslant\mathbb{E}\{\partial\,\tilde{\varsigma}^{k-k_0}\|x(k_0)\|^2\}\quad(\forall k\geqslant k_0)\tag{10.1.5}$$

(2) 在零初值条件下,闭环系统(10.1.2)具有 H_∞ 性能:

$$\sum_{k=0}^{\infty}\mathbb{E}\{z^{\mathrm{T}}(k)z(k)\}\leqslant\breve{\gamma}^2\,\mathbb{E}\{w^{\mathrm{T}}(k)w(k)\}\tag{10.1.6}$$

10.2 主要结论

10.2.1 指数均方稳定性和 H_∞ 性能分析

定理 10.1 构造如下 Lyapunov 函数：

$$V_l(k) \triangleq x^{\mathrm{T}}(k)\boldsymbol{P}_l x(k)$$

其中，$\boldsymbol{P}_l>0$ 是对称矩阵。已知 $\gamma>0,\mu>1,0<\rho<1$，如果同时满足以下条件：

$$\mathbb{E}\{V_l(x(k+1),\sigma(k))\}\leqslant \mathbb{E}\{\rho V_l(x(k),\sigma(k))-z^{\mathrm{T}}(k)z(k)+\gamma^2 w^{\mathrm{T}}(k)w(k)\} \tag{10.2.1}$$

$$\mathbb{E}\{V_l(x(k_{j_l+n}),\sigma(k_{j_l+n}))\}\leqslant \mathbb{E}\{\mu V_l(x(k_{j_l+n}),\sigma(k_{j_l+n-1}))\} \tag{10.2.2}$$

$$\mu^{T_{\mathrm{PDT}}+1}\rho^{T_{\mathrm{PDT}}+\tau_{\mathrm{PDT}}}<1 \tag{10.2.3}$$

那么闭环系统(10.1.2)是指数均方稳定的，且满足 H_∞ 性能指标 $\breve{\gamma}$，其中

$$\breve{\gamma}\triangleq\gamma\sqrt{\frac{\breve{\mu}(1-\rho)}{1-\breve{\rho}}},\quad \breve{\mu}\triangleq\mu^{(T_{\mathrm{PDT}}+1)(1/(T_{\mathrm{PDT}}+\tau_{\mathrm{PDT}})+1)},\quad \breve{\rho}\triangleq\rho\mu^{(T_{\mathrm{PDT}}+1)/(T_{\mathrm{PDT}}+\tau_{\mathrm{PDT}})}$$

证明 根据闭环系统(10.1.2)，在 $w(k)\equiv 0$ 的条件下，可以得到

$$\mathbb{E}\{V_l(x(k+1),\sigma(k))\}\leqslant \mathbb{E}\{\rho V_l(x(k),\sigma(k))\} \tag{10.2.4}$$

根据 PDT 切换策略，可以推出

$$\Phi(k_{j_l},k_{j_l+1})\leqslant T^{(l)}+1$$

因此，可得

$$\begin{aligned}\mathbb{E}\{V_l(x(k_{j_l+1}),\sigma(k_{j_l+1}))\}&\leqslant \mu\,\mathbb{E}\{V_l(x(k_{j_{l+1}}),\sigma(k_{j_{l+1}-1}))\}\\&\leqslant \mu\rho\,\mathbb{E}\{V_l(x(k_{j_{l+1}}-1),\sigma(k_{j_{l+1}-1}))\}\\&\ \ \vdots\\&\leqslant \mu^{T^{(l)}+1}\rho^{\tau_{\mathrm{PDT}}+T^{(l)}}\,\mathbb{E}\{V_l(x(k_{j_l}),\sigma(k_{j_l}))\}\\&\leqslant \zeta\,\mathbb{E}\{V_l(x(k_{j_l}),\sigma(k_{j_l}))\}\end{aligned} \tag{10.2.5}$$

其中，$\zeta\triangleq\max\limits_{\forall l\in\mathbf{N}\geqslant 1}\{\mu^{T^{(l)}+1}\rho^{\tau_{\mathrm{PDT}}+T^{(l)}}\}$。

下面分 $\mu\rho\geqslant 1$，$0<\mu\rho<1$ 两种情况进行讨论。

当 $\mu\rho\geqslant 1$ 时，依据式(10.2.3)，可得 $0<\zeta\leqslant(\mu\rho)^{T_{\mathrm{PDT}}}\mu\rho^{\tau_{\mathrm{PDT}}}=\mu^{T_{\mathrm{PDT}}+1}\rho^{T_{\mathrm{PDT}}+\tau_{\mathrm{PDT}}}<1$；当 $0<\mu\rho<1$ 时，可以很容易得到 $0<\zeta<1$。综上所述，可以得到 $\mathbb{E}\{V_l(x(k_{j_l}),\sigma(k_{j_l}))\}\leqslant \zeta\,\mathbb{E}\{V_l(x(k_{j_l-1}),\sigma(k_{j_l-1}))\}\leqslant\cdots\leqslant\zeta^{l-1}\mathbb{E}\{V_l(x(k_{j_1}),\sigma(k_{j_1}))\}$。

考虑到 $k\in[k_{j_l},k_{j_{l+1}})$，$l\in\mathbf{N}\geqslant 1$，可以推出

$$\begin{aligned}\mathbb{E}\{V_l(x(k),\sigma(k))\}&\leqslant \mu^{\Phi(k_{j_l},k)}\rho^{k-k_{j_l}}\zeta^{l-1}\,\mathbb{E}\{V_l(x(k_{j_1}),\sigma(k_{j_1}))\}\\&\leqslant \mu^{T_{\mathrm{PDT}}+1}\zeta^{l-1}\,\mathbb{E}\{V_l(x(k_{j_1}),\sigma(k_{j_1}))\}\end{aligned} \tag{10.2.6}$$

即

$$\mathbb{E}\{V_l(x(k),\sigma(k))\}\leqslant \mu^{T_{\mathrm{PDT}}+1}\zeta^{-1}\,\tilde{\varsigma}^{k-k_{j_1}+1}\,\mathbb{E}\{V_l(x(k_{j_1}),\sigma(k_{j_1}))\} \tag{10.2.7}$$

其中，$\tilde{\zeta} \triangleq \max_{\forall l \in \mathbf{N} \geq 1, k > k_{j_1}} \left\{ \zeta \frac{l}{k - k_{j_1} + 1} \right\}$，$0 < \frac{l}{k - k_{j_1} + 1} < 1$。

由于 $\boldsymbol{P}_l > 0$，定义两个常数 $\varkappa_1 \triangleq \min_{\forall l \in \mathbf{N}} \lambda_{\min}(\boldsymbol{P}_l)$，$\varkappa_2 \triangleq \max_{\forall l \in \mathbf{N}} \lambda_{\max}(\boldsymbol{P}_l)$，则

$$\varkappa_1 \mathbb{E}\{\|x(k)\|^2\} \leqslant \mathbb{E}\{V_l(x(k), \sigma(k))\} \leqslant \varkappa_2 \mathbb{E}\{\|x(k)\|^2\} \tag{10.2.8}$$

最后，定义 $k_0 \triangleq k_{j_1}$，$\forall k > k_0$，可以推出

$$\mathbb{E}\{\|x(k)\|^2\} \leqslant \mu^{T_{\text{PDT}}+1} \tilde{\zeta} \varkappa_2 / (\zeta \varkappa_1) \tilde{\zeta}^{k-k_0} \mathbb{E}\{\|x(k_0)\|^2\} \tag{10.2.9}$$

其中，$\partial \triangleq \mu^{T_{\text{PDT}}+1} \tilde{\zeta} \varkappa_2 / (\zeta \varkappa_1)$。

接着，证明闭环系统(10.1.2)在零初值条件下具有 H_∞ 性能。

当 $k \in [k_{j_l}, k_{j_{l+1}})$ 时，

$$\begin{aligned} \mathbb{E}\{V_l(x(k), \sigma(k))\} \leqslant & \mu^{\Phi(k_{j_1}, k)} \rho^{k-k_{j_1}} \mathbb{E}\{V_l(x(k_{j_1}), \sigma(k_{j_1}))\} \\ & + \sum_{r=k_{j_1}}^{k-1} \mu^{\Phi(r,k)} \rho^{k-r-1} \mathbb{E}\{-z^{\mathrm{T}}(r) z(r) + \gamma^2 w^{\mathrm{T}}(r) w(r)\} \end{aligned} \tag{10.2.10}$$

根据PDT切换策略，可得

$$\sum_{r=k_{j_1}}^{k-1} \rho^{k-r-1} \mathbb{E}\{z^{\mathrm{T}}(r) z(r)\} \leqslant \gamma^2 \breve{\mu} \mathbb{E}\{w^{\mathrm{T}}(r) w(r)\}$$

对上式两边同时关于 k 求和，可得

$$\sum_{k=k_0+1}^{\infty} \sum_{r=k_0}^{k-1} \rho^{k-r-1} \mathbb{E}\{z^{\mathrm{T}}(r) z(r)\} \leqslant \gamma^2 \breve{\mu} \sum_{k=k_0+1}^{\infty} \sum_{r=k_0}^{k-1} \breve{\rho}^{k-r-1} \mathbb{E}\{w^{\mathrm{T}}(r) w(r)\} \tag{10.2.11}$$

接着，交换上式的求和顺序并使用等比求和公式，可以得到闭环系统(10.1.2)具有 H_∞ 性能。因此，闭环系统(10.1.2)满足指数均方稳定性，且具有 H_∞ 性能。证毕。

10.2.2　可靠输出反馈控制器设计

定理10.2　给出已知常数 $\mu > 1$，$\rho \in (0,1)$ 和已知矩阵 $\boldsymbol{S}$，如果存在常量 $\theta_1 > 0$，$\theta_2 > 0$，$\psi_i < 0$，$i \in \hbar_1$，对称正定矩阵 $\boldsymbol{P}_l$，可逆矩阵 $\boldsymbol{T}_{i,l}$ 和具有适当维数的矩阵 $\boldsymbol{U}_{i,l}$ 及 $\boldsymbol{M}$，当 $\forall i \in \hbar$ 时，式(10.2.3)和以下条件对 $\forall i \in \hbar$，$l \in \mathcal{N}$ 满足

$$\boldsymbol{P}_a \leqslant \mu \boldsymbol{P}_b \quad (\forall a, b \in \mathcal{N}, a \neq b, \mu > 1) \tag{10.2.12}$$

$$\begin{bmatrix} \boldsymbol{\Theta}_{i,l} & \boldsymbol{Y}_{i,l,1} & \boldsymbol{Y}_{i,l,2} & \boldsymbol{0} & \boldsymbol{Y}_{i,l,3} & \boldsymbol{Y}_{i,l,4} & \boldsymbol{0} \\ * & -\boldsymbol{P}_l & \boldsymbol{0} & \boldsymbol{P}_l\boldsymbol{B}_{i,l} - \boldsymbol{S}\boldsymbol{T}_{i,l} & \boldsymbol{0} & \boldsymbol{0} & \boldsymbol{0} \\ * & * & \theta_1 \boldsymbol{I} - \mathrm{sym}\{\boldsymbol{T}_{i,l}\} & \boldsymbol{0} & \boldsymbol{Y}_{i,l,5} & \boldsymbol{Y}_{i,l,6} & \boldsymbol{0} \\ * & * & * & -\theta_1 \boldsymbol{I} & \boldsymbol{0} & \boldsymbol{0} & \boldsymbol{0} \\ * & * & * & * & -\boldsymbol{P}_l & \boldsymbol{0} & \boldsymbol{P}_l\boldsymbol{B}_{i,l} - \boldsymbol{S}\boldsymbol{T}_{i,l} \\ * & * & * & * & * & \theta_2 \boldsymbol{I} - \mathrm{sym}\{\boldsymbol{T}_{i,l}\} & \boldsymbol{0} \\ * & * & * & * & * & * & -\theta_2 \boldsymbol{I} \end{bmatrix} < 0 \tag{10.2.13}$$

其中

$$\boldsymbol{Y}_{i,l,3} \triangleq \sqrt{\alpha(1-\alpha)}(\boldsymbol{S}\boldsymbol{U}_{i,l}\boldsymbol{C}_{i,l})^{\mathrm{T}}, \quad \boldsymbol{Y}_{i,l,4} \triangleq \sqrt{\alpha(1-\alpha)}(\boldsymbol{U}_{i,l}\boldsymbol{C}_{i,l})^{\mathrm{T}}$$

$$\boldsymbol{Y}_{i,l,5} \triangleq -\sqrt{\alpha(1-\alpha)}(\boldsymbol{S}\boldsymbol{U}_{i,l})^{\mathrm{T}}, \quad \boldsymbol{Y}_{i,l,6} \triangleq -\sqrt{\alpha(1-\alpha)}\boldsymbol{U}_{i,l}^{\mathrm{T}}$$

当 $i \in \hbar_1$ 时，

$$\boldsymbol{\Theta}_{i,l} \triangleq \begin{bmatrix} -\rho\boldsymbol{P}_l + \boldsymbol{L}_{i,l}^{\mathrm{T}}\boldsymbol{L}_{i,l} + \psi_i\boldsymbol{Q}_{i,l}^{\mathrm{T}}\boldsymbol{Q}_{i,l} + \boldsymbol{M}^{\mathrm{T}}\boldsymbol{M} & \boldsymbol{L}_{i,l}^{\mathrm{T}}\boldsymbol{E}_{i,l} & \boldsymbol{0} & \psi_i\boldsymbol{Q}_{i,l}^{\mathrm{T}}\boldsymbol{q}_{i,l} \\ * & \boldsymbol{E}_{i,l}^{\mathrm{T}}\boldsymbol{E}_{i,l} - \gamma^2\boldsymbol{I} & \boldsymbol{0} & \boldsymbol{0} \\ * & * & -\boldsymbol{I} & \boldsymbol{0} \\ * & * & * & \psi_i(\boldsymbol{q}_{i,l}^{\mathrm{T}}\boldsymbol{q}_{i,l} - 1) \end{bmatrix}$$

$$\boldsymbol{Y}_{i,l,1} \triangleq [\vartheta_1 \quad \boldsymbol{P}_l\boldsymbol{D}_{i,l} \quad (1-\alpha)\boldsymbol{S}\boldsymbol{U}_{i,l} \quad \boldsymbol{P}_l\boldsymbol{a}_i]^{\mathrm{T}}, \quad \boldsymbol{\vartheta}_1 \triangleq \boldsymbol{P}_l\boldsymbol{A}_{i,l} + \alpha\boldsymbol{S}\boldsymbol{U}_{i,l}\boldsymbol{C}_{i,l}$$

$$\boldsymbol{Y}_{i,l,2} \triangleq [\alpha\boldsymbol{U}_{i,l}\boldsymbol{C}_{i,l} \quad \boldsymbol{0} \quad (1-\alpha)\boldsymbol{U}_{i,l} \quad \boldsymbol{0}]^{\mathrm{T}}$$

当 $i \in \hbar_0$ 时，

$$\boldsymbol{\Theta}_{i,l} \triangleq \begin{bmatrix} -\rho\boldsymbol{P}_l + \boldsymbol{L}_{i,l}^{\mathrm{T}}\boldsymbol{L}_{i,l} + \boldsymbol{M}^{\mathrm{T}}\boldsymbol{M} & \boldsymbol{L}_{i,l}^{\mathrm{T}}\boldsymbol{E}_{i,l} & \boldsymbol{0} \\ * & \boldsymbol{E}_{i,l}^{\mathrm{T}}\boldsymbol{E}_{i,l} - \gamma^2\boldsymbol{I} & \boldsymbol{0} \\ * & * & -\boldsymbol{I} \end{bmatrix}$$

$$\boldsymbol{Y}_{i,l,1} \triangleq [\vartheta_2 \quad \boldsymbol{P}_l\boldsymbol{D}_{i,l} \quad (1-\alpha)\boldsymbol{S}\boldsymbol{U}_{i,l}]^{\mathrm{T}}$$

$$\boldsymbol{\vartheta}_2 \triangleq \boldsymbol{P}_l\boldsymbol{A}_{i,l} + \alpha\boldsymbol{S}\boldsymbol{U}_{i,l}\boldsymbol{C}_{i,l}, \quad \boldsymbol{Y}_{i,l,2} \triangleq [\alpha\boldsymbol{U}_{i,l}\boldsymbol{C}_{i,l} \quad \boldsymbol{0} \quad (1-\alpha)\boldsymbol{U}_{i,l}]^{\mathrm{T}}$$

则闭环系统(10.1.2)满足指数均方稳定性，且满足预期的 H_∞ 性能指标 $\breve{\gamma}$，控制器增益可被构造成

$$\boldsymbol{K}_{i,l} = \boldsymbol{T}_{i,l}^{-1}\boldsymbol{U}_{i,l}$$

证明 首先，构造如下分段 Lyapunov 函数：

$$\begin{aligned} \Delta V_l(k) &= V_l(k+1) - \rho V(k) + z^{\mathrm{T}}(k)z(k) - \gamma^2 w^{\mathrm{T}}(k)w(k) \\ &= \eta^{\mathrm{T}}(k)\boldsymbol{\Pi}_{i,l}\eta(k) \end{aligned} \tag{10.2.14}$$

其中

$$\eta(k) \triangleq [x^{\mathrm{T}}(k) \quad w^{\mathrm{T}}(k) \quad \xi^{\mathrm{T}}(x(k)) \quad 1]^{\mathrm{T}}$$

$$\boldsymbol{\Pi}_{i,l} \triangleq \begin{bmatrix} \bar{\boldsymbol{\Im}}_{i,l}^{\mathrm{T}}\boldsymbol{P}_l\bar{\boldsymbol{\Im}}_{i,l} - \rho\boldsymbol{P}_l + \boldsymbol{L}_{i,l}^{\mathrm{T}}\boldsymbol{L}_{i,l} & \bar{\boldsymbol{\Im}}_{i,l}^{\mathrm{T}}\boldsymbol{P}_l\boldsymbol{D}_{i,l} + \boldsymbol{L}_{i,l}^{\mathrm{T}}\boldsymbol{E}_{i,l} & \bar{\boldsymbol{\Im}}_{i,l}^{\mathrm{T}}\boldsymbol{P}_l\tilde{\boldsymbol{\Im}}_{i,l} & \bar{\boldsymbol{\Im}}_{i,l}^{\mathrm{T}}\boldsymbol{P}_l\boldsymbol{a}_i \\ * & \boldsymbol{D}_{i,l}^{\mathrm{T}}\boldsymbol{P}_l\boldsymbol{D}_{i,l} + \boldsymbol{E}_{i,l}^{\mathrm{T}}\boldsymbol{E}_{i,l} - \gamma^2\boldsymbol{I} & \boldsymbol{D}_{i,l}^{\mathrm{T}}\boldsymbol{P}_l\tilde{\boldsymbol{\Im}}_{i,l} & \boldsymbol{D}_{i,l}^{\mathrm{T}}\boldsymbol{P}_l\boldsymbol{a}_i \\ * & * & \tilde{\boldsymbol{\Im}}_{i,l}^{\mathrm{T}}\boldsymbol{P}_l\tilde{\boldsymbol{\Im}}_{i,l} & \tilde{\boldsymbol{\Im}}_{i,l}^{\mathrm{T}}\boldsymbol{P}_l\boldsymbol{a}_i \\ * & * & * & \boldsymbol{a}_i^{\mathrm{T}}\boldsymbol{P}_l\boldsymbol{a}_i \end{bmatrix}$$

且

$$\bar{\boldsymbol{\Im}}_{i,l} \triangleq \boldsymbol{A}_{i,l} + \alpha\boldsymbol{B}_{i,l}\boldsymbol{K}_{i,l}\boldsymbol{C}_{i,l} + (\alpha(k) - \alpha)\boldsymbol{B}_{i,l}\boldsymbol{K}_{i,l}\boldsymbol{C}_{i,l}$$

$$\tilde{\boldsymbol{\Im}}_{i,l} \triangleq (1-\alpha)\boldsymbol{B}_{i,l}\boldsymbol{K}_{i,l} + (\alpha - \alpha(k))\boldsymbol{B}_{i,l}\boldsymbol{K}_{i,l}$$

由于 $\|\xi(x(k))\| \leqslant \|\boldsymbol{M}x(k)\|$，这里，使用 S 过程理论处理，当 $i \in \hbar_1$ 时，可得

$$\tilde{\boldsymbol{\Pi}}_{i,l} \triangleq \bar{\boldsymbol{\Pi}}_{i,l} + \psi_i \begin{bmatrix} x(k) \\ 1 \end{bmatrix}^{\mathrm{T}} \begin{bmatrix} \boldsymbol{Q}_i^{\mathrm{T}}\boldsymbol{Q}_i & \boldsymbol{Q}_i^{\mathrm{T}}\boldsymbol{q}_i \\ \boldsymbol{q}_i^{\mathrm{T}}\boldsymbol{Q}_i & \boldsymbol{q}_i^{\mathrm{T}}\boldsymbol{q}_i - 1 \end{bmatrix} \begin{bmatrix} x(k) \\ 1 \end{bmatrix} < 0$$

其中，常数 $\psi_i < 0$，

$$\bar{\boldsymbol{\Pi}}_{i,l} \triangleq \boldsymbol{\Pi}_{i,l} + x^{\mathrm{T}}(k)\boldsymbol{M}^{\mathrm{T}}\boldsymbol{M}x(k) - \xi^{\mathrm{T}}(x(k))\xi(x(k))$$

然后，使用 Schur 补引理，分别左乘、右乘矩阵 diag$\{\boldsymbol{I},\boldsymbol{I},\boldsymbol{I},\boldsymbol{I},\boldsymbol{P}_l\}$及它的转置，得到

$$\hat{\boldsymbol{\Pi}}_{i,l} \triangleq \begin{bmatrix} \hat{\boldsymbol{\Theta}}_{i,l} & \boldsymbol{L}_{i,l}^{\mathrm{T}}\boldsymbol{E}_{i,l} & \boldsymbol{Y}_{i,l,7} & \psi_i \boldsymbol{Q}_i^{\mathrm{T}} q_i & \hat{\mathfrak{J}}_{i,l}^{\mathrm{T}}\boldsymbol{P}_l \\ * & \boldsymbol{E}_{i,l}^{\mathrm{T}}\boldsymbol{E}_{i,l} - \gamma^2 \boldsymbol{I} & \boldsymbol{0} & \boldsymbol{0} & \boldsymbol{D}_{i,l}^{\mathrm{T}}\boldsymbol{P}_l \\ * & * & -\boldsymbol{I} + \boldsymbol{Y}_{i,l,8} & \boldsymbol{0} & \hat{\mathfrak{J}}_{i,l}^{\mathrm{T}}\boldsymbol{P}_l \\ * & * & * & \psi_i(q_i^{\mathrm{T}}q_i - 1) & \boldsymbol{a}_i^{\mathrm{T}}\boldsymbol{P}_l \\ * & * & * & * & -\boldsymbol{P}_l \end{bmatrix} < 0 \tag{10.2.15}$$

其中

$$\hat{\mathfrak{J}}_{i,l} \triangleq \boldsymbol{A}_{i,l} + \alpha\boldsymbol{B}_{i,l}\boldsymbol{K}_{i,l}\boldsymbol{C}_{i,l}, \quad \hat{\mathfrak{J}}_{i,l} \triangleq (1-\alpha)\boldsymbol{B}_{i,l}\boldsymbol{K}_{i,l}$$

$$\boldsymbol{Y}_{i,l,7} \triangleq -\alpha(1-\alpha)(\boldsymbol{B}_{i,l}\boldsymbol{K}_{i,l}\boldsymbol{C}_{i,l})^{\mathrm{T}}\boldsymbol{P}_l\boldsymbol{B}_{i,l}\boldsymbol{K}_{i,l}\boldsymbol{C}_{i,l}$$

$$\boldsymbol{Y}_{i,l,8} \triangleq \alpha(1-\alpha)(\boldsymbol{B}_{i,l}\boldsymbol{K}_{i,l})^{\mathrm{T}}\boldsymbol{P}_l\boldsymbol{B}_{i,l}\boldsymbol{K}_{i,l}$$

$$\hat{\boldsymbol{\Theta}}_{i,l} \triangleq -\rho\boldsymbol{P}_l + \boldsymbol{L}_{i,l}^{\mathrm{T}}\boldsymbol{L}_{i,l} + \psi_i\boldsymbol{Q}_i^{\mathrm{T}}\boldsymbol{Q}_i + \boldsymbol{M}^{\mathrm{T}}\boldsymbol{M} + \alpha(1-\alpha)(\boldsymbol{B}_{i,l}\boldsymbol{K}_{i,l}\boldsymbol{C}_{i,l})^{\mathrm{T}}\boldsymbol{P}_l\boldsymbol{B}_{i,l}\boldsymbol{K}_{i,l}\boldsymbol{C}_{i,l}$$

令 $\boldsymbol{K}_{i,l} = \boldsymbol{T}_{i,l}^{-1}\boldsymbol{U}_{i,l}\,(i\in\hbar, l\in\mathbf{N})$，并利用引理 10.1 和 Schur 补引理，可得到如下不等式：

$$\begin{bmatrix} \breve{\boldsymbol{\Theta}}_{i,l} & \boldsymbol{L}_{i,l}^{\mathrm{T}}\boldsymbol{E}_{i,l} & \boldsymbol{Y}_{i,l,9} & \psi_i\boldsymbol{Q}_i^{\mathrm{T}}q_i & \boldsymbol{A}_{i,l}^{\mathrm{T}} + \alpha(\boldsymbol{S}\boldsymbol{U}_{i,l}\boldsymbol{C}_{i,l})^{\mathrm{T}} & \alpha(\boldsymbol{C}_{i,l}\boldsymbol{U}_{i,l})^{\mathrm{T}} & \boldsymbol{0} \\ * & \boldsymbol{E}_{i,l}^{\mathrm{T}}\boldsymbol{E}_{i,l} - \gamma^2\boldsymbol{I} & \boldsymbol{0} & \boldsymbol{0} & \boldsymbol{D}_{i,l}^{\mathrm{T}}\boldsymbol{P}_l & \boldsymbol{0} & \boldsymbol{0} \\ * & * & -\boldsymbol{I} + \boldsymbol{Y}_{i,l,10} & \boldsymbol{0} & (1-\alpha)(\boldsymbol{S}\boldsymbol{U}_{i,l})^{\mathrm{T}} & (1-\alpha)\boldsymbol{U}_{i,l}^{\mathrm{T}} & \boldsymbol{0} \\ * & * & * & \psi_i(q_i^{\mathrm{T}}q_i - 1) & \boldsymbol{a}_i^{\mathrm{T}}\boldsymbol{P}_l & \boldsymbol{0} & \boldsymbol{0} \\ * & * & * & * & -\boldsymbol{P}_l & \boldsymbol{0} & \boldsymbol{P}_l\boldsymbol{B}_{i,l} - \boldsymbol{S}\boldsymbol{T}_{i,l} \\ * & * & * & * & * & \theta_1\boldsymbol{I} - \mathrm{sym}\{\boldsymbol{T}_{i,l}\} & \boldsymbol{0} \\ * & * & * & * & * & * & -\theta_1\boldsymbol{I} \end{bmatrix} < 0 \tag{10.2.16}$$

其中

$$\boldsymbol{Y}_{i,l,9} \triangleq -\alpha(1-\alpha)(\boldsymbol{B}_{i,l}\boldsymbol{T}_{i,l}^{-1}\boldsymbol{U}_{i,l}\boldsymbol{C}_{i,l})^{\mathrm{T}}\boldsymbol{P}_l\boldsymbol{B}_{i,l}\boldsymbol{T}_{i,l}^{-1}\boldsymbol{U}_{i,l}$$

$$\boldsymbol{Y}_{i,l,10} \triangleq \alpha(1-\alpha)(\boldsymbol{B}_{i,l}\boldsymbol{T}_{i,l}^{-1}\boldsymbol{U}_{i,l})^{\mathrm{T}}\boldsymbol{P}_l\boldsymbol{B}_{i,l}\boldsymbol{T}_{i,l}^{-1}\boldsymbol{U}_{i,l}$$

$$\begin{aligned} \breve{\boldsymbol{\Theta}}_{i,l} \triangleq & -\rho\boldsymbol{P}_l + \boldsymbol{L}_{i,l}^{\mathrm{T}}\boldsymbol{L}_{i,l} + \psi_i\boldsymbol{Q}_i^{\mathrm{T}}\boldsymbol{Q}_i + \boldsymbol{M}^{\mathrm{T}}\boldsymbol{M} \\ & + \alpha(1-\alpha)(\boldsymbol{B}_{i,l}\boldsymbol{T}_{i,l}^{-1}\boldsymbol{U}_{i,l}\boldsymbol{C}_{i,l})^{\mathrm{T}}\boldsymbol{P}_l\boldsymbol{B}_{i,l}\boldsymbol{T}_{i,l}^{-1}\boldsymbol{U}_{i,l}\boldsymbol{C}_{i,l} \end{aligned}$$

最后，重复使用上面的过程来处理剩下的几项。证毕。

10.3 仿真验证

在此部分，假设一个 PDT 切换 PWA 系统具有如下参数，它包含两个模态和三个区域：

$$\boldsymbol{A}_{1,1} = \begin{bmatrix} 1.1375 & -0.7963 \\ 0.3640 & -0.8190 \end{bmatrix}, \quad \boldsymbol{A}_{1,2} = \begin{bmatrix} 1.1466 & -0.7981 \\ 0.3640 & -0.7280 \end{bmatrix}, \quad \boldsymbol{A}_{1,3} = \begin{bmatrix} 1.1384 & -0.7972 \\ 0.3640 & -0.6370 \end{bmatrix}$$

$$\boldsymbol{A}_{2,1} = \begin{bmatrix} 1.1484 & -0.7953 \\ 0.3640 & -0.6370 \end{bmatrix}, \quad \boldsymbol{A}_{2,2} = \begin{bmatrix} 1.1357 & -0.7280 \\ 0.3640 & -0.6370 \end{bmatrix}, \quad \boldsymbol{A}_{2,3} = \begin{bmatrix} 1.1330 & -0.7826 \\ 0.3640 & -0.6370 \end{bmatrix}$$

$\boldsymbol{a}_1=-\boldsymbol{a}_3=[0 \quad 0.5]^{\mathrm{T}}$, $\boldsymbol{a}_2=[0 \quad 0]^{\mathrm{T}}$, $\boldsymbol{D}_{i,l}=[0.5 \quad 0]^{\mathrm{T}}$ $(i\in\{1,2,3\}, l\in\{1,2\})$

$\boldsymbol{C}_{i,l}=\begin{bmatrix}1.5 & 0\\ 0.12 & 0.8\end{bmatrix}$, $\boldsymbol{L}_{i,l}=\begin{bmatrix}0.06 & 0\\ 0.1 & 0.08\end{bmatrix}$, $\boldsymbol{M}=\begin{bmatrix}0.2 & 0\\ 0 & 0.2\end{bmatrix}$, $\boldsymbol{B}_{i,l}=[1.4 \quad 1]^{\mathrm{T}}$

$\boldsymbol{E}_{i,l}=[0.036 \quad 0.063]^{\mathrm{T}}$

设 $\mu=1.05,\rho=0.9,T_{\mathrm{PDT}}=6,\tau_{\mathrm{PDT}}=3,\gamma=1$,图 10.1 展示了该仿真中的 PDT 模态信号的切换。

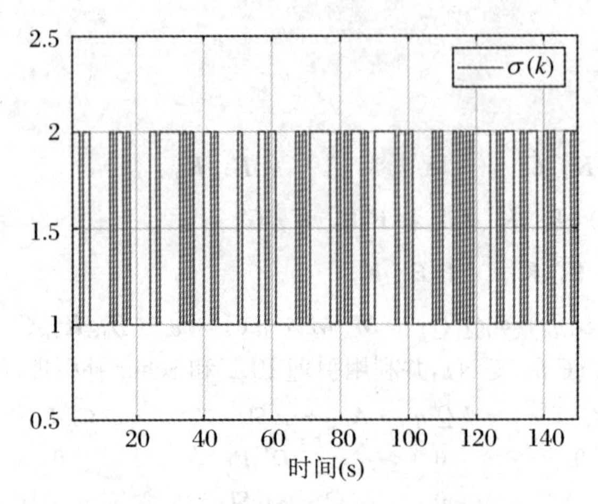

图 10.1 仿真中的 PDT 模态信号的切换

多面体子空间被分为 $\Xi_1\triangleq\{x\in\mathcal{R}^{n_x}\mid -d_2\leqslant x_2\leqslant -d_1\}$, $\Xi_2\triangleq\{x\in\mathcal{R}^{n_x}\mid -d_1\leqslant x_2\leqslant d_1\}$,$\Xi_3\triangleq\{x\in\mathcal{R}^{n_x}\mid d_1\leqslant x_2\leqslant d_2\}$。取 $d_1=5,d_2=20$,则依据式(10.1.3)可推出三个椭圆子空间。根据定理 9.2,控制器增益的计算如下:

$\boldsymbol{K}_{1,1}=[-0.3991 \quad 0.1927]$, $\boldsymbol{K}_{1,2}=[-0.0901 \quad 0.0470]$, $\boldsymbol{K}_{1,3}=[-0.4639 \quad 0.1341]$

$\boldsymbol{K}_{2,1}=[-0.4567 \quad 0.1325]$, $\boldsymbol{K}_{2,2}=[-0.0957 \quad 0.0385]$, $\boldsymbol{K}_{2,3}=[-0.4422 \quad 0.1430]$

将初始状态设为 $x(0)=[-3 \quad 3]^{\mathrm{T}}$,外部扰动设为 $w(k)=0.5\sin(0.1k)\exp(-0.1k)$,DA 为 $\xi(x(k))=-0.1M\tanh(x(k))$。定义 $\xi(x(k))\triangleq[\xi_1^{\mathrm{T}}(k) \quad \xi_2^{\mathrm{T}}(k)]^{\mathrm{T}}$,图 10.2(a)展示了 DA 序列,其中 $\Pr\{\alpha(k)=1\}=0.7$。DA 信号值于图 10.2(b)中展示。

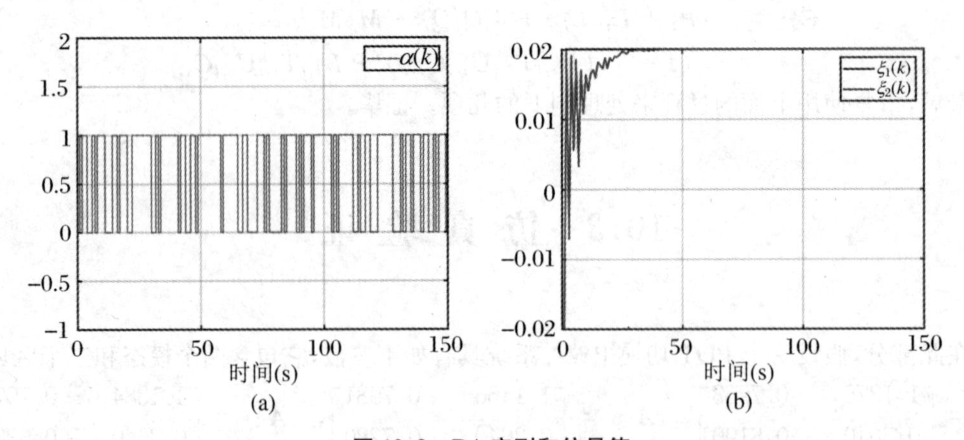

图 10.2 DA 序列和信号值

我们可以很容易看出，开环系统响应是非常不稳定的。图 10.3(a)展示了开环系统的状态响应，图 10.3(b)展示了闭环系统的状态响应，即使在外部攻击的扰动下，其状态响应依然保持稳定，这就证明了本章控制器设计方法的有效性。

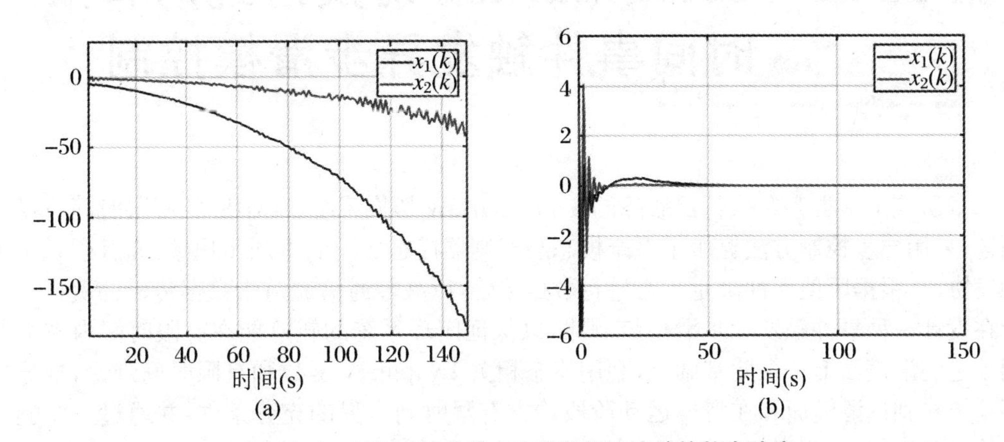

图 10.3　开环系统的状态响应和闭环系统的状态响应

第 11 章　Semi-Markov 切换系统的有限时间事件触发异步滑模控制

本章研究了一类存在执行器故障的 Semi-Markov 切换系统(S-MJS)的有限时间滑模控制问题,采用异步控制方法克服了系统模态与控制器模态之间的不同步现象,并且引入了事件触发协议,根据阈值条件决定是否进行数据传输,以减轻通信通道中数据传输的负担。本章旨在设计一种事件触发异步滑模控制律,以保证闭环系统的轨迹能在有限时间内被强制放到预定的滑模面上。在此基础上,利用模态相关 Lyapunov 函数和有限时间理论,推导出闭环系统在到达滑模面和在滑模运动阶段均方有限时间有界的充分条件,并通过一个隧道二极管电路模型,证明了所提方法的有效性和实用性。

11.1　问题描述

11.1.1　系统模型

考虑建立在固定概率空间$(\Omega,\boldsymbol{F},\mathrm{Pr})$上的 S-MJS:

$$\begin{cases}\dot{x}(t)=\boldsymbol{A}(\varsigma(t))x(t)+\boldsymbol{B}(\varsigma(t))(f(x(t),\varsigma(t),t)+u(t))\boldsymbol{D}(\varsigma(t))\omega(t)\\ z(t)=\boldsymbol{C}(\varsigma(t))x(t)\end{cases}\tag{11.1.1}$$

其中,$x(t),u(t),z(t),\omega(t)$分别表示状态变量、控制输入、控制输出和外部扰动,且$\omega(t)\in\mathcal{L}_2[0,+\infty)$,$f(x(t),\varsigma(t),t)$为非线性执行器故障信号。$\{\varsigma(t),h\}_{t\geqslant0}\triangleq\{\varsigma_r,h_r\}_{r\in\mathbb{N}\geqslant1}$是取值于集合$\mathbb{N}_1\triangleq\{1,2,\cdots,N_1\}$的 Semi-Markov 过程,Semi-Markov 过程转移矩阵定义为$\boldsymbol{\Pi}_1\triangleq[\pi_{mn}(h)]_{N_1\times N_1}$。对于任意$\varsigma(t)\triangleq m\in\mathbb{N}_1$,令$\boldsymbol{A}_m\triangleq\boldsymbol{A}(\varsigma(t))$,$\boldsymbol{C}_m\triangleq\boldsymbol{C}(\varsigma(t))$,$\boldsymbol{D}_m\triangleq\boldsymbol{D}(\varsigma(t))$,$f_m(x(t),t)\triangleq f(x(t),\varsigma(t),t)$。

因此,简化后可以得到如下 S-MJS:

$$\begin{cases}\dot{x}(t)=\boldsymbol{A}_mx(t)+\boldsymbol{B}_m(f_m(x(t),t)+u(t))+\boldsymbol{D}_m\omega(t)\\ z(t)=\boldsymbol{C}_mx(t)\end{cases}\tag{11.1.2}$$

其中,$\boldsymbol{A}_m,\boldsymbol{B}_m,\boldsymbol{C}_m$和$\boldsymbol{D}_m$是已知的具有适当维数的矩阵。

11.1.2　基于事件触发机制和异步控制策略的通信网络

为了筛选必要的信息,本章引入了事件触发协议来节约网络带宽。事件检测器用于确定是否应保存新的采样包并将其发送给控制器。以时间顺序$\{t_1,t_2,\cdots,t_k\}$作为触发瞬间,

对于 $m\in\mathbb{N}_1$,新数据包$(t_{k+1},x(t_{k+1}))$应满足以下阈值条件:

$$[x(t_k)-x(t_{k+1})]^{\mathrm{T}}\boldsymbol{\Phi}_m[x(t_k)-x(t_{k+1})]\geqslant\alpha x^{\mathrm{T}}(t_k)\boldsymbol{\Phi}_m x(t_k)\tag{11.1.3}$$

其中,$x(t_k)$和 $x(t_{k+1})$分别为最后一个发布的数据包和下一个发布的数据包。$\alpha\in[0,1]$是确定检测阈值的指定参数。$\boldsymbol{\Phi}_m>0$ 是模态相关的需要确定的事件触发矩阵。

当 $t\in[t_k,t_{k+1})$时,定义 $e(t)\triangleq x(t)-x(t_k)$并满足下列条件:

$$e^{\mathrm{T}}(t)\boldsymbol{\Phi}_m e(t)<\alpha x^{\mathrm{T}}(t)\boldsymbol{\Phi}_m x(t)\tag{11.1.4}$$

注解 11.1　随着通信技术的发展,网络资源的短缺不可避免。事件触发协议被广泛应用于减少控制系统各模块之间的通信频率。一旦阈值条件(11.1.3)成立,传输信号将被发送到滑模控制器。如文献[113]所述,当设置 $\alpha=0$ 时,事件触发协议可以降级为周期性的时间触发策略。此外,与文献[113]相比,阈值条件(11.1.3)的计算量进一步减少,其中加权矩阵 $\boldsymbol{\Phi}_m$ 是模态相关的。

在设计 S-MJS 控制器时,控制器可能无法及时获取系统完整的模态信息。但是,如果在控制器的设计中完全丢弃系统模态信息,则可能无法稳定系统。针对这种情况,本章将采用异步控制方案。通过引入条件概率,该控制器能够估计系统在 Semi-Markov 演化过程中产生的确定模态。因此,设计的控制器模态与系统模态间接相关,并与系统模态保持异步。将控制器模态 $\sigma(t)$和 $\vartheta(t)$之间的关系定义为下面的条件概率矩阵:

$$\boldsymbol{\Pi}_2\triangleq[\hat{\pi}_{ml}]_{m\in\mathbb{N}_1,l\in\mathbb{N}_2},\quad\hat{\pi}_{ml}=\Pr\{\sigma(t)=l\mid\varsigma(t)=m\}$$

其中,$l\in\mathbb{N}_2\triangleq\{1,2,\cdots,N_2\}$, $\forall\, m\in\mathbb{N}_1$, $0\leqslant\hat{\pi}_{ml}\leqslant1$, $\sum\limits_{l\in\mathbb{N}_2}\hat{\pi}_{ml}=1$ 。

注解 11.2　一般假设控制器模态与系统模态同步切换,但在实际应用中很难实现。考虑到控制器的响应时间有限,控制器模态与系统模态之间可能存在时滞,可视为异步现象。

注解 11.3　在图 11.1 中,采用 S-MJS 的模态构建事件触发异步滑模控制器。首先,考虑到通信网络承担着数据传输的任务,因此采用异步控制方案和事件触发协议分别减小了数据传输时延和带宽资源有限的影响。然后,利用异步控制器模态和事件检测器获得的系统状态设计滑模控制器。最后,考虑执行器的非线性故障和附加扰动,构建了整个闭环系统(Closed Loop System,CLS)。

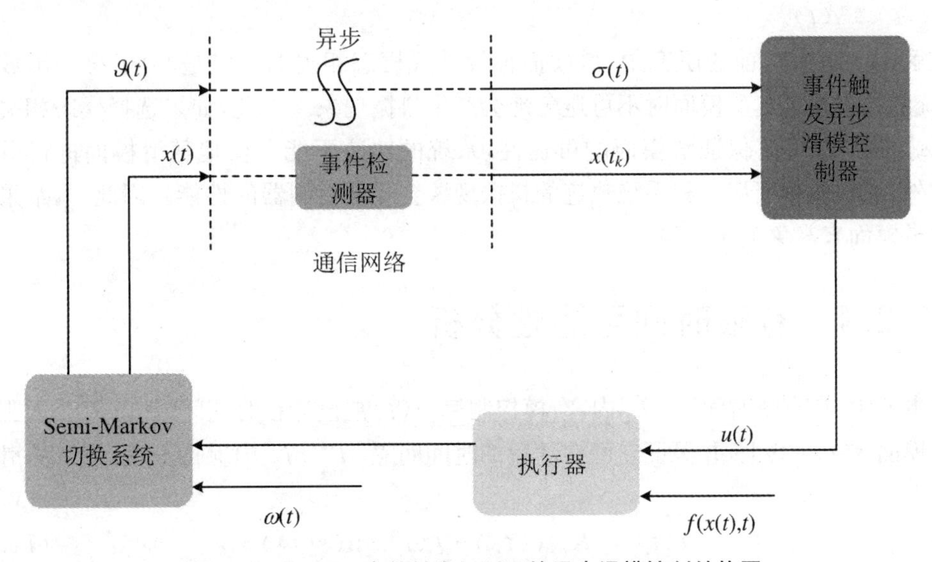

图 11.1　S-MJS 事件触发机制下的异步滑模控制结构图

假设 11.1[114] 假设非线性执行器故障是范数有界的：

$$\|f_m(x(t),t)\| \leqslant \delta_m \|x(t)\|$$

其中，δ_m 是一个已知的正标量。

定义 11.1[115] 固定时间区间为$[0,T]$，对于两个标量 $a_2>a_1>0$ 和一个矩阵 $\boldsymbol{R}>0$，如果$\forall\, t\in[0,T]$满足以下条件，则 S-MJS[式(11.1.2)]关于$(a_1,a_2,[0,T],\boldsymbol{R})$是均方有限时间稳定的：

$$\mathbb{E}\{x^{\mathrm{T}}(0)\boldsymbol{R}x(0)\} \leqslant a_1 \quad \Rightarrow \quad \mathbb{E}\{x^{\mathrm{T}}(t)\boldsymbol{R}x(t)\} \leqslant a_2 \tag{11.1.5}$$

定义 11.2[115] 固定时间区间为$[0,T]$，对于标量 $a_2>a_1>0$，$\mu>0$ 和一个矩阵 $\boldsymbol{R}>0$，如果$\forall\, t\in[0,T]$满足以下条件，则 S-MJS[式(11.1.2)]关于$(a_1,a_2,[0,T],\boldsymbol{R},\mathcal{W}_{[0,T],\mu})$是均方有限时间有界的：

$$\begin{cases} \mathbb{E}\{x^{\mathrm{T}}(0)\boldsymbol{R}x(0)\} \leqslant a_1 \\ \mathcal{W} \triangleq \int_0^T \omega^{\mathrm{T}}(t)\omega(t)\mathrm{d}t < \mu \end{cases} \Rightarrow \quad \mathbb{E}\{x^{\mathrm{T}}(t)\boldsymbol{R}x(t)\} \leqslant a_2 \tag{11.1.6}$$

本章旨在设计一个滑模控制器，使得 S-MJS[式(11.1.2)]关于$(a_1,a_2,[0,T],\boldsymbol{R},\mathcal{W}_{[0,T],\mu})$是均方有限时间有界的。

11.2 主要结论

滑模面函数构造如下：

$$s(x(t),t) = \boldsymbol{G}x(t) \tag{11.2.1}$$

其中，$\boldsymbol{G} = \sum_{m=1}^{N_1}\beta_m\boldsymbol{B}_m^{\mathrm{T}}$，$\beta_m$ 的取值能够使矩阵$\boldsymbol{GB}_m$ 是非奇异的。为简单起见，在下文中定义 $s(x(t),t) \triangleq s(t)$。

注解 11.4 在之前的研究中，滑模面被设计成模态相关的。但是，由于符号函数的存在，系统的轨迹在到达滑模面时不可避免地会产生抖振现象。因此，如果选择模态相关滑模面，那么可能无法始终保证滑模面的可达性，系统的轨迹不能严格地随滑模面进行滑模运动。此外，滑模面频繁切换和系统轨迹的抖振现象会降低控制器的性能。因此，本章采用模态无关滑模面来避免上述缺陷。

11.2.1 有限时间可达性分析

在本节中，在有限时间$[0,T]$内，滑模控制律 $u(t)$被设计在时间间隔$[0,T^*]$内驱动系统到滑模面 $s(t)=0$ 上，并保证它们在随后的时间间隔$[T^*,T]$内保持不变，设计的滑模控制律如下：

$$u(t) = \boldsymbol{K}_{ml}x(t_k) - \rho(t)\mathrm{sgn}(s(t)) \tag{11.2.2}$$

其中

$$\rho(t)=\eta+\iota\|\omega(t)\|+\|\boldsymbol{K}_{ml}x(t_k)\|+\epsilon\|x(t)\|,\quad \iota\triangleq\max_{m\in\mathbb{N}_1}\{\iota_m\}$$

$$\iota_m\triangleq\|(\boldsymbol{GB}_m)^{-1}\boldsymbol{GD}_m\|,\quad \epsilon\triangleq\max_{m\in\mathbb{N}_1}\{\epsilon_m\},\quad \Lambda_m\triangleq\sum_{n=1}^{N_1}\overset{\vee}{\pi}_{mn}(\boldsymbol{GB}_n)^{-1}$$

$$\epsilon_m\triangleq\frac{1}{2}\|\Lambda_m\boldsymbol{G}\|+\|(\boldsymbol{GB}_m)^{-1}\boldsymbol{GA}_m\|+\delta_m,\quad \overset{\vee}{\pi}_{mn}\triangleq E\{\pi_{mn}(h)\}\triangleq\int_0^{\infty}\pi_{mn}(h)\eta_m(h)\mathrm{d}h$$

其中，$\eta>0$ 是一个小标量，$\eta_m(h)$代表逗留时间 h 的概率密度函数。

注解 11.5　滑模控制律的形式是由控制器模态与系统模态之间的异步现象启发而来的。在已有的研究[116]中，利用无源理论研究了时滞奇异 MJSs 的异步滑模控制问题。然而，本章的研究与文献[116]有三个关键区别点：① 与文献[116]中的 MJSs 相比，采用了更适用的S-MJS；② 在文献[116]中，传感器将所有数据包发送给控制器，而本章使用了事件触发异步滑模控制方法来优化数据传输；③ 本章基于有限时间理论对事件触发异步滑模控制进行了分析，而文献[116]关注的是无限时间下的滑模控制。

定理 11.1　对于 S-MJS[式(11.1.2)]，滑模控制律[式(11.2.2)]能够使得系统的状态轨迹在均方意义下的有限时间$[0,T^*]$($T^*<T$)内到达滑模面 $s(t)=0$，并且在区间$[T^*,T]$内维持在均方意义上，同时滑模控制律[式(11.2.2)]中的 η 满足

$$\eta\geqslant\frac{\max\limits_{m\in\mathbb{N}_1}\{\lambda_{\max}(\boldsymbol{GB}_m)^{-1}\}}{T}\|\boldsymbol{G}x(0)\|\tag{11.2.3}$$

证明　对于所有 $t\in[0,T]$，选取如下 Lyapunov 函数：

$$V_1(s(t),m,l,t)=\frac{1}{2}s^{\mathrm{T}}(t)(\boldsymbol{GB}_m)^{-1}s(t)\tag{11.2.4}$$

为简单起见，定义 $V_1(s(t),m,l,t)\triangleq V_1(t)$，可以得到它的弱无穷算子：

$$\begin{aligned}\mathcal{L}V_1(t)=&\frac{1}{2}s^{\mathrm{T}}(t)\Lambda_m s(t)+s^{\mathrm{T}}(t)(\boldsymbol{GB}_m)^{-1}[\boldsymbol{GA}_m x(t)+\boldsymbol{GB}_m f_m(x(t),t)\\&+\boldsymbol{GD}_m\omega(t)+\sum_{l=1}^{N_2}\hat{\pi}_{ml}\boldsymbol{GB}_m(\boldsymbol{K}_{ml}x(t_k)-\rho(t)\mathrm{sgn}(s(t)))]\\\leqslant&-\eta\|s(t)\|\\\leqslant&-\frac{\eta}{\breve{\varpi}}\sqrt{V_1(t)}\end{aligned}\tag{11.2.5}$$

其中

$$\breve{\varpi}\triangleq\sqrt{\frac{\max\limits_{m\in\mathbb{N}_1}\{\lambda_{\max}(\boldsymbol{GB}_m)^{-1}\}}{2}}$$

将式(11.2.5)从 0 到 t 积分，$t\in[0,T^*]$，可以得到

$$2V_1^{\frac{1}{2}}(T^*)-2V_1^{\frac{1}{2}}(0)\leqslant-\frac{\eta}{\breve{\varpi}}T^*$$

由此得到存在 $V_1(T^*)=0$[当 $t\geqslant T^*$时，$s(t)=0$]。然后得到下列不等式：

$$T^*\leqslant\frac{2\breve{\varpi}}{\eta}\sqrt{V_1(0)}$$

根据滑模面[式(11.2.1)]和式(11.2.4)，可以得到 $V_1(0)\leqslant\frac{1}{2}\max\limits_{m\in\mathbb{N}_1}\{\lambda_{\max}(\boldsymbol{GB}_m)^{-1}\}\|s(0)\|^2$ 和$\|s(0)\|=\|\boldsymbol{G}x(0)\|$，然后推导得到

$$T^* \leqslant \frac{\max\limits_{m\in\mathbb{N}_1}\{\lambda_{\max}(\boldsymbol{G}\boldsymbol{B}_m)^{-1}\}}{\eta}\|\boldsymbol{G}x(0)\| \tag{11.2.6}$$

通过式(11.2.3),可以得到 $T^* \leqslant T$。

因此,可以得到在给定的时间间隔$[0,T]$内,S-MJS[式(11.1.2)]的轨迹在有限时间 $T^*(T^*<T)$内到达滑模面[式(11.2.1)],随后在时间间隔$[T^*,T]$内沿着滑模面做滑模运动。证毕。

注解 11.6 从上面的证明可以发现,滑模控制律[式(11.2.2)]中的 η 参数有意义,可以确定到达时间 T^*。根据式 (11.2.6),很明显,当 η 值较大时,到达滑模面的时间会减小。

注解 11.7 对于有限时间的滑模控制,需要分段分析,包括到达阶段$[0,T^*]$和滑模运动阶段$[T^*,T]$。系统的轨迹可以在有限时间 T^* 内到达滑模面 $s(t)=0$ 上,这已在定理 11.1 中得到证明。接下来,我们将证明 CLS 随滑模面在有限时间$[0,T]$内是均方有限时间有界的。

11.2.2 $[0,T^*]$的有限时间有界性分析

在本节中,系统轨迹在到达阶段$[0,T^*]$时还没有到达滑模面,即 $s(t)\neq 0$。将滑模控制律[式(11.2.2)]代入 S-MJS[式(11.1.2)],将 CLS 重写为

$$\begin{cases}\dot{x}(t) = \hat{\boldsymbol{A}}_{ml}x(t) - \boldsymbol{B}_m\boldsymbol{K}_{ml}e(t) - \boldsymbol{B}_m\rho_s(t) \\ \qquad\quad + \boldsymbol{B}_m f_m(x(t),t) + \boldsymbol{D}_m\omega(t) \\ z(t) = \boldsymbol{C}_m x(t)\end{cases} \tag{11.2.7}$$

其中

$$\hat{\boldsymbol{A}}_{ml} \triangleq \boldsymbol{A}_m + \boldsymbol{B}_m\boldsymbol{K}_{ml}, \quad \rho_s(t) \triangleq \rho(t)\mathrm{sgn}(s(t))$$

有

$$\begin{aligned}\rho_s^{\mathrm{T}}(t)\rho_s(t) &= [\eta + \epsilon\|x(t)\| + \|\boldsymbol{K}_{ml}x(t_k)\| + \iota\|\omega(t)\|]^{\mathrm{T}} \times [\eta + \epsilon\|x(t)\| \\ &\quad + \|\boldsymbol{K}_{ml}x(t_k)\| + \iota\|\omega(t)\|] \\ &\leqslant 4\eta^2 + 4x^{\mathrm{T}}(t_k)\boldsymbol{K}_{ml}^{\mathrm{T}}\boldsymbol{K}_{ml}x(t_k) + 4\epsilon^2 x^{\mathrm{T}}(t)x(t) + 4\iota^2\omega^{\mathrm{T}}(t)\omega(t)\end{aligned}$$

在接下来的内容中,得到了保证 CLS 是均方有限时间有界的充分条件。

定理 11.2 考虑在滑模控制律[式(11.2.2)]下,对于已知标量 $a_2>a_1>0,\lambda>0,\mu>0,\delta_m>0,\alpha>0,\eta>0$ 和矩阵 $\boldsymbol{R}>0$,若存在标量$\varsigma_1>0,a^*>0,T^*>0$ 以及矩阵 $\boldsymbol{P}_m>0,\boldsymbol{Z}>0,\boldsymbol{Q}>0,\boldsymbol{\Phi}_m>0$,使得下面的条件对于 $m\in\mathbb{N}_1,l\in\mathbb{N}_2$ 成立:

$$\begin{bmatrix}\boldsymbol{\Theta}_{11} & \boldsymbol{\Theta}_{12} & \boldsymbol{\Theta}_{13} \\ * & \boldsymbol{\Theta}_{22} & \boldsymbol{0} \\ * & * & \boldsymbol{\Theta}_{33}\end{bmatrix} < 0 \tag{11.2.8}$$

$$4\lambda\epsilon^2\boldsymbol{I} \leqslant e^{-\lambda T^*}\boldsymbol{Z} \tag{11.2.9}$$

$$4\lambda\boldsymbol{K}_{ml}^{\mathrm{T}}\boldsymbol{K}_{ml} \leqslant e^{-\lambda T^*}\boldsymbol{Q} \tag{11.2.10}$$

$$a_1 < a^* < a_2 \tag{11.2.11}$$

$$\frac{\bar{h}_{P_m}a_1 + 4\eta^2\lambda T^* + 4\lambda\mu\iota^2 + \lambda\mu}{\underline{h}_{P_m}} < e^{-\lambda T^*}a^* \tag{11.2.12}$$

其中

$$\boldsymbol{\Theta}_{11} \triangleq \sum_{n=1}^{N_1} \overset{\vee}{\pi}_{mn}\boldsymbol{P}_n + \boldsymbol{P}_m\bar{\boldsymbol{A}}_{ml} + \bar{\boldsymbol{A}}_{ml}^{\mathrm{T}}\boldsymbol{P}_m + \boldsymbol{Q} + \alpha\boldsymbol{\Phi}_m - \lambda\boldsymbol{P}_m$$

$$\boldsymbol{\Theta}_{12} \triangleq \left[\boldsymbol{P}_m\boldsymbol{D}_m - \boldsymbol{P}_m\sum_{l=1}^{N_2}\hat{\pi}_{ml}\boldsymbol{B}_m\boldsymbol{K}_{ml} - \boldsymbol{Q} - \boldsymbol{P}_m\boldsymbol{B}_m\right]$$

$$\boldsymbol{\Theta}_{13} \triangleq [\boldsymbol{I}\quad \varsigma_1\boldsymbol{P}_m\boldsymbol{B}_m\quad \delta_m],\quad \boldsymbol{\Theta}_{22} \triangleq -\mathrm{diag}\{\lambda\boldsymbol{I}, \boldsymbol{\Phi}_m - \boldsymbol{Q}, \lambda\boldsymbol{I}\}$$

$$\boldsymbol{\Theta}_{33} \triangleq -\mathrm{diag}\{\boldsymbol{Z}^{-1}, \varsigma_1\boldsymbol{I}, \varsigma_1\boldsymbol{I}\},\quad \bar{\boldsymbol{A}}_{ml} \triangleq \boldsymbol{A}_m + \sum_{l=1}^{N_2}\hat{\pi}_{ml}\boldsymbol{B}_m\boldsymbol{K}_{ml},\quad \underline{h}_{P_m} \triangleq \min_{m\in\mathbb{N}_1}\lambda_{\min}(\boldsymbol{R}^{-\frac{1}{2}}\boldsymbol{P}_m\boldsymbol{R}^{-\frac{1}{2}})$$

$$\bar{h}_{P_m} \triangleq \max_{m\in\mathbb{N}_1}\lambda_{\max}(\boldsymbol{R}^{-\frac{1}{2}}\boldsymbol{P}_m\boldsymbol{R}^{-\frac{1}{2}})$$

则得到的 CLS 关于$(a_1, a^*, [0, T^*], \boldsymbol{R}, \mathcal{W}_{[0,T^*],\mu})$是均方有限时间有界的。

证明　$\forall\, t\in[0, T^*]$,选取如下 Lyapunov 函数:

$$V_2(x(t), m, l, t) = x^{\mathrm{T}}(t)\boldsymbol{P}_m x(t) + \int_0^t x^{\mathrm{T}}(\tau)\boldsymbol{Z}x(\tau)\mathrm{d}\tau + \int_0^t x^{\mathrm{T}}(t_k)\boldsymbol{Q}x(t_k)\mathrm{d}t$$

定义 $V_2(t) \triangleq V_2(x(t), m, l, t)$,根据 $V_2(t)$的弱无穷算子可以得到

$$\begin{aligned}\mathcal{L}V_2(t) = {}& x^{\mathrm{T}}(t)\sum_{n=1}^{N_1}\overset{\vee}{\pi}_{mn}\boldsymbol{P}_n x(t) + \mathrm{sym}\{x^{\mathrm{T}}(t)\boldsymbol{P}_m[\bar{\boldsymbol{A}}_{ml}x(t) - \boldsymbol{B}_m\rho_s(t) + \boldsymbol{B}_m f_m(x(t), t) \\ & + \boldsymbol{D}_m\omega(t) - \sum_{l=1}^{N_2}\hat{\pi}_{ml}\boldsymbol{B}_m\boldsymbol{K}_{ml}e(t)]\} \\ & + x^{\mathrm{T}}(t)\boldsymbol{Z}x(t) + x^{\mathrm{T}}(t)\boldsymbol{Q}x(t) + e^{\mathrm{T}}(t)\boldsymbol{Q}e(t) - x^{\mathrm{T}}(t)\boldsymbol{Q}e(t)\end{aligned}$$

对于$\varsigma_1 > 0$,可获得如下不等式:

$$\mathrm{sym}\{x^{\mathrm{T}}(t)\boldsymbol{P}_m\boldsymbol{B}_m f_m(x(t), t)\} \leqslant \varsigma_1 x^{\mathrm{T}}(t)\boldsymbol{P}_m\boldsymbol{B}_m\boldsymbol{B}_m^{\mathrm{T}}\boldsymbol{P}_m x(t) + \varsigma_1^{-1}\delta_m^2 x^{\mathrm{T}}(t)x(t)$$

考虑到事件触发协议,可得

$$\Psi_m(t) = \alpha x^{\mathrm{T}}(t)\boldsymbol{\Phi}_m x(t) - e^{\mathrm{T}}(t)\boldsymbol{\Phi}_m e(t) > 0 \tag{11.2.13}$$

定义以下辅助函数:

$$J_1(m, l, t) = \mathcal{L}V_2(t) - \lambda V_2(t) - \lambda\rho_s^{\mathrm{T}}(t)\rho_s(t) - \lambda\omega^{\mathrm{T}}(t)\omega(t)$$

根据 Schur 补引理,遵循式(11.1.4),可以得到

$$J_1(m, l, t) + \lambda\int_0^t x^{\mathrm{T}}(\tau)\boldsymbol{Z}x(\tau)\mathrm{d}\tau + \lambda\int_0^t x^{\mathrm{T}}(t_k)\boldsymbol{Q}(t_k)\mathrm{d}t + \Psi_m(t) < 0$$

由此可以得到 $J_1(m, l, t) < 0$,进一步可以得到

$$\mathcal{L}V_2(t) < \lambda V_2(t) + \lambda\omega^{\mathrm{T}}(t)\omega(t) + \lambda\rho_s^{\mathrm{T}}(t)\rho_s(t) \tag{11.2.14}$$

用 $\mathrm{e}^{-\lambda t}$乘式(11.2.14)的两边,可得

$$\frac{\mathrm{d}\mathrm{e}^{-\lambda t}V_2(t)}{\mathrm{d}t} < \lambda\mathrm{e}^{-\lambda t}V_2(t) + \lambda\mathrm{e}^{-\lambda t}\omega^{\mathrm{T}}(t)\omega(t) + \lambda\mathrm{e}^{-\lambda t}\rho_s^{\mathrm{T}}(t)\rho_s(t)$$

当 $t\in[0, T^*]$时,对上面的不等式从 0 到 t 积分,有

$$\begin{aligned}\mathrm{e}^{-\lambda t}V_2(t) < {}& V_2(0) + \lambda\int_0^t \mathrm{e}^{-\lambda\tau}\omega^{\mathrm{T}}(\tau)\omega(\tau)\mathrm{d}\tau + \lambda\int_0^t \mathrm{e}^{-\lambda\tau}\rho_s^{\mathrm{T}}(\tau)\rho_s(\tau)\mathrm{d}\tau \\ \leqslant {}& \bar{h}_{P_m}a_1 + (4\eta^2\lambda T^* + 4\lambda\iota^2\mu + \lambda\mu) + \int_0^t x^{\mathrm{T}}(\tau)(4\lambda\iota^2\boldsymbol{I})x(\tau)\mathrm{d}\tau \\ & + \int_0^t x^{\mathrm{T}}(t_k)(4\lambda\boldsymbol{K}_{ml}^{\mathrm{T}}\boldsymbol{K}_{ml})x(t_k)\mathrm{d}t\end{aligned} \tag{11.2.15}$$

此外，很明显

$$e^{-\lambda t}V_2(t) \geqslant e^{-\lambda t}\underline{h}_{P_m}x^{\mathrm{T}}(t)\boldsymbol{R}x(t) + \int_0^t x^{\mathrm{T}}(\tau)(e^{-\lambda\tau}\boldsymbol{Z})x(\tau)\mathrm{d}\tau + \int_0^t x^{\mathrm{T}}(t_k)(e^{-\lambda t}\boldsymbol{Q})x(t_k)\mathrm{d}t \tag{11.2.16}$$

结合式(11.2.15)和式(11.2.16)，可得

$$\mathbb{E}\{x^{\mathrm{T}}(t)\boldsymbol{R}x(t)\} \leqslant \frac{\bar{h}_{P_m}a_1 + 4\eta^2\lambda T^* + 4\lambda\iota^2\mu + \lambda\mu}{e^{-\lambda T^*}\underline{h}_{P_m}} \tag{11.2.17}$$

因此，可以得到 $E\{x^{\mathrm{T}}(t)\boldsymbol{R}x(t)\} < a^*$，根据定义 11.1，可以发现在滑模控制律作用下的 CLS 关于$(a_1, a^*, [0, T^*], \boldsymbol{R}, \mathcal{W}_{[0,T^*],\mu})$是均方有限时间有界的。证毕。

11.2.3 $[T^*, T]$的有限时间有界分析

为保证系统状态在阶段$[T^*, T]$内相应的 CLS 是均方有限时间有界的，当 $\dot{s}(t) = 0$ 时，可以得到等效滑模控制律如下：

$$u_{\mathrm{eq}} = -(\boldsymbol{GB}_m)^{-1}\boldsymbol{GA}_m x(t) - f_m(x(t), t) - (\boldsymbol{GB}_m)^{-1}\boldsymbol{GD}_m\omega(t) \tag{11.2.18}$$

将式(11.2.18)引入 S-MJS[式(11.1.2)]，可以得到

$$\begin{cases} \dot{x}(t) = (\boldsymbol{I} - \boldsymbol{H}_m)(\boldsymbol{A}_m x(t) + \boldsymbol{D}_m\omega(t)) \\ z(t) = \boldsymbol{C}_m x(t) \end{cases} \tag{11.2.19}$$

其中，$\boldsymbol{H}_m \triangleq \boldsymbol{B}_m(\boldsymbol{GB}_m)^{-1}\boldsymbol{G}$。

定理 11.3 考虑在等效滑模控制律[式(11.2.18)]的作用下，对于标量 $a_2 > a_1 > 0$，$\lambda > 0$，$\mu > 0$，$\delta_m > 0$，$\alpha > 0$ 和矩阵 $\boldsymbol{R} > 0$，如果存在标量 $a_1 < a^* < a_2$，$\varsigma_2 > 0$，$\varsigma_3 > 0$，$T^* > 0$ 以及矩阵 $\boldsymbol{P}_m > 0$，$\boldsymbol{\Phi}_m > 0$，使得下面的条件对于所有 $m \in \mathbb{N}_1$，$l \in \mathbb{N}_2$ 成立：

$$\begin{bmatrix} \hat{\boldsymbol{\Theta}}_{11} & \hat{\boldsymbol{\Theta}}_{12} & \hat{\boldsymbol{\Theta}}_{13} \\ * & \hat{\boldsymbol{\Theta}}_{22} & \hat{\boldsymbol{\Theta}}_{23} \\ * & * & \hat{\boldsymbol{\Theta}}_{33} \end{bmatrix} < 0 \tag{11.2.20}$$

$$3\lambda\delta_m^2\boldsymbol{I} \leqslant e^{-\lambda T}\boldsymbol{Z} \tag{11.2.21}$$

$$\frac{\bar{h}_{P_m}a^* + \lambda\mu}{\underline{h}_{P_m}} \leqslant e^{-\lambda T}a_2 \tag{11.2.22}$$

其中

$$\hat{\boldsymbol{\Theta}}_{11} \triangleq \sum_{n=1}^{N_1}\overset{\vee}{\pi}_{mn}\boldsymbol{P}_n + \boldsymbol{P}_m\boldsymbol{A}_m + \boldsymbol{A}_m^{\mathrm{T}}\boldsymbol{P}_m - \lambda\boldsymbol{P}_m + \alpha\boldsymbol{\Phi}_m, \quad \hat{\boldsymbol{\Theta}}_{12} \triangleq [\boldsymbol{P}_m\boldsymbol{D}_m \quad \boldsymbol{0}]$$

$$\hat{\boldsymbol{\Theta}}_{13} \triangleq [\varsigma_2\boldsymbol{P}_m\boldsymbol{H}_m \quad \boldsymbol{0} \quad \varsigma_3\boldsymbol{P}_m\boldsymbol{H}_m \quad \boldsymbol{A}_m^{\mathrm{T}}], \quad \hat{\boldsymbol{\Theta}}_{22} \triangleq -\mathrm{diag}\{\lambda\boldsymbol{I}, \boldsymbol{\Phi}_m\}$$

$$\hat{\boldsymbol{\Theta}}_{33} \triangleq -\mathrm{diag}\{\varsigma_2\boldsymbol{I}, \varsigma_2\boldsymbol{I}, \varsigma_3\boldsymbol{I}, \varsigma_3\boldsymbol{I}\}, \quad \hat{\boldsymbol{\Theta}}_{23} \triangleq \boldsymbol{I}_1^{\mathrm{T}}\boldsymbol{D}_m^{\mathrm{T}}\boldsymbol{I}_2, \quad \boldsymbol{I}_1 \triangleq [\boldsymbol{I} \quad \boldsymbol{0}], \quad \boldsymbol{I}_2 \triangleq [\boldsymbol{0} \quad \boldsymbol{I} \quad \boldsymbol{0} \quad \boldsymbol{0}]$$

然后，得到的 CLS 关于$(a^*, a_2, [T^*, T], \boldsymbol{R}, \mathcal{W}_{[T^*,T],\mu})$是均方有限时间有界的。

证明 $\forall t \in [T^*, T]$，选取如下 Lyapunov 函数：

$$V_3(x(t), m, l, t) = x^{\mathrm{T}}(t)\boldsymbol{P}_m x(t)$$

定义 $V_3(t) \triangleq V_3(x(t), m, l, t)$，并定义弱无穷算子，其计算如下：

$$\mathcal{L}V_3(t) = x^{\mathrm{T}}(t)\sum_{n=1}^{N_1}\overset{\vee}{\pi}_{mn}\boldsymbol{P}_n x(t) + \mathrm{sym}\{x^{\mathrm{T}}(t)\boldsymbol{P}_m[\boldsymbol{A}_m x(t) - \boldsymbol{H}_m\boldsymbol{A}_m x(t)$$

$$+ \boldsymbol{D}_m\omega(t) - \boldsymbol{H}_m\boldsymbol{D}_m\omega(t)]\}$$

然后,可以得到以下不等式:

$$\mathrm{sym}\{x^{\mathrm{T}}(t)\boldsymbol{P}_m\boldsymbol{H}_m\boldsymbol{D}_m\omega(t)\} \leqslant \varsigma_2 x^{\mathrm{T}}(t)\boldsymbol{P}_m\boldsymbol{H}_m\boldsymbol{H}_m^{\mathrm{T}}\boldsymbol{P}_m x(t) + \varsigma_2^{-1}\omega^{\mathrm{T}}(t)\boldsymbol{D}_m^{\mathrm{T}}\boldsymbol{D}_m\omega(t)$$

$$\mathrm{sym}\{x^{\mathrm{T}}(t)\boldsymbol{P}_m\boldsymbol{H}_m\boldsymbol{A}_m x(t)\} \leqslant \varsigma_3 x^{\mathrm{T}}(t)\boldsymbol{P}_m\boldsymbol{B}_m\boldsymbol{H}_m\boldsymbol{H}_m^{\mathrm{T}}\boldsymbol{P}_m x(t) + \varsigma_3^{-1}x^{\mathrm{T}}(t)\boldsymbol{A}_m^{\mathrm{T}}\boldsymbol{A}_m x(t)$$

其中,$\varsigma_2>0$,$\varsigma_3>0$。考虑到事件触发协议,可得

$$\Psi_m(t) = \alpha x^{\mathrm{T}}(t)\boldsymbol{\Phi}_m x(t) - e^{\mathrm{T}}(t)\boldsymbol{\Phi}_m x(t)$$

定义以下辅助函数:

$$J_2(m,l,t) = \mathcal{L}V_3(t) - \lambda V_3(t) - \lambda\omega^{\mathrm{T}}(t)\omega(t)$$

根据 Schur 补引理,由式(11.2.20)可以保证 $J_2(m,l,t) + \Psi_m(t) < 0$,进一步可以确保 $J_2(m,l,t)<0$。接着,可以得到

$$\mathcal{L}V_3(t) < \lambda V_3(t) + \lambda\omega^{\mathrm{T}}(t)\omega(t)$$

用 $\mathrm{e}^{-\lambda t}$ 乘上述不等式的两边,有

$$\frac{\mathrm{d}\mathrm{e}^{-\lambda t}V_3(t)}{\mathrm{d}t} < \lambda \mathrm{e}^{-\lambda t}V_3(t) + \lambda \mathrm{e}^{-\lambda t}\omega^{\mathrm{T}}(t)\omega(t)$$

当 $t\in[T^*,T]$ 时,对上面的不等式左右两边从 T^* 到 t 积分,有

$$\mathrm{e}^{-\lambda t}V_3(t) < V_3(T^*) + \lambda\int_{T^*}^{t}\mathrm{e}^{-\lambda\tau}w^{\mathrm{T}}(\tau)w(\tau)\mathrm{d}\tau \leqslant \bar{h}_{P_m}a^* + \lambda\mu \tag{11.2.23}$$

此外,很明显

$$\mathrm{e}^{-\lambda t}V_3(t) \geqslant \mathrm{e}^{-\lambda t}\,\underline{h}_{P_m}x^{\mathrm{T}}(t)\boldsymbol{R}x(t) \tag{11.2.24}$$

结合式(11.2.22)和式(11.2.24),可以得到

$$\mathbb{E}\{x^{\mathrm{T}}(t)\boldsymbol{R}x(t)\} \leqslant \frac{\bar{h}_{P_m}a^* + \lambda\mu}{\mathrm{e}^{-\lambda T}\,\underline{h}_{P_m}} \tag{11.2.25}$$

如果存在参数 a^* 满足式(11.2.12)和式(11.2.22),那么对 $t\in[T^*,T]$ 有 $\mathbb{E}\{x^{\mathrm{T}}(t)\boldsymbol{R}x(t)\}<a_2$,这表明得到的 CLS 关于 $(a^*,a_2,[T^*,T],\boldsymbol{R},\mathcal{W}_{[T^*,T],\mu})$ 是均方有限时间有界的。证毕。

11.2.4　滑模控制器设计

需要指出定理 11.2 和定理 11.3 中的条件是通过选择适当的控制器增益同时建立起来的,这不仅保证了在有限时间 $[0,T]$ 内滑模面的可达性,也确保了 CLS 在滑模控制下关于 $(a_1,a_2,[0,T],\boldsymbol{R},\mathcal{W}_{[0,T],\mu})$ 是均方有限时间有界的。

定理 11.4　对于标量 $a_2>a_1>0$,$\lambda>0$,$\mu>0$,$\delta_m>0$,$\alpha>0$,$\eta>0$ 和矩阵 $\boldsymbol{R}>0$,若存在标量 $\upsilon>0$,$\varsigma_1>0$,$\varsigma_2>0$,$\varsigma_3>0$,$T^*>0$,$a^*>0$ 以及矩阵 $\boldsymbol{P}_m>0$,$\boldsymbol{\mathcal{Z}}>0$,$\boldsymbol{Q}>0$,$\boldsymbol{\Phi}_m>0$,使得下面的条件对于所有 $m\in\mathbb{N}_1$,$l\in\mathbb{N}_2$ 成立:

$$\begin{bmatrix} \bar{\boldsymbol{\Theta}}_{11} & \bar{\boldsymbol{\Theta}}_{12} & \bar{\boldsymbol{\Theta}}_{13} & \bar{\boldsymbol{\Theta}}_{14} \\ * & \bar{\boldsymbol{\Theta}}_{22} & \bar{\boldsymbol{\Theta}}_{23} & \boldsymbol{0} \\ * & * & \bar{\boldsymbol{\Theta}}_{33} & \boldsymbol{0} \\ * & * & * & \bar{\boldsymbol{\Theta}}_{44} \end{bmatrix} < 0 \tag{11.2.26}$$

$$\begin{bmatrix} -\dfrac{\mathrm{e}^{-\lambda T}a^*}{2} + \Xi_1 & \sqrt{a_1} \\ * & -\upsilon \end{bmatrix} < 0 \tag{11.2.27}$$

$$\begin{bmatrix} -\mathrm{e}^{-\lambda T}\bar{Q} & \sqrt{4\lambda}\mathcal{K}_{ml}^{\mathrm{T}} \\ * & -I \end{bmatrix} < 0 \tag{11.2.28}$$

$$\begin{bmatrix} -\mathrm{e}^{-\lambda T}\mathcal{Z} & \sqrt{4\lambda\iota^2}\mathcal{Z} \\ * & -I \end{bmatrix} < 0 \tag{11.2.29}$$

$$2a^* + 2\lambda\mu\upsilon \leqslant \mathrm{e}^{-\lambda T}a_2\upsilon \tag{11.2.30}$$

$$a_1 < a^* < a_2 \tag{11.2.31}$$

$$0 < \sum_{l=1}^{N_2}\hat{\pi}_{ml}(\boldsymbol{B}_m\mathcal{K}_{ml} + \mathcal{K}_{ml}^{\mathrm{T}}\boldsymbol{B}_m^{\mathrm{T}}) \tag{11.2.32}$$

$$\upsilon\boldsymbol{R}^{-1} < \mathcal{P}_m < 2\boldsymbol{R}^{-1} \tag{11.2.33}$$

其中

$$\bar{\boldsymbol{\Theta}}_{11} \triangleq \overset{\vee}{\pi}_{mm}\mathcal{P}_m + \boldsymbol{A}_m\mathcal{P}_m + \mathcal{P}_m\boldsymbol{A}_m^{\mathrm{T}} - \lambda\mathcal{P}_m + \bar{Q} + \sum_{l=1}^{N_2}\hat{\pi}_{ml}(\boldsymbol{B}_m\mathcal{K}_{ml} + \mathcal{K}_{ml}^{\mathrm{T}}\boldsymbol{B}_m^{\mathrm{T}}) + \alpha\bar{\boldsymbol{\Phi}}_m$$

$$\bar{\boldsymbol{\Theta}}_{12} \triangleq \begin{bmatrix} \boldsymbol{D}_m & -\sum_{l=1}^{N_2}\hat{\pi}_{ml}\boldsymbol{B}_m\mathcal{K}_{ml} - \bar{Q} & -\boldsymbol{B}_m \end{bmatrix}$$

$$\bar{\boldsymbol{\Theta}}_{13} \triangleq [\mathcal{P}_m \quad \varsigma_1\boldsymbol{B}_m \quad \delta_m\mathcal{P}_m \quad \varsigma_2\boldsymbol{H}_m \quad 0 \quad \varsigma_3\boldsymbol{H}_m \quad \mathcal{P}_m\boldsymbol{A}_m^{\mathrm{T}}]$$

$$\bar{\boldsymbol{\Theta}}_{14} \triangleq \left[\sqrt{\overset{\vee}{\pi}_{m1}}\mathcal{P}_m \quad \cdots \quad \sqrt{\overset{\vee}{\pi}_{m(m-1)}}\mathcal{P}_m \quad \sqrt{\overset{\vee}{\pi}_{m(m+1)}}\mathcal{P}_m \quad \cdots \quad \sqrt{\overset{\vee}{\pi}_{mN_1}}\boldsymbol{P}_m\right]$$

$$\bar{\boldsymbol{\Theta}}_{22} \triangleq -\mathrm{diag}\{\lambda\boldsymbol{I}, \bar{\boldsymbol{\Phi}}_m - \bar{Q}, \lambda\boldsymbol{I}\}, \quad \bar{\boldsymbol{\Theta}}_{23} \triangleq \tilde{\boldsymbol{I}}_1^{\mathrm{T}}\boldsymbol{D}_m^{\mathrm{T}}\boldsymbol{I}_5$$

$$\bar{\boldsymbol{\Theta}}_{33} \triangleq -\mathrm{diag}\{\mathcal{Z}^{-1}, \varsigma_1\boldsymbol{I}, \varsigma_1\boldsymbol{I}, \varsigma_2\boldsymbol{I}, \varsigma_2\boldsymbol{I}, \varsigma_3\boldsymbol{I}, \varsigma_3\boldsymbol{I}\}$$

$$\bar{\boldsymbol{\Theta}}_{44} \triangleq -\mathrm{diag}\{\mathcal{P}_1, \cdots, \mathcal{P}_{m-1}, \mathcal{P}_{m+1}, \cdots, \mathcal{P}_{N_1}\}, \quad \bar{\boldsymbol{\Phi}}_m \triangleq \mathcal{P}_m\boldsymbol{\Phi}_m\mathcal{P}_m$$

$$\varXi_1 \triangleq 4\eta^2\lambda T + 4\lambda\mu\iota^2 + \lambda\mu, \quad \bar{Q} \triangleq \mathcal{P}_m Q\mathcal{P}_m, \quad \tilde{\boldsymbol{I}}_1 \triangleq [\boldsymbol{I} \quad \boldsymbol{0} \quad \boldsymbol{0}]$$

$$\boldsymbol{I}_5 \triangleq [\boldsymbol{0} \quad \boldsymbol{0} \quad \boldsymbol{0} \quad \boldsymbol{0} \quad \boldsymbol{I} \quad \boldsymbol{0} \quad \boldsymbol{0}]$$

然后,对应的 CLS 关于$(a_1, a_2, [T^*, T], \boldsymbol{R}, \mathcal{W}_{[T^*, T], \mu})$是均方有限时间有界的。得到滑模控制器的增益为

$$\boldsymbol{K}_{ml} = \mathcal{K}_{ml}\mathcal{P}_m^{-1}$$

证明 通过下面的式(11.2.34)可以保证在有限时间$[0, T]$内式(11.1.4)和式(11.2.20)成立:

$$\begin{bmatrix} \overset{\vee}{\boldsymbol{\Theta}}_{11} & \boldsymbol{\Theta}_{12} & \overset{\vee}{\boldsymbol{\Theta}}_{13} \\ * & \boldsymbol{\Theta}_{22} & \bar{\boldsymbol{\Theta}}_{23} \\ * & * & \overset{\vee}{\boldsymbol{\Theta}}_{33} \end{bmatrix} < 0 \tag{11.2.34}$$

其中

$$\overset{\vee}{\boldsymbol{\Theta}}_{11} \triangleq \sum_{n=1}^{N_1}\overset{\vee}{\pi}_{mn}\boldsymbol{P}_n + \boldsymbol{P}_m\bar{\boldsymbol{A}}_{ml} + \bar{\boldsymbol{A}}_{ml}^{\mathrm{T}}\boldsymbol{P}_m - \lambda\boldsymbol{P}_m + \alpha\boldsymbol{\Phi}_m + Q$$

$$\overset{\vee}{\boldsymbol{\Theta}}_{13} \triangleq [\boldsymbol{I} \quad \varsigma_1\boldsymbol{P}_m\boldsymbol{B}_m \quad \delta_m\boldsymbol{I} \quad \varsigma_2\boldsymbol{P}_m\boldsymbol{H}_m \quad \boldsymbol{0} \quad \varsigma_3\boldsymbol{P}_m\boldsymbol{H}_m \quad \boldsymbol{A}_m^{\mathrm{T}}]$$

$$\check{\boldsymbol{\Theta}}_{33} \triangleq -\mathrm{diag}\{\boldsymbol{Z}^{-1},\varsigma_1\boldsymbol{I},\varsigma_1\boldsymbol{I},\varsigma_2\boldsymbol{I},\varsigma_2\boldsymbol{I},\varsigma_3\boldsymbol{I},\varsigma_3\boldsymbol{I}\}$$

下面定义 $\boldsymbol{\mathcal{P}}_m=\boldsymbol{P}_m^{-1}$，对式(11.2.34)左乘、右乘 $\mathrm{diag}\{\boldsymbol{P}_m,\boldsymbol{I},\boldsymbol{P}_m,\boldsymbol{I},\boldsymbol{I},\boldsymbol{I},\boldsymbol{I},\boldsymbol{I},\boldsymbol{I},\boldsymbol{I},\boldsymbol{I}\}$。通过 Schur 补引理可知式(11.2.26)成立。

由于式(11.2.33)成立，有

$$\lambda_{\max}(\boldsymbol{R}^{-\frac{1}{2}}\boldsymbol{P}_m\boldsymbol{R}^{-\frac{1}{2}})<\frac{1}{\upsilon},\quad \lambda_{\min}(\boldsymbol{R}^{-\frac{1}{2}}\boldsymbol{P}_m\boldsymbol{R}^{-\frac{1}{2}})>\frac{1}{2} \tag{11.2.35}$$

证毕。

11.3 仿真验证

为了证明所设计的 S-MJS 有限时间事件触发异步滑模控制方法的实用性和有效性，本节提供一个隧道二极管电路模型的例子。

在本例中，引入隧道二极管电路模型作为应用实例，以证明所设计方法的实用性，其框架如图 11.2 所示[117]。电路的动态行为可以描述如下：

$$\begin{cases} L\dot{i}_L(t)=-V_C(t)-i_L(t)R+U(t)+\omega(t) \\ C\dot{V}_C(t)=i_L(t)+i_{TD}(t) \end{cases}$$

其中，$i_{TD}(t)=-0.2V_{TD}(t)-0.01(V_{TD}(t))^3$，$C=0.12\ \mathrm{F}$，$L=1\ \mathrm{H}$。

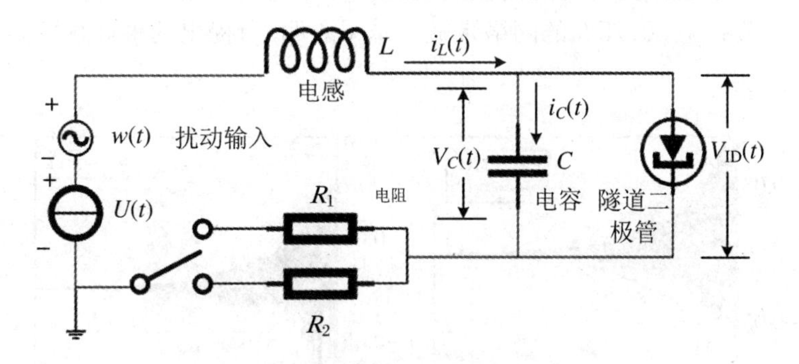

图 11.2　隧道二极管模型图

注意，控制输入 $u(t)$ 是由理想电压源 $U(t)$ 提供的，电阻 R 有两个模态变化，$R_1=1.5\ \Omega$，$R_2=2.1\ \Omega$，其转移概率矩阵为 $[\check{\boldsymbol{\pi}}_{mn}]_{m,n\in\mathbb{N}_1}=\begin{bmatrix}-0.8862 & 0.8862\\ 2.7082 & -2.7082\end{bmatrix}$。异步控制器包含两种模态，其条件概率矩阵为 $\boldsymbol{\Pi}_2=\begin{bmatrix}0.3 & 0.7\\ 0.4 & 0.6\end{bmatrix}$。选取状态变量 $x_1(t)=V_C(t)$，$x_2(t)=i_L(t)$。根据线性化技术，线性模型可以描述如下：

$$\dot{x}(t)=\boldsymbol{A}_m x(t)+\boldsymbol{B}_m u(t)+\boldsymbol{D}_m\omega(t)\quad (m=1,2)$$

其中

$$\boldsymbol{A}_m=\begin{bmatrix}-\dfrac{0.21}{C} & -\dfrac{1}{C}\\ -\dfrac{1}{L} & -\dfrac{R_m}{L}\end{bmatrix},\quad \boldsymbol{B}_m=\begin{bmatrix}\boldsymbol{0}\\ \dfrac{1}{L}\end{bmatrix},\quad \boldsymbol{D}_m=\begin{bmatrix}\boldsymbol{0}\\ \dfrac{1}{L}\end{bmatrix}$$

系统矩阵如下：

模态 1：

$$\boldsymbol{A}_1 = \begin{bmatrix} 2.1 & 10 \\ -1 & -1 \end{bmatrix}, \quad \boldsymbol{B}_1 = \begin{bmatrix} 0 \\ 1 \end{bmatrix}, \quad \boldsymbol{D}_1 = \begin{bmatrix} 0 \\ 0.1 \end{bmatrix}$$

模态 2：

$$\boldsymbol{A}_2 = \begin{bmatrix} 2.1 & 10 \\ -1 & -2 \end{bmatrix}, \quad \boldsymbol{B}_2 = \begin{bmatrix} 0 \\ 1 \end{bmatrix}, \quad \boldsymbol{D}_2 = \begin{bmatrix} 0 \\ 0.1 \end{bmatrix}$$

外部扰动取为 $\omega(t) = \frac{1}{2}\cos(\pi t)$，非线性执行器错误信号取为 $f_1(x(t),t) = f_2(x(t),t) = 0.05\sqrt{x_1^2(t) + x_2^2(t)}$，因此可以得到 $\delta_1 = \delta_2 = 0.05$。其他参数取为 $a_1 = 1.8, a_2 = 62, T = 2\ \mathrm{s}, \lambda = 0.05, \alpha = 0.08, \mu = 0.5, \beta_1 = \beta_2 = 0.7$。将这些参数代入线性矩阵不等式(11.2.26)～不等式(11.2.33)，可以得到

$$\boldsymbol{\Phi}_1 = \begin{bmatrix} 100.9296 & 119.2159 \\ 119.2159 & 166.1048 \end{bmatrix}, \quad \boldsymbol{\Phi}_2 = \begin{bmatrix} 100.9703 & 120.8896 \\ 120.8896 & 169.4009 \end{bmatrix}$$

$$\boldsymbol{K}_{11} = [390.4701 \quad 561.9556], \quad \boldsymbol{K}_{21} = [783.3541 \quad 1132.5508]$$

$$\boldsymbol{K}_{12} = [-388.0188 \quad -560.8327], \quad \boldsymbol{K}_{22} = [-780.9280 \quad -1131.4172]$$

同时，可得 $a^* = 10.7743$。初始值 $x(0) = [-0.1 \quad 0.05]^{\mathrm{T}}$，$\boldsymbol{R} = \mathrm{diag}\{0.7\boldsymbol{I} \quad 0.7\boldsymbol{I}\}$，CLS 的状态响应、滑模面变化、$x^{\mathrm{T}}(t)\boldsymbol{R}x(t)$ 的取值以及事件触发的释放瞬间和间隔时间如图 11.3(a)～(d)所示。从曲线的变化趋势来看，得到的滑模控制器可以使系统轨迹在有限时间内达到预期的效果。值得注意的是，如图 11.3(d)所示，在模拟持续时间 3 s 内，计算 $\mathbb{TR}$ 为 19.25%，节省了 80.75%的网络带宽。结果表明，所提出的事件触发异步滑模控制具有实用性。

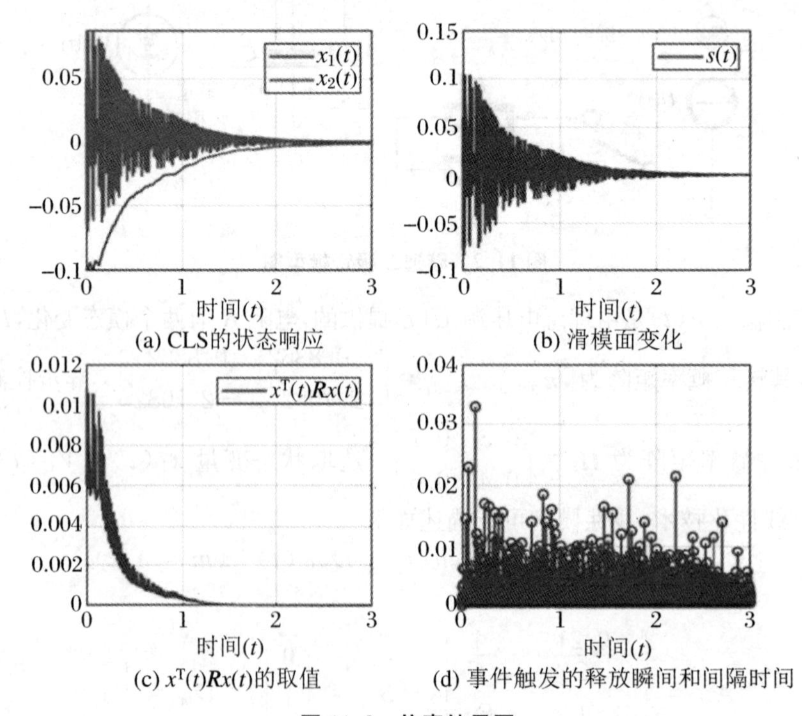

图 11.3　仿真结果图

第 12 章　具有不确定性的 PDT 切换基因调控网络的有限时间 H_∞ 状态估计

在活细胞中，由基因和蛋白质之间复杂的相互作用形成的系统被称为基因调控网络(Genetic Regulatory Network,GRN)。近年来，人们发现基因调控可以广泛应用于医药、发酵工业等研究领域。GRN 的研究具有巨大的潜力和现实意义，因此受到了研究者的广泛关注。但在实际应用中，由于各种因素的影响，系统的结构和参数往往会发生变化，在这种情况下，应该关注切换 GRN。PDT 切换规则作为一种更通用的交换规则，在一定程度上克服了上述障碍，它包括快速和慢速交换。此外，在对 GRN 的研究中，由于实际因素的限制，网络的状态信息并不总是完全可用的，因此通常需要使用状态估计的方法。因此，研究 GRN 的状态估计具有重要的意义。

本章研究了具有不确定性的 PDT 切换基因调控网络的有限时间 H_∞ 状态估计问题和一类更通用的切换规则——PDT 切换规则。本章旨在设计一个估计器，以确保估计误差系统是随机有限时间有界的，且具有 H_∞ 性能。在此基础上，利用 Lyapunov 函数得到了估计增益形式的充分条件，并通过数值算例验证了所提方法的正确性和可行性。

12.1　问题描述

本章考虑具有随机参数不确定性和外部干扰的离散时间 GRN 为如下形式：

$$\begin{cases} x_b(k+1) = \overline{\boldsymbol{A}}_{\rho(k)} x_b(k) + \overline{\boldsymbol{B}}_{\rho(k)} g(x_c(k)) + \boldsymbol{C}_{b\rho(k)} \omega(k) \\ x_c(k+1) = \overline{\boldsymbol{D}}_{\rho(k)} x_c(k) + \overline{\boldsymbol{E}}_{\rho(k)} x_b(k) + \boldsymbol{C}_{c\rho(k)} \omega(k) \\ y_b(k) = \boldsymbol{T}_{\rho(k)} x_b(k) \\ y_c(k) = \boldsymbol{U}_{\rho(k)} x_c(k) \end{cases} \tag{12.1.1}$$

其中

$$\begin{aligned} &\overline{\boldsymbol{A}}_{\rho(k)} \triangleq \boldsymbol{A}_{\rho(k)} + \Delta \boldsymbol{A}_{\rho(k)}, \quad \overline{\boldsymbol{B}}_{\rho(k)} \triangleq B_{\rho(k)} + \Delta B_{\rho(k)} \\ &\overline{\boldsymbol{D}}_{\rho(k)} \triangleq D_{\rho(k)} + \Delta D_{\rho(k)}, \quad \overline{\boldsymbol{E}}_{\rho(k)} \triangleq E_{\rho(k)} + \Delta E_{\rho(k)} \\ &\boldsymbol{A}_{\rho(k)} \triangleq \operatorname{diag}\{\exp(-k_1 \mathcal{H}_{\rho(k)}), \cdots, \exp(-k_{\mathcal{K}} \mathcal{H}_{\rho(k)})\} \\ &\boldsymbol{D}_{\rho(k)} \triangleq \operatorname{diag}\{\exp(-l_1 \mathcal{H}_{\rho(k)}), \cdots, \exp(-l_{\mathcal{K}} \mathcal{H}_{\rho(k)})\} \\ &\boldsymbol{E}_{\rho(k)} \triangleq \operatorname{diag}\{o_1 \mathcal{F}_1(\mathcal{H}_{\rho(k)}), \cdots, o_{\mathcal{K}} \mathcal{F}_{\mathcal{K}}(\mathcal{H}_{\rho(k)})\} \\ &\boldsymbol{B}_{\rho(k)} \triangleq [v_{zi} \Psi_z(\mathcal{H}_{\rho(k)})] \in \mathbf{N}^{\mathcal{K}\times\mathcal{K}} \quad (T_{\rho(k)}, U_{\rho(k)} \in \mathbf{N}^{\mathcal{K}\times\mathcal{K}}) \end{aligned}$$

其中，$\Delta \boldsymbol{A}_{\rho(k)}$，$\Delta \boldsymbol{B}_{\rho(k)}$，$\Delta \boldsymbol{D}_{\rho(k)}$和$\Delta \boldsymbol{E}_{\rho(k)}$表示模型的不确定性；$\boldsymbol{C}_{b\rho(k)}$和$\boldsymbol{C}_{c\rho(k)}$是给定的具有适当维数的常数矩阵；$\omega(k)$为属于$l_2[0,\infty)$的外部干扰输入；$\mathcal{F}_{\mathcal{K}}(\mathcal{H}_{\rho(k)}) \triangleq \dfrac{1-\exp(-l_z\mathcal{H}_{\rho(k)})}{l_z}$，$\Psi_z(\mathcal{H}_{\rho(k)}) \triangleq \dfrac{1-\exp(-k_z\mathcal{H}_{\rho(k)})}{k_z}$中$z \in \{1,2,\cdots,\mathcal{K}\}$，$k_z, l_z, o_z \in \mathbb{R}^+$；值得注意的是，$x_b(k) \in \mathbf{N}^{\mathcal{K}}$代表 mRNA 浓度，$x_c(k) \in \mathbf{N}^{\mathcal{K}}$代表蛋白质浓度；$v_{zi}$取值为$w_{zi}$或者$-w_{zi}$表示转录因子$i$激活或抑制因子$z$，否则$v_{zi}=0$，其中$w_{zi}$是转录因子$i$对基因$z$的转录速率，$w_{zi} \in \mathbb{R}^+$；$g(x_c(k)) \triangleq [g_1^{\mathrm{T}}(x_{c_1}(k)), g_2^{\mathrm{T}}(x_{c_2}(k)), \cdots, g_{\mathcal{K}}^{\mathrm{T}}(x_{c_K}(k))]^{\mathrm{T}}$是一个非线性函数；$\rho(k)$是$k$上的一个分段常数函数，表示 PDT 切换信号，取值在有限集合$\mathcal{O} \triangleq \{1,2,\cdots,O\}$中，其中$O$表示子系统的个数，为简单起见，我们让$\rho(k) \triangleq r \in \mathcal{O}$。

表示蛋白质对转录的反馈调节的非线性函数有如下形式：

$$g_{\mathcal{K}}^{\mathrm{T}}(x_{c_{\mathcal{K}}}(k)) = \frac{(x_{c_{\mathcal{K}}}(k)/r_{\mathcal{K}})^{\mathcal{H}_{\mathcal{K}}}}{1+(x_{c_{\mathcal{K}}}(k)/r_{\mathcal{K}})^{\mathcal{H}_{\mathcal{K}}}} \in \mathbb{R}$$

其中，$r_{\mathcal{K}} \in \mathbb{R}^+$，$\mathcal{H}_{\mathcal{K}}$表示希尔系数。

矩阵$\Delta \boldsymbol{A}_r$，$\Delta \boldsymbol{B}_r$，$\Delta \boldsymbol{D}_r$和$\Delta \boldsymbol{E}_r$表示参数不确定的未知矩阵，有如下形式：

$$\begin{bmatrix} \Delta \boldsymbol{A}_r \\ \Delta \boldsymbol{B}_r \end{bmatrix} \triangleq \boldsymbol{G}_{br}\boldsymbol{H}_{br}(k)\begin{bmatrix} \boldsymbol{M}_{bAr} \\ \boldsymbol{M}_{bBr} \end{bmatrix}$$

$$\begin{bmatrix} \Delta \boldsymbol{D}_r \\ \Delta \boldsymbol{E}_r \end{bmatrix} \triangleq \boldsymbol{G}_{cr}\boldsymbol{H}_{cr}(k)\begin{bmatrix} \boldsymbol{M}_{cDr} \\ \boldsymbol{M}_{cEr} \end{bmatrix}$$

其中，$r \in \mathcal{O}$，$\boldsymbol{G}_{br}$，$\boldsymbol{M}_{bAr}$，$\boldsymbol{M}_{bBr}$，$\boldsymbol{G}_{cr}$，$\boldsymbol{M}_{cDr}$和$\boldsymbol{M}_{cEr}$是具有适当维数的已知矩阵，$\boldsymbol{H}_{br}(k)$和$\boldsymbol{H}_{cr}(k)$是未知时变矩阵，满足

$$\boldsymbol{H}_{br}^{\mathrm{T}}(k)\boldsymbol{H}_{br}(k) \leqslant \boldsymbol{I}$$

$$\boldsymbol{H}_{cr}^{\mathrm{T}}(k)\boldsymbol{H}_{cr}(k) \leqslant \boldsymbol{I}$$

对于式(12.1.1)，为了得到$x_b(k)$和$x_c(k)$的估计量，设计估计器的形式如下：

$$\begin{cases} \hat{x}_b(k+1) = \bar{\boldsymbol{A}}_r\hat{x}_b(k) + \bar{\boldsymbol{B}}_r g(\hat{x}_c(k)) + \boldsymbol{K}_{br}(y_b(k) - \boldsymbol{T}_r\hat{x}_b(k)) \\ \hat{x}_c(k+1) = \bar{\boldsymbol{D}}_r\hat{x}_c(k) + \bar{\boldsymbol{E}}_r\hat{b}(k) + \boldsymbol{K}_{cr}(y_c(k) - \boldsymbol{U}_r\hat{x}_c(k)) \\ \hat{y}_b(k) = \boldsymbol{T}_r\hat{x}_b(k) \\ \hat{y}_c(k) = \boldsymbol{U}_r\hat{x}_c(k) \end{cases} \tag{12.1.2}$$

其中，$\hat{x}_b(k)$和$\hat{x}_c(k)$是估计量状态向量；$\boldsymbol{K}_{br}$和$\boldsymbol{K}_{cr}$是待确定的估计器增益。随后，由式(12.1.1)和式(12.1.2)，可得

$$\tilde{x}_b(k) \triangleq x_b(k) - \hat{x}_b(k)$$

$$\tilde{x}_c(k) \triangleq x_c(k) - \hat{x}_c(k)$$

$$\tilde{y}_b(k) \triangleq y_b(k) - \hat{y}_b(k)$$

$$\tilde{y}_c(k) \triangleq y_c(k) - \hat{y}_c(k)$$

$$g(\tilde{x}_c(k)) \triangleq g(x_c(k)) - g(\hat{x}_c(k))$$

估计误差系统可以通过以下方式获得：

$$\begin{cases}\hat{x}_b(k+1)=\bar{\boldsymbol{A}}_r\hat{x}_b(k)+\bar{\boldsymbol{B}}_r g(\hat{x}_c(k))+\boldsymbol{C}_{br}\omega(k)-\boldsymbol{K}_{br}\boldsymbol{T}_r\hat{x}_b(k)\\ \hat{x}_c(k+1)=\bar{\boldsymbol{D}}_r\hat{x}_c(k)+\bar{\boldsymbol{E}}_r\hat{x}_b(k)+\boldsymbol{C}_{cr}\omega(k)-\boldsymbol{U}_r\hat{x}_c(k)\\ \hat{y}_b(k)=\boldsymbol{T}_r\hat{x}_b(k)\\ \hat{y}_c(k)=\boldsymbol{U}_r\hat{x}_c(k)\end{cases}\tag{12.1.3}$$

定义 12.1[118]　对于切换信号 $\rho(k)$，假设存在两个不同特性的无限交替间隔。一个要求间隔长度不小于正常数 τ_{PDT}，另一个要求间隔长度不大于 T_{PDT}。前者称为 τ 部分，其中 $\rho(k)$ 为常数，只发生一次切换；后者称为 T 部分，切换信号可以在子系统之间任意切换。则满足上述特性的切换信号 $\rho(k)$ 称为 PDT 切换信号。$\rho(k)$ 可能的序列如图 12.1 所示。

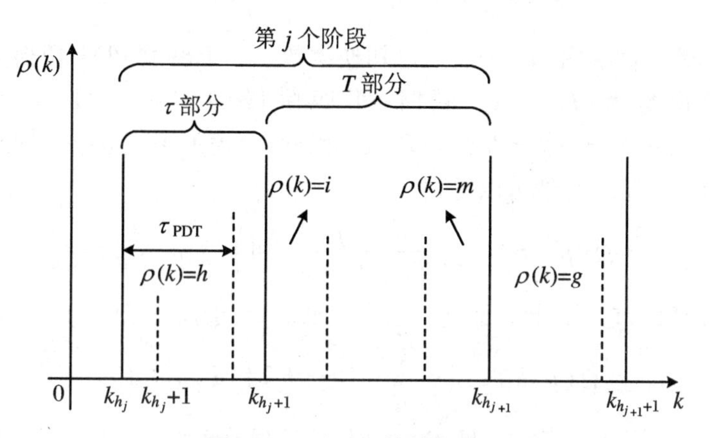

图 12.1　$\rho(k)$ 可能的序列图

由图 12.1 可以看出，一个阶段由一个 τ 阶段和一个 T 阶段组成，其中从 k_{h_j} 到 $k_{h_{j+1}}$ 的时间间隔称为第 j 个阶段。k_{h_j} 和 $k_{h_{j+1}}$ 分别表示切换到第 j 个阶段和第 $(j+1)$ 个阶段的初始时刻。在第 j 个阶段，$k_{h_j}+1$ 表示 k_{h_j} 之后的下一个采样瞬间，$k_{h_j}, k_{h_j+1}, \cdots, k_{h_{j+1}-1}$，$k_{h_{j+1}}$ 为切换瞬间，也是相应子系统启动时的初始瞬间。在 T 部分，可以得到如下不等式：

$$\bar{T}=\sum_{l=1}^{\Omega(k_{h_j+1},k_{h_{j+1}})} T_{\rho(k_{h_j+1})}\leqslant T_{\mathrm{PDT}}$$

即 T 部分的实际运行时间小于或等于 T_{PDT}；$T_{\rho(k_{h_j+1})}$ 表示激活子系统在 T 部分满足 $T_{\rho(k_{h_j+1})}<\tau_{\mathrm{PDT}}$；$\Omega(k_{h_j+1}, k_{h_{j+1}})$ 是在 $[k_{h_j+1}, k_{h_{j+1}})$ 内切换的总次数。

注解 12.1　对于定义 12.1 中的 T 部分，每次切换间隔需要小于一个正标量 τ_{PDT}，由这个要求所导致的快速频率切换称为快速切换。在 τ 部分中，只有一个子系统被激活。与 T 部分的切换频率相比，τ 部分的切换频率较低，因此被称为慢开关。而且，相对于 DT 切换和 ADT 切换，PDT 切换对切换频率的限制在一定程度上得到了缓解，因此 PDT 切换是最常见的切换类型。

注解 12.2　具有 DT、ADT 和 PDT 特性的切换信号集记为 $\mathcal{S}_{\mathrm{DT}}[\tau_T]$，$\mathcal{S}_{\mathrm{ADT}}[\tau_{\mathrm{AT}}, \Omega_0]$ 和 $\mathcal{S}_{\mathrm{PDT}}[\tau_{\mathrm{PDT}}, T_{\mathrm{PDT}}]$。对于 $\mathcal{S}_{\mathrm{DT}}[\tau_T]$，表示连续切换之间的时间间隔不小于 τ_T，称为 DT。对于 $\mathcal{S}_{\mathrm{ADT}}[\tau_{\mathrm{AT}}, \Omega_0]$ 和 $\forall k_b>k_a$，切换数可表示为 $\Omega(k_a, k_b)\leqslant\Omega_0+(k_b-k_a)/\tau_{\mathrm{AT}}$，其中 $\Omega_0>0$ 和 $\tau_{\mathrm{AT}}>0$ 分别称为颤振界和 ADT。对于 $\mathcal{S}_{\mathrm{PDT}}[\tau_{\mathrm{PDT}}, T_{\mathrm{PDT}}]$，意味着切换系统在慢交换区（$\tau$ 部分）和快交换区（T 部分）之间交替运行。τ_{PDT} 被称为 PDT，T_{PDT} 被称为持续期。另外，当 $\tau_T=\tau_{\mathrm{AT}}=\tau_{\mathrm{PDT}}>0$ 时，可得到如下关系式：

$$\mathcal{S}_{\mathrm{DT}}[\tau_T]=\mathcal{S}_{\mathrm{ADT}}[\tau_{\mathrm{AT}},1]=\mathcal{S}_{\mathrm{PDT}}[\tau_{\mathrm{PDT}},0]\subset\mathcal{S}_{\mathrm{ADT}}[\tau_{\mathrm{AT}},\Omega_0]\subset\mathcal{S}_{\mathrm{PDT}}[\kappa\tau_{\mathrm{PDT}},Y]$$

其中，$\kappa\in(0,1)$，$Y\triangleq\kappa\tau_{\mathrm{PDT}}(\Omega_0-1)/(1-\kappa)$。可以看出，当 $\Omega_0=1$ 且 $T_{\mathrm{PDT}}=0$ 时，ADT 和 PDT 切换可以转换为 DT 切换。因此 DT 切换是 ADT 和 PDT 切换的一种特殊情况。此外，对于 ADT 开关，开关次数将受到 Ω_0 参数的限制，而 PDT 切换的切换频率限制由于 T 部分的任意性在一定程度上得到缓解。因此，PDT 切换比 ADT 切换更加普遍。

注解 12.3 对于 $\forall a\in\mathbb{Z}\geqslant1$，假设在第 a 个阶段 τ 部分和 T 部分的实际长度分别为 τ_a 和 T_a。在第 a 个阶段中，对于任意区间 $[p_1,p_2)$，可得

$$\Omega(p_1,p_2)\leqslant\left(\frac{p_2-p_1}{T_a+\tau_a}+1\right)(T_a+1)$$

其中，$\Omega(p_1,p_2)$ 表示间隔内 $[p_1,p_2)$ 的总切换次数。对于离散 PDT 切换系统，第 a 个阶段的最大切换次数为 T_a+1。同时，第四阶段的实际长度为 $T_a+\tau_a$，显然 $[(p_2-p_1)/(T_a+\tau_a)]+1$ 大于实际阶段数。因此，上述不等式成立。回顾定义 12.1，可知 $\tau_a\geqslant\tau_{\mathrm{PDT}}$ 和 $T_a\leqslant T_{\mathrm{PDT}}$，自然可以得到

$$\Omega(p_1,p_2)\leqslant\left(\frac{p_2-p_1}{T_{\mathrm{PDT}}+\tau_{\mathrm{PDT}}}+1\right)(T_{\mathrm{PDT}}+1)$$

由于 a 的任意性，它可以推广到每一阶段。然后，对于任意区间 $[p,k)$，可以得到

$$\Omega(p,k)\leqslant\left(\frac{k-p}{T_{\mathrm{PDT}}+\tau_{\mathrm{PDT}}}+1\right)(T_{\mathrm{PDT}}+1)$$

定义 12.2[119] 当 $0\leqslant a_1<a_2$ 且 $\boldsymbol{R}>0$ 时，估计误差系统关于 $(a_1,a_2,\boldsymbol{R},\mathcal{N})$ 是随机有限时间稳定（Stochastic Finite Time Stability，SFTS）的。当干扰为零时，对于 $\forall t\in\{1,2,\cdots,\mathcal{N}\}$，可得

$$\begin{aligned}&\mathbb{E}\{\tilde{x}_b^{\mathrm{T}}(k_0)\boldsymbol{R}\tilde{x}_b(k_0)+\tilde{x}_c^{\mathrm{T}}(k_0)\boldsymbol{R}\tilde{x}_c(k_0)\}\leqslant a_1\\ &\quad\Rightarrow\quad\mathbb{E}\{\tilde{x}_b^{\mathrm{T}}(k)\boldsymbol{R}\tilde{x}_b(k)+\tilde{x}_c^{\mathrm{T}}(k)\boldsymbol{R}\tilde{x}_c(k)\}\leqslant a_2\end{aligned}$$

定义 12.3[120] 当 $0\leqslant a_1<a_2$ 且 $\boldsymbol{R}>0$ 时，估计误差系统关于 $(a_1,a_2,\boldsymbol{R},\mathcal{N},\mathcal{W})$ 是随机有限时间有界（Stochastic Finite Time Boundedness，SFTB）的。对于 $\forall t\in\{1,2,\cdots,\mathcal{N}\}$，可得

$$\begin{cases}\mathbb{E}\{\tilde{x}_b^{\mathrm{T}}(k_0)\boldsymbol{R}\tilde{x}_b(k_0)+\tilde{x}_c^{\mathrm{T}}(k_0)\boldsymbol{R}\tilde{x}_c(k_0)\}\leqslant a_1\\ \omega^{\mathrm{T}}(k)\omega(k)\leqslant\mathcal{W}\end{cases}$$
$$\Rightarrow\quad\mathbb{E}\{\tilde{x}_b^{\mathrm{T}}(k)\boldsymbol{R}\tilde{x}_b(k)+\tilde{x}_c^{\mathrm{T}}(k)\boldsymbol{R}\tilde{x}_c(k)\}\leqslant a_2$$

定义 12.4[120] 当满足以下两个条件时，估计误差系统满足规定的 H_∞ 性能指标 $\bar{\gamma}$，且是 SFTB 的。

(1) 该系统关于 $(a_1,a_2,\boldsymbol{R},\mathcal{N},\mathcal{W})$ 是 SFTB 的。

(2) 对于给定的 $\bar{\gamma}\in(0,\infty)$，在初始条件为零且 $\omega(k)$ 不为零的情况下，可得到如下不等式：

$$\mathbb{E}\left\{\sum_{k=0}^{\mathcal{N}}\bar{y}^{\mathrm{T}}(k)\bar{y}(k)\leqslant\bar{\gamma}^2\sum_{k=0}^{\mathcal{N}}\omega^{\mathrm{T}}(k)\omega(k)\right\}$$

其中，$\bar{\gamma}>0$，$\bar{y}(k)\triangleq[\tilde{y}_b^{\mathrm{T}}(k)\tilde{y}_c^{\mathrm{T}}(k)]^{\mathrm{T}}$。

注解 12.4 在大多数涉及状态估计的现有结果中，所考虑的稳定性概念是在无限时间

区间上定义的,其中渐近或指数稳定性是主要关注的问题。然而,在实际应用中,估计误差系统在有限时间区间内定义的快速响应和有限时间收敛等暂态特性更能满足要求。因此,研究有限时间稳定性理论下的状态估计问题具有重要的现实意义。

引理 12.1　非线性函数 $g_z(k), z\in\{1,2,\cdots,\mathcal{K}\}$,满足

$$0\leqslant\frac{g_z(k_1)-g_z(k_2)}{k_1-k_2}\leqslant j_z$$

其中,$k_1\neq k_2$,$j_z(z=1,2,\cdots,\mathcal{K})$是已知常数。由此可见,$g(k)$满足以下条件:

$$[g^{\mathrm{T}}(k)(-\boldsymbol{S}_r)+k\boldsymbol{S}_r\boldsymbol{J}]g(k)\geqslant 0$$

其中,$\boldsymbol{J}\triangleq\mathrm{diag}\{j_1,j_2,\cdots,j_{\mathcal{K}}\}$,$\boldsymbol{S}_r>0$。

引理 12.2[121]　对于任意标量 $\varepsilon_{xr}\in(0,\infty)$和 $\boldsymbol{H}_{xr}^{\mathrm{T}}(k)\boldsymbol{H}_{xr}(k)\leqslant\boldsymbol{I}$,可以得到

$$\boldsymbol{G}_{xr}\boldsymbol{H}_{xr}(k)\boldsymbol{M}_{xyr}+(\boldsymbol{G}_{xr}\boldsymbol{H}_{xr}(k)\boldsymbol{M}_{xyr})^{\mathrm{T}}\leqslant\varepsilon_{xr}^{-1}\boldsymbol{G}_{xr}\boldsymbol{G}_{xr}^{\mathrm{T}}+\varepsilon_{xr}\boldsymbol{M}_{xyr}^{\mathrm{T}}\boldsymbol{M}_{xyr}$$

其中,$x\in\{b\}$,$y\in\{\boldsymbol{A},\boldsymbol{B}\}$或$x\in\{c\}$,$y\in\{\boldsymbol{D},\boldsymbol{E}\}$。

12.2 主要结论

在本节中,给出了两个定理。第一个定理的证明分为两步:第一步是得到一些充分条件,使得估计误差系统关于$(a_1,a_2,\boldsymbol{R},\mathcal{N},\mathcal{W})$是 SFTB 的;第二步是给出 H_∞ 性能分析。然后,利用有效的矩阵变换和解耦方法得到估计增益的形式。

12.2.1 稳定性和性能分析

定理 12.1　给定标量 $\lambda\in(1,\infty)$,$\eta\in(0,1)$,$\gamma>0$,$T_{\mathrm{PDT}}>0$,$\tau_{\mathrm{PDT}}>0$,$0\leqslant a_1<a_2$,$\mathcal{N}\in\mathbb{Z}^+$,一个正定矩阵 $\boldsymbol{R}$。估计误差系统关于$(a_1,a_2,\boldsymbol{R},\mathcal{N},\mathcal{W})$是 SFTB 的,且满足 H_∞ 性能指标 $\bar{\gamma}$,如果存在对称矩阵 $\boldsymbol{Q}_{br}>0$,$\boldsymbol{Q}_{cr}>0$,正标量 ε_{br},ε_{cr} 可使以下不等式对任意 $r,l\in\mathcal{O}$ $(r\neq l)$成立:

$$\widetilde{\boldsymbol{\Xi}}_{(6\times6)}^{r}<0 \tag{12.2.1}$$

$$\Pi_r\leqslant a_2\vartheta_1^r \tag{12.2.2}$$

$$\boldsymbol{Q}_{br}<\lambda\boldsymbol{Q}_{bl},\quad \boldsymbol{Q}_{cr}<\lambda\boldsymbol{Q}_{cl} \tag{12.2.3}$$

$$\vartheta_1^r\boldsymbol{R}<\boldsymbol{Q}_{br}<\vartheta_2^r\boldsymbol{R},\quad \vartheta_1^r\boldsymbol{R}<\boldsymbol{Q}_{cr}<\vartheta_3^r\boldsymbol{R} \tag{12.2.4}$$

其中

$$\vartheta_1^r\triangleq\min_{r\in\mathcal{O}}\{\lambda_{\min}(\bar{\boldsymbol{Q}}_{br})\}\triangleq\min_{r\in\mathcal{O}}\{\lambda_{\min}(\bar{\boldsymbol{Q}}_{cr})\}$$

$$\vartheta_2^r\triangleq\max_{r\in\mathcal{O}}\{\lambda_{\max}(\bar{\boldsymbol{Q}}_{br})\},\quad \vartheta_3^r\triangleq\max_{r\in\mathcal{O}}\{\lambda_{\max}(\bar{\boldsymbol{Q}}_{cr})\}$$

$$\bar{\boldsymbol{Q}}_{br}\triangleq\boldsymbol{R}^{-\frac{1}{2}}\boldsymbol{Q}_{br}\boldsymbol{R}^{-\frac{1}{2}},\quad \bar{\boldsymbol{Q}}_{cr}\triangleq\boldsymbol{R}^{-\frac{1}{2}}\boldsymbol{Q}_{cr}\boldsymbol{R}^{-\frac{1}{2}},\quad \widetilde{\boldsymbol{\Xi}}_{11}^{r}\triangleq-\eta\boldsymbol{Q}_{br}+\widetilde{\boldsymbol{\Xi}}_{11}^{1r},\quad \widetilde{\boldsymbol{\Xi}}_{12}^{r}\triangleq\varepsilon_{cr}\boldsymbol{M}_{cEr}^{\mathrm{T}}\boldsymbol{M}_{cDr}$$

$$\widetilde{\boldsymbol{\Xi}}_{11}^{1r}\triangleq\boldsymbol{T}_r^{\mathrm{T}}\boldsymbol{T}_r+\varepsilon_{br}\boldsymbol{M}_{bAr}^{\mathrm{T}}\boldsymbol{M}_{bAr}+\varepsilon_{cr}\boldsymbol{M}_{cEr}^{\mathrm{T}}\boldsymbol{M}_{cEr},\quad \widetilde{\boldsymbol{\Xi}}_{13}^{r}\triangleq\varepsilon_{br}\boldsymbol{M}_{bAr}^{\mathrm{T}}\boldsymbol{M}_{bBr},\quad \widetilde{\boldsymbol{\Xi}}_{15}^{r}\triangleq\boldsymbol{A}_r^{\mathrm{T}}-\boldsymbol{T}_r^{\mathrm{T}}\boldsymbol{K}_{br}^{\mathrm{T}}$$

$$\widetilde{\boldsymbol{\Xi}}_{16}^{r}\triangleq\boldsymbol{E}_r^{\mathrm{T}},\quad \widetilde{\boldsymbol{\Xi}}_{22}^{r}\triangleq-\eta\boldsymbol{Q}_{cr}+\widetilde{\boldsymbol{\Xi}}_{22}^{1r},\quad \widetilde{\boldsymbol{\Xi}}_{23}^{r}\triangleq\boldsymbol{J}\boldsymbol{S}_r,\quad \widetilde{\boldsymbol{\Xi}}_{22}^{1r}\triangleq\boldsymbol{U}_r^{\mathrm{T}}\boldsymbol{U}_r+\varepsilon_{cr}\boldsymbol{M}_{cDr}^{\mathrm{T}}\boldsymbol{M}_{cDr}$$

$$\delta\triangleq\gamma\sqrt{\mu_1},\quad \widetilde{\boldsymbol{\Xi}}_{26}^{r}\triangleq\boldsymbol{D}_r^{\mathrm{T}}-\boldsymbol{U}_r^{\mathrm{T}}\boldsymbol{K}_{cr}^{\mathrm{T}},\quad \widetilde{\boldsymbol{\Xi}}_{33}^{r}\triangleq-\boldsymbol{S}_r+\varepsilon_{br}\boldsymbol{M}_{bBr}^{\mathrm{T}}\boldsymbol{M}_{bBr},\quad \widetilde{\boldsymbol{\Xi}}_{35}^{r}\triangleq\boldsymbol{B}_r^{\mathrm{T}}$$

$$\widetilde{\boldsymbol{\Xi}}_{44}^{r} \triangleq -2\gamma^{2}\boldsymbol{I},\quad \widetilde{\boldsymbol{\Xi}}_{45}^{r} \triangleq \boldsymbol{C}_{br}^{\mathrm{T}},\quad \widetilde{\boldsymbol{\Xi}}_{46}^{r} \triangleq \boldsymbol{C}_{cr}^{\mathrm{T}},\quad \boldsymbol{\Xi}_{55}^{r} \triangleq -\boldsymbol{Q}_{br}^{-1}+\varepsilon_{br}^{-1}\boldsymbol{G}_{br}\boldsymbol{G}_{br}^{\mathrm{T}},$$

$$\widetilde{\boldsymbol{\Xi}}_{66}^{r} \triangleq -\boldsymbol{Q}_{cr}^{-1}+\varepsilon_{cr}^{-1}\boldsymbol{G}_{cr}\boldsymbol{G}_{cr}^{\mathrm{T}},\quad \mu_{1} \triangleq 2\lambda^{\frac{T_{\mathrm{PDT}}+1}{T_{\mathrm{PDT}}+\tau_{\mathrm{PDT}}}+T_{\mathrm{PDT}}+1},\quad \mu_{2} \triangleq \lambda^{\frac{T_{\mathrm{PDT}}+1}{T_{\mathrm{PDT}}+\tau_{\mathrm{PDT}}}}\eta$$

$$\Pi_{r} \triangleq \begin{cases} \lambda^{T_{\mathrm{PDT}}+1}\mu_{2}^{\mathcal{N}}a_{1}(\vartheta_{2}^{r}+\vartheta_{3}^{r})+\delta^{2}\dfrac{1-\mu_{2}^{\mathcal{N}}}{1-\mu_{2}}\mathcal{W} & (\mu_{2}>1) \\ \lambda^{T_{\mathrm{PDT}}+1}a_{1}(\vartheta_{2}^{r}+\vartheta_{3}^{r})+\delta^{2}\mathcal{N}\mathcal{W} & (\mu_{2}\leqslant 1) \end{cases}$$

$$\bar{\gamma} \triangleq \begin{cases} \gamma\sqrt{\mu_{1}\dfrac{\mu_{2}^{\mathcal{N}+1}-1}{\mu_{2}-1}} & (\mu_{2}>1) \\ \gamma\sqrt{\mu_{1}(\mathcal{N}+1)} & (\mu_{2}\leqslant 1) \end{cases}$$

证明 步骤1:构造如下 Lyapunov 函数:

$$\begin{aligned} V_{r}(\tilde{x}_{b}(k),\tilde{x}_{c}(k)) &\triangleq V_{br}(\tilde{x}_{b}(k))+V_{cr}(\tilde{x}_{c}(k)) \\ &= \tilde{x}_{b}^{\mathrm{T}}(k)\boldsymbol{Q}_{br}\tilde{x}_{b}(k)+\tilde{x}_{c}^{\mathrm{T}}(k)\boldsymbol{Q}_{cr}\tilde{x}_{c}(k) \end{aligned} \tag{12.2.5}$$

然后,分别计算 $V_{br}(\tilde{x}_{b}(k))$和 $V_{cr}(\tilde{x}_{c}(k))$沿估计误差系统轨迹的差值。结合引理12.1,设定$\varsigma^{\mathrm{T}}(k) \triangleq [\tilde{x}_{b}^{\mathrm{T}}(k)\tilde{x}_{c}^{\mathrm{T}}(k)g^{\mathrm{T}}(\tilde{x}_{c}(k))\omega^{\mathrm{T}}(k)]$,可以得到

$$\begin{aligned} &\mathbb{E}\{\Delta V_{r}(\tilde{x}_{b}(k),\tilde{x}_{c}(k))\} \triangleq \mathbb{E}\{V_{r}(\tilde{x}_{b}(k+1),\tilde{x}_{c}(k+1))-\eta V_{r}(\tilde{x}_{b}(k),\tilde{x}_{c}(k))\} \\ &\quad = \mathbb{E}\{V_{br}(\tilde{x}_{b}(k+1))-\eta V_{br}(\tilde{x}_{b}(k))+V_{cr}(\tilde{x}_{c}(k+1))-\eta V_{cr}(\tilde{x}_{c}(k))\} \\ &\quad \leqslant \varsigma^{\mathrm{T}}(k)\boldsymbol{\Theta}^{r}\zeta(k) \end{aligned} \tag{12.2.6}$$

其中

$$\boldsymbol{\Theta}^{r} \triangleq \begin{bmatrix} \boldsymbol{\Theta}_{11}^{r} & \boldsymbol{\Lambda}_{2}^{r\mathrm{T}}\boldsymbol{Q}_{cr}\boldsymbol{\Lambda}_{3}^{r} & \boldsymbol{\Lambda}_{1}^{r\mathrm{T}}\boldsymbol{Q}_{br}\boldsymbol{\Lambda}_{4}^{r} & \boldsymbol{\Theta}_{14}^{r} \\ * & \boldsymbol{\Theta}_{22}^{r} & \boldsymbol{J}\boldsymbol{S}_{r} & \boldsymbol{\Lambda}_{3}^{r\mathrm{T}}\boldsymbol{Q}_{cr}\boldsymbol{C}_{cr} \\ * & * & \boldsymbol{\Theta}_{33}^{r} & \boldsymbol{\Lambda}_{4}^{r\mathrm{T}}\boldsymbol{Q}_{br}\boldsymbol{C}_{br} \\ * & * & * & \boldsymbol{\Theta}_{44}^{r} \end{bmatrix} \tag{12.2.7}$$

$$\boldsymbol{\Lambda}_{1}^{r} \triangleq \boldsymbol{A}_{r}+\Delta\boldsymbol{A}_{r}-\boldsymbol{K}_{br}\boldsymbol{T}_{r},\quad \boldsymbol{\Lambda}_{2}^{r} \triangleq \boldsymbol{E}_{r}+\Delta\boldsymbol{E}_{r}$$

$$\boldsymbol{\Lambda}_{3}^{r} \triangleq \boldsymbol{D}_{r}+\Delta\boldsymbol{D}_{r}-\boldsymbol{K}_{cr}\boldsymbol{U}_{r},\quad \boldsymbol{\Lambda}_{4}^{r} \triangleq \boldsymbol{B}_{r}+\Delta\boldsymbol{B}_{r}$$

$$\boldsymbol{\Theta}_{11}^{r} \triangleq \boldsymbol{\Lambda}_{1}^{r\mathrm{T}}\boldsymbol{Q}_{br}\boldsymbol{\Lambda}_{1}^{r}+\boldsymbol{\Lambda}_{2}^{r\mathrm{T}}\boldsymbol{Q}_{cr}\boldsymbol{\Lambda}_{2}^{r}-\eta\boldsymbol{Q}_{br},\quad \boldsymbol{\Theta}_{14}^{r} \triangleq \boldsymbol{\Lambda}_{1}^{r\mathrm{T}}\boldsymbol{Q}_{br}\boldsymbol{C}_{br}+\boldsymbol{\Lambda}_{2}^{r\mathrm{T}}\boldsymbol{Q}_{cr}\boldsymbol{C}_{cr},$$

$$\boldsymbol{\Theta}_{22}^{r} \triangleq \boldsymbol{\Lambda}_{3}^{r\mathrm{T}}\boldsymbol{Q}_{cr}\boldsymbol{\Lambda}_{3}^{r}-\eta\boldsymbol{Q}_{cr},\quad \boldsymbol{\Theta}_{33}^{r} \triangleq \boldsymbol{\Lambda}_{4}^{r\mathrm{T}}\boldsymbol{Q}_{br}\boldsymbol{\Lambda}_{4}^{r}-\boldsymbol{S}_{r},\quad \boldsymbol{\Theta}_{44}^{r} \triangleq \boldsymbol{C}_{br}^{\mathrm{T}}\boldsymbol{Q}_{br}\boldsymbol{C}_{br}+\boldsymbol{C}_{cr}^{\mathrm{T}}\boldsymbol{Q}_{cr}\boldsymbol{C}_{cr}$$

通过引理12.2和Schur补引理,可以得到

$$\mathcal{I} \triangleq \mathbb{E}\{\Delta V_{r}(\tilde{x}_{b}(k),\tilde{x}_{c}(k))+\mathcal{G}(k)\} \leqslant \varsigma^{\mathrm{T}}(k)\widetilde{\boldsymbol{\Xi}}_{(6\times 6)}^{r}\varsigma(k) \tag{12.2.8}$$

其中

$$\mathcal{G}(k) \triangleq \tilde{y}_{b}^{\mathrm{T}}(k)\tilde{y}_{b}(k)+\tilde{y}_{c}^{\mathrm{T}}(k)\tilde{y}_{c}(k)-2\gamma^{2}\omega^{\mathrm{T}}(k)\omega(k) \tag{12.2.9}$$

很明显,式(12.2.1)可以保证 $\mathcal{I}<0$。

当 $k\in[k_{h_{j-1}},k_{h_{j}})$,假设 $V_{\delta(k)}(k) \triangleq V(k)$,式(12.2.1)、式(12.2.3)和式(12.2.8)可以保证

$$\begin{aligned} \mathbb{E}\{V(k)\} &\leqslant \mathbb{E}\Big\{\eta^{k-k_{0}}\lambda^{\Omega(k_{0},k)}V(k_{0})-\sum_{p=k_{0}}^{k-1}\lambda^{\Omega(p,k)}\eta^{k-1-p}\mathcal{G}(p)\Big\} \\ &\leqslant \mathbb{E}\Big\{\eta^{k-k_{0}}\lambda^{\Omega(k_{0},k)}V(k_{0})+2\gamma^{2}\sum_{p=k_{0}}^{k-1}\lambda^{\Omega(p,k)}\eta^{k-1-p}\times\omega^{\mathrm{T}}(p)\omega p\Big\} \end{aligned} \tag{12.2.10}$$

参考注解 12.3，$\Omega(p,k)$满足以下不等式：

$$0 \leqslant \Omega(p,k) \leqslant \left(\frac{k-p}{T_{\mathrm{PDT}}+\tau_{\mathrm{PDT}}}+1\right)(T_{\mathrm{PDT}}+1) \tag{12.2.11}$$

可得

$$\mathbb{E}\{V(k)\} \leqslant \lambda^{(T_{\mathrm{PDT}}+1)} \mu_2^{k-k_0} \mathbb{E}\{V(k_0)\} + \delta^2 \sum_{p=k_0}^{k-1} \mu_2^{k-1-p} \omega^{\mathrm{T}}(p)\omega(p) \tag{12.2.12}$$

如果 $\mu_2>1$，可以由式(12.2.4)、式(12.2.4)和定义 12.3 得到

$$\begin{aligned}\mathbb{E}\{V(k)\} &\leqslant \lambda^{(T_{\mathrm{PDT}}+1)} \mu_2^{k-k_0} \mathbb{E}\{\tilde{x}_b^{\mathrm{T}}(k_0)\boldsymbol{Q}_{br}\tilde{x}_b(k_0)+\tilde{x}_c^{\mathrm{T}}(k_0)\boldsymbol{Q}_{cr}\tilde{x}_c(k_0)\} + \delta^2 \frac{1-\mu_2^{k-k_0}}{1-\mu_2}\mathcal{W} \\ &\leqslant \lambda^{(T_{\mathrm{PDT}}+1)} \mu_2^{\mathcal{N}} a_1(\vartheta_2^r+\vartheta_3^r) + \delta^2 \frac{1-\mu_2^{\mathcal{N}}}{1-\mu_2}\mathcal{W}\end{aligned} \tag{12.2.13}$$

如果 $\mu_2 \leqslant 1$，可以得到

$$\mathbb{E}\{V(k)\} \leqslant \lambda^{(T_{\mathrm{PDT}}+1)} a_1(\vartheta_2^r+\vartheta_3^r) + \delta^2 \mathcal{N}\mathcal{W} \tag{12.2.14}$$

由式(12.2.4)可以很容易得到

$$\begin{aligned}\mathbb{E}\{V(k)\} &= \mathbb{E}\{\tilde{x}_b^{\mathrm{T}}(k)\boldsymbol{Q}_{br}\tilde{x}_b(k)+\tilde{x}_c^{\mathrm{T}}(k)\boldsymbol{Q}_{cr}\tilde{x}_c(k)\} \\ &\geqslant \vartheta_1^r \mathbb{E}\{\tilde{x}_b^{\mathrm{T}}(k)\boldsymbol{R}\tilde{x}_b(k)+\tilde{x}_c^{\mathrm{T}}(k)\boldsymbol{R}\tilde{x}_c(k)\}\end{aligned} \tag{12.2.15}$$

那么，根据式(12.2.2)、式(12.2.13)、式(12.2.14)、式(12.2.15)，下列不等式成立：

$$\mathbb{E}\{\tilde{x}_b^{\mathrm{T}}(k)\boldsymbol{R}\tilde{x}_b(k)+\tilde{x}_c^{\mathrm{T}}(k)\boldsymbol{R}\tilde{x}_c(k)\} \leqslant a_2 \tag{12.2.16}$$

根据定义 12.3 和上述证明过程，估计误差系统关于$(a_1,a_2,\boldsymbol{R},\mathcal{N},\mathcal{W})$是 SFTB 的。

步骤 2：在零初值条件下，由式(12.2.10)可以得到

$$\mathbb{E}\left\{\sum_{p=k_0}^{k-1} \lambda^{\Omega(p,k)} \eta^{k-1-p} \boldsymbol{\mathcal{G}}(p)\right\} \leqslant 0 \tag{12.2.17}$$

这意味着

$$\mathbb{E}\left\{\sum_{p=k_0}^{k-1} \lambda^{\Omega(p,k)} \eta^{k-1-p} \bar{y}^{\mathrm{T}}(p)\bar{y}(p)\right\} \leqslant 2\gamma^2 \mathbb{E}\left\{\sum_{p=k_0}^{k-1} \lambda^{\Omega(p,k)} \eta^{k-1-p} \omega^{\mathrm{T}}(p)\omega(p)\right\} \tag{12.2.18}$$

假设 $k_0=0$，迭代式(12.2.18)，结合式(12.2.11)和 $\lambda>1$，可以得到

$$\mathbb{E}\left\{\sum_{k=1}^{\mathcal{N}+1}\sum_{p=0}^{k-1} \eta^{k-1-p} \bar{y}^{\mathrm{T}}(p)\bar{y}(p)\right\} \leqslant \gamma^2 \mu_1 \mathbb{E}\left\{\sum_{k=1}^{\mathcal{N}+1}\sum_{p=0}^{k-1} \mu_2^{k-1-p} \omega^{\mathrm{T}}(p)\omega(p)\right\} \tag{12.2.19}$$

如果 $\mu_2>1$，交换求和的顺序，可以很容易从 $0<\eta<1$ 得到

$$\mathbb{E}\left\{\sum_{p=0}^{\mathcal{N}} \bar{y}^{\mathrm{T}}(p)\bar{y}(p)\right\} \leqslant \bar{\gamma}^2 \mathbb{E}\left\{\sum_{p=0}^{\mathcal{N}} \omega^{\mathrm{T}}(p)\omega(p)\right\} \tag{12.2.20}$$

其中

$$\bar{\gamma} \triangleq \gamma \sqrt{\mu_1 \frac{\mu_2^{\mathcal{N}+1}-1}{\mu_2-1}} \tag{12.2.21}$$

如果 $\mu_2 \leqslant 1$，可以得到

$$\bar{\gamma} \triangleq \gamma \sqrt{\mu_1(\mathcal{N}+1)} \tag{12.2.22}$$

根据定义 12.4 和上述证明，估计误差系统关于$(a_1,a_2,\boldsymbol{R},\mathcal{N},\mathcal{W})$是 SFTB 的，且满足 H_∞ 性能指标 $\bar{\gamma}$。

到目前为止，使估计误差系统关于$(a_1,a_2,\boldsymbol{R},\mathcal{N},\mathcal{W})$是 SFTB 的充分条件满足 H_∞ 性能指标 $\bar{\gamma}$。随后，将分析估计器增益的显式形式。

12.2.2 控制器设计

定理 12.2 给定标量 $\lambda \in (1,\infty)$，$\eta \in (0,1)$，$\gamma > 0$，$T_{\mathrm{PDT}} > 0$，$\tau_{\mathrm{PDT}} > 0$，$0 \leqslant a_1 < a_2$，$N \in \mathbb{Z}^+$，一个正定矩阵 $\boldsymbol{R}$。估计误差系统关于$(a_1, a_2, \boldsymbol{R}, \mathcal{N}, \mathcal{W})$是 SFTB 的，且满足 H_∞ 性能指标 $\bar{\gamma}$，若存在矩阵 $\boldsymbol{K}_{br}$ 和 $\boldsymbol{K}_{cr}$，对称矩阵 $\boldsymbol{Q}_{br} > 0$，$\boldsymbol{Q}_{cr} > 0$，正标量 ε_{br} 和 ε_{cr}，使得式(12.2.1)、式(12.2.2)、式(12.2.3)、式(12.2.4)和下列不等式对任意 $r, l \in \mathcal{O}(r \neq l)$成立：

$$\boldsymbol{\Xi}^r_{(8\times 8)} < 0 \tag{12.2.23}$$

其中

$\boldsymbol{\Xi}^r_{11} \triangleq -\eta \boldsymbol{Q}_{br} + \boldsymbol{\Xi}^{1r}_{11}$， $\boldsymbol{\Xi}^r_{12} = \varepsilon_{cr}\boldsymbol{M}^{\mathrm{T}}_{cEr}\boldsymbol{M}_{cDr}$， $\boldsymbol{\Xi}^{1r}_{11} \triangleq \boldsymbol{T}^{\mathrm{T}}_r\boldsymbol{T}_r + \varepsilon_{br}\boldsymbol{M}^{\mathrm{T}}_{bAr}\boldsymbol{M}_{bAr} + \varepsilon_{cr}\boldsymbol{M}^{\mathrm{T}}_{cEr}\boldsymbol{M}_{cEr}$

$\boldsymbol{\Xi}^r_{13} \triangleq \varepsilon_{br}\boldsymbol{M}^{\mathrm{T}}_{bAr}\boldsymbol{M}_{bBr}$， $\boldsymbol{\Xi}^r_{15} \triangleq \boldsymbol{A}^{\mathrm{T}}_r\boldsymbol{Q}^{\mathrm{T}}_{br} - \boldsymbol{T}^{\mathrm{T}}_r\overline{\boldsymbol{K}}^{\mathrm{T}}_{br}$， $\boldsymbol{\Xi}^r_{16} \triangleq \boldsymbol{E}^{\mathrm{T}}_r\boldsymbol{Q}^{\mathrm{T}}_{cr}$

$\boldsymbol{\Xi}^r_{22} \triangleq -\eta \boldsymbol{Q}_{cr} + \boldsymbol{U}^{\mathrm{T}}_r\boldsymbol{U}_r + \boldsymbol{\Xi}^{1r}_{22}$， $\boldsymbol{\Xi}^{1r}_{22} \triangleq \varepsilon_{cr}\boldsymbol{M}^{\mathrm{T}}_{cDr}\boldsymbol{M}_{cDr}$， $\boldsymbol{\Xi}^r_{23} \triangleq \boldsymbol{J}\boldsymbol{S}_r$， $\boldsymbol{\Xi}^r_{26} \triangleq \boldsymbol{D}^{\mathrm{T}}_r\boldsymbol{Q}^{\mathrm{T}}_{cr} - \boldsymbol{U}^{\mathrm{T}}_r\overline{\boldsymbol{K}}^{\mathrm{T}}_{cr}$

$\boldsymbol{\Xi}^r_{33} \triangleq -\boldsymbol{S}_r + \boldsymbol{\Xi}^{1r}_{33}$， $\boldsymbol{\Xi}^{1r}_{33} \triangleq \varepsilon_{br}\boldsymbol{M}^{\mathrm{T}}_{bBr}\boldsymbol{M}_{bBr}$， $\boldsymbol{\Xi}^r_{35} \triangleq \boldsymbol{B}^{\mathrm{T}}_r\boldsymbol{Q}^{\mathrm{T}}_{br}$， $\boldsymbol{\Xi}^r_{44} \triangleq -2\gamma^2\boldsymbol{I}$， $\boldsymbol{\Xi}^r_{45} \triangleq \boldsymbol{C}^{\mathrm{T}}_{br}\boldsymbol{Q}^{\mathrm{T}}_{br}$

$\boldsymbol{\Xi}^r_{46} \triangleq \boldsymbol{C}^{\mathrm{T}}_{cr}\boldsymbol{Q}^{\mathrm{T}}_{cr}$， $\boldsymbol{\Xi}^r_{55} \triangleq -\boldsymbol{Q}^{\mathrm{T}}_{br}$， $\boldsymbol{\Xi}^r_{57} \triangleq \boldsymbol{Q}^{\mathrm{T}}_{br}\boldsymbol{G}_{br}$， $\boldsymbol{\Xi}^r_{66} \triangleq -\boldsymbol{Q}^{\mathrm{T}}_{cr}$， $\boldsymbol{\Xi}^r_{68} \triangleq \boldsymbol{Q}^{\mathrm{T}}_{cr}\boldsymbol{G}_{cr}$， $\boldsymbol{\Xi}^r_{77} \triangleq -\varepsilon_{br}$

$\boldsymbol{\Xi}^r_{88} \triangleq -\varepsilon_{cr}$

另外

$$\Pi_r \triangleq \begin{cases} \lambda^{T_{\mathrm{PDT}}+1}\mu_2^{\mathcal{N}}a_1(\vartheta^r_2 + \vartheta^r_3) + \delta^2\dfrac{1-\mu_2^{\mathcal{N}}}{1-\mu_2}\mathcal{W} & (\mu_2 > 1) \\ \lambda^{T_{\mathrm{PDT}}+1}a_1(\vartheta^r_2 + \vartheta^r_3) + \delta^2\mathcal{N}\mathcal{W} & (\mu_2 \leqslant 1) \end{cases}$$

$$\bar{\gamma} \triangleq \begin{cases} \gamma\sqrt{\mu_1\dfrac{\mu_2^{\mathcal{N}+1}-1}{\mu_2 - 1}} & (\mu_2 > 1) \\ \gamma\sqrt{\mu_1(\mathcal{N}+1)} & (\mu_2 \leqslant 1) \end{cases}$$

然后，估计器增益如下所示：

$$\boldsymbol{K}_{br} \triangleq \boldsymbol{Q}^{-1}_{br}\overline{\boldsymbol{K}}_{br}, \quad \boldsymbol{K}_{cr} \triangleq \boldsymbol{Q}^{-1}_{cr}\overline{\boldsymbol{K}}_{cr} \tag{12.2.24}$$

证明 在式(12.2.1)下，通过 $\mathrm{diag}\{\boldsymbol{I},\boldsymbol{I},\boldsymbol{I},\boldsymbol{I},\boldsymbol{Q}^{\mathrm{T}}_{br},\boldsymbol{Q}^{\mathrm{T}}_{cr},\boldsymbol{I},\boldsymbol{I}\}$，利用 Schur 补引理进行全等变换，然后有

$$\overline{\boldsymbol{K}}_{br} \triangleq \boldsymbol{Q}_{br}\boldsymbol{K}_{br}, \quad \overline{\boldsymbol{K}}_{cr} \triangleq \boldsymbol{Q}_{cr}\boldsymbol{K}_{cr}$$

由此可以得到式(12.2.1)等同于式(12.2.24)。证毕。

注解 12.5 在本章中，值得注意的是，原系统与估计器的模式切换被认为是同步的，这在实际情况中有时可能是不现实的，难以实现。因此，这给我们带来了一个更有吸引力的研究方向，即将我们提出的方法扩展到异步 PDT 切换 GRNs。

12.3 仿真验证

在本节中，给出了一个实例来验证所设计的状态估计器的可行性和所提方法的正确性。假设有两个子系统，第一个子系统对应的参数如下所示：

$$\boldsymbol{A}_1 = \mathrm{diag}\{\exp(-0.35),\exp(-0.35),\exp(-0.35)\}$$

$$\boldsymbol{B}_1 = \frac{1-\exp(-0.35)}{3.5}\begin{bmatrix} 0 & 0 & -0.6 \\ -0.6 & 0 & 0 \\ 0 & -0.6 & 0 \end{bmatrix}$$

$$\boldsymbol{D}_1 = \mathrm{diag}\{\exp(-0.35),\exp(-0.35),\exp(-0.35)\}$$

$$\boldsymbol{E}_1 = \frac{1-\exp(-0.35)}{3.5}\times \mathrm{diag}\{0.45,0.45,0.45\}$$

$$\boldsymbol{T}_1 = \mathrm{diag}\{0.45,0.45,0.45\},\quad \boldsymbol{U}_1 = \mathrm{diag}\{0.18,0.18,0.18\}$$

$$\boldsymbol{C}_{b1} = \frac{1-\exp(-0.35)}{3.5}\begin{bmatrix} 1 \\ 0.4 \\ 0.6 \end{bmatrix},\quad \boldsymbol{C}_{c1} = \frac{1-\exp(-0.35)}{3.5}\times\begin{bmatrix} 0.5 \\ 0.2 \\ 0.3 \end{bmatrix}$$

$$\boldsymbol{G}_{b1} = \begin{bmatrix} 0.2 & 0 & 0.1 \\ 0.3 & -0.1 & 0 \\ 0 & 0.1 & 0.3 \end{bmatrix},\quad \boldsymbol{G}_{c1} = \begin{bmatrix} 0.1 & 0 & -0.1 \\ 0.2 & 0.2 & 0 \\ 0.2 & 0 & 0.3 \end{bmatrix}$$

$$\boldsymbol{M}_{bA1} = \begin{bmatrix} 0.1 & 2.04 & -0.1 \\ 0.3 & -0.2 & 0 \\ 0.3 & 0.1 & 0.6 \end{bmatrix},\quad \boldsymbol{M}_{bB1} = \begin{bmatrix} 0.2 & 0.1 & 0 \\ 0.3 & 0.2 & 0.2 \\ 0.1 & 0 & 0.2 \end{bmatrix}$$

$$\boldsymbol{M}_{cD1} = \begin{bmatrix} -0.1 & 0 & -0.05 \\ 0 & 0.3 & 0.1 \\ 0.2 & 0.1 & -0.2 \end{bmatrix},\quad \boldsymbol{M}_{cE1} = \begin{bmatrix} 0.3 & 0.2 & 0.2 \\ -0.4 & 0.1 & 0.1 \\ -0.3 & 0.2 & 0 \end{bmatrix}$$

$$\boldsymbol{H}_{b1}(k) = 0.2\sin k,\quad \boldsymbol{H}_{c1}(k) = 0.11\sin k$$

第二个子系统对应的参数如下：

$$\boldsymbol{A}_2 = \mathrm{diag}\{\exp(-0.3),\exp(-0.3),\exp(-0.3)\}$$

$$\boldsymbol{B}_2 = \frac{1-\exp(-0.3)}{3}\begin{bmatrix} 0 & 0 & -1.1 \\ -1.1 & 0 & 0 \\ 0 & -1.1 & 0 \end{bmatrix}$$

$$\boldsymbol{D}_2 = \mathrm{diag}\{\exp(-0.3),\exp(-0.3),\exp(-0.3)\}$$

$$\boldsymbol{E}_2 = \frac{1-\exp(-0.3)}{3}\times \mathrm{diag}\{0.36,0.36,0.36\}$$

$$\boldsymbol{T}_2 = \mathrm{diag}\{0.36,0.36,0.36\},\quad \boldsymbol{U}_2 = \mathrm{diag}\{0.54,0.54,0.54\}$$

$$\boldsymbol{C}_{b2} = \frac{1-\exp(-0.3)}{3}\begin{bmatrix} 0.8 \\ 0.5 \\ 0.68 \end{bmatrix},\quad \boldsymbol{C}_{c2} = \frac{1-\exp(-0.3)}{3}\times\begin{bmatrix} 0.24 \\ 0.15 \\ 0.204 \end{bmatrix}$$

$$\boldsymbol{G}_{b2} = \frac{1-\exp(-0.3)}{3}\begin{bmatrix} 0.8 \\ 0.5 \\ 0.68 \end{bmatrix},\quad \boldsymbol{G}_{c2} = \frac{1-\exp(-0.3)}{3}\times\begin{bmatrix} 0.24 \\ 0.15 \\ 0.204 \end{bmatrix}$$

$$\boldsymbol{M}_{bA2} = \begin{bmatrix} 0.1 & 0.06 & -0.3 \\ 0.2 & -0.2 & 0 \\ 0.2 & 0.4 & 0.5 \end{bmatrix},\quad \boldsymbol{M}_{bB2} = \begin{bmatrix} 0.1 & 0.2 & 0 \\ 0.14 & 0.3 & 0.2 \\ 0.1 & 0 & 0.2 \end{bmatrix}$$

$$\boldsymbol{M}_{cD2} = \begin{bmatrix} -0.1 & 0 & -0.05 \\ 0 & 0.13 & 0.3 \\ 0.3 & 0.2 & -0.1 \end{bmatrix},\quad \boldsymbol{M}_{cE2} = \begin{bmatrix} 0.3 & 0.16 & 0.1 \\ -0.2 & 0.2 & 0.25 \\ -0.5 & 0.2 & 0 \end{bmatrix}$$

$$\boldsymbol{H}_{b2}(k) = 0.20\sin k, \quad \boldsymbol{H}_{c2}(k) = 0.11\sin k$$

采样瞬间和切换瞬间的变化率分别为 $\eta = 0.4, \lambda = 1.2$。DT 和 PDT 分别为 $T_{\mathrm{PDT}} = 4$，$\tau_{\mathrm{PDT}} = 3$。计算出的非线性函数导数的上界为 $\boldsymbol{J} = \mathrm{diag}\{0.2, 0.2, 0.2\}$。系统的有限时间有界参数为 $a_1 = 1, a_2 = 20, \mathcal{W} = 1, \mathcal{N} = 20$。扰动函数为 $\omega(k) = \exp(-0.3k)\sin(0.5k)$。

根据 τ_{PDT} 和 T_{PDT}，绘制出 PDT 切换序列如图 12.2 所示。系统的初始值如下：$x_c(0) = [0.04, 0.048, 0.12]$ 和 $x_b(0) = [0.05, 0.05, 0.056]$ 分别表示 mRNA 和蛋白的初始浓度；$\hat{x}_b(0) = \hat{x}_c(0) = [0,0,0]$ 表示估计系统的初值。结合估计器增益，可以得到蛋白质和 mRNA 的估计误差响应图，分别如图 12.3 和图 12.4 所示。可以直接看出 mRNA 的状态，蛋白质浓度可以很好地跟踪，误差最终趋于零，这意味着所设计的估计器是可行的。此外，由图 12.5 可以清楚地看出，从扰动函数的形式可以得到 $\tilde{x}_b^{\mathrm{T}}(k)\boldsymbol{R}\tilde{x}_b(k) + \tilde{x}_c^{\mathrm{T}}(k)\boldsymbol{R}\tilde{x}_c(k) \leqslant a_2$ 和 $\omega^{\mathrm{T}}(k)\omega(k) \leqslant \mathcal{W}$，这意味着估计误差系统是 SFTB 的，这进一步验证了所设计估计器的可行性和方法的正确性。

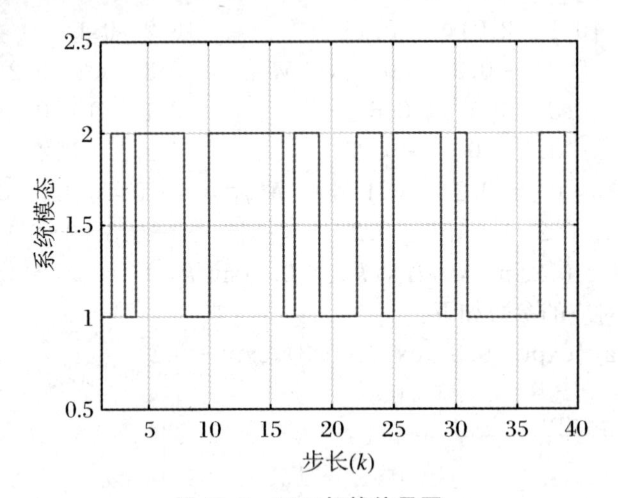

图 12.2　PDT 切换信号图

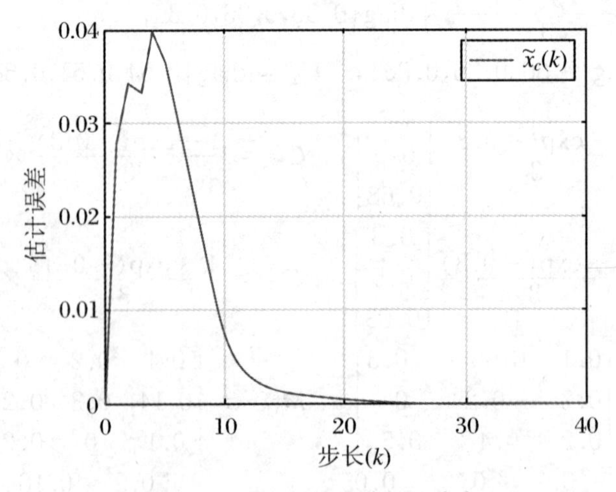

图 12.3　蛋白质的估计误差响应

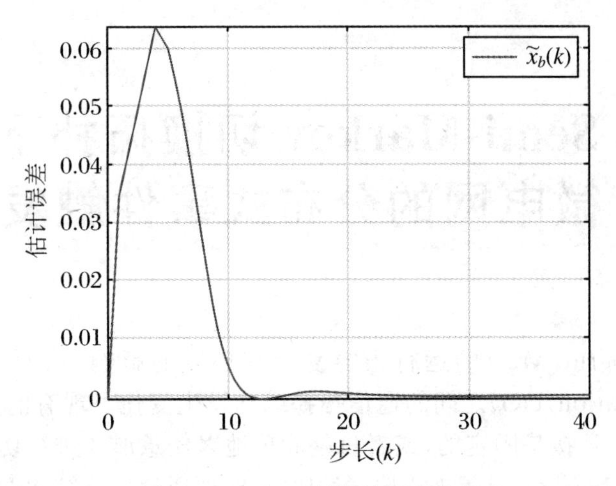

图 12.4　mRNA 的估计误差响应

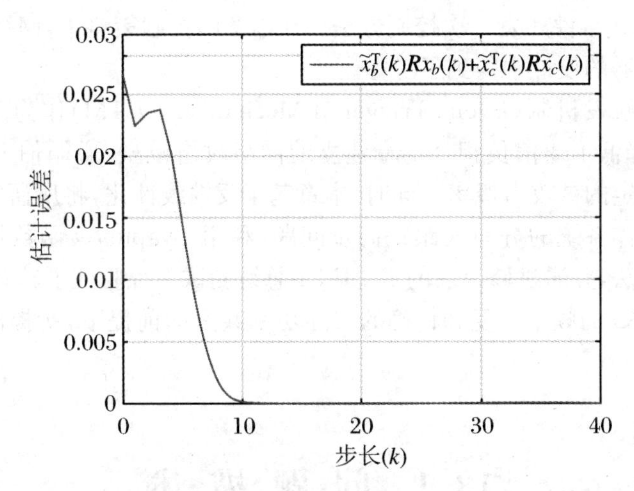

图 12.5　对于 EES $\tilde{x}_b^{\mathrm{T}}(k)R\tilde{x}_b(k)+\tilde{x}_c^{\mathrm{T}}(k)R\tilde{x}_c(k)$ 的值

随后,在最优的 H_∞ 性能指标 $\bar{\gamma}_{\min}$ 下,我们将研究各对(η,λ)之间的关系,其中 η 为采样瞬间衰减率,λ 为切换瞬间变化率。这里的其他必要参数与上面描述的参数相同。对于 $\mu_2\leqslant 1$,由式(12.2.22)和 $\mu_1\triangleq 2\lambda^{\frac{T_{\mathrm{PDT}}+1}{T_{\mathrm{PDT}}+\tau_{\mathrm{PDT}}}+T_{\mathrm{PDT}}+1}$ 可以发现,在一定程度上,λ 值越小,H_∞ 性能指标 $\bar{\gamma}_{\min}$ 越好,即 $\bar{\gamma}_{\min}$ 的值越小。也就是说,λ 越小,估计误差系统的抗干扰能力越强。

第 13 章 Semi-Markov 切换拓扑下交流孤岛微电网的分布式事件触发二次控制

微电网(Microgrid,MG)的运行很容易受到环境的影响,从而导致分布式发电机(Distributed Generation,DG)之间的通信拓扑结构发生变化。现有的关于 MG 二次控制的结果大多认为拓扑连接是固定的,或者只是简单地以任意形式进行切换。本章引入了一个更为通用的 Semi-Markov 过程来描述这种切换,即把通信拓扑结构的切换看作一般概率分布下系统模式的随机变化过程。出于对不可避免的网络约束的综合考虑,本章提出了交流孤岛 MG 的分布式事件触发二次控制方法。在本章的控制策略中,网络安全、通信负担和传输延迟都在控制器的设计中得到了考虑。

本章采用事件触发机制(Event-Triggered Mechanism, ETM)作为 DG 间信息交互的传输协议,有效地降低了通信负担。本章建立的网络攻击模型,遵循伯努利分布,每个 DG 的邻居信息都有一定的被攻击概率。同时,本章基于反馈线性化,将所研究的二次控制问题转化为一阶多智能体系统的分布式跟踪同步问题,利用 Lyapunov 函数从理论上给出了相应控制器的设计方法,并通过修改后的 IEEE 34 总线测试系统验证了其有效性。结果表明,在实现交流孤岛 MG 的频率恢复和精确的实际功率共享的前提下,所提出的方法可以有效地减少通信次数。

13.1 问题描述

13.1.1 预备知识

在介绍本章的相关研究之前,先介绍以下准备理论。

定义 13.1 图论:考虑一种经典交流孤岛 MG 模型,其通信网络可以被描述为一个有向图 $\bar{\mathcal{G}}=(\bar{v},\bar{E})$,其中 $\bar{v}=\{1,2,\cdots,N\}$ 和 $\bar{E}\subset\bar{v}\times\bar{v}$ 分别是节点和边的集合。如果存在一个边 $\varepsilon_{ij}\triangleq(i,j)\in\bar{E}$,那么节点 j 被叫作节点 i 的邻居,更进一步地,$\bar{\mathcal{N}}_i\triangleq\{j\mid\varepsilon_{ij}\in\bar{E}\}$ 表示节点 i 的所有相邻节点。$\boldsymbol{\mathcal{A}}\triangleq[a_{ij}]$ 被定义为图 $\bar{\mathcal{G}}$ 的邻接矩阵,其中 $a_{ij}=0$。一般来说,如果 $\varepsilon_{ij}\in\bar{E}$,那么 $a_{ij}=1$,否则 $a_{ij}=0$。$\boldsymbol{\mathcal{D}}=\mathrm{diag}\{d_1,d_2,\cdots,d_N\}$ 表示图 $\bar{\mathcal{G}}$ 的入度矩阵,其中的对角元素是 $d_i=\sum_{j=1}^{N}a_{ij}$。$\boldsymbol{\mathcal{L}}=\boldsymbol{\mathcal{D}}-\boldsymbol{\mathcal{A}}$ 表示图 $\bar{\mathcal{G}}$ 的拉普拉斯矩阵。路径是连接边的序列,图 $\bar{\mathcal{G}}$ 是连通的,任意两个节点之间至少有一条路径。

定义 13.2 Semi-Markov 过程:定义 $\{\theta(t),l\}\triangleq\{\theta_r,l_r\}$,作为一个标准的 Semi-

Markov过程，其取值于一个有限集合$\mathbb{S}=\{1,2,\cdots,S\}$。转移概率$\boldsymbol{\Pi}(l)=\{\pi_{mn}(l)\}_{S\times S}$被定义为

$$\begin{cases}\Pr\{\theta_{r+1}=n,l_{r+1}\leqslant l+\Lambda\mid\theta_r=m,l_{r+1}>l\}=\pi_{mn}(l)\Lambda+o(\Lambda) & (m\neq n)\\ \Pr\{\theta_{r+1}=n,l_{r+1}>l+\Lambda\mid\theta_r=m,l_{r+1}>l\}=1+\pi_{mm}(l)\Lambda+o(\Lambda) & (m=n)\end{cases}\tag{13.1.1}$$

其中，$\pi_{mm}(l)=-\sum\limits_{n\in\mathbb{S},m\neq n}\pi_{mn}(l)$是系统在 t 时刻的模态m 跳跃到$t+\Lambda$ 时刻的模态n 的转移速率，且 $\Lambda>0$，$\lim\limits_{\Lambda>0}(o(\Lambda)/\Lambda)=0$。为了直观地描述 Semi-Markov 过程，图 13.1 给出了一个合理的模式演化图，其中 $\theta_r\in\mathbb{S}$，$t_r>0$，$l_{r+1}=t_{r+1}-t_r>0$ 分别是第 r 次跳跃的系统模态、第 r 个跳跃瞬间时刻和θ_r 的逗留时间。定义 $\pi_{mn}\triangleq\mathbb{E}\{\pi_{mn}(l)\}\triangleq\int_0^\infty\pi_{mn}(l)\vartheta_m(l)\mathrm{d}l$，其中 $\vartheta_m(l)$是模态 m 的逗留时间的概率密度函数。

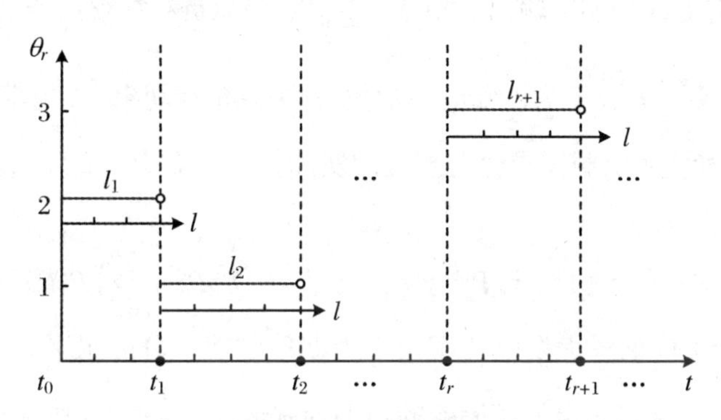

图 13.1　Semi-Markov 过程可能的切换过程

13.1.2　分级控制

在主控制层中，常见的垂降控制策略可以描述为

$$w_i=w_{oi}-x_iP_iv_i=v_{oi}-y_iQ_i\tag{13.1.2}$$

其中，i 表示第 i 个 DG；w_i 和 w_{oi} 分别表示频率幅值和标称值；v_i 和 v_{oi} 分别表示电压幅值和标称值；x_i 和 y_i 是垂降系数；P_i 和 Q_i 分别表示有功输出和无功输出。注意，垂降控制是一种偏差调节控制方法，为了消除不希望出现的偏差，引入了二次控制方案。

这里以频率调节为例来说明二次控制。在图 13.2(a)和(b)中，点 A 为 MG 的初始稳定工作点。当 P_i 增大时，w^{ref}会相应地沿垂降曲线减小到 w_1，维持 MG 在点 B 的初步平衡运行。然后，辅助控制器将补偿频率和功率偏差。通过计算偏差，可将 w_o 修正为$\overline{w}_o$，从而将稳定运行从点 A 拉到点C，实现频率恢复和功率分配。

采用反馈线性化方法，令 $\dot{w}_i=\dot{w}_{oi}-x_i\dot{P}_i=u_{wi}$，其中 u_{wi}是二次频率控制器的辅助控制输入。然后，频率标称值可以被表示为

$$w_{oi}=\int(u_{wi}+x_i\dot{P}_i)\tag{13.1.3}$$

此外，本章还采用了有功功率共享方法。孤岛式 MG 的功率平衡方程为

$$\sum_{i=1}^N P_i=\sum_{i=1}^N P_i^L+P^{\text{loss}}\tag{13.1.4}$$

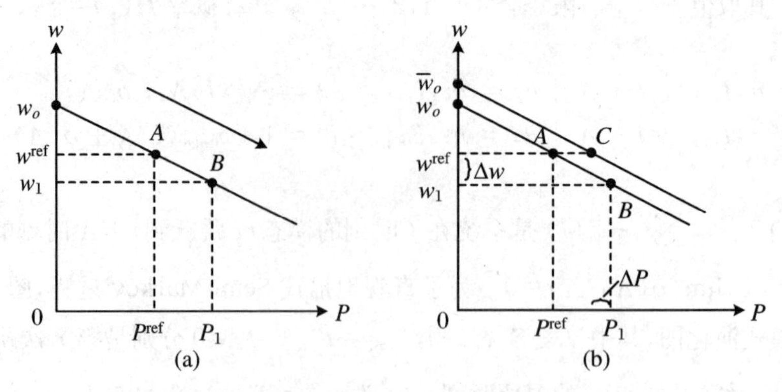

图 13.2 垂降控制和二次控制原理

其中，$\sum_{i=1}^{N} P_i$ 为所有 DG 的实际输出总功率；$\sum_{i=1}^{N} P_i^L$ 为总负载需求；P^{loss} 为总有功功率损耗，可以表示为 $P^{loss} = \xi \sum_{i=1}^{N} P_i^L$，$\xi$ 为已知的小常数，称为总负载功率。在实际应用中，各 DG 需要根据最大发电量和实际负载需求分配相应的实际功率。第 i 个 DG 的基准功率 P_i^{ref} 可设置为

$$P_i^{ref} = (1+\xi) P_i^{max} \gamma^{ref}, \quad \gamma^{ref} = \sum_{i=1}^{N} P_i^L \Big/ \sum_{i=1}^{N} P_i^{max} \tag{13.1.5}$$

其中，P_i^{max} 为第 i 个 DG 的最大发电功率，γ^{ref} 为期望的功率分配水平。引入一个局部变量 $\gamma_i = \dfrac{P_i}{(1+\xi) P_i^{max}}$，并定义二次电源控制器的辅助控制输入 $u_{\gamma i} = \dot{\gamma}_i$，则新的频率标称值为

$$w_{oi} = \int (u_{wi} + x_i (1+\xi) P_i^{max} u_{\gamma i}) \tag{13.1.6}$$

然后，定义基准频率值 w^{ref}，本章旨在设计一个二次控制器，实现所有 DG 的频率恢复和准确的有功功率分配。具体控制目标为

$$\lim_{t\to\infty} | w_i(t) - w^{ref} | = 0 \lim_{t\to\infty} | \gamma_i(t) - \gamma^{ref} | = 0 \tag{13.1.7}$$

注解 13.1 在实际应用中，MG 的信息传递依靠无线通信技术。在多数情况下，无线传输技术很容易受到外部环境的影响而产生信道衰减现象，该现象可以看作 MG 中各单元之间的一种链路故障。研究表明，大多数通信链路故障可能由它们自身的故障修复装置去除(但修复过程可能需要时间)。因此，设计一个鲁棒控制器，以满足复杂的外部约束环境并且使系统仍然具有良好的稳定性和性能是有必要的。对于系统在正常和故障模态之间不断切换的情况，伯努利分布和 Markov 链都可以对其进行合适的描述，但显然 Markov 链的描述范围更广，如图 13.3 所示。

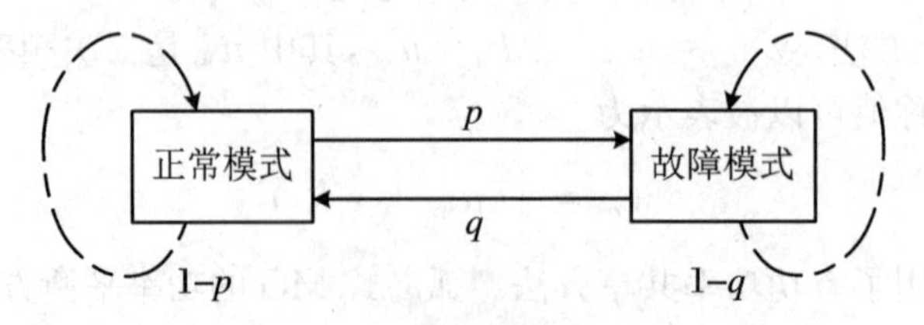

图 13.3 故障模式和正常模式的切换

图 13.3 描述了基于离散 Markov 链的通信链路中故障/正常模式可能的演化过程。具体来说，通信链路在 MG 中有一定的失效概率。在故障发生后的一段时间内，相应的故障检测设备将采取措施消除故障。p 和 q 分别表示正常模式和故障模式切换的概率；$1-p$ 和 $1-q$ 分别表示处于各自状态的概率。表 13.1 给出了切换概率的具体表示。

表 13.1　故障模式和正常模式的切换概率

切换概率	正常模式	故障模式
正常模式	$1-p$	p
故障模式	q	$1-q$

与传统的 Markov 过程相比，Semi-Markov 过程的转移速率是时变的，对描述 MG 的随机拓扑结构具有更强的通用性和实用性。基于这一思想，本章使用定义 13.2 中引入的 Semi-Markov 过程来描述 MG 中的交换拓扑。考虑到在实际应用中系统模式的实时信息难以准确获取，我们设计了如下形式的与模式无关的分布式二次控制器：

$$u_{\gamma i}(t) = -\boldsymbol{K}_{\gamma}\left(\sum_{j=1}^{N} a_{ij}(\theta(t))[\gamma_i(t) - \gamma_j(t)]\right) - \boldsymbol{K}_{\gamma}(b_i(\theta(t))[\gamma_i(t) - \gamma^{\text{ref}}]) \tag{13.1.8}$$

$$u_{wi}(t) = -\boldsymbol{K}_{w}\left(\sum_{j=1}^{N} a_{ij}(\theta(t))[w_i(t) - w_j(t)]\right) - \boldsymbol{K}_{w}(b_i(\theta(t))[w_i(t) - w^{\text{ref}}]) \tag{13.1.9}$$

其中，$\boldsymbol{K}_{\gamma}$ 和 $\boldsymbol{K}_{w}$ 为模态无关控制器的增益，b_i 表示控制器能否获得基准信号，若能获得，$b_i=1$，否则 $b_i=0$。

注解 13.2　结合已有文献，该分布式控制方法对通信拓扑中各单元的断开和故障具有容错性。由于分布式控制的特点是当一个单元不能与另一个单元通信时，可以进行切换、与其他单元通信，甚至退出整个通信拓扑。但是，要实现此性能需要满足以下条件：第一，故障节点单元不能是关键节点，即当拓扑出现故障时，不影响全局信息交换。第二，控制器可能需要应用较大的增益来抵消此类故障，但较大的增益往往会消耗更多的资源。因此，如果可以通过引入交换模型来描述交换拓扑，同时设计目标控制器，则可以较好地解决这些问题。该切换模型的设计在实际中是可行的。对于 Markov 或 Semi-Markov 模型，可以根据一定的概率统计来构造，然而当这种概率信息难以获得时，Hidden-Markov 模型是较好的解决方案。在未来，我们将致力于对这个问题进行进一步的研究。

注解 13.3　模态相关控制器的保守性比模态无关控制器更低，但在实际应用中，获取准确的实时模态信息往往具有挑战性，且成本较高，这在网络控制框架下的系统中体现得尤为明显。本章将在接下来的分析中介绍 ETM 和网络攻击模型。因此，我们设计了模态无关控制器[式(13.1.8)和式(13.1.9)]。

13.1.3　事件触发

在本章中，假设采样后的频率和功率测量值由采样器传输。采样器被认为是时间驱动的，采样周期为 h，采样时间可以表示为 $kh(k=1,2,\cdots)$。对于频率传输问题，第 i 个 DG 的触发时刻为

$$t_{k+1}^{i,w}h = t_k^{i,w}h + \inf_{d_i \geqslant 1}\{d_i h \mid \Psi_1^w \geqslant \rho_i^w(t)\Psi_2^w\} \tag{13.1.10}$$

其中，$\Psi_1^w \triangleq e_i^{\mathrm{T}}(t_k^{i,w}h + d_i h)\boldsymbol{\Omega}_w e_i(t_k^{i,w}h + d_i h)$，$\Psi_2^w \triangleq \phi_i^{\mathrm{T}}(t_k^{i,w}h + d_i h)\boldsymbol{\Omega}_w \phi_i(t_k^{i,w}h + d_i h)$。$d_i$ 是正整数；$\boldsymbol{\Omega}_w$ 是模态独立的权重矩阵；$e_i(\cdot) = w_i(t_k^{i,w}h + d_i h) - w_i(t_k^{i,w}h)$是第 i 个 DG 的当前采样数据 $w_i(t_k^{i,w}h + d_i h)$和最后传输数据 $w_i(t_k^{i,w}h)$之间的频率测量误差；$\phi_i(\cdot) = \sum_{j=1}^{N} a_{ij}(\theta(t))[w_i(t_k^{i,w}h) - w_j(t_{k_{j(t)}}^{i,w}h) + b_i(\theta(t))(w_i(t_k^{i,w}h) - w^{\mathrm{ref}})]$，其中 $w_j(t_{k_{j(t)}}^{i,w}h)$是与第 i 个 DG 相邻的 DG 的最后传输频率数据，且满足 $t_k^{i,w} + d_i > t_\iota^j$，$k_{j(t)} \triangleq \arg\min_\iota\{t_k^{i,w} + d_i - t_\iota^{i,w} \mid t_k^{i,w} + d_i > t_\iota^{i,w}\}$；$\rho_i^w(t) \triangleq \lambda_i(1 - \delta_i \tanh(e_i^{\mathrm{T}}(t_k^{i,w}h + d_i h) e_i(t_k^{i,w}h + d_i h) - \eta_i))$表示动态阈值参数；$\lambda_i > 0$ 是基本阈值参数；$\tanh(\cdot)$决定了 λ_i 和 $\eta_i > 0$ 的参数变化趋势。第 i 个 DG 的频率 ETM 条件如下：

$$\Psi_1^w < \rho_i^w(t)\Psi_2^w \tag{13.1.11}$$

在加入 ETM 之后，式(13.1.9)被重新描述为

$$\begin{aligned} u_{wi}(t) = &- K_w\left(\sum_{j=1}^{N} a_{ij}(\theta(t))[w_i(t_k^{i,w}h) - w_j(t_{k_{j(t)}}^{i,w}h)]\right) \\ &- K_w(b_i(\theta(t))[w_i(t_k^{i,w}h) - w^{\mathrm{ref}}]) \end{aligned} \tag{13.1.12}$$

时间延迟也是网络传输中的一个常见因素。为了进一步分析，我们将触发间隔分为

$$[t_k^{i,w}h, t_{k+1}^{i,w}h) = \bigcup_{\delta_w = t_k^{i,w}}^{t_{k+1}^{i,w}-1}[\delta_w h, (\delta_w + 1)h) \tag{13.1.13}$$

然后，误差 $e_i^w(\delta_w h)$可以被定义为

$$e_i^w(\delta_w h) = w_i(\delta_w h) - w_i(t_k^{i,w}h) \quad (t_k^{i,w} \leqslant \delta_w \leqslant t_{k+1}^{i,w}) \tag{13.1.14}$$

定义频率的人工时间延迟为

$$d_w(t) = t - \delta_w h \quad (t \in [\delta_w h, (\delta_w + 1)h)) \tag{13.1.15}$$

其中，$0 < d_w(t) < d_w$。

对于有功输电问题，采用与上述类似的方法，可得到如下功率的 ETM 条件：

$$\Psi_1^\gamma < \rho_i^\gamma(t)\Psi_2^\gamma \tag{13.1.16}$$

其中，$\Psi_1^\gamma \triangleq e_i^{\mathrm{T}}(t_k^{i,\gamma}h + d_i h)\boldsymbol{\Omega}_\gamma e_i(t_k^{i,\gamma}h + d_i h)$，$\Psi_2^\gamma \triangleq \phi_i^{\mathrm{T}}(t_k^{i,\gamma}h + d_i h)\boldsymbol{\Omega}_\gamma \phi_i(t_k^{i,\gamma}h + d_i h)$，第 i 个 DG 的有功功率控制器为

$$u_{\gamma i}(t) = -K_\gamma\left(\sum_{j=1}^{N} a_{ij}(\theta(t))[\gamma_i(t_k^{i,\gamma}h) - \gamma_j(t_{k_{j(t)}}^{i,\gamma}h)]\right) - K_\gamma(b_i(\theta(t))[\gamma_i(t_k^{i,\gamma}h) - \gamma^{\mathrm{ref}}]) \tag{13.1.17}$$

此外，有功功率的时延可定义为

$$d_\gamma(t) = t - \delta_\gamma h \quad (t \in [\delta_\gamma h, (\delta_\gamma + 1)h)) \tag{13.1.18}$$

其中，$0 \leqslant d_\gamma(t) < d_\gamma$。基于上述分析，本章提出的基于事件的分布式二次控制的基本控制框架如图 13.4 所示。

注解 13.4 对于上述 ETM，$\tanh(\cdot)$函数被引入以适应系统状态的波动。根据 $\tanh(\cdot)$的特性，当 $e_i^{\mathrm{T}}(\cdot)e_i(\cdot) \geqslant \eta_i$ 时，表示当前系统状态波动较大，$\rho_i(t)$应相应减小，需要向控制器传输更多的数据。反之，当系统状态波动平缓时，则需要增大 $\rho_i(t)$以节省网络资源。注意，当 $\delta_i = 0$ 时，上述 ETM 可转化为传统的 ETM。[122-123] 当 $\lambda_i = 0$ 时，上述 ETM 可转化为时间触发 ETM。这些表明本章中使用的 ETM 更为通用。

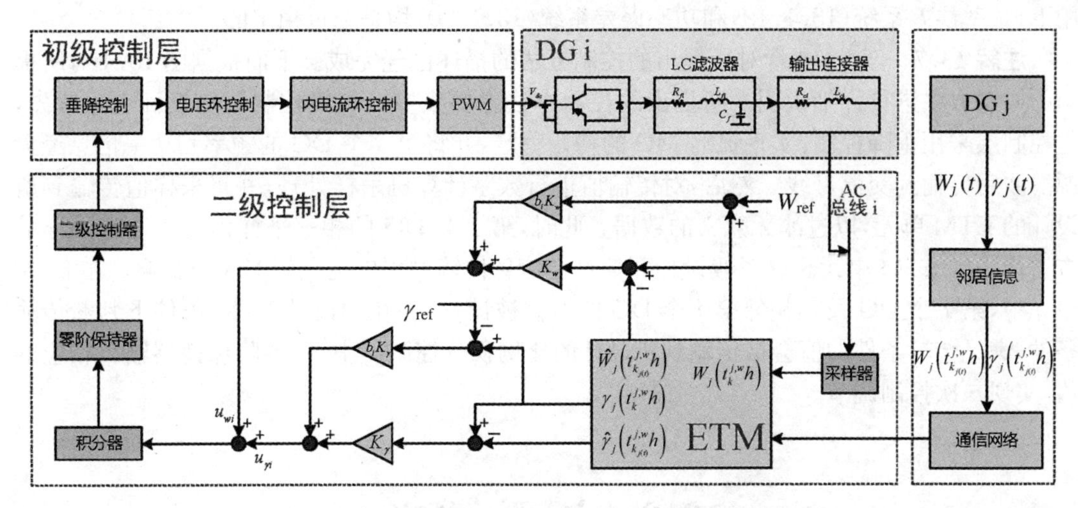

图 13.4　基于事件的分布式二次控制基本框架

注解 13.5　注意，本章提出的控制策略包含两个 ETM，即频率和功率事件探测器通过各自的机制筛选对应的测量信号。一般来说，当被测信号 w_i 和 γ_i 满足预设触发条件时，将数据传输到零阶保持器有两种选择：一种是将两个数据打包，并通过共享的网络通道进行传输；另一种是通过两个完全独立的网络通道传输两个数据。在本章中，考虑到被测频率和功率满足相同的采样时间 $t=kh$，我们在仿真示例中采用第一种传输方案。从技术上讲，这两种选择都便于在实际中实施，应根据实际需求进行选择。

注解 13.6　由注解 13.4 可知，频率和功率采样信号在 ETM 下是同时触发的，即 $\delta_w h=\delta_\gamma h$。因此，频率和功率的传输可以认为具有相同的延迟函数 $d_w(t)=d_\gamma(t)$。此外，Lian 等人指出频率和功率信号是通过一阶低通滤波器采集的[124]，这意味着可以分别分析频率和功率的稳定性。

定义频率误差为 $\tilde{w}_i(t)\triangleq w_i(t)-w^{\mathrm{ref}}$，根据式(13.1.3)和式(13.1.13)～式(13.1.15)，可得到以下频率误差系统：

$$\dot{\tilde{w}}(t)=-\boldsymbol{K}_w\otimes\Psi(\theta(t))(\tilde{w}(t-d_w(t))-e^w(t-d_w(t)))\qquad(13.1.19)$$

其中，$\Psi(\theta(t))\triangleq\mathcal{L}(\theta(t))+\mathcal{B}(\theta(t))$，且有

$$\begin{cases}\tilde{w}(t)\triangleq\mathrm{col}\{\tilde{w}_1(t),\cdots,\tilde{w}_N(t)\}\\ \tilde{w}(t-d_w(t))\triangleq\mathrm{col}\{\tilde{w}_1(t-d_w(t)),\cdots,\tilde{w}_N(t-d_w(t))\}\\ e^w(t-d_w(t))\triangleq\mathrm{col}\{e_1^w(t-d_w(t)),\cdots,e_N^w(t-d_w(t))\}\\ g_w(\tilde{w}(t_k^w h))\triangleq\mathrm{col}\{g_w(\tilde{w}_1(t_{k_{1(t)}}^{1,w}h)),\cdots,g_w(\tilde{w}(t_{k_{N(t)}}^{N,w}h))\}\end{cases}$$

与频率误差系统的构造类似，将功率误差定义为 $\tilde{\gamma}_i(t)\triangleq\gamma_i(t)-\gamma^{\mathrm{ref}}$，可得到如下功率误差系统：

$$\dot{\tilde{\gamma}}(t)=-\boldsymbol{K}_\gamma\otimes\Psi(\theta(t))(\tilde{\gamma}(t-d_\gamma(t))-e^\gamma(t-d_\gamma(t)))\qquad(13.1.20)$$

其中，符号定义与频率误差系统相似。为了简化，我们定义 $\Psi(\theta(t))\triangleq\Psi_m$，其他表达式与频率误差系统相同。

此时，将控制目标[式(13.1.7)]转化为跟踪同步问题，即在设计的控制器 $\boldsymbol{K}_w$ 和 $\boldsymbol{K}_\gamma$ 作

用下,频率误差系统(13.1.19)和功率误差系统(13.1.20)均是渐近稳定的。

注解 13.7 至此,本章对所提出的控制方法的描述已经完成。下面根据图 13.4 对所提出的控制方法进行详细说明。所提出的控制方法主要集中在二级控制层的设计上。首先,主控制层采用垂降控制,实现孤岛 MG 的初始稳定,并将第 i 个 DG 的频率和功率信息经无源滤波后传输到交流母线。然后,对传输值进行数字计算机采样处理,并将采样值传输到所设计的 ETM 单元,以过滤无意义的数据。此时,第 j 个 DG 的相邻采样信息也通过同样的方法传输到 ETM 单元。这里假设相邻信息在信息传输过程中会受到 DA 的影响。在 ETM 单元中,第 i 个 DG 及其相邻第 j 个 DG 的值会被计算,并在预设的 ETM 条件下判断传输条件,满足传输条件的值会被传输到所设计的比例积分控制器中,由零阶保持器输出相应的值,实现二次控制调节。

13.2 主要结论

在本节中,将给出所考虑的系统的稳定性判据。

定理 13.1 考虑一个具有 Semi-Markov 切换拓扑的 MG 系统,拓扑被认为是一个有向图。对于给定的正参数 $\xi, d_w, \lambda_i, \delta_i$ 和矩阵 $\boldsymbol{K}_w$,所设计的基于事件的频率控制器,在任意初始条件下,只要存在正定矩阵矩阵 $\boldsymbol{P}_{1m}, \boldsymbol{Q}_{11}, \boldsymbol{Q}_{12}, \boldsymbol{Z}_1, \boldsymbol{\Omega}_w$ 和任意矩阵 $\boldsymbol{M}_1$,使得对于任意 $i \in \bar{v}$ 和 $m \in S$,以下不等式成立,则可以使每个 DG 的频率幅值恢复到基准值:

$$\boldsymbol{\Theta}_1 < 0 \tag{13.2.1}$$

$$\begin{bmatrix} \boldsymbol{Z}_1 & * \\ \boldsymbol{M}_1 & \boldsymbol{Z}_1 \end{bmatrix} > 0 \tag{13.2.2}$$

其中矩阵 $\boldsymbol{\Theta}_1$ 中的元素定义如下:

$$\boldsymbol{\Theta}_1^{1,1} \triangleq \sum_{n=1}^{S} \pi_{mn} \boldsymbol{P}_{1n} + \boldsymbol{Q}_{11} + \boldsymbol{Q}_{12} - \boldsymbol{Z}_1, \quad \boldsymbol{\Theta}_1^{2,1} \triangleq -\boldsymbol{\Phi}_m^{\mathrm{T}} \otimes \boldsymbol{K}_w^{\mathrm{T}} \boldsymbol{P}_{1m} + \boldsymbol{Z}_1 + \boldsymbol{M}_1$$

$$\boldsymbol{\Theta}_1^{2,2} \triangleq (\boldsymbol{\mathcal{L}}_m + \boldsymbol{\mathcal{B}}_m)^{\mathrm{T}} \boldsymbol{\Gamma} (\boldsymbol{\mathcal{L}}_m + \boldsymbol{\mathcal{B}}_m) \otimes \boldsymbol{\Omega}_w - 2\boldsymbol{Z}_1 - \boldsymbol{M}_1 - \boldsymbol{M}_1^{\mathrm{T}} - \boldsymbol{Q}_{12}$$

$$\boldsymbol{\Theta}_1^{3,1} \triangleq -\boldsymbol{M}_1, \quad \boldsymbol{\Theta}_1^{3,2} \triangleq \boldsymbol{Z}_1 + \boldsymbol{M}_1, \quad \boldsymbol{\Theta}_1^{3,3} \triangleq -\boldsymbol{Q}_{11} - \boldsymbol{Z}_1, \quad \boldsymbol{\Theta}_1^{4,1} \triangleq \boldsymbol{\Phi}_m^{\mathrm{T}} \otimes \boldsymbol{K}_w^{\mathrm{T}} \boldsymbol{P}_{1m}$$

$$\boldsymbol{\Theta}_1^{4,2} \triangleq (\boldsymbol{\mathcal{L}}_m + \boldsymbol{\mathcal{B}}_m)^{\mathrm{T}} \boldsymbol{\Gamma} (\boldsymbol{\mathcal{L}}_m + \boldsymbol{\mathcal{B}}_m) \otimes \boldsymbol{\Omega}_w, \quad \boldsymbol{\Theta}_1^{4,4} \triangleq \boldsymbol{\Theta}_1^{4,2} - \boldsymbol{I}_N \otimes \boldsymbol{\Omega}_w$$

$$\boldsymbol{\Theta}_1^{5,2} \triangleq -d_w \boldsymbol{\Phi}_m^{\mathrm{T}} \otimes \boldsymbol{K}_w^{\mathrm{T}}, \quad \boldsymbol{\Theta}_1^{5,4} \triangleq d_w (\boldsymbol{\Phi}_m^{\mathrm{T}} \otimes \boldsymbol{K}_w^{\mathrm{T}}), \quad \boldsymbol{\Theta}_1^{5,5} \triangleq -\boldsymbol{Z}_1 - 2\boldsymbol{I}$$

证明 选择如下 Lyapunov 函数:

$$\begin{aligned} V(t) = {} & \tilde{w}^{\mathrm{T}}(t) \boldsymbol{P}_{1m} \tilde{w}(t) + d_w \int_{-d_w}^{0} \int_{t-r}^{t} \dot{\tilde{w}}^{\mathrm{T}}(s) Z_1 \dot{\tilde{w}}(s) \mathrm{d}s \mathrm{d}r \\ & + \int_{t-d_w}^{t} \tilde{w}^{\mathrm{T}}(s) \boldsymbol{Q}_{11} \tilde{w}(s) \mathrm{d}s + \int_{t-d_w(t)}^{t} \tilde{w}^{\mathrm{T}}(s) \boldsymbol{Q}_{12} \tilde{w}(s) \mathrm{d}s \end{aligned} \tag{13.2.3}$$

计算 $V(t)$ 的弱无穷小算子,得到

$$\begin{aligned} \mathbb{E}\{\boldsymbol{\mathcal{L}} V(t)\} = {} & \mathrm{sym}\{\tilde{w}^{\mathrm{T}}(t) \boldsymbol{P}_{1m} \dot{\tilde{w}}(t)\} + d_w^2 \dot{\tilde{w}}^{\mathrm{T}}(t) \boldsymbol{Z}_1 \dot{\tilde{w}}(t) - d_w \int_{t-d_w}^{t} \dot{\tilde{w}}^{\mathrm{T}}(s) \boldsymbol{Z}_1 \dot{\tilde{w}}(s) \mathrm{d}s \\ & + \tilde{w}^{\mathrm{T}}(t) \sum_{n=1}^{S} \pi_{mn} \boldsymbol{P}_{1n} \tilde{w}(t) + \tilde{w}^{\mathrm{T}}(t) (\boldsymbol{Q}_{11} + \boldsymbol{Q}_{12}) \tilde{w}^{\mathrm{T}}(t - d_w) \boldsymbol{Q}_{11} \tilde{w}(t - d_w) \end{aligned}$$

$$-\tilde{w}^{\mathrm{T}}(t-d_w(t))\boldsymbol{Q}_{12}\tilde{w}(t-d_w(t)) \tag{13.2.4}$$

其中，$\dot{\tilde{w}}(t)\triangleq-\boldsymbol{K}_w\otimes(\boldsymbol{\mathcal{L}}_m+\boldsymbol{\mathcal{B}}_m)\boldsymbol{\mathcal{I}}_1$，$\boldsymbol{\mathcal{I}}_1\triangleq\tilde{w}(t-d_w(t))-e(t-d_w(t))$。回顾式(13.1.12)，有

$$\mathbb{E}\{d_w^2\dot{\tilde{w}}(t)\boldsymbol{Z}_1\dot{\tilde{w}}(t)\}=d_w^2(\boldsymbol{F}_1^{\mathrm{T}}\boldsymbol{Z}_1\boldsymbol{F}_1) \tag{13.2.5}$$

对于积分项 $-d_w\int_{t-d_w}^{t}\dot{\tilde{w}}^{\mathrm{T}}(s)\boldsymbol{Z}_1\dot{\tilde{w}}(s)\mathrm{d}s$，如果式(13.2.2)成立，可以推断出

$$-d_w\int_{t-d_w}^{t}\dot{\tilde{w}}^{\mathrm{T}}(s)\boldsymbol{Z}_1\dot{\tilde{w}}(s)\mathrm{d}s\leqslant\boldsymbol{\Phi}_1^{\mathrm{T}}(t)\boldsymbol{\Xi}\boldsymbol{\Phi}_1(t) \tag{13.2.6}$$

其中有 $\boldsymbol{\Phi}_1(t)\triangleq\mathrm{col}\{\tilde{w}(t),\tilde{w}(t-d_w(t)),\tilde{w}(t-d_w)\}$和

$$\boldsymbol{\Xi}\triangleq\begin{bmatrix}-\boldsymbol{Z}_1 & * & * \\ \boldsymbol{Z}_1+\boldsymbol{M}_1 & -2\boldsymbol{Z}_1-\boldsymbol{M}_1-\boldsymbol{M}_1^{\mathrm{T}} & * \\ -\boldsymbol{M}_1 & \boldsymbol{Z}_1+\boldsymbol{M}_1 & -\boldsymbol{Z}_1\end{bmatrix} \tag{13.2.7}$$

此外，考虑 $-1<\tanh(\cdot)<1$ 的有界条件，对于所有 $i=1,2,\cdots,N$，有 $\lambda_i(1-\delta_i\tanh(\cdot))<\lambda_i(1+\delta_i)$。

式(13.1.11)可以被进一步写为

$$e^{\mathrm{T}}(t-d_w(t))(\boldsymbol{I}_N\otimes\boldsymbol{\Omega}_w)e(t-d_w(t))\leqslant\boldsymbol{\mathcal{I}}_1^{\mathrm{T}}[(\boldsymbol{\mathcal{L}}_m+\boldsymbol{\mathcal{B}}_m)^{\mathrm{T}}\boldsymbol{\Gamma}(\boldsymbol{\mathcal{L}}_m+\boldsymbol{\mathcal{B}}_m)\otimes\boldsymbol{\Omega}_w]\boldsymbol{\mathcal{I}}_1 \tag{13.2.8}$$

其中，$\boldsymbol{\Gamma}\triangleq\mathrm{diag}\{\lambda_1(1+\delta_1),\lambda_2(1+\delta_2),\cdots,\lambda_N(1+\delta_N)\}$。

定义状态量为 $\boldsymbol{\Phi}(t)\triangleq\mathrm{col}\{\tilde{w}(t),\tilde{w}(t-d_w(t)),\tilde{w}(t-d_w)\}$，有$\mathbb{E}\{\boldsymbol{\mathcal{L}}V(t)\}\leqslant\boldsymbol{\Phi}^{\mathrm{T}}(t)\hat{\boldsymbol{\Theta}}_1\boldsymbol{\Phi}(t)$。对 $\hat{\boldsymbol{\Theta}}_1$ 使用 Schur 补引理和不等式 $-\boldsymbol{Z}_1^{-1}\leqslant\rho^2\boldsymbol{Z}_1-2\rho(\rho>0)$，那么对 $\hat{\boldsymbol{\Theta}}_1$ 正负的判断与 $\boldsymbol{\Theta}_1$ 相同。基于 Lyapunov 稳定性理论，式(13.2.1)能确保$\mathbb{E}\{\boldsymbol{\mathcal{L}}V(t)\}<0$。也就是说，在所设计的频率控制器的作用下，初始频率值可以渐近地跟踪给定的基准频率值。综上所述，证毕。

与频率控制问题类似，功率误差系统的稳定性证明如下。

定理 13.2　考虑一个具有 Semi-Markov 切换拓扑的 MG 系统，拓扑被认为是一个有向图。对于给定的正参数 $\xi,d_\gamma,\lambda_i,\delta_i$ 和矩阵$\boldsymbol{K}_\gamma$，所设计的基于事件的功率控制器，只要存在正定矩阵 $\boldsymbol{P}_{2m},\boldsymbol{Q}_{21},\boldsymbol{Q}_{22},\boldsymbol{Z}_2,\boldsymbol{\Omega}_\gamma$ 和任意矩阵$\boldsymbol{M}_2$，使得对于任意 $i\in\bar{v}$和$m\in S$，以下不等式成立，则可以实现各 DG 在任意初始条件下的有功功率共享精度：

$$\boldsymbol{\Theta}_2<0 \tag{13.2.9}$$

$$\begin{bmatrix}\boldsymbol{Z}_2 & * \\ \boldsymbol{M}_2 & \boldsymbol{Z}_2\end{bmatrix}>0 \tag{13.2.10}$$

其中矩阵 $\boldsymbol{\Theta}_2$ 中的元素定义如下：

$$\boldsymbol{\Theta}_2^{1,1}\triangleq\sum_{n=1}^{S}\pi_{mn}\boldsymbol{P}_{2n}+\boldsymbol{Q}_{21}+\boldsymbol{Q}_{22}-\boldsymbol{Z}_2,\quad \boldsymbol{\Theta}_2^{2,1}\triangleq-\boldsymbol{\Phi}_m^{\mathrm{T}}\otimes\boldsymbol{K}_\gamma^{\mathrm{T}}\boldsymbol{P}_{2m}+\boldsymbol{Z}_2+\boldsymbol{M}_2$$

$$\boldsymbol{\Theta}_2^{2,2}\triangleq(\boldsymbol{\mathcal{L}}_m+\boldsymbol{\mathcal{B}}_m)^{\mathrm{T}}\boldsymbol{\Gamma}(\boldsymbol{\mathcal{L}}_m+\boldsymbol{\mathcal{B}}_m)\otimes\boldsymbol{\Omega}_\gamma-2\boldsymbol{Z}_2-\boldsymbol{M}_2-\boldsymbol{M}_2^{\mathrm{T}}-\boldsymbol{Q}_{22}$$

$$\boldsymbol{\Theta}_2^{3,1}\triangleq-\boldsymbol{M}_2,\quad \boldsymbol{\Theta}_2^{3,2}\triangleq\boldsymbol{Z}_2+\boldsymbol{M}_2,\quad \boldsymbol{\Theta}_2^{3,3}\triangleq-\boldsymbol{Q}_{21}-\boldsymbol{Z}_2,\quad \boldsymbol{\Theta}_2^{4,1}\triangleq\boldsymbol{\Phi}_m^{\mathrm{T}}\otimes\boldsymbol{K}_w^{\mathrm{T}}\boldsymbol{P}_{2m}$$

$$\boldsymbol{\Theta}_1^{4,2}\triangleq(\boldsymbol{\mathcal{L}}_m+\boldsymbol{\mathcal{B}}_m)^{\mathrm{T}}\boldsymbol{\Gamma}(\boldsymbol{\mathcal{L}}_m+\boldsymbol{\mathcal{B}}_m)\otimes\boldsymbol{\Omega}_\gamma,\quad \boldsymbol{\Theta}_2^{4,4}\triangleq\boldsymbol{\Theta}_2^{4,2}-\boldsymbol{I}_N\otimes\boldsymbol{\Omega}_\gamma$$

$$\boldsymbol{\Theta}_2^{5,2}\triangleq-d_\gamma\boldsymbol{\Phi}_m^{\mathrm{T}}\otimes\boldsymbol{K}_\gamma^{\mathrm{T}},\quad \boldsymbol{\Theta}_2^{5,4}\triangleq d_\gamma(\boldsymbol{\Phi}_m^{\mathrm{T}}\otimes\boldsymbol{K}_\gamma^{\mathrm{T}}),\quad \boldsymbol{\Theta}_2^{5,5}\triangleq-\boldsymbol{Z}_2-2\boldsymbol{I}$$

证明　定理 13.2 的证明与定理 13.1 类似，所以此处省略。

13.3 仿真验证

为了验证所提出的基于事件的分布式二次控制策略的有效性，本章以改进后的 IEEE 34 总线测试系统为建模对象[123-125]，如图 13.5 所示。它一开始在 MG 中连接了五个 DG 和三个负载(随后添加了 DG 6)。为了描述复杂环境导致的通信链路故障，图 13.6 展示了所研究的 MG 系统的拓扑连接，包括两种不同的连接结构在 Semi-Markov 过程规则下进行切换；图 13.7 展示了孤岛 MG 可能的 Semi-Markov。根据其拓扑关系和图论的相关知识，可以很容易地得到矩阵信息 $\mathcal{A}_m$，$\mathcal{D}_m$ 和 $\mathcal{L}_m$。这里，我们认为 DG 1 和 DG 2 在两种不同的连接方式下都可以得到基准频率 w^{ref} 和期望的功率分配水平 γ^{ref}，即 $b_1 = b_2 = 1$。

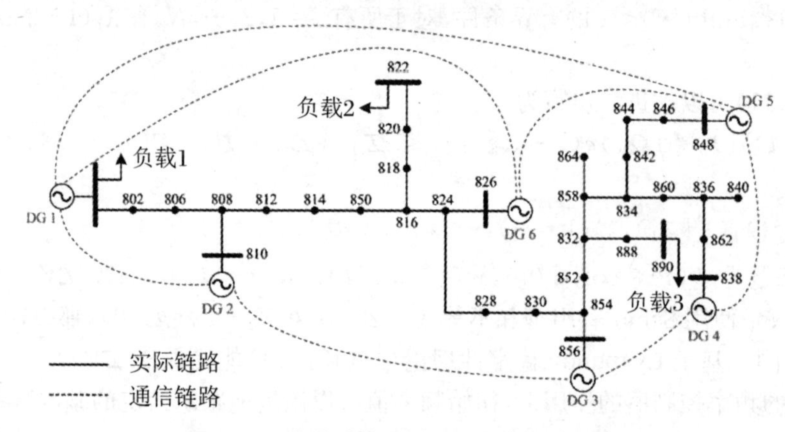

图 13.5 改进后的 IEEE 34 总线测试系统

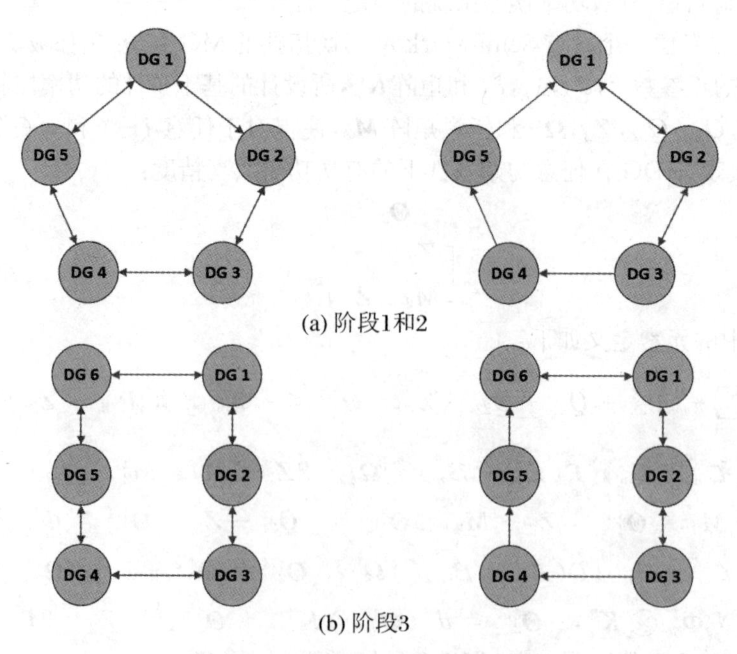

(a) 阶段1和2

(b) 阶段3

图 13.6 孤岛 MG 的开关拓扑结构

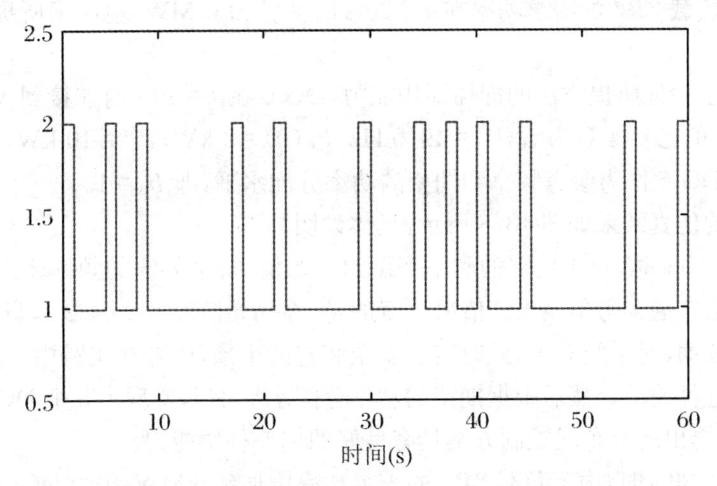

图 13.7 孤岛 MG 可能的 Semi-Markov 过程序列

线路阻抗的数值取自文献[125],其他参数如下:基准频率 $f^{\text{ref}}=50$ Hz,每个 DG 的初始频率为 $f_i(0)=49.5$ Hz ($w=2\pi f$);三个负载的功率值被设定为 $P_1^L=2$ MW,$P_2^L=3$ MW,$P_3^L=3$ MW;最大有功输出 $P_i^{\max}$ 为 5 MW,8 MW,10 MW,12 MW,9 MW;初始有功输出 $P_i(0)$为 1 MW,1 MW,1.5 MW,1.5 MW,2 MW。因此,我们可以计算出一些参数为:期望功率利用水平 $\gamma^{\text{ref}}=0.1705$;初始功率利用水平 γ_i 分别为 0.1905,0.119,0.1429,0.119 和 0.2116;垂降系数为 $x_i=2\pi(f_{\max}-f_{\min})/P_i^{\max}$,其中 $f_{\max}=51$ Hz,$f_{\min}=49$ Hz。

本章将每个 DG 的信息通信视为交换拓扑,如图 13.6(a)和(b)所示。这里,通过一个具有两个模态的示例来说明所提出的方法,但所提出的方法并不局限于两个模态。由图 13.6(a)和(b)可以看出,在实际的切换情况下,通信拓扑可能存在[图 13.6(a)中 DG 1 和 DG 5 之间的传输故障可以看作断开,但经过一段时间后可以通过安全装置修复,这是一个经典的切换过程]。根据统计信息,完全有可能预测这种转换关系。这里,使用 Semi-Markov 过程来讨论这一点,其中转移速率矩阵为

$$\boldsymbol{\Pi}(l)=\begin{bmatrix}\pi_{11}(l) & \pi_{12}(l)\\ \pi_{21}(l) & \pi_{22}(l)\end{bmatrix}=\begin{bmatrix}-0.5l & 0.5l\\ 3l^2 & -3l^2\end{bmatrix}$$

根据文献[126],可知 Semi-Markov 过程的转移速率函数服从韦布尔分布,逗留时间的概率密度函数给定为 $\vartheta_m(l)=(\beta/\alpha^\beta)l\exp(-(l/\alpha)^\beta)$。当 $l=1,\alpha=2,\beta=2$ 时,有 $\vartheta_1(l)=0.5l\exp(-0.25l^2)$;当 $l=2,\alpha=1,\beta=3$ 时,有 $\vartheta_2(l)=3l^2\exp(-l^3)$。计算数学期望 $\mathbb{E}\{\pi_{12}(l)\}=\int_0^\infty 0.5l\vartheta_1(l)\mathrm{d}l\approx 0.8862$ 和 $\mathbb{E}\{\pi_{21}(l)\}=\int_0^\infty 3l^2\vartheta_2(l)\mathrm{d}l\approx 2.7082$。然后可得如下转移速率矩阵

$$\mathbb{E}\{\boldsymbol{\Pi}(l)\}=\mathbb{E}\left\{\begin{bmatrix}\pi_{11}(l) & \pi_{12}(l)\\ \pi_{21}(l) & \pi_{22}(l)\end{bmatrix}\right\}=\begin{bmatrix}-0.8862 & 0.8862\\ 2.7082 & -2.7082\end{bmatrix}$$

此外,给出二级控制器增益为 $K_w=0.75,K_\gamma=0.6$;时延函数给定为 $d_w(t)=d_\gamma(t)=0.01\sin t$,其中 $d_w=d_\gamma=0.01$。然后设置其他已知参数:$\xi=0.05,\lambda_i=0.008,\delta_i=6,\eta_i=1(i=1,\cdots,5)$。借助 LMI 工具箱,验证了定理中的充分条件都是可行的。仿真结果更直接地证明了所提方法的有效性。整个仿真过程共 60 s,可分为以下三个阶段。

阶段 1:验证所提方法的有效性,在 $t=0$ s 时激活二次控制。

阶段 2:将负载 $2P_2^L$ 的需求功率在 $t=20$ s 时调整为 6 MW,验证了所提方法对负载变化的容错能力。

阶段 3:为了验证所提方法的即插即用能力,DG 6 在 $t=40$ s 时连接到 MG 系统的总线 826 上。设相应的已知参数为 $f_6(0)=49.5$ Hz,$P_6(0)=3$ kW,$P_6^M=10$ kW,$\gamma_6=0.2857$,并假设可以得到 DG 6 作为参考频率和期望的功率分配水平,即 $b_6=1$。

三个阶段的仿真结果如图 13.8 所示,具体说明如下。

首先,在 $t=0$ s 时,对于给定的和不平衡的初始值,每个 DG 的频率输出 w_i 在 $t=10$ s 时渐近恢复到给定的参考值 w^{ref}。值得注意的是,在初始阶段 $0<t<2$ s,当控制器连接时,曲线有明显的波动,对系统有害,此时需要安全装置的干预,或者在实践中,可以通过逐渐增加增益来减弱这种波动。然后根据期望的功率分配水平 γ^{ref},实现了 5 个 DG 的精确实际功率分配,表明所提出的分布式控制方案具有良好的偏差补偿能力。

然后,在 $t=20$ s 时,由于负载 $2P_2^L$ 的需求功率增加到 6 MW,每个 DG 的频率 w_i、配电指标 γ_i 和有功输出 P_i 都发生了变化。但在设计的二次控制器的作用下,频率幅值仍能在 5 s 内恢复到参考值,5 个 DG 的有功输出和期望配电水平在 5 s 内收敛到新的参考值,表明所提出的控制方案具有良好的容错能力。

最后,在 $t=40$ s 时,在整个通信拓扑中添加一个新的 DG 对整个 MG 的影响很大,这也可以从仿真结果中看出。可以看出,第六个 DG 的连接会引起频率和功率输出的波动。但很快,所设计的控制器在 10 s 内对这些变化作出了响应,频率、期望功率分配电平和有功功率值都收敛于它们的参考值,表明所提出的控制方案具有良好的即插即用能力。

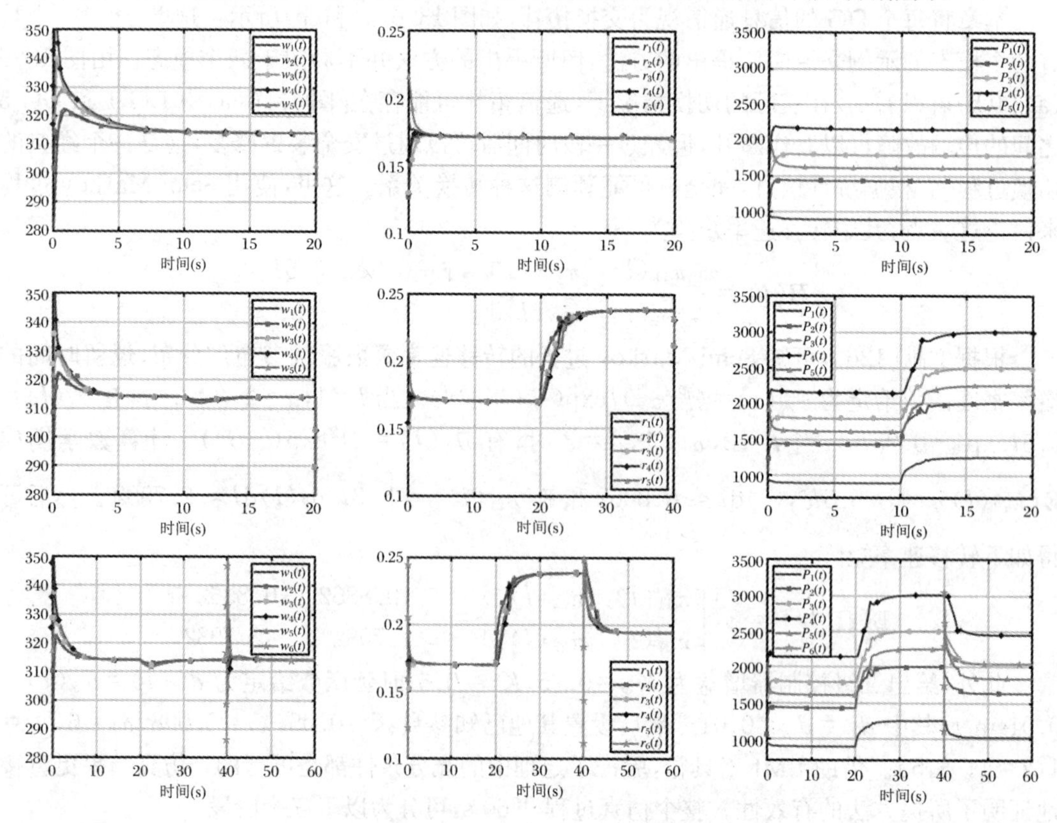

图 13.8 各 DG $w_i(t)$,$\gamma_i(t)$和 $P_i(t)$的仿真结果

这些仿真结果用来说明所提方法在减轻通信负担方面是有效的。为了更好地说明 ETM 的作用，一个公式被用来计算触发率(Triggering Rate，TR)：TR = 传输的数据量/采样的数据量。设定采样周期 $h = 0.04$，那么在整个仿真中采样数据量就是$\frac{60}{0.04} = 1500$，TR 分别计算为$\frac{235}{1500} = 15.67\%$，$\frac{247}{1500} = 16.47\%$，$\frac{263}{1500} = 17.53\%$，$\frac{258}{1500} = 17.2\%$，$\frac{275}{1500} = 18.3\%$，$\frac{126}{500} = 18.4\%$，这意味着大约 80%不必要的数据没有被传输，减轻了 MG 的通信压力。图 13.9 展示了 DG 1 到 DG 6 的事件触发传输间隔。此外，对于动态阈值函数 $\rho_i(t) = \lambda_i(1 - \delta_i \tanh(\cdot))$，当 $\delta_i = 0$ 时，本章所使用的 ETM 就会转换为文献[122]和[123]中普通的静态 ETM，此时 TR 分别计算为$\frac{371}{1500} = 24.73\%$，$\frac{414}{1500} = 27.6\%$，$\frac{361}{1500} = 24.07\%$，$\frac{369}{1500} = 24.6\%$，$\frac{367}{1500} = 24.47\%$，$\frac{176}{500} = 35.2\%$。两种 ETM 的对比结果见表 13.2，在保证足够的控制效果的同时，我们提出的方法比静态 ETM 方法进一步减少了约 40%的通信次数。

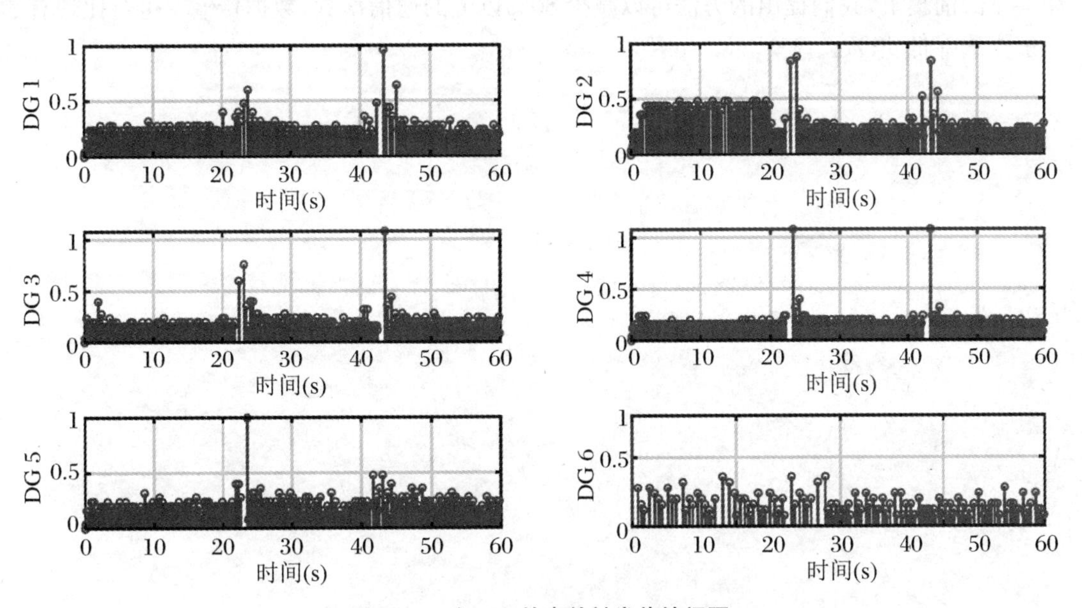

图 13.9　各 DG 的事件触发传输间隔

表 13.2　各 DG 在不同 ETM 下的 TR

TR	DG 1	DG 2	DG 3	DG 4	DG 5	DG 6
本章的 ETM	15.4%	16.2%	17.3%	17.4%	18.2%	18.1%
静态 ETM	24.3%	27.3%	24.5%	24.2%	26.1%	34.8%

此外，各 DG 在不同采样周期下的 TR 被展示在表 13.3 中，从中可以看出，采样周期越短，通信次数越多。在实际控制中，可根据具体控制需求和资源配置参数。

表 13.3 各 DG 在不同采样周期下的 TR

TR	DG 1	DG 2	DG 3	DG 4	DG 5	DG 6
$h=0.01$	4.5%	4.4%	5.7%	4.9%	4.9%	5.8%
$h=0.02$	9.5%	8.5%	8.9%	9.7%	10.1%	9.5%
$h=0.04$	15.8%	16.5%	17.5%	17.1%	17.9%	18.1%
$h=0.08$	29.5%	31.5%	33.5%	34.5%	34.9%	38.5%

本章提出了一种新型的交流孤岛 MG 的分布式事件触发二次控制方法。与大多数现有的工作不同，拓扑连接是固定的，或者只是以任意形式切换，Semi-Markov 模型被用来描述由内部结构或外部故障引起的切换拓扑。为了更好地解决网络传输中的实际问题，在控制器设计中引入了 ETM 和网络攻击模型，增强了孤岛 MG 的运行弹性。基于多智能体系统的跟踪同步，利用 Lyapunov 函数对所提出的控制方案进行了验证，并通过仿真算例验证了所提方法的可行性和正确性。结果表明，在实现交流孤岛 MG 的频率恢复和准确的实际功率共享的前提下，我们提出的方法可以减少 80%以上的通信次数，数据传输率也会比现有的一般方法降低 40%。

参 考 文 献

［1］ 胡迪鹤. 随机环境中的 Markov 过程[M]. 北京：高等教育出版社，2011.

［2］ 王叶文. 一类 Markov 切换系统优化策略[D]. 合肥：中国科学技术大学，2016.

［3］ Krasovskii N N，Lidskii E A. Analytical design of controllers in systems with random attributes[J]. Automation and Remote Control，1961，22(1-3)：1021-1025.

［4］ Shen H，Li F，Yan H，et al. Finite-time event-triggered H_∞ control for T-S fuzzy Markov jump systems[J]. IEEE Transactions on Fuzzy Systems，2018，26(5)：3122-3135.

［5］ Wang J，Liang K，Huang X，et al. Dissipative fault-tolerant control for nonlinear singular perturbed systems with Markov jumping parameters based on slow state feedback[J]. Applied Mathematics and Computation，2018，328：247-262.

［6］ Yang C，Li F，Kong Q，et al. Asynchronous fault-tolerant control for stochastic jumping singularly perturbed systems：an H_∞ sliding mode control scheme[J]. Applied Mathematics and Computation，2021，389：125562.

［7］ Levy P. Processus semi-Markoviens[M]. Amsterdam：Elsevier，1954.

［8］ Smith W L. Regenerative stochastic processes[J]. Proceedings of the Royal Society of London. Series A. Mathematical and Physical Sciences，1955，232(1188)：6-31.

［9］ Barbu V S，Limnios N. Semi-Markov chains and hidden semi-Markov models toward applications：their use in reliability and DNA analysis[M]. Berlin：Springer Science & Business Media，2009.

［10］ Perman M，Senegacnik A，Tuma M. Semi-Markov models with an application to power-plant reliability analysis[J]. IEEE Transactions on Reliability，1997，46(4)：526-532.

［11］ Dong M，He D. Hidden semi-Markov model-based methodology for multi-sensor equipment health diagnosis and prognosis[J]. European Journal of Operational Research，2007，178(3)：858-878.

［12］ Howard R A. System analysis of semi-Markov processes[J]. IEEE Transactions on Military Electronics，1964，8(2)：114-124.

［13］ Schwartz C，Haddad A H. Control of jump linear systems having semi-Markov sojourn times[J]. IEEE，2003，3：2804-2805.

［14］ Hou Z，Luo J，Shi P. Stochastic stability of linear systems with semi-Markovian jump parameters [J]. The ANZIAM Journal，2005，46(3)：331-340.

［15］ Huang J，Shi Y. Stochastic stability and robust stabilization of semi-Markov jump linear systems [J]. International Journal of Robust and Nonlinear Control，2013，23(18)：2028-2043.

［16］ Zhang L，Leng Y，Colaneri P. Stability and stabilization of discrete-time semi-Markov jump linear systems via semi-Markov kernel approach[J]. IEEE Transactions on Automatic Control，2015，61 (2)：503-508.

［17］ Wang J，Ru T，Xia J，et al. Asynchronous event-triggered sliding mode control for semi-Markov jump systems within a finite-time interval[J]. IEEE Transactions on Circuits and Systems Ⅰ：Regular Papers，2020，68(1)：458-468.

［18］ Shen H，Dai M，Luo Y，et al. Fault-tolerant fuzzy control for semi-Markov jump nonlinear systems subject to incomplete SMK and actuator failures[J]. IEEE Transactions on Fuzzy Systems, 2020, 29(10): 3043-3053.

[19] Morse A S. Supervisory control of families of linear set-point controllers-part Ⅰ exact matching [J]. IEEE Transactions on Automatic Control, 1996, 41(10): 1413-1431.

[20] Hespanha J P, Morse A S. Stability of switched systems with average dwell-time[C]//IEEE. Proceedings of the 38th IEEE conference on decision and control. Washington: IEEE, 1999: 911-918.

[21] Hespanha J P. Uniform stability of switched linear systems: extensions of LaSalle's invariance principle[J]. IEEE Transactions on Automatic Control, 2004, 49(4): 470-482.

[22] Zhang L, Zhuang S, Shi P. Non-weighted quasi-time-dependent H_∞ filtering for switched linear systems with persistent dwell-time[J]. Automatica, 2015, 54: 201-209.

[23] Shen H, Huang Z, Xia J, et al. Dissipativity analysis of switched gene regulatory networks actuated by persistent dwell-time switching strategy[J]. IEEE Transactions on Systems Man Cybernetics-Systems, 2019, 51(9): 5535-5546.

[24] Wang Y, Hu X, Shi K, et al. Network-based passive estimation for switched complex dynamical networks under persistent dwell-time with limited signals[J]. Journal of the Franklin Institute, 2020, 357(15): 10921-10936.

[25] Shen H, Xing M, Wu Z G, et al. Multi-objective fault-tolerant control for fuzzy switched systems with persistent dwell time and its application in electric circuits[J]. IEEE Transactions on Fuzzy Systems, 2020, 28(10): 2335-2347.

[26] Wang J, Huang Z, Wu Z, et al. Extended dissipative control for singularly perturbed PDT switched systems and its application[J]. IEEE Transactions on Circuits and Systems Ⅰ: Regular Papers, 2020, 67(12): 5281-5289.

[27] Peng C, Li J, Fei M. Resilient event-triggering H_∞ load frequency control for multi-area power systems with energy-limited DoS attacks[J]. IEEE Transactions on Power Systems, 2017, 32(5): 4110-4118.

[28] 杨飞生，潘泉. 网络攻击下信息物理融合电力系统的弹性事件触发控制[J]. 自动化学, 2019, 45(1): 110-119.

[29] Lu A Y, Yang G H. Event-triggered secure observer-based control for cyber-physical systems under adversarial attacks[J]. Information Sciences, 2017, 420: 96-109.

[30] Ding D, Wang Z, Ho D, et al. Observer-based event-triggering consensus control for multiagent systems with lossy sensors and cyber-attacks[J]. IEEE Transactions on Cybernetics, 2017, 47(8): 1936-1947.

[31] Hao J, Piechocki R J, Kaleshi D, et al. Sparse malicious false data injection attacks and defense mechanisms in smart grids[J]. IEEE Transactions on Industrial Informatics, 2015, 11(5): 1-12.

[32] Liu J, Xia J, Tian E, et al. Hybrid-driven-based H_∞ filter design for neural networks subject to deception attacks[J]. Applied Mathematics and Computation, 2018, 320: 158-174.

[33] Kim T T, Poor H V. Strategic protection against data injection attacks on power grids[J]. IEEE Transactions on Smart Grid, 2011, 2(2): 326-333.

[34] Moslemi R, Mesballi A, Velni J M. Design of robust profitable false data injection attacks in multi-settlement electricity markets[J]. IET Generation Transmission and Distribution, 2017, 12(6): 1263-1270.

[35] Zhang X, Polycarpou M M, Parisini T. A robust detection and isolation scheme for abrupt and incipient faults in nonlinear systems[J]. IEEE Transactions on Automatic Control, 2002, 47(4):

576-593.

[36] Ding D, Wei G, Zhang S, et al. On scheduling of deception attacks for discrete-time networked systems equipped with attack detectors[J]. Neurocomputing, 2017, 219: 99-106.

[37] Mo Y, Sinopoli B. Secure control against replay attacks[C]//IEEE. 2009 47th annual Allerton conference on communication, control, and computing. Washington: IEEE, 2009: 911-918.

[38] Tran T T, Shin O S, Lee J H. Detection of replay attacks in smart grid systems[J]. IEEE, 2013, 12: 298-302.

[39] Shi E, Perrig A. Designing secure sensor networks[J]. IEEE Wireless Communications, 2004, 11 (6): 38-43.

[40] Zou L, Wang Z, Gao H, et al. State estimation for discrete-time dynamical networks with time-varying delays and stochastic disturbances under the round-robin protocol[J]. IEEE Trans. Neural Netw. Learn. Syst., 2016, 28(5): 1139-1151.

[41] Bauer N W, Donkers M, Van D. Decentralized observer-based control via networked communication[J]. Automatica, 2013, 49(7): 2074-2056.

[42] Shen B, Wang Z, Wang D. Distributed state-saturated recursive filtering over sensor networks under round-robin protocol[J]. IEEE Transactions on Cybernetics, 2020, 50(8): 3605-3615.

[43] Zou L, Wang Z, Han Q L. Moving horizon estimation for networked time-delay systems under round-robin protocol[J]. IEEE Transactions on Automatic Control, 2019, 64(12): 5191-5198.

[44] Liu S, Wang Z, Wei G, et al. Distributed set-membership filtering for multirate systems under the round-robin scheduling over sensor networks[J]. IEEE Transactions on Cybernetics, 2020, 50(5): 1910-1920.

[45] Shen Y, Wang Z, Shen B. l_2-l_∞ state estimation for delayed artificial neural networks under high-rate communication channels with round-robin protocol[J]. Neural Networks, 2020, 124: 170-179.

[46] Shen Y, Wang Z, Shen B. Recursive state stimation for networked multirate multi-sensor systems with distributed time-delays under round-robin protocol[J]. IEEE Transactions on Cybernetics, 2022, 52(6): 4136-4146.

[47] Donkers M, Heemels W, Hetel L. Stability analysis of networked control systems using a switched linear systems aproach[J]. IEEE Transactions on Automatic Control, 2011, 56(9): 2101-2115.

[48] Wang D, Wang Z, Shen B, et al. H_∞ finite-horizon filtering for complex networks with state saturations: the weighted try-once-discard protocol[J]. International Journal of Robust and Nonlinear Control, 2019, 29(7): 2096-2111.

[49] Shen Y, Wang Z, Shen B, et al. Fusion estimation for multirate linear repetitive processes under weighted try-once-discard[J]. Information Fusion, 2020, 55: 281-291.

[50] Li X, Dong H, Wang Z, et al. Set-membership filtering for state-saturated systems with mixed time-delays under weighted try-once-discard protocol[J]. IEEE Transactions on Circuits and Systems Ⅱ: Express Briefs, 2019, 66(2): 312-316.

[51] Long Y, Park J H, Ye D. Frequency-dependent fault detection for networked systems under uniform quantization and try-once-discard protocol[J]. International Journal of Robust and Nonlinear Control, 2019, 30(2): 787-803.

[52] Wang J, Yang C, Xia J, et al. Observer-based sliding mode control for networked fuzzy singularly perturbed systems under weighted try-once-discard protocol[J]. IEEE Transactions on Fuzzy Systems, 2022, 30(6): 1889-1899.

[53] Shen H, Xing M, Yan H, et al. Observer-based control for singularly perturbed semi-Markov jump

systems with an improved weighted TOD protocol[J]. Science China Information Sciences, 2022, 65: 199204.

[54] Zhang L, Ning Z, Wang Z. Distributed filtering for fuzzy time-delay systems with packet dropouts and redundant channels[J]. IEEE Transactions on Systems Man Cybernetics-Systems, 2016, 46(4): 559-572.

[55] Zhu Y, Zhang L, Zheng W. Distributed H_∞ filtering for a class of discrete-time Markov jump systems with redundant channels[J]. IEEE Transactions on Industrial Electronics, 2016, 63(3): 1876-1885.

[56] Dong H, Bu X, Hou N, et al. Event-triggered distributed state estimation for a class of time-varying systems over sensor networks with redundant channels[J]. Information Fusion, 2017, 36: 243-250.

[57] Peng C, Li F. A survey on recent advances in event-triggered communication and control[J]. Information Sciences, 2018(457-458): 113-125.

[58] Shen H, Chen M, Wu Z G, et al. Reliable event-triggered asynchronous extended passive control for semi-Markov jump fuzzy systems and its application[J]. IEEE Transactions on Fuzzy Systems, 2020, 28(8): 1708-1722.

[59] Zhang Z, Li F, Fang T, et al. Event-triggered/passive synchronization for Markov jumping reaction-diffusion neural networks under deception attacks[J]. ISA Transactions, 2022, 129: 36-43.

[60] Yang C, Xia J, Park J H, et al. Sliding mode control for uncertain active vehicle suspension systems: an event-triggered control scheme[J]. Nonlinear Dynamics, 2021, 103(4): 3209-3221.

[61] Zhang X M, Han Q L, Zeng Z. Hierarchical type stability criteria for delayed neural networks via canonical Bessel-Legendre inequalities[J]. IEEE Transactions on Cybernetics, 2018, 48(5): 1660-1671.

[62] Seuret A, Gouaisbaut F. Hierarchy of LMI conditions for the stability analysis of time-delay systems[J]. Systems & Control Letters, 2015, 81: 1-7.

[63] Liu Y, Wang Z, Liu X. Global exponential stability of generalized recurrent neural networks with discrete and distributed delays[J]. Neural Networks, 2006, 19(5): 667-675.

[64] Li F, Wu L, Shi P, et al. State estimation and sliding mode control for semi-Markovian jump systems with mismatched uncertainties[J]. Automatica, 2015, 51: 385-393.

[65] Zhang L, Yang T, Colaneri P. Stability and stabilization of semi-Markov jump linear systems with exponentially modulated periodic distributions of sojourn time[J]. IEEE Transactions on Automatic Control, 2017, 62(6): 2870-2885.

[66] Yao X, Wu L, Guo L. Disturbance-observer-based fault tolerant control of high-speed trains: a Markovian jump system model approach[J]. IEEE Transactions on Systems Man Cybernetics-Systems, 2020, 50(4): 1476-1485.

[67] Sivaranjani K, Rakkiyappan R, Joo Y H. Event triggered reliable synchronization of semi-Markovian jumping complex dynamical networks via generalized integral inequalities[J]. Journal of the Franklin Institute, 2018, 355(8): 3691-3716.

[68] Chang X H, Park J H, Shi P. Fuzzy resilient energy-to-peak filtering for continuous-time nonlinear systems[J]. IEEE Transactions on Fuzzy Systems, 2017, 25(6): 1576-1588.

[69] Wei Y, Park J H, Karimi H R, et al. Improved stability and stabilization results for stochastic synchronization of continuous-time semi-Markovian jump neural networks with time-varying delay[J]. IEEE Trans. Neural Netw. Learn. Syst., 2018, 29(6): 2488-2501.

[70] Shen H, Wang Y, Xia J, et al. Fault-tolerant leader-following consensus for multi-agent systems subject to semi-Markov switching topologies: an event-triggered control scheme[J]. Nonlinear Analysis: Hybrid Systems, 2019, 34: 92-107.

[71] Zou L, Wang Z, Gao H. Set-membership filtering for time-varying systems with mixed time-delays under round-robin and weighted try-once-discard protocols[J]. Automatica, 2016, 74: 341-348.

[72] Shen H, Xing M, Wu Z, et al. H_∞ state estimation for persistent dwell-time switched coupled networks subject to round-robin protocol[J]. IEEE Trans. Neural Netw. Learn. Syst., 2021, 32(5): 2002-2014.

[73] Zou L, Wang Z, Han Q L, et al. Ultimate boundedness control for networked systems with try-once-discard protocol and uniform quantization effects[J]. IEEE Trans. Autom. Control, 2017,62(12): 6582-6588.

[74] Liu K, Fridman E. Discrete-time network-based control under try-once-discard protocol and actuator constraints[C]//IEEE. 2014 European control conference(ECC). Washington: IEEE, 2014: 442-447.

[75] Zhang J, Peng C. Networked H_∞ filtering under a weighted TOD protocol[J]. Automatica, 2019, 107: 333-341.

[76] Walsh G C, Ye H, Bushnell L G. Stability analysis of networked control systems[J]. IEEE Transactions on Control Systems Technology, 2002, 10(3): 438-446.

[77] Shen H, Wu Z G, Park J H. Finite-time energy-to-peak filtering for Markov jump repeated scalar non-linear systems with packet dropouts[J]. IET Control Theory & Applications, 2014, 8(16): 1617-1624.

[78] Xu Y, Lu R, Tao J, et al. Nonfragile state estimation for discrete-time neural networks with jumping saturations[J]. Neurocomputing, 2016, 207: 15-21.

[79] Shen B, Wang Z, Ding D, et al. H_∞ state estimation for complex networks with uncertain inner coupling and incomplete measurements[J]. IEEE Trans. Neural Netw. Learn. Syst., 2013, 24(12): 2027-2037.

[80] Ding D, Wang Z, Han Q L, et al. Neural-network-based output-feedback control under round-robin scheduling protocols[J]. IEEE Transactions on Cybernetics, 2019, 49(6): 2372-2384.

[81] Luo Y, Wang Z, Wei G, et al. State estimation for a class of artificial neural networks with stochastically corrupted measurements under round-robin protocol[J]. Neural Networks, 2016, 77: 70-79.

[82] Shen H, Papandreou-Suppappola A. Diversity and channel estimation using time-varying signals and time-frequency techniques[J]. IEEE Transactions on Signal Processing, 2006, 54(9): 3400-3413.

[83] Shen H, Huo S, Cao J, et al. Generalized state estimation for Markovian coupled networks under round-robin protocol and redundant channels[J]. IEEE Transactions on Cybernetics, 2019, 49(4): 1292-1301.

[84] Fu M, Xie L. The sector bound approach to quantized feedback control[J]. IEEE Transactions on Automatic control, 2005, 50(11): 1698-1711.

[85] Shen H, Huang Z, Yang X, et al. Quantized energy-to-peak state estimation for persistent dwell-time switched neural networks with packet dropouts[J]. Nonlinear Dynamics, 2018, 93(4): 2249-2262.

[86] Wu Z G, Shi P, Su H, et al. Asynchronous l_2-l_∞ filtering for discrete-time stochastic Markov jump systems with randomly occurred sensor nonlinearities[J]. Automatica, 2014, 50(1): 180-186.

[87] Wang J, Xing M, Sun Y, et al. Event-triggered dissipative state estimation for Markov jump neural networks with random uncertainties[J]. Journal of the Franklin Institute, 2019, 356(17): 10155-10178.

[88] Johansson K H. The quadruple-tank process: a multivariable laboratory process with an adjustable zero[J]. IEEE Transactions on Control Systems Technology, 2000, 8(3): 456-465.

[89] Cheng J, Park J H, Karimi H R, et al. A flexible terminal approach to sampled-data exponentially synchronization of Markovian neural networks with time-varying delayed signals[J]. IEEE Transactions on Cybernetics, 2018, 48(8): 2232-2244.

[90] Shen H, Wang T, Cao J, et al. Nonfragile dissipative synchronization for Markovian memristive neural networks: a gain-scheduled control scheme[J]. IEEE Trans. Neural Netw. Learn. Syst., 2019, 30(6): 1841-1853.

[91] Liberzon D. Switching in systems and control[M]. Boston: Birkhauser, 2003.

[92] Shi S, Fei Z, Wang T, et al. Filtering for switched T-S fuzzy systems with persistent dwell time [J]. IEEE Transactions on Cybernetics, 2019, 49(5): 1923-1931.

[93] Perko L. Differential equations and dynamical systems[M]. Berlin: Springer Science & Business Media, 2013.

[94] Liu H, Ho D W C, Sun F. Design of filter for Markov jumping linear systems with non-accessible mode information[J]. Automatica, 2008, 44(10): 2655-2660.

[95] Wu L, Feng Z, Lam J. Stability and synchronization of discrete-time neural networks with switching parameters and time-varying delays[J]. IEEE Trans. Neural Netw. Learn. Syst., 2013, 24(12): 1957-1972.

[96] Habets L, Collins P J, van Schuppen J H. Reachability and control synthesis for piecewise-affine hybrid systems on simplices[J]. IEEE Transactions on Automatic Control, 2006, 51(6): 938-948.

[97] Ghosh S, Maka S. A fuzzy clustering based technique for piecewise affine approximation of a class of nonlinear systems[J]. Communications in Nonlinear Science and Numerical Simulation, 2010, 15(9): 2235-2244.

[98] Bemporad A. Efficient conversion of mixed logical dynamical systems into an equivalent piecewise affine form[J]. IEEE Transactions on Automatic Control, 2004, 49(5): 832-838.

[99] Zhang L, Zhu Y, Shi P, et al. Time-dependent switched discrete-time linear systems: control and filtering[M]. Berlin: Springer International Publishing, 2016.

[100] Liu J, Xia J, Cao J, et al. Quantized state estimation for neural networks with cyber attacks and hybrid triggered communication scheme[J]. Neurocomputing, 2018, 291: 35-49.

[101] Mousavinejad E, Ge X, Han Q L, et al. Resilient tracking control of networked control systems under cyber attacks[J]. IEEE Transactions on Cybernetics, 2021, 51(4): 2107-2119.

[102] Yang X, Song Q, Cao J, et al. Synchronization of coupled Markovian reaction-diffusion neural networks with proportional delays via quantized control[J]. IEEE Trans. Neural Netw. Learn. Syst., 2019, 30(3): 951-958.

[103] Liu J, Gu Y, Xie X, et al. Hybrid-driven-based control for networked cascade control systems with actuator saturations and stochastic cyber attacks[J]. IEEE Transactions on Systems Man Cybernetics-Systems, 2019, 49(12): 2452-2463.

[104] Chen W H, Xu J X, Guan Z H. Guaranteed cost control for uncertain Markovian jump systems with mode-dependent time-delays[J]. IEEE Transactions on Automatic Control, 2003, 48(12): 2270-2277.

[105] Su L, Ye D. Mixed and passive event-triggered reliable control for T-S fuzzy Markov jump

systems[J]. Neurocomputing, 2018, 281: 96-105.

[106] Rodrigues L, Boyd S. Piecewise-affine state feedback for piecewise-affine slab systems using convex optimization[J]. Systems & Control Letters, 2005, 54(9): 835-853.

[107] Kamri D, Bourdais R. Periodic solutions versus practical switching control for sensorless piecewise affine systems (PWA)[J]. Journal of the Franklin Institute, 2017, 354(2): 917-937.

[108] Nakada H, Takaba K, Katayama T. Identification of piecewise affine systems based on statistical clustering technique[J]. Automatica, 2005, 41(5): 905-913.

[109] Lim C S, Rahim N A, Hew W P, et al. Model predictive control of a two-motor drive with five-leg-inverter supply[J]. IEEE Transactions on Industrial Electronics, 2013, 60(1): 54-65.

[110] Vaezi M, Izadian A. Piecewise affine system identification of a hydraulic wind power transfer system[J]. IEEE Transactions on Control Systems Technology, 2015, 23(6): 2077-2086.

[111] Feng G. Observer-based output feedback controller design of piecewise discrete-time linear systems[J]. IEEE Transactions on Circuits and Systems Ⅰ: Fundamental Theory and Applications, 2003, 50(3): 448-451.

[112] Dong H, Wang Z, Ho D W C, et al. Robust H_∞ fuzzy output-feedback control with multiple probabilistic delays and multiple missing measurements[J]. IEEE Transactions on Fuzzy Systems, 2010, 18(4): 712-725.

[113] Yue D, Tian E, Han Q L. A delay system method for designing event-triggered controllers of networked control systems[J]. IEEE Transactions on Automatic Control, 2013, 58(2): 475-481.

[114] Wang Y, Xie X, Chadli M, et al. Sliding-mode control of fuzzy singularly perturbed descriptor systems[J]. IEEE Transactions on Fuzzy Systems, 2021, 29(8): 2349-2360.

[115] Zhang Y, Liu C, Song Y. Finite-time H_∞ filtering for discrete-time Markovian jump systems[J]. Journal of the Franklin Institute, 2013, 350(6): 1579-1595.

[116] Li F, Du C, Yang C, et al. Passivity-based asynchronous sliding mode control for delayed singular Markovian jump systems[J]. IEEE Transactions on Automatic Control, 2018, 63(8): 2715-2721.

[117] Sun Y, Yu J, Li Z. Event-triggered finite-time robust filtering for a class of state-dependent uncertain systems with network transmission delay[J]. IEEE Transactions on Circuits and Systems Ⅰ: Regular Papers, 2019, 66(3): 1076-1089.

[118] Shen H, Xing M, Wu Z G, et al. Fault-tolerant control for fuzzy switched singular systems with persistent dwell-time subject to actuator fault[J]. Fuzzy Sets and Systems, 2019, 392: 60-76.

[119] Wang J, Ru T, Shen H, et al. Finite-time l_2-l_∞ synchronization for semi-Markov jump inertial neural networks using sampled data[J]. IEEE Transactions on Neural Networks and Learning Systems, 2021, 8(1): 163-173.

[120] Wan X, Wang Z, Han Q L, et al. Finite-time H_∞ state estimation for discrete time-delayed genetic regulatory networks under stochastic communication protocols[J]. IEEE Transactions on Circuits and Systems Ⅰ: Regular Papers, 2018, 65(10): 3481-3491.

[121] Sakthivel R, Mathiyalagan K, Lakshmanan S, et al. Robust state estimation for discrete-time genetic regulatory networks with randomly occurring uncertainties[J]. Nonlinear Dynamics, 2013, 74(4): 1297-1315.

[122] Xie Y, Lin Z. Distributed event-triggered secondary voltage control for microgrids with time delay[J]. IEEE Transactions on Systems Man Cybernetics-Systems, 2019, 49(8): 1582-1591.

[123] Ding L, Han Q L, Zhang X M. Distributed secondary control for active power sharing and frequency regulation in islanded microgrids using an event-triggered communication mechanism [J]. IEEE Transactions on Industrial Informatics, 2019, 15(7): 3910-3922.

[124] Lian Z, Deng C, Wen C, et al. Distributed event-triggered control for frequency restoration and active power allocation in microgrids with varying communication time delays[J]. IEEE Transactions on Industrial Electronics, 2021, 68 (9): 8367-8377.

[125] Mwakabuta N, Sekar A. Comparative study of the IEEE 34 node test feeder under practical simplifications[C]//IEEE. 2007 39th North American power symposium. Washington: IEEE, 2007: 484-491.

[126] Wang J, Wang Y, Yan H, et al. Hybrid event-based leader-following consensus of nonlinear multiagent systems with semi-Markov jump parameters[J]. IEEE Systems Journal, 2022, 16(1): 397-408.